U0873548

职业技能鉴定国家题库石化分库试题选编

乙二醇装置操作工

中国石油化工集团公司职业技能鉴定指导中心 编

中国石化出版社

内 容 提 要

《乙二醇装置操作工》为《职业技能鉴定国家题库石化分库试题选编》丛书之一，由中国石油化工集团公司职业技能鉴定指导中心按照《国家职业标准》及《职业技能鉴定国家题库开发技术规程》组织编写。内容包括：乙二醇装置操作工初级工、中级工、高级工、技师及高级技师的国家职业标准、鉴定要素细目表、理论知识试题和技能操作试题，是乙二醇装置操作工进行职业技能鉴定的必备学习资料。

图书在版编目(CIP)数据

乙二醇装置操作工/中国石油化工集团公司职业技能鉴定指导中心编.
—北京:中国石化出版社,2006(2020.5重印)
(职业技能鉴定国家题库石化分库试题选编)
ISBN 978-7-80229-148-5

Ⅰ.乙… Ⅱ.中… Ⅲ.乙二醇-化工设备-操作-职业技能鉴定-习题
Ⅳ.TQ223.16-44

中国版本图书馆CIP数据核字(2006)第093025号

未经本社书面授权,本书任何部分不得被复制、抄袭,或者以任何形式或任何方式传播。版权所有,侵权必究。

中国石化出版社出版发行

地址:北京市东城区安定门外大街58号
邮编:100011　电话:(010)57512500
发行部电话:(010)57512575
http://www.sinopec-press.com
E-mail:press@sinopec.com
北京艾普海德印刷有限公司印刷
全国各地新华书店经销

*

787×1092毫米 16开本 25.5印张 618千字
2006年9月第1版　2020年5月第4次印刷
定价:65.00元

职业技能鉴定国家题库
石化分库开发领导小组

组　长：刘根元

副组长：傅兴顺　高　滨　孙祖岭　孙金瑜

顾　问：袁　芳　李钰年

成　员(以姓氏笔画为序)：

丁新兴　王凤维　王运才　王虎刚　王瑞萍　石惟理
刘子才　刘文玉　刘忠华　向守源　朱长根　朱正建
朱立群　江毅平　汤　豪　许立明　许　坚　曲子洲
吴　云　何　波　邱　颖　张云燕　张月娥　张全胜
张佐军　张树忠　陈建国　陈若平　周志明　郑洵美
钟文标　徐洪源　贾铁成　郭为民　顾甬明　崔　昶
曹宗祥　黄　进　彭连军　温振丽　童子飞　谢学民
韩　伟　雷建忠　靳良成　潘　慧　穆晓秋　魏洪大
魏根兴

特邀专家(以姓氏笔画为序)：

尤宝英　王　权　丛新泽　刘　欧　刘孝祖
李荣兴　沈洪源　陆　勇　巫建忠　徐　燕
黄世文　黄劲松

编辑出版负责人：

王子康　王力健　邓敦夏

前　言

受劳动和社会保障部职业技能鉴定中心委托，按照中国石油天然气集团公司、中国石油化工集团公司职业技能鉴定工作协议，中国石油化工集团公司职业技能鉴定指导中心组织有关专家，依据《职业技能鉴定国家题库开发技术规程》和《国家职业标准》，开发了32个职业95个工种的职业技能鉴定国家题库石化分库，并于2006年5月正式启用。

为满足员工学习专业知识、提高操作技能的需要，我们选编了石化分库的部分试题，按职业（工种）出版《职业技能鉴定国家题库石化分库试题选编》套书。该套书内容包括国家职业标准、鉴定要素细目表、理论知识试题和技能操作试题等，其中，理论知识试题约占分库中该职业（工种）试题的50%，技能操作试题约占70%。

《乙二醇装置操作工》分册由扬子石化主编，天津石化、上海石化、茂名石化、抚顺石化、辽阳石化、燕山石化等单位参编。主要执笔人：孙家兴、张勇、孙锁生、邹源兴。参审人员：巫建忠、方明、程林法、陈建平。

由于水平有限，书中难免有遗漏或欠妥之处，敬请谅解并提出宝贵意见。

职业技能鉴定国家题库

石化分库开发领导小组办公室

目录

第一部分　初级工

第二部分　中级工

第三部分　高级工

第四部分　技师/高级技师

第一部分

初 级 工

一、国家职业标准(初级工工作要求)

职业功能	工作内容	技能要求	相关知识
工艺操作	(一)开车准备	能按岗位操作法完成本岗位开车准备工作: 1. 能检查、设置本岗位开车流程 2. 能确认系统设备、仪表和公用工程具备开车条件 3. 能使用蒸汽、氮气、水和风等公用介质 4. 能配合分析取样 5. 能协助完成开车前的气密、吹扫、置换	1. 装置概况 2. 原、辅料规格、特性 3. 公用工程知识 4. 原料、产品的物理化学性质 5. 取样点现场的位置
	(二)开车操作	能根据岗位操作法和操作指令完成本岗位现场开车: 1. 能打通本岗位开车流程 2. 能确认系统开车投料条件 3. 能完成本岗位现场开车操作 4. 能完成本岗位简单机泵的开、停、切换操作 5. 能完成氧化、压缩，气提、吸收、脱除，水合、五效蒸发，环氧乙烷精制，乙二醇精馏岗位之一的现场开车操作	1. 本岗位工艺流程和开车操作步骤 2. 压缩机的开车操作要领 3. 碳酸钾循环泵的开车操作注意事项 4. 水合比的开车操作步骤 5. 环氧乙烷、乙二醇精制塔的开车操作方法
	(三)正常操作	1. 能完成本岗位正常操作 2. 能对本岗位进行巡检 3. 能操作本岗位仪表及计算机集散控制系统(DCS) 4. 能填写岗位各种记录 5. 能根据需要改动岗位流程 6. 能检查核对岗位现场压力、温度、液位、阀位等现场情况 7. 能对本岗位各工艺参数偏离正常指标进行调节 8. 能根据负荷变化和工艺波动调整氧气量、乙烯浓度、反应温度、反应选择性、蒸汽流量、回流比、灵敏点温度、水合比等重要指标	1. 与岗位相关仪表基本知识 2. 本岗位工艺基本原理 3. 本岗位产品质量指标 4. 岗位巡检路线、内容和方法 5. 与本岗位相关的工艺卡片及操作指令具体内容 6. 氧气量、乙烯浓度、反应温度、反应选择性、蒸汽流量、回流比、灵敏点温度、水合比等重要指标要求及调节知识 7. 影响乙二醇反应的主要因素及调节措施
	(四)停车操作	能按岗位操作法和指令完成本岗位的现场操作 1. 能设定本岗位停车流程 2. 能进行停车前的综合检查 3. 能完成停料后的工艺调整 4. 能停止本岗位所属设备 5. 能协助进行本岗位停车后设备交出工艺处理工作 6. 能完成本岗位停车“三废”排放工作	1.“三废”排放及处理事项 2. 本岗位停车方案及注意事项 3. 环境保护的有关知识和规定
		能完成氧化、压缩，气提、吸收、脱除水合、五效蒸发，环氧乙烷精制，乙二醇精馏岗位之一的停车操作	1. 氧化、压缩，气提、吸收、脱除水合、五效蒸发，环氧乙烷精制，乙二醇精馏岗位停车操作程序 2. 压缩机及碳酸钾循环泵的停车操作步骤
设备使用与维护	(一)使用设备	1. 能指出本岗位设备、主要仪表控制点、重要阀门、重要电气联锁的位置，并说明其用途、作用 2. 能开、停、切换本岗位简单机泵等设备 3. 能投用、切换岗位疏水器、过滤器、换热器 4. 能使用可燃气体报警及测爆仪	1. 主要设备结构、型号、材质 2. 安全用电常识 3. 机泵操作步骤 4. 疏水器、过滤器、换热器的投用切换步骤
	(二)维护设备	1. 能使用常用维修工具 2. 能对设备进行正常巡检 3. 能完成设备检修时的监火、监护工作 4. 能对运转设备正常补加润滑油脂 5. 能对备用机泵盘车确认 6. 能完成冬季生产的防冻防凝检查 7. 能更换压力表、温度计、液位计等简单仪表 8. 能保持适宜的设备和生产环境	1. 设备润滑有关知识 2. 设备盘车有关知识 3. 动火常识、注意事项 4. 常用维修工具型号、规格 5. 防冻防凝管理规定 6. 压力表、温度计、液位计等仪表的更换常识

续表

职业功能	工作内容	技能要求	相关知识
事故判断与处理	(一)判断事故	1. 能及时发现、判断本岗位工艺和设备、仪表简单事故 2. 能判断现场着火的位置和原因	1. 设备运行知识 2. 本岗位主要控制指标
	(二)处理事故	1. 能使用安全、消防器材对初期火灾紧急扑救并及时报警 2. 能利用消防、气防器材参与装置应急灭火处理 3. 能使用气防器材对有毒气体泄漏进行局部隔离 4. 能使用气防器材进行急救和自救 5. 能处理简单跑、冒、滴、漏 6. 能报火警,打急救电话 7. 能协助处理装置停原料、水、蒸汽、电、风等各类突发事故 8. 能处理普通离心泵的抽空、泄漏事故 9. 能现场处理人员酸、碱烧伤事故 10. 能协助处理一般的产品质量事故 11. 能协助处理一般突发事故 12. 能判断本岗位设备异常及处理机泵简单运行故障 13. 能配合处理本岗位简单电器、仪表故障	1. 化工生产知识 2. 安全、消防、气防知识 3. 离心泵抽空事故的处理方法 4. 紧急急救常识 5. 装置停原料、水、蒸汽、电、风等事故本岗位理方案 6. 酸、碱灼伤的预防与急救方法 7. 岗位紧急停车步骤 8. 装置突发事故紧急处理方案 9. 产品质量事故的处理方法 10. 系统窜料、跑料常见故障分析
		1. 能处理压缩机的简单故障 2. 能处理二氧化碳脱出系统的发泡现象 3. 能处理蒸发器安全阀起跳事故 4. 能处理精留塔真空泵简单故障	1. 压缩机的简单故障现象 2. 二氧化碳脱出系统的发泡原因 3. 安全阀、真空泵故障排除方法
绘图与计算	(一)绘图	1. 能绘制本岗位工艺流程图和装置原则流程图 2. 能看懂设备简图	化工识图基本知识
	(二)计算	能进行本岗位常规简单计算	常用物理、化学概念及单位换算知识

二、理论知识鉴定要素细目表

行业通用理论知识鉴定要素细目表

鉴定范围						鉴定点		
一级		二级		三级		代码	名称	重要程度
代码	名称	代码	名称	代码	名称			
A	基本要求	B	基础知识	A	记录填写基础知识	001	运行记录的种类	X
						002	运行记录的填写要求	X
				B	识图基础知识	001	工艺流程图管线的表示方法	X
						002	工艺流程图管件的表示方法	X
						003	工艺流程图阀门的表示方法	X
						004	工艺流程图仪表电气控制点的表示方法	X
				C	安全环保基础知识	001	石化行业生产的不安全因素	X
						002	国家安全生产的方针	X
						003	三级安全教育的内涵	X
						004	头部的防护	X
						005	眼睛和面部的防护	X
						006	脚部的防护	X

续表

鉴定范围						鉴定点		
一级		二级		三级		代码	名称	重要程度
代码	名称	代码	名称	代码	名称			
						007	手部的防护	X
						008	耳部的防护	X
						009	口鼻的防护	X
						010	皮肤的防护	X
						011	机械设备对人体伤害的防护	X
						012	厂内交通安全知识	X
						013	石化行业防火防爆十大禁令的内容	X
						014	尘毒物质的分类	X
						015	职业中毒的种类	X
						016	急性中毒的现场抢救	X
						017	高处作业的防护措施	X
						018	石化行业污染的来源	X
						019	石化行业污染的途径	X
						020	石化行业污染的特点	X
						021	清洁生产的定义	X
						022	清洁生产的内容	X
						023	燃烧的三要素	X
						024	干粉灭火器的适用范围	X
						025	泡沫灭火器的适用范围	X
						026	1211 灭火器的适用范围	X
						027	ISO 14000 系列标准的含义	X
						028	HSE 管理体系的概念	X
						029	建立 HSE 管理体系的意义	X
						030	石化行业事故处理的原则	X
				D	质量基础知识	001	标准化的概念	X
						002	标准等级划分的类别	X
						003	标准的使用范围	X
						004	ISO 9000 族标准的特点	X
				E	计算机基础知识	001	计算机硬件的组成	X
						002	计算机的安全防护	X
						003	Word 文档的录入与排版	X
						004	计算机浏览器的使用	X
						005	电子邮件的收发	X

续表

鉴定范围						鉴定点		
一级		二级		三级		代码	名称	重要程度
代码	名称	代码	名称	代码	名称			
B	相关知识	F	培训与指导	F	法律常识	001	《劳动法》关于劳动者权益的规定	X
						002	劳动合同包含的条款	X
						003	劳动争议解决的途径	X
						004	《劳动法》关于劳动者工作时间的规定	X
						005	《劳动法》关于劳动安全卫生的规定	X
						006	《产品质量法》关于生产者的产品质量责任	X
						007	《产品质量法》关于生产者的产品质量义务	X
						008	《安全生产法》对从业人员的规定	X
						009	《消防法》关于对公民责任的规定	X
				B	鉴定与考评	001	职业技能鉴定的定义	X
						002	职业技能鉴定的目的	X
						003	职业资格等级的划分	X
						004	职业资格证书的用途	X
						005	职业、岗位与工种的关系	X

职业通用理论知识鉴定要素细目表(《烃类衍生物生产工》)

鉴定范围						鉴定点		
一级		二级		三级		代码	名称	重要程度
代码	名称	代码	名称	代码	名称			
A	基本要求	B	基础知识	A	无机化学基础知识	001	物质的量的概念	X
						002	物质的量的计算	X
						003	理想气体的概念	X
						004	理想气体状态方程式的表示方法	X
						005	氢气的物理性质	X
						006	氢气的化学性质	X
						007	氧气的物理性质	X
						008	氧气的化学性质	X
						009	氮气的物理性质	X
						010	空气的组成	X
						011	铁的主要氧化物种类	Y
						012	硫的物理性质	Y
						013	硫化氢的物理性质	X
						014	硫化氢的化学性质	X

续表

鉴定范围						鉴定点		
一级		二级		三级		代码	名称	重要程度
代码	名称	代码	名称	代码	名称			
						015	溶解度的概念	Y
						016	气体标准状态的概念	Y
						017	共价键的概念	Z
						018	离子键的概念	X
						019	硬水的概念	X
				B	有机化学基础知识	001	有机物的概念	X
						002	饱和烃的结构	X
						003	饱和烃的通性	X
						004	烯烃的结构	Y
						005	烯烃的通性	X
						006	炔烃的结构	Y
						007	炔烃的通性	X
						008	卤代烃的结构通式	X
						009	醇的分子结构式	Y
						010	醛的分子结构式	X
						011	酮的分子结构式	X
						012	羧酸的分子结构式	Z
						013	苯的分子结构式	Z
						014	有机化学反应的类型	Y
				C	化工单元操作知识	001	密度的概念	X
						002	流体比容的概念	X
						003	平均相对分子质量的概念	X
						004	流体的压强	X
						005	流体静力学基本方程	Y
						006	流体流速的概念	X
						007	流体流量的概念	X
						008	流体黏度的概念	X
						009	离心泵的工作原理	X
						010	往复泵的工作原理	X
						011	热传导的基本概念	X
						012	热对流基本概念	X
						013	热辐射基本概念	X
						014	换热方式的种类	X
						015	干燥的概念	Y

续表

鉴定范围						鉴定点		
一级		二级		三级		代码	名称	重要程度
代码	名称	代码	名称	代码	名称			
						016	蒸发的概念	Y
						017	气体吸收的概念	X
						018	气体吸收的原理	Y
						019	蒸馏的概念	X
						020	蒸馏的依据	Y
						021	精馏原理	X
						022	过滤的概念	Y
						023	离心分离的概念	X
				D	化工设备基础知识	001	润滑的概念	X
						002	密封的概念	X
						003	压力容器的分类	Y
						004	塔设备的分类	X
						005	压力管路的分类	X
						006	管件的种类	X
						007	常用阀门的种类	X
				E	电工基础及安全用电知识	001	电路基本物理量	X
						002	电路基本元器件	X
						003	单相交流电的基本知识	Y
						004	化工生产对电器的安全防爆要求	X
						005	防触电知识	X
				F	化工仪表及自动化	001	误差的概念	X
						002	误差的分类	X
						003	弹簧式压力计测量原理	Y
						004	差压式液位计原理	X
						005	翻板式液位计原理	X
						006	玻璃板式液位计原理	X
						007	热电偶温度测量原理	Y
						008	热电阻温度测量原理	X
						009	流量计的种类	X
				G	计量及化工分析基础知识	001	法定计量单位	X
						002	计量单位的换算	X
						003	pH值的概念	X

工种理论知识鉴定要素细目表

鉴定范围						鉴定点		
一级		二级		三级		代码	名称	重要程度
代码	名称	代码	名称	代码	名称			
B	共用相关知识	A	工艺操作	A	开车准备	001	工艺概况	X
						002	主要原材料	X
						003	仪表空气的规格	Y
						004	环氧乙烷化学性质	Y
						005	环氧乙烷物理性质	X
						006	环氧乙烷的用途	Z
						007	环氧乙烷对人体的影响	X
						008	乙二醇化学性质	Y
						009	乙二醇物理性质	X
						010	乙二醇的用途	Z
						011	乙二醇对人体的影响	X
						012	PID 图的概念	X
						013	PFD 图的概念	X
						014	PID 图中管线各代码意义	X
						015	联锁逻辑图中常用符号及意义	X
		B	设备使用与维护	A	使用设备	001	安全阀的作用	X
						002	安全阀的主要参数	Y
						003	离心泵的选用依据	X
						004	离心泵的操作步骤	X
						005	离心泵的流量调节	X
						006	离心泵的性能参数	Y
						007	往复泵的工作原理	X
						008	往复泵的操作步骤	X
						009	过滤器操作步骤	X
						010	疏水器的作用	X
						011	疏水器的工作原理	Z
						012	水锤的处理	X
						013	可燃气体报警仪使用知识	Z
						014	工艺管线伴管型式	X
						015	换热器的型式	Y
						016	换热器的投用步骤	X
						017	常用手阀的类型	Y
						018	常用手阀的特性	Y

续表

鉴定范围						鉴定点		
一级		二级		三级		代码	名称	重要程度
代码	名称	代码	名称	代码	名称			
						019	现场液位计的工作原理	X
						020	单向阀的分类	X
						021	单向阀的作用	Y
				B	维护设备	001	压力表的更换规范	X
						002	液位计的更换规范	X
						003	听棒的使用方法	X
						004	离心泵运行巡检内容	X
						005	防冻保温方法	X
						006	备用泵的防冻保温方法	X
						007	备用离心泵盘车的作用	X
						008	动火安全管理规定的要求	X
						009	HSE 标准的基本内容	X
		C	事故判断与处理	A	判断事故	001	判断泵滤网堵的方法	X
				B	处理事故	001	消防器材的使用方法	X
						002	气防器材的使用方法	X
						003	离心泵气蚀的处理方法	X
		D	绘图与计算	A	绘图	001	设备简图知识	X
						002	化工识图知识	X
				B	计算	001	常用压力单位换算	X
						002	常用温度单位换算	X
						003	常用浓度单位换算	X
C	氧化相关知识	A	工艺操作	A	开车准备	001	乙烯的物理性质	X
						002	乙烯的化学性质	X
						003	氧气的物理性质	X
						004	氧气的化学性质	X
						005	致稳气的作用	X
						006	抑制剂的作用	X
						007	循环气系统在线分析仪表的取样位置	X
						008	循环气系统在线分析仪表的分析项目	X
						009	投料前氧化反应器应具备的条件	X
						010	氧化反应器中发生的主副反应	X
						011	高压氮气压缩机开车前需具备的条件	X
				B	开车操作	001	循环气系统的工艺流程	X
						002	撤热系统的工艺流程	X

续表

鉴定范围						鉴定点		
一级		二级		三级		代码	名称	重要程度
代码	名称	代码	名称	代码	名称			
						003	氮气致稳与甲烷致稳开车的区别	X
						004	高压氮气系统的工艺流程	X
						005	循环气系统建立步骤	X
						006	反应器升温步骤	X
						007	反应器升温注意事项	X
						008	开车泵的作用	X
						009	开车投料程序	X
						010	BFW 系统建立步骤	X
						011	氧气混合站系统的工艺流程	Y
				C	正常操作	001	选择性的概念	X
						002	转化率的概念	X
						003	反应器空速的概念	Y
						004	反应器撤热原理	Y
						005	反应器温度的控制方法	X
						006	反应器主要的控制参数	X
						007	反应器控制各参数的目的	X
						008	乙烷浓度对氧化反应的影响	X
						009	氩气浓度对氧化反应的影响	X
						010	二氧化碳浓度对氧化反应的影响	X
						011	催化剂活性选择性与温度的关系	X
						012	循环气中氩气浓度控制方法	X
				D	停车操作	001	氧化反应器降负荷过程	X
						002	降负荷过程中注意事项	X
						003	氧化反应器降温步骤	X
						004	氧化反应器停止进料的原则	X
						005	降温后反应器、大小汽包的保护方法	X
						006	循环气管线置换步骤	X
						007	乙烯管线的置换要求	X
						008	氧气管线的置换要求	X
						009	甲烷管线的置换要求	X
		C	事故判断与处理	A	判断事故	001	循环气流量波动的原因	X
						002	循环气氧气浓度波动的原因	Y
						003	循环气乙烯浓度波动的原因	X
						004	循环气压力迅速变化的原因	X

续表

鉴定范围						鉴定点		
一级		二级		三级		代码	名称	重要程度
代码	名称	代码	名称	代码	名称			
						005	反应器开车时温度升不上来的原因	X
				B	处理事故	001	甲烷不合格的处理方法	Y
						002	氧气混合站联锁停车后处理方法	X
						003	氧气压力、温度波动的处理方法	X
						004	乙烯压力、温度波动的处理方法	X
						005	循环气压缩机停车后氧化反应器的处理方法	X
		D	绘图与计算	B	计算	001	转化率计算方法	X
						002	选择性计算方法	X
						003	装置开工率的计算方法	X
D	吸收相关知识	A	工艺操作	A	开车准备	001	消泡剂的作用	X
						002	冲洗水的作用	X
						003	除沫器的作用	X
						004	二氧化碳吸收、解吸的原理	X
						005	二氧化碳脱除系统的作用	X
						006	环氧乙烷吸收、解吸系统的作用	X
				B	开车操作	001	二氧化碳脱除系统的工艺流程	X
						002	环氧乙烷吸收、解吸系统的工艺流程	X
						003	环氧乙烷再吸收系统的工艺流程	X
						004	回收压缩机的工艺流程	X
						005	再沸器升温注意事项	X
						006	建立环氧乙烷吸收、解吸水运条件	X
						007	建立环氧乙烷再吸收水运条件	X
						008	建立碳酸钾循环、热运的步骤	Y
						009	环氧乙烷再吸收热运步骤	X
						010	环氧乙烷吸收、解吸热运步骤	X
						011	残余环氧乙烷吸收塔工艺流程	X
						012	急冷液汽提塔工艺流程	X
				C	正常操作	001	二氧化碳脱除系统工艺基本原理	X
						002	环氧乙烷解吸、吸收系统工艺基本原理	X
						003	碳酸盐溶液的主要组成	Y
						004	二氧化碳脱除系统循环气的组成	X
						005	二氧化碳解吸塔釜温调节方法	Y
						006	环氧乙烷解吸塔釜温调节方法	X

续表

鉴定范围						鉴定点		
一级		二级		三级		代码	名称	重要程度
代码	名称	代码	名称	代码	名称			
						007	二氧化碳脱除系统负荷调整依据、方法	X
						008	环氧乙烷再吸收塔塔顶尾气的组成	Y
						009	环氧乙烷再吸收塔压力高低的利弊	X
						010	环氧乙烷再吸收塔釜温度高低的利弊	X
						011	环氧乙烷解吸塔压力高低的利弊	X
						012	环氧乙烷吸收塔急冷段急冷吸收液的温度高低的利弊	X
				D	停车操作	001	碳酸盐系统的倒空步骤	X
						002	碳酸盐系统的水洗步骤	X
						003	碳酸盐系统倒空水洗注意事项	Y
						004	碳酸盐系统循环气置换方法	X
						005	环氧乙烷吸收、解吸系统置换方法	X
						006	环氧乙烷吸收、解吸系统倒空要求	X
						007	工业“三废”的定义	X
						008	氧化降负荷时环氧乙烷吸收系统需要调整的参数	X
		C	事故判断与处理	A	判断事故	001	再沸器蒸汽加不进原因	X
						002	再沸器循环效果差的原因	Y
						003	环氧乙烷解吸塔釜温高原因	X
						004	二氧化碳吸收系统发泡的判断	X
						005	环氧乙烷吸收系统发泡的判断	X
				B	处理事故	001	换热器常见故障的处理方法	X
						002	二氧化碳脱除系统的发泡处理方法	X
						003	环氧乙烷解吸、吸收系统的发泡处理方法	X
		D	绘图与计算	B	计算	001	碳酸盐总浓度计算	X
E	环氧乙烷水合岗位相关知识	A	工艺操作	A	开车准备	001	灵敏板的概念	X
						002	回流比的概念	X
						003	全回流的概念	X
						004	环氧乙烷槽车装车前的分析指标	X
						005	环氧乙烷槽车装车前的分析目的	X
						006	环氧乙烷精制系统开车前确认内容	X
						007	环氧乙烷球罐进料条件	X
				B	开车操作	001	冷冻盐水的性质	X
						002	冷冻盐水的配制方法	Y
						003	再沸器升温注意事项	X

续表

鉴定范围						鉴定点		
一级		二级		三级		代码	名称	重要程度
代码	名称	代码	名称	代码	名称			
						004	环氧乙烷取样的注意事项	X
						005	环氧乙烷精制塔的工艺流程	X
						006	环氧乙烷精制塔回流泵的启动条件	X
						007	环氧乙烷精制塔安全阀投用步骤	Y
						008	环氧乙烷精制塔的开车步骤	X
				C	正常操作	001	回流的作用	X
						002	环氧乙烷产品规格	Y
						003	精制塔回流比与产品质量的关系	Y
						004	环氧乙烷进料温度控制方法、原则	X
						005	环氧乙烷精制塔负荷调整要点	X
						006	环氧乙烷精制塔脱醛的流程	X
						007	环氧乙烷精制塔主要控制指标	X
				D	停车操作	001	空气中环氧乙烷浓度的要求	X
						002	环氧乙烷精制塔降负荷注意事项	X
						003	环氧乙烷精制塔停车步骤	Y
						004	环氧精制系统的排放标准	Y
						005	环氧乙烷精制系统水煮(清洗)置换注意事项	X
						006	环氧乙烷物料系统设备交出条件	X
						007	罐区贮罐倒空清理方法	X
		B	设备使用与维护	A	使用设备	001	EO 物料系统的保温材料要求	X
						002	EO 回流罐切断阀工作原理	Z
						003	环氧乙烷场所工器具要求	X
		C	事故判断与处理	A	判断事故	001	环氧乙烷物料系统压力仪表管线堵塞的断定	X
						002	环氧乙烷回流泵出口压力低的原因	X
						003	环氧乙烷精制塔压力上升原因	X
				B	处理事故	001	环氧乙烷精制塔安全阀起跳事故的处理方法	X
						002	环氧乙烷溅在人体表皮时处理方法	X
						003	环氧乙烷泄漏时的处理方法	X
						004	EO 精制塔回流泵抽空事故的处理	Y
F	环氧乙烷水合和蒸发岗位相关知识	A	工艺操作	A	开车准备	001	汽提的原理	X
						002	绝热反应的特点	Y
						003	多效蒸发的特点	X

续表

鉴定范围						鉴定点		
一级		二级		三级		代码	名称	重要程度
代码	名称	代码	名称	代码	名称			
						004	水合反应方程式	X
						005	反应停留时间概念	X
						006	水合反应蒸发系统水运前具备条件	X
						007	一次蒸汽、二次蒸汽的概念	X
				B	开车操作	001	多效蒸发系统工艺流程	X
						002	水合反应系统工艺流程	X
						003	再沸器升温注意事项	X
						004	真空泵的投用步骤	X
						005	水合反应器的主要操作参数	X
						006	蒸发岗位末效抽真空注意事项	X
						007	多效蒸发系统水运建立步骤	X
				C	正常操作	001	水合反应器的反应原理	X
						002	水合比调整方法、依据	X
						003	水合比对水合反应选择性的影响	X
						004	水合反应中点温度的意义	X
						005	蒸发系统设置回流的作用	X
						006	温度对汽提效果的影响	X
						007	汽提介质量对汽提效果的影响	Y
				D	停车操作	001	多效蒸发停车步骤	Y
						002	多效蒸发系统的排放标准	X
						003	水合反应进料无环氧乙烷的标志	X
						004	多效蒸发停车注意事项	X
		C	事故判断与处理	A	判断事故	001	蒸发器安全阀起跳原因	X
						002	末效蒸发器真空高原因	X
						003	再沸器蒸汽加不进原因	X
				B	处理事故	001	酸、碱灼伤的处理方法	X
						002	酸、碱泄漏的处理方法	X
						003	蒸发器泄漏的处理方法	X
						004	蒸发器安全阀起跳事故的处理方法	X
						005	末效蒸发器真空泵故障处理方法	X
						006	末效蒸发器故障处理方法	X
						007	蒸发岗位紧急停车处理方法	Y

续表

鉴定范围						鉴定点		
一级		二级		三级		代码	名称	重要程度
代码	名称	代码	名称	代码	名称			
G	乙二醇精制岗位相关知识	A	工艺操作	A	开车准备	001	回流比的概念	X
						002	全回流的概念	X
						003	灵敏板的概念	X
						004	气密的要求	X
						005	干燥的要求	X
						006	成品罐进料条件	X
				B	开车操作	001	再沸器升温注意事项	X
						002	真空泵的投用步骤	X
						003	乙二醇脱水塔的流程	X
						004	乙二醇精制塔的流程	X
						005	二乙二醇精制塔的流程	Y
						006	二乙二醇汽提、三乙二醇精制流程	Y
						007	乙二醇脱水塔开车步骤	X
						008	乙二醇精制塔开车操作	X
				C	正常操作	001	回流的作用	Y
						002	乙二醇脱水塔主要脱除的杂质	X
						003	乙二醇脱水塔回流对塔操作的影响	X
						004	乙二醇脱水塔主要控制参数	X
						005	乙二醇精制塔主要控制参数	X
						006	乙二醇精制系统主要分析点	X
						007	乙二醇精制系统主要分析项目	X
						008	乙二醇精制系统主要分析项目的意义	X
						009	升降负荷中乙二醇精制系统主要调整参数	X
				D	停车操作	001	乙二醇脱水塔停车交出条件	X
						002	乙二醇精制塔停车交出条件	X
						003	乙二醇精制系统的排放标准	Y
						004	乙二醇精制、脱水系统物料倒空置换方法	Y
						005	二乙二醇、三乙二醇精制系统物料倒空置换方法	X
						006	乙二醇精制塔停车操作	X
		C	事故判断与处理	A	判断事故	001	乙二醇脱水塔真空高原因	X
						002	乙二醇精制塔真空高原因	X
						003	再沸器蒸汽加不进原因	X
						004	判断塔过滤器堵的方法	X

续表

鉴定范围						鉴定点		
一级		二级		三级		代码	名称	重要程度
代码	名称	代码	名称	代码	名称			
				B	处理事故	001	粗乙二醇物料窜入了乙二醇成品罐的处理方法	X
						002	乙二醇泄漏的处理方法	Y
						003	乙二醇精制岗位停冷却水的处理方法	X

三、理论知识试题

行业通用理论知识试题

判断题

1. 岗位交接班记录不属于运行记录。 (√)

2. 填写记录要求及时、准确、客观真实、内容完整、字迹清晰。 (√)

3. 工艺流程图中，主要物料(介质)的流程线用细实线表示。 (×)

正确答案：工艺流程图中，主要物料(介质)的流程线用粗实线表示。

4. 在工艺流程图中，表示法兰堵盖的符号是。 (√)

5. 在工艺流程图中，符号表示的是减压阀。 (×)

正确答案：在工艺流程图中，符号表示的是减压阀。

6. 带控制点的工艺流程图中，表示压力调节阀的符号是。 (×)

正确答案：带控制点的工艺流程图中，表示压力调节阀的符号是。

7. 石化生产中存在诸多不安全因素。事故多，损失大。 (√)

8. 防护罩、安全阀等不属于安全防护装置。 (×)

正确答案：防护罩、安全阀等均属于安全防护装置。

9. 安全检查的任务是发现和查明各种危险和隐患，督促整改；监督各项安全管理规章制度的实施；制止违章指挥、违章作业。 (√)

10. 女工在从事转动设备作业时必须将长发或发辫盘卷在工作帽内。 (√)

11. 从事化工作业人员必须佩戴防护镜或防护面罩。 (×)

正确答案：从事对眼睛及面部有伤害危险作业时必须佩戴有关的防护镜或面罩。

12. 穿用防护鞋时应将裤脚插入鞋筒内。 (×)

正确答案：穿用防护鞋的职工禁止将裤脚插入鞋筒内。

13. 对于从事在生产过程中接触能通过皮肤侵入人体的有害尘毒作业人员，只需发放防护服。 (×)

正确答案：对于从事在生产过程中接触能通过皮肤侵入人体的有害尘毒作业人员，需发放防护服，并需有工业护肤用品，涂在手臂、脸部，以保护职工健康。

14. 在超过噪声标准的岗位工作的职工，要注意保护自己的听力，可戴上企业发给的各种耳塞、耳罩等。 (×)

正确答案：在超过噪声标准的岗位工作的职工，要注意保护自己的听力，一定要戴上企业发给的各种耳塞、耳罩等。

15. 口鼻的防护即口腔和鼻腔的防护。 （×）

正确答案：口鼻的防护即呼吸系统的防护。

16. 人体皮肤是化工生产中有毒有害物质侵入人体的主要途径。 （√）

17. 一般情况下，应将转动、传动部位用防护罩保护起来。 （√）

18. 在设备一侧的转动、传动部位要做好外侧及内侧的防护。 （×）

正确答案：在设备一侧的转动、传动部位要做好外侧及周边的防护。

19. 各种皮带运输机、链条机的转动部位，除装防护罩外，还应有安全防护绳。 （√）

20. 在传动设备的检修工作中，只需在电气开关上挂有“有人作业，禁止合闸”的安全警告牌。 （×）

正确答案：在传动设备的检修工作中，电气开关上应挂有“有人作业，禁止合闸”的安全警告牌，并设专人监护。

21. 限于厂内行驶的机动车不得用于载人。 （√）

22. 严禁在生产装置罐区及易燃易爆装置区内用有色金属工具进行敲打撞击作业。 （×）

正确答案：严禁在生产装置罐区及易燃易爆装置区内用黑色金属工具进行敲打撞击作业。

23. 烟、雾、粉尘等物质是气体，易进入呼吸系统，危害人体健康。 （×）

正确答案：烟、雾、粉尘等物质是气溶胶，易进入呼吸系统，危害人体健康。

24. 烟尘的颗粒直径在 $0.1\mu m$ 以下。 （√）

25. 职业中毒是指在生产过程中使用的有毒物质或有毒产品，以及生产中产生的有毒废气、废液、废渣引起的中毒。 （√）

26. 毒物进入人体就叫中毒。 （×）

正确答案：毒物对有机体的毒害作用叫中毒。

27. 低毒物质进入人体所引发的病变称慢性中毒。 （×）

正确答案：低浓度的毒物长期作用于人体所引发的病变称慢性中毒。

28. 急性中毒患者呼吸困难时应立即吸氧。停止呼吸时，立即做人工呼吸，气管内插管给氧，维持呼吸通畅并使用兴奋剂药物。 （√）

29. 急性中毒患者心跳骤停应立即做胸外挤压术，每分钟 30～40 次。 （×）

正确答案：急性中毒患者心跳骤停应立即做胸外挤压术，每分钟 60～70 次。

30. 休克病人应平卧位，头部稍高。昏迷病人应保持呼吸道畅通，防止咽下呕吐物。 （×）

正确答案：休克病人应平卧位，头部稍低。昏迷病人应保持呼吸道畅通，防止咽下呕吐物。

31. 高处作业人员应系用与作业内容相适应的安全带，安全带应系挂在施工作业处上方的牢固挂件上，不得系挂在有尖锐的棱角部位。 （√）

32. 高处作业可以上下投掷工具和材料，所用材料应堆放平稳，必要时应设安全警戒区，并设专人监护。 （×）

正确答案：高处作业严禁上下投掷工具和材料，所用材料应堆放平稳，必要时应设安全警戒区，并设专人监护。

33. 高处作业人员不得站在不牢固的结构物上进行作业，可以在高处休息。 （×）

正确答案： 高处作业人员不得站在不牢固的结构物上进行作业，不得在高处休息。

34. 燃烧产生的废气是石化行业污染的主要来源之一。 （√）

35. 工艺过程排放是造成石化行业污染的主要途径。 （√）

36. 成品或副产品不会造成石化行业的污染。 （×）

正确答案： 成品或副产品的夹带也会造成石化行业的污染。

37. 石化行业污染的特点之一是污染物种类多、危害大。 （√）

38. 清洁生产通过末端治理污染来实现。 （×）

正确答案： 清洁生产通过应用专门技术，改进工艺、设备和改变管理态度来实现。

39. 清洁的服务不属于清洁生产的内容。 （×）

正确答案： 清洁的服务属于清洁生产的内容之一。

40. 引起闪燃的最高温度称为闪点。 （×）

正确答案： 引起闪燃的最低温度称为闪点。

41. 燃点是指可燃物质在空气充足条件下，达到某一温度时与火源接触即行着火，并在移去火源后继续燃烧的最低温度。 （√）

42. 自燃点是指可燃物在没有火焰、电火花等火源直接作用下，在空气或氧气中被加热而引起燃烧的最高温度。 （×）

正确答案： 自燃点是指可燃物在没有火焰、电火花等火源直接作用下，在空气或氧气中被加热而引起燃烧的最低温度。

43. 干粉灭火器能迅速扑灭液体火焰，同时泡沫能起到及时冷却作用。 （√）

44. 抗溶性泡沫灭火剂可以扑灭一般烃类液体火焰，但不能扑救水溶性有机溶剂的火灾。 （×）

正确答案： 抗溶性泡沫灭火剂可以扑灭一般烃类液体火焰，同时能扑救水溶性有机溶剂的火灾。

45. 1211 灭火器仅适用于扑灭易燃、可燃气体或液体，不适用于扑灭一般易燃固体物质的火灾。 （×）

正确答案： 1211 灭火器不仅适用于扑灭易燃、可燃气体或液体，也适用于扑灭一般易燃固体物质的火灾。

46. ISO 14000 系列环境管理标准是国际标准化组织（ISO）第 207 技术委员会（ISO/TC207）组织制定的环境管理体系标准，其标准号从 14001 到 14100，共 100 个标准号，统称为 ISO 14000 系列标准。 （√）

47. HSE 管理体系是指实施安全、环境与健康管理的组织机构、职责、做法、程序、过程和资源等而构成的整体。 （√）

48. HSE 中的 S（安全）是指在劳动生产过程中，努力改善劳动条件、克服安全因素，使劳动生产在保证劳动者健康、企业财产不受损失、人民生命安全的前提下顺利进行。 （×）

正确答案： HSE 中的 S（安全）是指在劳动生产过程中，努力改善劳动条件、克服不安全因素，使劳动生产在保证劳动者健康、企业财产不受损失、人民生命安全的前提下顺利进行。

49. 建立 HSE 管理体系可改善企业形象，取得经济效益和社会效益。 （√）

50. 建立 HSE 管理体系不能控制 HSE 风险和环境影响。（×）

正确答案：建立 HSE 管理体系可有效控制 HSE 风险和环境影响。

51. 对工作不负责任，不严格执行各项规章制度，违反劳动纪律造成事故的主要责任者应严肃处理。（√）

52. 标准化是指在经济、技术、科学及管理等社会实践中，对事物和概念通过制订、发布和实施标准达到统一，以获最佳秩序和社会效益。（×）

正确答案：标准化是指在经济、技术、科学及管理等社会实践中，对重复性事物和概念通过制订、发布和实施标准达到统一，以获最佳秩序和社会效益。

53. 任何标准，都是在一定条件下的"统一规定"，标准化的统一是相对的。（√）

54. 对已有国家标准、行业标准或地方标准的，鼓励企业制定低于国家标准、行业标准或地方标准要求的企业标准。（×）

正确答案：对已有国家标准、行业标准或地方标准的，鼓励企业制订高于国家标准、行业标准或地方标准要求的企业标准。

55. 按约束力分，国家标准、行业标准可分为强制性标准、推荐性标准和指导性技术文件。（√）

56. 只要企业活动和要素具有"重复性"，都可以进行标准化。（√）

57. 2000 版 ISO 9000 族标准可适用于所有产品类型、不同规模和各种类型的组织，并可根据实际需要增加某些质量管理要求。（×）

正确答案：2000 版 ISO 9000 族标准可适用于所有产品类型、不同规模和各种类型的组织，并可根据实际需要减少某些质量管理要求。

58. ISO 9000 族标准是质量保证模式标准之一，用于合同环境下的外部质量保证。可作为供方质量保证工作的依据，也是评价供方质量体系的依据。（√）

59. 计算机内存是可以由 CPU 直接存取数据的地方。（√）

60. 杀毒软件对于病毒来说永远是落后的，也就是说，只有当一种病毒出现后，才能产生针对这种病毒的消除办法。（√）

61. 在计算机应用软件 Word 中输入文字，当打满一行时，必须按一下 Enter 键换到下一行继续输入。（×）

正确答案：在 Word 中输入文字，当打满一行时，不需按一下 Enter 键，系统可自动换到下一行继续输入。

62. 中国大陆地区的顶级域名是"cn"。（√）

63. 使用应用程序 Outlook Express 可以同时向多个地址发送电子邮件，也可以把收到的邮件转发给第三者。（√）

64.《劳动法》规定，对劳动者基本利益的保护是最基本的保护，不应由于用人单位所有制的不同或组织形式不同而有所差异。（√）

65. 依据《劳动法》的规定，劳动争议当事人对仲裁裁决不服的，可以自收到仲裁裁决书之日起三十日内向人民法院提起诉讼。一方当事人在法定期限内不起诉又不履行仲裁裁决的，另一方当事人可申请人民法院强制执行。（√）

66. 劳动安全卫生工作"三同时"是指：新建工程的劳动安全卫生设施必须与主体工程同时设计、同时施工、同时投入生产和使用。（×）

正确答案： 劳动安全卫生工作“三同时”是指：新建、改建或扩建工程的劳动安全卫生设施必须与主体工程同时设计、同时施工、同时投入生产和使用。

67.《产品质量法》规定，生产者不得生产国家明令淘汰的产品；不得伪造或者冒用认证标志等质量标志。（√）

68. 产品质量义务分为积极义务和消极义务，“生产者不得伪造产地，不得伪造或者冒用他人的厂名、厂址”属于产品生产者的积极义务。（×）

正确答案： 产品质量义务分为积极义务和消极义务，“生产者不得伪造产地，不得伪造或者冒用他人的厂名、厂址”属于产品生产者的消极义务。

69. 从业人员在发现直接危及人身安全的紧急情况时，有权停止作业或者在采取可能的应急措施后撤离作业场所。（√）

70.《消防法》第四十八条规定：埋压、圈占消火栓或者占用防火间距、堵塞消防通道的，或者损坏和擅自挪用、拆除、停用消防设施、器材的，处警告、罚款或者十日以下拘留。（×）

正确答案：《消防法》第四十八条规定：埋压、圈占消火栓或者占用防火间距、堵塞消防通道的，或者损坏和擅自挪用、拆除、停用消防设施、器材的，处警告或者罚款。

71. 职业技能鉴定是按照国家规定的职业标准，通过政府授权的考核鉴定机构对劳动者的专业知识和技能水平进行客观、公正、科学规范地评价与认证的活动。（√）

72. 职业技能鉴定是为劳动者颁发职业资格证书。（×）

正确答案： 职业技能鉴定是为劳动者持证上岗和用人单位就业准入提供资格认证的活动。

73. 职业技能鉴定考试是以社会劳动者的职业技能为对象，以规定的职业标准为参照系统，通过相关知识和实际操作的考核作为综合手段，为劳动者持证上岗和用人单位就业准入提供资格认证的活动。（√）

74. 职业资格证书分一级、二级、三级、四级、五级五个级别。（√）

75. 职业资格证书是劳动者的专业知识和职业技能水平的证明。（√）

76. 职业资格证书是劳动者持证上岗和用人单位录用员工的资格认证。（√）

77. 职业是指从业人员为获取主要生活来源所从事的社会工作类别。（√）

78. 一个职业可以包括一个或几个工种，一个工种又可以包括一个或几个岗位，它们是一种包含与被包含的关系。（√）

单选题

1. 运行记录填写错误需要更正时，必须采用（ C ）。

A. 撕页重写　　B. 用刀片刮去重写　　C. 划改　　D. 涂改

2. 化工管路图中，表示蒸汽伴热管道的规定线型是（ C ）。

A. 　　B. 　　C. 　　D. 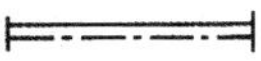

3. 化工管路图中，表示热保温管道的规定线型是（ A ）。

A. 　　B. 　　C. 　　D. 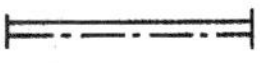

4. 在工艺流程图中，下列符号表示活接头的是（ C ）。

A. 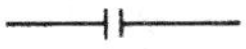　　B. 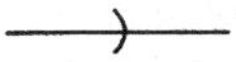　　C. 　　D. 

5. 在工艺流程图中，表示法兰连接的符号是(D)。

A. 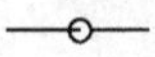 B. 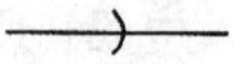 C. 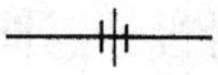 D. 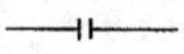

6. 在工艺流程图中，表示闸阀的符号是(B)。

A.  B.  C.  D. 

7. 在工艺流程图中，表示球阀的符号是(D)。

A.  B.  C. 

D. 

8. 在工艺流程图中，表示截止阀的符号是(A)。

A. 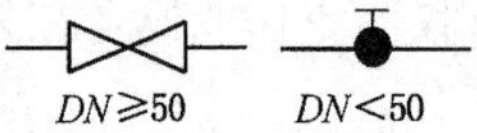

B. 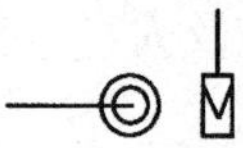

C.  D. 

9. 带控制点的工艺流程图中，仪表控制点以(A)在相应的管路上用代号、符号画出。

A. 细实线　B. 粗实线　C. 虚线　D. 点划线

10. 带控制点的工艺流程图中，表示指示的功能符号是(C)。

A. T　B. J　C. Z　D. X

11. 带控制点的工艺流程图中，表示电磁流量计的符号是(B)。

A. 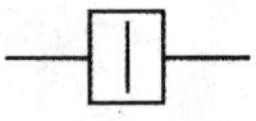 B. 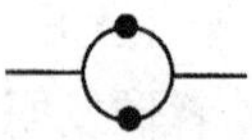

C.  D. 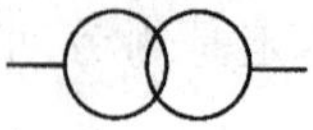

12. 石化生产存在许多不安全因素，其中易燃、易爆、有毒、有(A)的物质较多是主要的不安全因素之一。

A. 腐蚀性　B. 异味　C. 挥发性　D. 放射性

13. 石化生产的显著特点是工艺复杂、(C)要求严格。

A. 产品　B. 原料　C. 操作　D. 温度

14. 我国安全生产的方针是“(C)第一，预防为主”。

A. 管理　B. 效益　C. 安全　D. 质量

15.“防消结合，以(D)为主”。

A. 管　B. 消　C. 人　D. 防

16.“三级安全教育”即厂级教育、车间级教育、(A)级教育。

A. 班组　B. 分厂　C. 处　D. 工段

17. 工人的日常安全教育应以“周安全活动”为主要阵地进行，并对其进行(B)的安全教育考核。

A. 每季一次　B. 每月一次　C. 每半年一次　D. 一年一次

18. 为保护头部不因重物坠落或其他物件碰撞而伤害头部的防护用品是(A)。

A. 安全帽　B. 防护网　C. 安全带　D. 防护罩

19. 从事(B)作业时，作业人员必须穿好专用的工作服。

A. 电焊　B. 酸碱　C. 高空　D. 气焊

20. 从事计算机、焊接及切割作业、光或其他各种射线作业时，需佩戴专用(C)。

A. 防护罩　　B. 防护网　　C. 防护镜　　D. 防护服

21. 从事有(B)、热水、热地作业时应穿相应胶鞋。

A. 硬地　　B. 腐蚀性　　C. 检修作业　　D. 机床作业

22. 从事(A)作业时应穿耐油胶鞋。

A. 各种油类　　B. 酸碱类　　C. 机加工　　D. 检查维护

23. 从事酸碱作业时，作业人员需戴(C)手套。

A. 布　　B. 皮

C. 耐酸碱各种橡胶　　D. 塑料

24. 线手套或(B)手套只可作为一般的劳动防护用品。

A. 皮　　B. 布　　C. 橡胶　　D. 塑料

25. 耳的防护即(A)的保护。

A. 听力　　B. 耳廓　　C. 头部　　D. 面部

26. 工作地点有有毒的气体、粉尘、雾滴时，为保护呼吸系统，作业人员应按规定携带戴好(A)。

A. 过滤式防毒面具　　B. 防护服

C. 口罩　　D. 防护面罩

27. 从事易燃、易爆岗位的作业人员应穿(B)工作服。

A. 腈纶　　B. 防静电　　C. 涤纶　　D. 防渗透

28. 从事苯、石油液化气等易燃液体作业人员应穿(D)工作服。

A. 耐腐蚀　　B. 阻燃　　C. 隔热　　D. 防静电

29. 各种皮带运输机、链条机的转动部位，除安装防护罩外，还应有(A)。

A. 安全防护绳　　B. 防护线　　C. 防护人　　D. 防护网

30. 厂内行人要注意风向及风力，以防在突发事故中被有毒气体侵害。遇到情况时要绕行、停行、(C)。

A. 顺风而行　　B. 穿行　　C. 逆风而行　　D. 快行

31. 不能用于擦洗设备的是(D)。

A. 肥皂　　B. 洗衣粉　　C. 洗洁精　　D. 汽油

32. 不属于有毒气体的是(C)。

A. 氯气　　B. 硫化氢　　C. 二氧化碳　　D. 一氧化碳

33. 属于气体物质的是(A)。

A. 氯气　　B. 烟气　　C. 盐酸雾滴　　D. 粉尘

34. 引起慢性中毒的毒物绝大部分具有(A)。

A. 蓄积作用　　B. 强毒性

C. 弱毒性　　D. 中强毒性

35. 急性中毒现场抢救的第一步是(C)。

A. 迅速报警　　B. 迅速拨打 120 急救

C. 迅速将患者转移到空气新鲜处　　D. 迅速做人工呼吸

36. 酸烧伤时，应用(B)溶液冲洗。

A. 5%碳酸钠　　B. 5%碳酸氢钠　　C. 清水　　D. 5%硼酸

37. 高处作业是指在坠落高度基准面(含)(A)m以上，有坠落可能的位置进行的作业。

A. 2　　B. 2.5　　C. 3　　D. 5

38. 一般不会造成环境污染的是(B)。

A. 化学反应不完全　　B. 化学反应完全

C. 装置的泄漏　　D. 化学反应中的副反应

39. 不属于石化行业污染主要途径的是(C)。

A. 工艺过程的排放　　B. 设备和管线的滴漏

C. 成品运输　　D. 催化剂、助剂等的弃用

40. 不属于石化行业污染特点的是(B)。

A. 毒性大　　B. 毒性小　　C. 有刺激性　　D. 有腐蚀性

41. 清洁生产是指在生产过程、产品寿命和(A)领域持续地应用整体预防的环境保护战略，增加生态效率，减少对人类和环境的危害。

A. 服务　　B. 能源　　C. 资源　　D. 管理

42. 清洁生产的内容包括清洁的能源、(D)、清洁的产品、清洁的服务。

A. 清洁的原材料　　B. 清洁的资源

C. 清洁的工艺　　D. 清洁的生产过程

43. 不属于燃烧三要素的是(C)。

A. 点火源　　B. 可燃性物质　　C. 阻燃性物质　　D. 助燃性物质

44. 气体测爆仪测定的是可燃气体的(D)。

A. 爆炸下限　　B. 爆炸上限

C. 爆炸极限范围　　D. 浓度

45. MF4型手提式干粉灭火器的灭火参考面积是(B)m^2。

A. 1.5　　B. 1.8　　C. 2.0　　D. 2.5

46. MF8型手提式干粉灭火器的喷射距离大于等于(B)m。

A. 3　　B. 5　　C. 6　　D. 7

47. MFT70型推车式干粉灭火器的灭火射程在(D)m。

A. 8 ~ 10　　B. 17 ~ 20　　C. 30 ~ 35　　D. 10 ~ 13

48. MPT100型推车式干粉灭火器的灭火射程在(A)m。

A. 16 ~ 18　　B. 14 ~ 16　　C. 12 ~ 14　　D. 18 ~ 20

49. MY2型手提式1211灭火器的灭火射程是(C)m。

A. 1　　B. 2　　C. 3　　D. 4

50. MY0.5型手提式1211灭火器的灭火射程在(D)m。

A. 3　　B. 4.5　　C. 2.5　　D. 2

51. ISO 14000系列标准的核心是(B)标准。

A. ISO 14000　　B. ISO 14001　　C. ISO 14010　　D. ISO 14100

52. HSE管理体系是指实施安全、环境与(C)管理的组织机构、职责、做法、程序、过程和资源等而构成的整体。

A. 生命　　B. 过程　　C. 健康　　D. 资源

53. 建立 HSE 管理体系可提高企业安全、环境和健康(A)。
A. 管理水平　B. 操作水平　C. 使用水平　D. 能源水平
54. 事故处理要坚持(C)不放过的原则。
A. 二　B. 三　C. 四　D. 五
55. 违章作业、违反纪律等造成的一般事故，对责任者应给予(D)。
A. 警告处分　B. 记过处分　C. 行政处分　D. 处罚
56. 标准化包括(C)的过程。
A. 研究、制定及颁布标准　B. 制定、修改及使用标准
C. 制定、发布及实施标准　D. 研究、公认及发布标准
57. 根据《中华人民共和国标准化法》的规定，我国的标准分为(B)四级。
A. 国际标准、国家标准、地方标准和企业标准
B. 国家标准、行业标准、地方标准和企业标准
C. 国家标准、地方标准、行业标准和企业标准
D. 国际标准、国家标准、行业标准和地方标准
58. 我国在国家标准管理办法中规定国家标准的有效期一般为(C)年。
A. 3　B. 4　C. 5　D. 7
59. 2000 版 ISO 9000 族标准适用的范围是(D)。
A. 小企业　B. 大中型企业
C. 制造业　D. 所有行业和各种规模的组织
60. 在电脑的存储设备中，数据存取速度从快到慢的顺序是(B)。
A. 软盘、硬盘、光盘、内存　B. 内存、硬盘、光盘、软盘
C. 软盘、硬盘、内存、光盘　D. 光盘、软盘、内存、硬盘
61. 计算机硬件系统最核心的部件是(C)。
A. 内存储器　B. 主机　C. CPU　D. 主板
62. 键盘是计算机的一种(D)设备。
A. 控制　B. 存储　C. 输出　D. 输入
63. 计算机病毒会给计算机造成的损坏是(B)。
A. 只损坏软件　B. 损坏硬件、软件或数据
C. 只损坏硬件　D. 只损坏数据
64. 一张加了写保护的软磁盘(C)。
A. 不会向外传染病毒，但是会感染病毒
B. 不会向外传染病毒，也不会感染病毒
C. 不会再感染病毒，但是会向外传染病毒
D. 既向外传染病毒，又会感染病毒
65. 计算机防病毒软件可(B)。
A. 永远免除计算机病毒对计算机的侵害
B. 具有查病毒、杀病毒、防病毒的功能
C. 消除全部已发现的计算机病毒
D. 对已知病毒产生免疫力

66. 在计算机应用软件 Word 编辑中，以下键盘命令中执行复制操作的命令是(B)。

A. Ctrl + A　　B. Ctrl + C　　C. Ctrl + X　　D. Ctrl + V

67. 在计算机应用软件 Word 中常用工具栏中的“格式刷”用于复制文本和段落的格式，若要将选中的文本或段落格式重复用多次，应进行(A)操作。

A. 双击格式刷　　B. 拖动格式刷　　C. 右击格式刷　　D. 单击格式刷

68. 使用 IE 浏览某网站时，出现的第一个页面称为网站的(C)。

A. WEB 页　　B. 网址　　C. 主页　　D. 网页

69. 在浏览 WEB 网页的过程中，如果你发现自己喜欢的网页并希望以后多次访问，应当使用的方法是(A)。

A. 放到收藏夹中　　B. 建立浏览

C. 建立地址簿　　D. 用笔抄写到笔记本上

70. 发送电子邮件时，不可作为附件内容的是(B)。

A. 可执行文件　　B. 文件夹　　C. 压缩文件　　D. 图像文件

71. 某电子邮件地址为 new@public.bta.net.cn，其中 new 代表(A)。

A. 用户名　　B. 主机名　　C. 本机域名　　D. 密码

72.《劳动法》规定，所有劳动者的合法权益一律平等地受我国劳动法的保护，不应有任何歧视或差异。这体现了对劳动者权益(B)的保护。

A. 最基本　　B. 平等　　C. 侧重　　D. 全面

73.《劳动法》规定，(A)的保护是对劳动者的最低限度保护，是对劳动者基本利益的保护，对劳动者的意义最重要。

A. 最基本　　B. 全面　　C. 侧重　　D. 平等

74. 依据《劳动法》规定，劳动合同可以约定试用期。试用期最长不超过(C)个月。

A. 12　　B. 10　　C. 6　　D. 3

75. 能够认定劳动合同无效的机构是(B)。

A. 各级人民政府　　B. 劳动争议仲裁委员会

C. 各级劳动行政部门　　D. 工商行政管理部门

76. 我国劳动法律规定，集体协商职工一方代表在劳动合同期内，自担任代表之日起(A)年以内，除个人严重过失外，用人单位不得与其解除劳动合同。

A. 5　　B. 4　　C. 3　　D. 2

77. 依据《劳动法》的规定，发生劳动争议时，提出仲裁要求的一方应当自劳动争议发生之日起(D)日内向劳动争议仲裁委员会提出书面申请。

A. 三十　　B. 四十　　C. 五十　　D. 六十

78. 依据《劳动法》的规定，用人单位与劳动者发生劳动争议，当事人可以依法(B)，也可以协商解决。

A. 提起诉讼　　B. 申请调解、仲裁、提起诉讼

C. 申请仲裁　　D. 申请调解

79. 我国《劳动法》规定，安排劳动者延长劳动时间的，用人单位应支付不低于劳动者正常工作时间工资的(B)的工资报酬。

A. 100%　　B. 150%　　C. 200%　　D. 300%

80. 我国劳动法律规定的最低就业年龄是(C)周岁。

A. 18　　B. 17　　C. 16　　D. 15

81. 依据《劳动法》的规定，用人单位必须为劳动者提供符合国家规定的劳动安全卫生条件和必要的劳动防护用品，对从事有(B)危害作业的劳动者应当定期进行健康检查。

A. 身体　　B. 职业　　C. 潜在　　D. 健康

82.《产品质量法》规定，因产品存在缺陷造成人身、缺陷产品以外的其他财产损害的，应当由(D)承担赔偿责任。

A. 生产者和销售者共同　　B. 销售者

C. 消费者　　D. 生产者

83. 产品质量义务中的行为人必须为一定质量行为或不为一定质量行为的(C)性，是义务区别于权利的质的差异和主要特征。

A. 必然　　B. 重要　　C. 必要　　D. 强制

84.《安全生产法》规定，从业人员有获得符合(A)的劳动防护用品的权利。

A. 国家标准、行业标准　　B. 行业标准、企业标准

C. 国家标准、地方标准　　D. 企业标准、地方标准

85. 不属于《安全生产法》规定的从业人员安全生产保障知情权的一项是(D)。

A. 有权了解其作业场所和工作岗位存在的危险因素

B. 有权了解防范措施

C. 有权了解事故应急措施

D. 有权了解事故后赔偿情况

86. 下列说法不正确的是(C)。

A. 任何单位和个人不得损坏或者擅自挪用、拆除、停用消防设备、器材

B. 任何单位和个人不得占有防火间距、不得堵塞消防通道

C. 营业性场所不能保障疏散通道、安全出口畅通的，责令限期改正；逾期不改正的，对其直接负责的主管人员和其他直接责任人员依法给予行政处分或者警告

D. 阻拦报火警或者谎报火警的，处警告、罚款或者十日以下拘留

87. 以机动车驾驶技能为例，个人日常生活中驾驶是属于(B)。

A. 职业技能　　B. 生活技能　　C. 操作技能　　D. 肢体技能

88. 职业技能鉴定考试的主要目的是(A)。

A. 为劳动者持证上岗和用人单位就业准入资格提供依据

B. 为劳动者提供就业证书

C. 检验劳动者的技能水平

D. 测量劳动者职业技能的等级

89. 职业技能鉴定考试属于(D)。

A. 常模参照考试　　B. 上岗考试

C. 取证考试　　D. 标准参照考试

90. 职业资格证书初级、中级、高级、技师、高级技师对应的级别分别是(A)。

A. 五 、四、三、二、一　　B. 一、二、三、四、五

C. 二、三、四、五、六　　D. 六、五、四、三、二

91. 职业资格证书是由(B)机构印制。

A. 各级教育部门　　B. 劳动保障部门

C. 劳动者所在的劳资部门　　D. 职业技能鉴定部门

92. 可以作为劳动者就业上岗和用人单位准入就业的主要依据是(C)。

A. 毕业证书　　B. 介绍信

C. 职业资格证书　　D. 成绩单

93. 职业具有社会性、稳定性、规范性、群体性和(A)等特点。

A. 目的性　　B. 开放性　　C. 先进性　　D. 实用性

职业通用理论知识试题(《烃类衍生物生产工》)

判断题

1. 使用摩尔时，基本单元可以是分子、原子、离子、电子及其他粒子，或这些粒子的特定组合。 (√)

2. 国际单位制中的基本物理量不包括物质的量。 (×)

正确答案： 国际单位制中的基本物理量包括物质的量。

3. 当温度不变时，一定质量的理想气体体积和它所受的压力成反比。 (√)

4. 我们所知道的 N_2、O_2 等气体都是理想气体。 (×)

正确答案： N_2、O_2 分子本身有体积，分子间有引力存在，因此它们都不是理想气体。

5. 真实气体在使用 $PV=nRT$ 方程式计算时，不存在误差。 (×)

正确答案： 真实气体在使用 $PV=nRT$ 方程式计算时，存在一定的误差。

6. 氢气难溶于水，但微溶于有机溶剂。 (√)

7. $H_2+CuO \xrightarrow{\Delta} Cu+H_2O$，这体现了氢气的还原性。 (√)

8. 氧气的相对分子质量为16。 (×)

正确答案： 氧气的相对分子质量为32。

9. 在 $2H_2+O_2 \xrightarrow{点燃} 2H_2O$ 中，O_2 是还原剂。 (×)

正确答案： 在 $2H_2+O_2 \xrightarrow{点燃} 2H_2O$ 中，O_2 是氧化剂。

10. 工业上利用氮气的稳定性，向碳钢设备充氮防止设备氧化。 (√)

11. 空气是由氧气和氮气两种气体组成的混合物。 (×)

正确答案： 空气是由 N_2、O_2、CO_2、H_2O 等多种物质组成的混合物。

12. 铁的氧化物都溶于水，但不和水起反应。 (×)

正确答案： 铁的氧化物都不溶于水，也不和水起反应。

13. 硫通常是一种淡黄色晶体，俗称硫黄。 (√)

14. 硫化氢气体比空气密度小，标况下密度为1.25g/L。 (×)

正确答案： 硫化氢气体比空气密度大，标况下密度为1.25g/L。

15. 硫化氢中的硫显最低价，有强还原性，易被氧化，是强还原剂。 (√)

16. 100g水中最多溶解38g氯化钠，所以氯化钠的溶解度是38g。 (×)

正确答案： 在一定温度下，100g水中最多溶解38g氯化钠，所以该温度下氯化钠的溶解度是38g。

17. 气体的标准状态并不是一个固定条件，而是随温度和压力的变化而变化。 (×)

正确答案：气体的标准状态是一个固定的条件，就是指在0℃和一个标准大气压下的气体。

18. 共价键具有饱和性和方向性。 (√)

19. 离子键是化学键的一种类型。 (√)

20. 硬水的软化通常有药剂软化法和离子交换法两种。 (√)

21. 研究有机化合物就是研究碳氢化合物及其衍生物的化学。 (√)

22. 按照分子中碳架结构的不同，烃可以分为烷烃、烯烃、炔烃三类。 (×)

正确答案：按照分子中碳架结构的不同，烃可以分为脂肪烃、脂环烃、芳香烃三类。

23. 烷烃分子中的氢原子被卤素原子所取代的反应叫异构化反应。 (×)

正确答案：烷烃分子中的氢原子被卤素原子所取代的反应叫卤代反应。

24. 烯烃的双键中含有较易断裂的 α 键，双键容易极化，所以烯烃的性质比烷烃活泼得多。 (×)

正确答案：烯烃的双键中含有较易断裂的 π 键，双键容易极化，所以烯烃的性质比烷烃活泼得多。

25. 所有烯烃的相对密度都小于1。 (√)

26. 炔烃的碳碳叁键中含有两个不稳定的 π 键，所以炔烃的化学性质比较活泼。 (√)

27. 含有 R—C≡CH 结构的炔烃，能和某些金属原子反应，生成金属炔化物。 (√)

28. 卤代烷的水解和消除反应都是在酸的作用下进行的。 (×)

正确答案：卤代烷的水解和消除反应都是在碱的作用下进行的。

29. 官能团—OH称为羰基。 (×)

30. 醛类是唯一含有羰基官能团的化合物。 (×)

正确答案：醛和酮都是含有羰基官能团的化合物。

31. 醛和酮都含有羰基，但二者化学性质不同。 (×)

正确答案：醛和酮都含有羰基，二者化学性质相似。

32. 羧酸的分子通式为 $C_nH_{2n}O_2$。 (×)

正确答案：羧酸的分子没有通式。

33. 苯是无色易挥发液体，沸点80.1℃，有芳香气味，不溶于水，毒性较大。 (√)

34. 有机化合物的反应一般为离子反应，反应速率较慢。 (×)

正确答案：有机化合物的反应一般为分子间的反应，反应速率较慢。

35. 单位数量的物体所具有的质量称为物体的密度。 (×)

正确答案：单位体积的物体所具有的质量称为物体的密度。

36. 单位数量流体所占有的体积称为比容。 (×)

正确答案：单位质量流体所占有的体积称为比容。

37. 混合气体的平均相对分子质量等于各组分相对分子质量与各自的质量分数的乘积。 (×)

正确答案：混合气体的平均相对分子质量等于各组分相对分子质量与各自的摩尔分数的乘积之和。

38. 绝对压强=表压+大气压。 (√)

39. 当液体上方的压强有变化时，其他各点的压强将发生大小不同的变化。 (×)

正确答案：当液体上方的压强有变化时，其他各点的压强将发生同样大小的变化。

40. 质量流速仅与质量流量和管道的截面积有关，而与流体的温度、压强无关。（√）

41. 单位时间内通过导管任一截面积的流体体积，称为体积流量。（√）

42. 液体的黏度随温度升高而降低，气体的黏度则反之。（√）

43. 油的黏度比水的大，因此油的流动性比水强。（×）

正确答案：油的黏度比水的大，因此油的流动性比水差。

44. 液体由旋转叶轮中心向外缘运动时，在叶轮中心形成了低压(真空)区。（√）

45. 往复泵、齿轮泵、螺杆泵、离心泵都是容积泵。（×）

正确答案：往复泵、齿轮泵、螺杆泵是容积泵。

46. 稳定热传导中，单位时间内传导的热量与导热面积成正比关系。（√）

47. 在对流传热中，同样有流体质点之间的热传导，但起主导作用的还在于流体质点的位置变化。（√）

48. 热量以无线电波形式传递的现象，称为辐射。（×）

正确答案：热量以电磁波形式传递的现象，称为辐射。

49. 工业上采用的换热方法是很多的，按其工作原理和设备类型可分为间壁式、蓄热式、直接混合式三种。（√）

50. 对流干燥是一个传热和传质相结合的过程。（√）

51. 要降低液体的蒸发量，采用降低液体的温度，增大液体的表面积和减少液体表面上的空气流动。（×）

正确答案：要降低液体的蒸发量，采用降低液体的温度，减小液体的表面积和减少液体表面上的空气流动。

52. 用洗油吸收芳烃属于化学吸收。（×）

正确答案：用洗油吸收芳烃属于物理吸收。

53. 气体吸收是利用各组分溶解度的不同来分离气体混合物的一种操作。（√）

54. 蒸馏是利用互溶液体混合物中各组分溶解度不同而分离成较纯组分的一种操作。（×）

正确答案：蒸馏是利用互溶液体混合物中各组分沸点不同而分离成较纯组分的一种操作。

55. 溶液沸腾时，气相中难挥发组分的含量总是小于液相中难挥发的组分的含量。（√）

56. 在进行精馏塔物料衡算时，若料液以质量流量计，则其组成应以质量分率表示。（√）

57. 过滤操作时，通过过滤介质流出的液体称为滤渣。（×）

正确答案：过滤操作时，通过过滤介质流出的液体称为滤液。

58. 在离心分离操作中，离心力的大小对分离效果没有影响。（×）

正确答案：在离心分离操作中，离心力的大小对分离效果有影响。

59. 润滑剂可分为润滑油和润滑脂。（√）

60. 密封部位的结合面相对静止的密封称为动密封。（×）

正确答案：密封部位的结合面有相对运动的密封称为动密封。

61. 所有承受压力载荷的密闭容器都可称为压力容器。（√）

62. 筛板塔、泡罩塔、浮阀塔和填料塔都属于板式塔。（×）

正确答案： 筛板塔、泡罩塔、浮阀塔都属于板式塔。

63. 一般来说，管道中介质压力在 16MPa 以下的属于低压管道。 （×）

正确答案： 一般来说，管道中介质压力在 1.6MPa 以下的属于低压管道。

64. 由于管件种类很多，选用时必须注意管件和管子规格相适应。 （√）

65. 阀门的公称直径就是与其相连接的管道的内径。 （×）

正确答案： 阀门的公称直径就是阀门的进出口通道的规格大小。

66. 导体的电导是导体电阻的倒数，其单位是西。 （√）

67. 电路中产生电能的设备是电容。 （×）

68. 交流电的特点是：电势、电压及电流的大小和方向都不断地随时间无规律地变化。 （×）

正确答案： 交流电的特点是：电势、电压及电流的大小和方向都不断地随时间按一定规律变化。

69. 电流通过人体内部，使人的心脏、肺等内部器官组织受到损伤是电伤。 （×）

正确答案： 电流通过人体内部，使人的心脏、肺等内部器官组织受到损伤是电击，而不是电伤。

70. 物体带有静电，其周围形成电场，在放电时产生的电火花很容易引起爆炸。 （√）

71. 测量误差只能用绝对误差来表示。 （×）

正确答案： 测量误差用绝对误差和相对误差两种方法来表示。

72. 测量过程改变，系统误差的大小和方向都不变。 （√）

73. 测量液体压力时，取压点应在管道下部，使导压管内不积存气体。 （√）

74. 零点迁移的方式有正迁移和负迁移。 （√）

75. 按工作原理分翻板式液位计是直读式物位仪表的一种。 （×）

正确答案： 按工作原理分翻板式液位计是浮力式物位仪表的一种。

76. 玻璃板式液位计具有结构复杂、测量不准确等缺点。 （×）

正确答案： 玻璃板式液位计具有结构简单、测量准确等优点。

77. 将两根不同材料的金属导线的两端焊接在一起组成一个闭合回路，如果将其一端加热，那么在闭合回路中就有热电势产生，这种现象就称为热电现象。 （√）

78. 热电阻通常都由电阻体、绝缘体、保护管和接线盒四部分组成。 （√）

79. 流量计按测量方式一般可分为：速度式流量计、容积式流量计和质量流量计三类。 （√）

80. 国家以法律或法令形式规定允许使用的计量单位叫做国家法定单位。 （√）

81. $1bar = 10^6 Pa$。 （×）

正确答案： $1bar = 10^5 Pa$。

82. pH 值的使用范围一般在 0 ~ 14 之间，超过此范围时用物质的量浓度表示更为方便。 （√）

单选题

1. 物质的量是表示组成物质的（ B ）多少的物理量。

A. 单元数目　B. 基本单元数目　C. 所有单元数目　D. 阿伏加德罗常数

2. 阿伏加德罗常数是（ C ）。

A. 9.023×10^{23}　B. 6.023×10^{21}　C. 6.023×10^{23}　D. 9.023×10^{21}

3. NaCl 的相对分子质量是 58.5，2molNaCl 的质量是（ B ）g。

A. 58.5　B. 117　C. 29.25　D. 11.7

4. 已知 CO_2 的相对分子质量是 44，那么 22gCO_2 是(C)mol。

A. 1　　B. 2　　C.0.5　　D. 4

5. 当压力不变，温度升高时，一定质量的理想气体体积(D)。

A. 增大或减小　　B. 不变　　C. 减小　　D. 增大

6. 理想气体状态方程式：PV = (C)。

A. RT　　B. nT　　C. nRT　　D. KT

7. 理想气体状态方程式中 R 的值是(B)J/(K·mol)。

A. 0.082　　B. 8.314　　C.3.14　　D. 22.4

8. 液态氢是(D)液体。

A. 蓝色　　B. 紫色　　C. 带臭味　　D. 无色

9. 在通常状况下，某气体是一种无色、无味的气体，跟同体积的空气相比约为空气质量的 1/14，是最轻的气体。该气体是(C)。

A. 氧气　　B. 氮气　　C. 氢气　　D. 一氧化碳

10. 氢气与氧气反应生成水，这是氢气的(A)。

A. 可燃性　　B. 助燃性　　C. 水溶性　　D. 氧化性

11. 纯净的氢气在空气中点燃时发出(C)的火焰，放出热量，有水生成。

A. 无色　　B. 黄色　　C. 淡蓝色　　D. 红色

12. 氧气是一种无色、(A)的气体。

A. 无味　　B. 臭鸡蛋味　　C. 甜味　　D. 酸味

13. 液态氧(C)、透明且易于流动。

A. 无色　　B. 蓝色　　C. 淡蓝色　　D. 白色

14. 通常情况下氧气的化学性质(C)。

A. 呈惰性　　B. 不活泼　　C. 非常活泼　　D. 较稳定

15. 氧气具有(C)。

A. 可燃性　　B. 不可燃性　　C. 助燃性　　D. 毒性

16. 氮气是一种无色、(C)的气体。

A. 甜味　　B. 臭鸡蛋味　　C. 无味　　D. 酸味

17. 空气中的氮气含量为(B)。

A. 75%(体积)　　B. 78%(体积)　　C.85%(体积)　　D. 70%(体积)

18. 不属于铁的氧化物的是(D)。

A. Fe_2O_3　　B. Fe_3O_4　　C.FeO　　D. $FeSO_4$

19. 氧化亚铁是黑色粉末，它在空气里加热能迅速被氧化成(B)。

A. Fe_2O_3　　B. Fe_3O_4　　C.FeO　　D. Fe^{2+}

20. 四氧化三铁是具有磁性的黑色金属晶体，是一种复杂的(D)。

A. 络合物　　B. 混合物　　C. 铁盐　　D. 氧化物

21. 硫磺不溶于水，但是与(A)互溶。

A. CS_2　　B. CO_2　　C. 酒精　　D. 汽油

22. 硫蒸气遇冷直接凝结成硫粉，这种现象叫(C)。

A. 升华　　B. 凝固　　C. 凝华　　D. 凝结

23. 硫化氢(C)溶于水。

A. 难　B. 不　C. 可　D. 以任意比例

24. 硫化氢气体在空气中燃烧的火焰为(C)。

A. 棕色　B. 橘红色　C. 淡蓝色　D. 无色

25. 溶解度的定义中，溶剂量是(B)g。

A. 200　B. 100　C. 1000　D. 10

26. 不同溶质在同一种溶剂中的溶解度(B)。

A. 完全不同　B. 可能相同　C. 基本相同　D. 完全相同

27. 气体的标准状态是指(A)。

A. 0℃和 1atm　B. 20℃和 1atm　C. 25℃和 1atm　D. 0℃和 1.0MPa

28. 原子间通过共用电子对所形成的化学键叫(C)。

A. 离子键　B. 氢键　C. 共价键　D. 金属键

29. 下列物质以共价键结合的是(C)。

A. NaCl　B. KBr　C. Cl_2　D. $MgCl_2$

30. 活泼金属跟活泼非金属化合时都能形成(B)。

A. 共价键　B. 离子键　C. 金属键　D. 非极性键

31. 阴、阳离子间通过静电作用所形成的化学键叫(C)。

A. 共价键　B. 氢键　C. 离子键　D. 金属键

32. "硬水"是指水中所溶的(B)离子较多的水。

A. 钙和钠　B. 钙和镁　C. 镁和铁　D. 钙和铁

33. 有机物都含有(C)元素。

A. 氧　B. 氮　C. 碳　D. 氯

34. 最简单的烷烃是(A)。

A. 甲烷　B. 乙烷　C. 乙烯　D. 乙炔

35. 直链烷烃的熔点、沸点都随着相对分子质量的增加而(A)。

A. 升高　B. 降低　C. 不变　D. 没有关系

36. 在 500℃左右的温度下，把重油、石蜡等相对分子质量大、沸点高的烷烃断裂为相对分子质量小、沸点低的烷烃的过程，叫做(B)。

A. 裂解　B. 裂化　C. 聚合　D. 异构化

37. 在链状烃中，有一类化合物，它们的氢原子比相应的烷烃的少，这类化合物通称为(D)。

A. 烯烃　B. 炔烃　C. 二烯烃　D. 不饱和烃

38. 按照不饱和烃(C)的不同，又可将其分为烯烃、二烯烃、炔烃等。

A. 碳原子数　B. 氢原子数　C. 分子结构　D. 原子结构

39. 常温常压下，下列物质是液体的是(D)。

A. 乙烯　B. 丙烯　C. 丁烯　D. 戊烯

40. 炔烃同系列的通式是(C)。

A. C_nH_{2n+2}　B. C_nH_{2n}　C. C_nH_{2n-2}　D. C_nH_{2n-4}

41. 通常情况下乙炔易溶于(B)。

A. 水　B. 丙酮　C. 苯　D. 酸

42. 卤代烃都不溶于(C)。

A. 汽油　　B. 醇　　C. 水　　D. 醛

43. 卤代烷在铜丝上燃烧时能产生(B)火焰。

A. 红色　　B. 绿色　　C. 黄色　　D. 无色

44. 醇的分子可以表示为(C)。

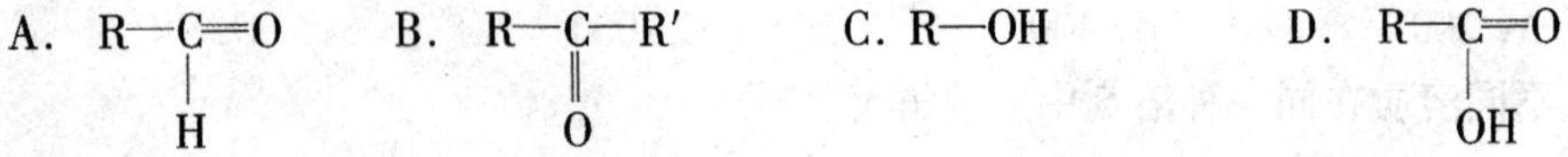

45. 官能团—CHO 叫做(D)。

A. 羧基　　B. 酮基　　C. 羟基　　D. 醛基

46. 官能团 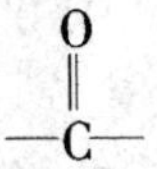 称为(D)。

A. 烷基　　B. 羧基　　C. 羟基　　D. 羰基

47. 酮分子中的羰基叫做(B)。

A. 醛基　　B. 酮基　　C. 羟基　　D. 羧基

48. 酮分子可表示为(A)。

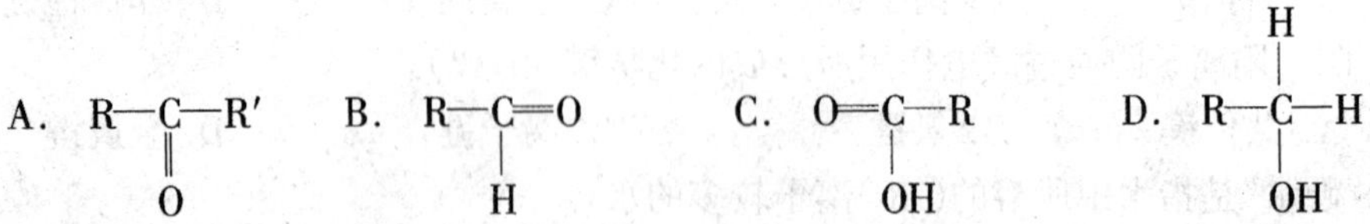

49. 分子中含有(B)是羧酸。

A. —CHO　　B. —COOH　　C.—OH　　D. —CO—

50. HCOOH 叫做(A)。

A. 甲酸　　B. 甲醛　　C. 水杨酸　　D. 甲醇

51. 苯的分子式为(C)。

A. C_6H_{12}　　B. $C_6H_{12}O$　　C. C_6H_6　　D. C_6H_{10}

52. 1865 年德国化学家凯库勒提出，苯是一个(D)六元碳环，环上碳原子之间以单双键交替排列。

A. 立体　　B. 带支链　　C. 直线　　D. 平面

53. (D)不属于有机反应类型。

A. 加成反应　　B. 卤代反应　　C. 聚合反应　　D. 置换反应

54. (C)属于有机反应。

A. $C + O_2 = CO_2$　　B. $CO + O_2 = 2CO_2$

C. $CH_4 + 2O_2 = CO_2 + 2H_2O$　　D. $2H_2 + O_2 = 2H_2O$

55. 在 SI(国际单位)制中，密度的单位是(C)。

A. N/m^3　　B. kg/m^2　　C. kg/m^3　　D. kg/m

56. 比容与密度为(D)关系。

A. 正比　　B. 反比　　C. 相等　　D. 倒数

57. 22.4L 气体混合物在标准状态下的质量的克数，在数值上与该混合气体的(D)相等。

A. 相对分子质量　　B. 物质的量

C. 克当量　　D. 平均相对分子质量

58. 由 CH_4 和 O_2 组成的混合气体，二者各占 50%(体积分数)，其混合气体的平均相对分子质量为(C)。

A. 16　　B. 32　　C. 24　　D. 48

59. 流体(D)作用于单位面积上的力，称为液体的压强。

A. 流动　　B. 平行　　C. 冲击　　D. 垂直

60. 当地大气压是 101.3×10^3Pa，绝压表指示数是 7000Pa，则容器内的真空度是(D)Pa。

A. 108.3×10^3　　B. 108300　　C. 9.43×10^3　　D. 94.3×10^3

61. 同一密度的液体深度越深，压强(D)。

A. 越小　　B. 基本不变　　C. 不变　　D. 越大

62. 单位时间内流体在流动方向上流过的距离，称为(D)。

A. 流量　　B. 质量流速　　C. 平均流量　　D. 流速

63. 当流体密度为 ρ 时，体积流量 Q 与质量流量 W 的关系为(C)。

A. $W=Q/\rho$　　B. $Q=W\rho$　　C. $W=Q\rho$　　D. $\rho=QW$

64. 黏度的国际单位是(D)。

A. kg/cm^2　　B. m/s　　C. N/m^2　　D. $N\cdot s/m^2$

65. 离心泵是在(D)作用下工作的。

A. 重力　　B. 分子内作用力　　C. 分子间作用力　　D. 离心力

66. 离心泵压力最低的工作区域在(B)。

A. 泵入口处　　B. 泵的叶轮中心处

C. 泵壳　　D. 叶轮外缘

67. 往复泵的柱塞在外力的作用下向外移动时，泵体内体积扩大，压强减小，此时，往复泵排出阀应处于(B)状态。

A. 开启　　B. 关闭　　C. 半开半关　　D. 不确定

68. 当活塞往复一次，只吸入和排出液体各一次，故往复泵称为(D)。

A. 多动泵　　B. 双动泵　　C. 三动泵　　D. 单动泵

69. 傅里叶定律是(D)的基本定律。

A. 对流　　B. 热辐射　　C. 传热　　D. 热传导

70. 因振动或碰撞将热能以动能的形式传给相邻温度较低的分子，这属于(A)。

A. 传导　　B. 对流　　C. 辐射　　D. 传质

71. 如果流体质点之间的相对位移是由于各处温度不同而引起的对流，称为(A)。

A. 自然对流　　B. 强制对流　　C. 辐射　　D. 传导

72. 如果对流是由于受外力作用而引起的，称为(D)。

A. 自然对流　　B. 辐射　　C. 传导　　D. 强制对流

73. 辐射传热(B)任何介质做媒介。

A. 需要　　B. 不需要　　C. 有时需要　　D. 开始时需要

74. 化工企业生产中应用最广的一种换热方式是(D)。

A. 直接混合式换热　　B. 热对流

C. 蓄热式换热　　D. 间壁式换热

75. 湿分汽化的方向与传热方向(D)。

A. 相互垂直　　B. 相同　　C. 杂乱无章　　D. 相反

76. 相对湿度越小，说明具有吸收水汽的能力(B)。

A. 越弱　　B. 越强　　C. 相同　　D. 无法比较

77. 蒸发是液体在任何温度下都能发生的并且只在液体的(A)发生的汽化现象。

A. 表面　　B. 内部　　C. 与器壁结合部　　D. 内外

78. 吸收是根据气体混合物中各组分在某种溶剂中(C)的不同而进行分离的。

A. 浓度　　B. 百分比浓度　　C. 溶解度　　D. 温度

79. 用水吸收空气－氨混合气体时，吸收剂为(A)。

A. 水　　B. 氨　　C. 空气　　D. 甲醇

80. 在吸收操作中，被溶解的组分称为(D)。

A. 惰性组分　　B. 吸收剂　　C. 混合物　　D. 吸收质

81. 饱和蒸气压(A)的液体称为难挥发组分。

A. 较小　　B. 较大　　C. 中等　　D. 无穷大

82. 混合溶液中只有两个组分的蒸馏称为(D)蒸馏。

A. 简单　　B. 多组分　　C. 复杂　　D. 双组分

83. 溶液开始沸腾产生第一个气泡时的温度称为(D)温度。

A. 露点　　B. 沸点　　C. 凝点　　D. 泡点

84. $t-x$ 图中的两条平衡曲线分别为气相线、液相线，这两条线把图形分为上、中、下三个区域，中间的区域叫做(A)区。

A. 气液共存　　B. 气相　　C. 液相　　D. 纯组合

85. 精馏是一个(D)的过程。

A. 传热　　B. 传导

C. 传质　　D. 传热与传质同时进行

86. 精馏塔内的温度自下而上逐板(B)。

A. 升高　　B. 降低　　C. 不变　　D. 变化无规律

87. 在推动力的作用下，液－固或汽－固混合物中的流体通过多孔性过滤介质，固体颗粒被过滤介质截留，从而实现固体与流体分离的操作称为(A)。

A. 过滤　　B. 沉降　　C. 净化　　D. 吸收

88. 在过滤中，截留在过滤介质表面的固体颗粒与其中残留的液体所组成的混合物称为(B)。

A. 滤液　　B. 滤饼　　C. 过滤介质　　D. 分散相

89. 在(A)作用下分离液相非均一物系的过程，称为离心分离。

A. 离心力　　B. 压强差　　C. 重力　　D. 真空

90. 离心过滤包括三个阶段，即(D)、滤饼的压紧、滤饼的甩干。

A. 启动电机　　B. 预分离　　C. 设备安装　　D. 滤饼的形成

91. 润滑就是用润滑剂减少或控制两摩擦面之间的(D)。

A. 作用力　　B. 反作用力　　C. 吸引力　　D. 摩擦力

92. 能够防止泄漏的部件叫(A)。

A. 密封　　B. 气封　　C. 液封　　D. 密封技术

93. 压力容器按(B)分为反应容器、传热容器、分离容器和储运容器。

A. 压力等项分类　　B. 用途分类

C. 按危险性和危害性分类　　D. 其他分类

94. 主要用来完成介质的热量交换的容器为(D)。

A. 反应器　　B. 储运容器　　C. 分离器　　D. 传热容器

95. 化工用塔设备按内部构件可分为填料塔和(D)。

A. 常压力塔　　B. 浮阀塔　　C. 精馏塔　　D. 板式塔

96. 铅管、铝管、铜管均属于(C)。

A. 不锈钢管　　B. 碳钢管　　C. 有色金属管　　D. 焊接钢管

97. 用来改变管路直径的管件叫(C)。

A. 弯头　　B. 三通　　C. 大小头　　D. 丝堵

98. 下列管件中，用来堵塞管路的管件是(D)。

A. 弯头　　B. 三通　　C. 大小头　　D. 丝堵

99. 管箍的作用是(D)。

A. 改变管路方向　B. 改变管路支路　　C. 改变管路位置　　D. 连接两段管道

100. 阀门的基本参数不包括(C)。

A. 公称直径　　B. 公称压力　　C. 衬里材料　　D. 工作温度

101. 衡量电流大小的物理量叫做(B)。

A. 电源　　B. 电流　　C. 电阻　　D. 电动势

102. 人们习惯上把(D)移动的方向规定为电流的方向。

A. 分子　　B. 负电荷　　C. 原子　　D. 正电荷

103. 导电性能很差的材料称为(C)。

A. 导体　　B. 半导体　　C. 绝缘体　　D. 超导体

104. 电容的单位是(D)。

A. Ω　　B. J　　C. m^3　　D. F

105. 方向变化，大小也不断交替变化的电流称为(A)电流。

A. 交流　　B. 直流　　C. 周期　　D. 不规则

106. 保护接零就是将电气设备的金属外壳接到(C)上。

A. 大地　　B. 避雷针　　C. 中性线　　D. 火线

107. 在潮湿的容器内作业的安全电压是(A)V。

A. 12　　B. 24　　C.36　　D. 48

108. 两相触电比单相触电(B)。

A. 更安全　　B. 更危险　　C. 一样　　D. 无法判断

109. 测量误差通常有(D)两种表示法。

A. 偶然误差和相对误差　　B. 偶然误差和绝对误差

C. 系统误差和绝对误差　　D. 绝对误差和相对误差

110. 由仪表本身的缺陷造成的误差属于(A)。

A. 系统误差　　B. 绝对误差　　C. 相对误差　　D. 偶然误差

111. 氨用压力计弹簧管的材料是(C)的。

A. 纯铜　　B. 铜合金　　C. 碳钢　　D. 塑料

112. 差压式液位计，是利用容器内的液位改变时，由液柱产生的(D)相应变化的原理而工作的。

A. 高度　　B. 势能　　C. 动能　　D. 静压

113. 翻板式液位计是利用浮子高度随(A)变化而变化的原理工作的。

A. 液位　　B. 压力　　C. 温度　　D. 流量

114. 玻璃板式液位计是利用(B)原理工作的。

A. 浮力　　B. 连通器　　C. 磁力　　D. 光学

115. 热电偶温度计是基于(B)原理测量温度的。

A. 光电效应　　B. 热电效应　　C. 热阻效应　　D. 牛顿第一定律

116. 热电偶是由两种(A)材料焊接而成。

A. 不同　　B. 相同　　C. 任意　　D. 电导率低

117. 热电阻温度计是利用金属导体的(A)随温度变化而变化的特性来进行温度测量的。

A. 电阻　　B. 热电阻　　C. 电势　　D. 长度

118. 作为热电材料，一般要求是(B)。

A. 电阻率大，热容量大　　B. 电阻率大，热容量小

C. 电阻率小，热容量大　　D. 电阻率小，热容量小

119. 测量流体(A)的仪表叫流量计。

A. 流量　　B. 液位　　C. 压力　　D. 温度

120. 我国的法定计量单位是(A)。

A. 国际单位制　　B. 英制单位

C. 绝对实用单位制　　D. 公制单位

121. 25℃等于(A)K。

A. 298.15　　B. 295.15　　C. 300.13　　D. 125.16

122. 3.6kg = (B)kg。

A. 36　　B. 3.6　　C. 7.2　　D. 1.8

123. 在水溶液中，pH 值通常用 H^+ 浓度的(C)来计算。

A. 对数　　B. 函数　　C. 负对数　　D. 平方根

124. 酚酞指示剂的变色范围是 pH 等于(A)。

A. 8.0~10.0　　B. 2.9~4.0

C. 4.4~6.2　　D. 3.1~4.4

工种理论知识试题

判断题

1. 乙二醇装置氧化反应器催化剂的选择性对装置的物耗起决定性作用。 (√)

2. 甲烷是 EO/EG 装置生产环氧乙烷的主要原材料。 (×)

正确答案： 甲烷是 EO/EG 装置生产环氧乙烷时氧化反应的制稳剂，不是主要原材料。

3. EO/EG 装置使用的仪表空气对气体的干燥程度没有要求。 (×)

正确答案： EO/EG 装置使用的仪表空气的常压露点为 -40℃。

4. 环氧乙烷是一种化学性质比较稳定的有机物。 (×)

正确答案： 环氧乙烷是一种化学性质比较活泼的有机物。

5. 液态环氧乙烷的相对密度比水大。 (×)

正确答案： 液态环氧乙烷的相对密度比水轻。

6. 环氧乙烷是用途广泛的合成中间体。 (√)

7. 乙二醇是最简单最常用的二元醇，与酸作用可生成酯。 (√)

8. 乙二醇能与水以任意比相互溶，能提高水的冰点。 (×)

正确答案： 乙二醇能与水以任意比相互溶，能降低水的冰点。

9. 因为乙二醇不易挥发，所以可以作为化妆品的湿润剂。 (√)

10. 乙二醇在常温下是无色透明黏稠状液体，属于剧毒物质。 (×)

正确答案： 乙二醇在常温下是无色透明黏稠状液体，属于低毒类物质。

11. PID 图指带控制点的管道工艺流程图。 (√)

12. PFD 图中的“P”代表“管道”。 (×)

正确答案： PFD 图中的“P”代表“工艺”。

13. PID 图中代码为 P－911－3”－E1P6 中的“E”代表管道的材质为碳钢。 (×)

正确答案： PID 图中代码为 P－911－3”－E1P6 中的“E”代表管道的材质为不锈钢。

14. 安全阀的作用是用来控制压力容器的压力。 (×)

正确答案： 安全阀的作用是用来防止压力容器超压。

15. 安全阀的起跳压力即安全阀的整定压力。 (√)

16. 选择离心泵时，泵的流量应等于系统所需的最大流量。 (×)

正确答案： 选择离心泵时，泵的流量应大于系统所需的最大流量。

17. 对于负压系统的玻璃液面计来说，当玻璃管内有气泡出现时，说明玻璃液面计底部有漏点。 (√)

18. 离心泵适用于流量要求较小，且扬程不太高的场合。 (×)

正确答案： 离心泵适用于流量要求较大，但扬程不是很高的场合。

19. 往复泵的输出量与其冲程成正比。 (√)

20. 往复泵开车前出口阀门必须关闭。 (×)

正确答案： 往复泵开车前出口阀门应该打开。

21. 润滑油过滤器投用时不需要排气。 (×)

正确答案： 润滑油过滤器投用时需要充液排气。

22. 蒸汽疏水器能排出设备或管道内的冷凝液和空气。 (√)

23. 波纹管型疏水器是通过感知蒸汽压的变化来实现冷凝水的排放。 (×)

正确答案： 脉冲型疏水器是通过感知蒸汽压的变化来实现冷凝水的排放。

24. 蒸汽管道发生水锤时应尽快关闭入口阀门、打开管线上倒淋。 (√)

25. 可燃气体报警器当其指示值达到 100%LEL 时即报警。 (×)

正确答案： 可燃气体报警器当其指示值达到报警值时即报警。

26. 化工装置工艺管线伴热蒸汽一般采用高压蒸汽。 (×)

正确答案： 化工装置工艺管线伴热蒸汽一般采用低压、低低压蒸汽。

27. 管内流体流量较小，而所需传热面积较大时宜选用单程换热器。 (×)

正确答案：管内流体流量较小，而所需传热面积较大时宜选用多程换热器。

28. 换热器投用时物料介质侧可以不排气。（×）

正确答案：换热器投用时物料介质侧必须排气。

29. 止回阀用汉语拼音字母表示是“Z”。（×）

正确答案：止回阀用汉语拼音字母表示是“H”。

30. 隔膜阀较常用于蒸汽管线上来通流或断流。（×）

正确答案：隔膜阀较常用于有腐蚀性或负压系统管线上来通流或断流。

31. 常用玻璃液位计是利用连通器原理来工作的。（√）

32. 离心泵出口安装的单向阀大都为球芯型单向阀。（×）

正确答案：离心泵出口安装的单向阀大都为旋启型单向阀。

33. 单向阀的作用是通流和断流。（×）

正确答案：单向阀的作用是防止物料倒流。

34. 压力表与压力容器(或压力管道)间的连接管线上可以接跨线和配件。（×）

正确答案：压力表与压力容器(或压力管道)间的连接管线上不得连接其他用途的任何配件和接管。

35. 听棒是用来监听机泵使用情况的工具，包括电机的运行情况、轴振动情况等。（√）

36. 离心泵运行中，只要泵出口压力、流量正常，电机电流高可以不作处理。（×）

正确答案：离心泵运行中，电机电流高时需要及时查清原因。

37. 备用冷却水换热器不需要任何的防冻保温措施。（×）

正确答案：冬季，备用冷却水换热器的冷却水旁路阀稍开用来防冻。

38. 备用离心泵可以通过倒空泵内液体的方法防冻。（√）

39. 机泵通过盘车可以发现泵叶轮和泵壳是否有摩擦。（√）

40. 进入受限空间作业前取样分析时，可燃气体爆炸下限大于4%时，被测浓度不大于0.5%为合格。（√）

41. 离心泵过滤网堵时，出口流量下降，压力波动。（√）

42. 使用灭火器时，人应站在上风口。（√）

43. 在有毒有害气体场所或缺氧场所以及在事故抢救情况下，应使用长管式防毒面具。（×）

正确答案：在有毒有害气体场所或缺氧场所以及在事故抢救情况下，应使用空气呼吸器。

44. 离心泵气蚀时应关小泵入口阀门并对泵进行排气。（×）

正确答案：离心泵气蚀时应关小泵出口阀门并对泵进行排气。

45. 100℃对应的华氏温度为132℉。（×）

正确答案：100℃对应的华氏温度为212℉。

46. 乙烯产量是衡量一个国家石油化工生产水平的标志。（√）

47. 相同质量的乙烯参加主反应比参加副反应放出的热量多。（×）

正确答案：相同质量的乙烯参加主反应比参加副反应放出的热量少。

48. 高压氮气压缩机开车前应确保传动机和控制电路的正常供电。（√）

49. 乙烯发生的化学反应中大部分的反应都发生在双键上。（√）

50. 工业上制造氧气的方法是空气液化分馏法。 (√)

51. 氧气是一种可燃性气体。 (×)

正确答案：氧气是一种助燃性气体。

52. 作为致稳气氮气比甲烷可以更有效地带出反应热。 (×)

正确答案：作为致稳气甲烷比氮气可以更有效地带出反应热。

53. 氧化反应器中抑制剂的加入量越多越好。 (×)

正确答案：抑制剂的加入量要根据反应状况来定并不是越多越好。

54. 氧化反应器开车蒸汽是直接加入反应器里对反应器升温的。 (×)

正确答案：蒸汽加热反应器汽包里的水，通过水在反应器与汽包之间的循环给反应器升温的。

55. 循环气系统在线分析反应器入口乙烯含量的取样位置在氧气混合站的上游。 (×)

正确答案：循环气系统在线分析反应器入口乙烯含量的取样位置在氧气混合站的下游。

56. EO/EG 装置中，红外分析仪分析的是氧气浓度。 (×)

正确答案：红外分析仪主要是分析乙烯浓度。

57. 反应器出口气体冷却器的作用是快速降低反应气体温度，减少反应器外面的反应。 (√)

58. 乙烯先进入过滤器再进入脱硫床，然后进入循环气系统。 (×)

正确答案：乙烯是先进入脱硫床再进入过滤器，然后进入循环气系统。

59. 反应生成热有两种途径撤出，一是通过循环气带出，二是通过反应器壳层沸水蒸发撤出。 (√)

60. 氮气致稳时反应器进出口乙烯浓度最大控制值比甲烷致稳时大。 (×)

正确答案：氮气致稳时反应器进出口乙烯浓度最大控制值比甲烷致稳时小。

61. 去氧气混合站的高压氮气应先经过过滤器除去氮气中的油质以避免在氧气混合站的管壁引起着火。 (×)

正确答案：去氧气混合站的高压氮气应先经过过滤器除去氮气中的颗粒以避免这些颗粒碰撞氧气混合站的管壁引起着火。

62. 为了提高效率，可以直接用高压氮气压缩机对循环气系统进行充压操作。 (×)

正确答案：高压氮气压缩机作用是在开停车时对氧气混合站进行吹扫。

63. 氧化反应器的升温速度不能超过 50℃/h。 (×)

正确答案：氧化反应器的升温速度不能超过 25℃/h。

64. 正常情况下氧化反应器水循环是由开车泵强制循环。 (×)

正确答案：正常情况下氧化反应器水循环是通过热虹吸作用进行的，只有在开车时或低负荷时由开车泵强制循环。

65. 催化剂首次开车，为了有效控制反应、防止尾烧，应该在开车投料前先投一定量的抑制剂。 (×)

正确答案：催化剂首次开车，抑制剂应该在氧气、乙烯投料后，当反应器进出口氧差在 0.5 以上时投入。

66. 脱氧器的水来源有脱盐水罐来的脱盐水、蒸汽凝液等。 (√)

67. 氧气分布器由大、中、小三个分布器组成。 (×)

正确答案：氧气分布器由大、小两个分布器组成。

68. 氧化反应器空速的提高有利于提高催化剂寿命。（×）

正确答案：反应器空速的提高降低了催化剂寿命。

69. 氧化反应生成热量全部是由汽包产汽带走的。（×）

正确答案：氧化反应生成热量一部分是由汽包产汽带走的，另一部分通过循环气带走的。

70. 反应器温度是通过控制汽包产汽量来控制的。（×）

正确答案：反应器温度是通过控制汽包压力来控制的。

71. 反应器出口循环气压力是反应器主要控制参数之一。（√）

72. 控制氧化反应循环气中氧气、乙烯的浓度是为了保证反应器的安全、稳定运行。（√）

73. 循环气中的乙烷浓度高是没办法解决的。（×）

正确答案：循环气中的乙烷浓度可以通过排放循环气的方法降低。

74. 二氧化碳对氧化反应器催化剂的活性起抑制作用。（√）

75. 反应温度高低对催化剂寿命没有直接影响。（×）

正确答案：过高的反应温度会缩短催化剂寿命。

76. 降温后反应器汽包是通过充工厂风保护的。（×）

正确答案：降温后反应器汽包是通过充氮气保护的。

77. 长时间停车氧气管线置换合格后，必须加盲板隔离。（√）

78. 因为甲烷的化学性质不活泼，大修停车后甲烷管线不需要置换只要加盲板就行了。（×）

正确答案：大修停车后甲烷管线必须置换合格后加盲板保护。

79. 二氧化碳脱除系统发泡会造成循环气流量波动。（√）

80. 环氧乙烷吸收、解吸系统发泡不会造成循环气乙烯浓度波动。（×）

正确答案：环氧乙烷吸收、解吸系统发泡会造成循环气乙烯浓度波动。

81. 反应器开车升温时，先用低压蒸汽再用高压蒸汽。（√）

82. 氧气温度上升时，若要维持原反应状况不变，氧气流量调节阀的阀门会开大。（√）

83. 乙烯原料气温度上升，若乙烯进料阀自动控制，反应器反应状况不变，则反应器进口乙烯浓度会上升。（×）

正确答案：乙烯原料气温度上升，若乙烯进料阀自动控制，反应器反应状况不变，则反应器进口乙烯浓度会下降。

84. 循环气压缩机停车，循环气管线上放空阀自动放空后，不再需要手动打开放空阀放空。（×）

正确答案：循环气压缩机停车，循环气管线上放空阀自动放空后，根据需要确定是否要手动打开放空阀放空。

85. 如果反应器进口氧气浓度为8%，出口为5%，则氧气的转化率为37.5%（不考虑反应前后循环气体积的变化）。（√）

86. 二氧化碳脱除系统消泡剂可以用环氧乙烷吸收系统的消泡剂代替。（×）

正确答案：两个系统的消泡剂成分不同，所以不能代替。

87. 碳酸盐溶液泵的冲洗水作用主要是对泵润滑、密封、冷却。（×）

正确答案：碳酸盐溶液泵的冲洗水作用主要是防止固体颗粒损坏泵的机械密封。

88. 氧化系统二氧化碳的脱除是以二氧化碳与碳酸钾反应可逆为基础的。（√）

89. 碳酸盐过滤器的作用是过滤碳酸盐溶液中的固体微粒以及有机大分子，防止发泡。（√）

90. 环氧乙烷洗涤塔的作用是洗涤循环气，脱除其中的杂质。（×）

正确答案：环氧乙烷洗涤塔的作用是用贫循环水吸收反应生成的环氧乙烷。

91. 环氧乙烷再吸收塔的吸收水是经过塔釜冷却器换热后进入再吸收塔的。（×）

正确答案：再吸收塔的吸收水是经过再吸收水冷却器(循环冷却器)冷却后进入再吸收塔的。

92. 再沸器开始升温前，塔釜液位必须有30%以上的液位。（√）

93. 再吸收塔的再吸收水主要来自低压凝液、循环水槽、环氧乙烷精制系统釜液。（×）

正确答案：再吸收塔的再吸收水主要来自循环水槽、环氧乙烷精制系统釜液。

94. 环氧乙烷吸收塔的急冷段连续加入氢氧化钠溶液。（√）

95. 提高环氧乙烷解吸塔顶温度有利于解吸。（√）

96. 尾气吸收塔吸收下来的环氧乙烷不经加热升温直接进入环氧乙烷解吸塔。（√）

97. 急冷液汽提塔作用是回收急冷液排放液中的EG。（×）

正确答案：急冷液汽提塔作用是回收急冷液排放液中的EO。

98. 二氧化碳接触塔中碳酸盐浓度越高越有利于二氧化碳的吸收。（×）

正确答案：二氧化碳接触塔中碳酸盐浓度应控制在设计范围内，才有利于二氧化碳的吸收。

99. 造成碳酸盐再生塔塔釜温高、液位低的原因可能是再沸器蒸汽量过大。（√）

100. 环氧乙烷解吸塔的加热蒸汽有直接蒸汽和间接蒸汽。（√）

101. 二氧化碳脱除系统碳酸盐浓度过低不会导致循环气中二氧化碳浓度升高。（×）

正确答案：二氧化碳脱除系统碳酸盐浓度过低会导致循环气中二氧化碳浓度升高。

102. 再吸收塔塔顶气体中环氧乙烷含量高说明再吸收塔吸收效果不好。（√）

103. 环氧乙烷再吸收塔压力过低会造成环氧乙烷的损失。（√）

104. 环氧乙烷解吸塔压力高，利于塔内的EO解吸出来。（×）

正确答案：环氧乙烷解吸塔压力过高，解吸蒸汽加不进，不利于塔内的EO解吸出来。

105. 碳酸盐系统倒空前应该先停碳酸盐溶液泵。（√）

106. 二氧化碳脱除系统停车后，碳酸盐系统水洗时冲洗水泵可以停掉。（×）

正确答案：在碳酸盐系统水洗的时候冲洗水泵不可以停掉，因为系统中还有大量的碳酸盐。

107. 碳酸盐溶液泵停车前碳酸盐溶液闪蒸罐不能空，避免泵抽空。（√）

108. 氧化系统停车后应立即切断与二氧化碳脱除系统联系的循环气手阀。（×）

正确答案：只有当循环气中的二氧化碳浓度小于2%才可以关闭来去二氧化碳脱除系统的循环气手阀。

109. 氧化停车后应立即停解吸塔的蒸汽。（×）

正确答案：应在解吸塔釜液中的环氧乙烷完全被解吸后，才能停解吸塔的蒸汽。

110. 再沸器蒸汽停掉后就可以直接就地排放再沸器凝液。（√）

111. 工业废水一般送到污水处理厂处理。（√）

112. 环氧乙烷洗涤塔调整吸收水量时应该缓慢，避免造成发泡。 (√)

113. 塔釜液位过高也可能导致再沸器蒸汽加不进去。 (√)

114. 被加热介质的浓度高会导致再沸器循环效果差。 (×)

正确答案： 被加热介质的黏度高会导致再沸器循环效果差。

115. 环氧乙烷解吸塔塔釜温度与进料中的环氧乙烷浓度无关。 (×)

正确答案： 进料中的环氧乙烷浓度越高，环氧乙烷解吸塔中水解生成的乙二醇越多，环氧乙烷解吸塔塔釜温度就越高。

116. 二氧化碳脱除系统再生塔液位波动是判断系统发泡的依据之一。 (√)

117. 环氧乙烷吸收系统洗涤塔液位频繁波动是判断系统发泡的依据之一。 (√)

118. 二氧化碳脱除系统发泡时应该立即去现场手动加消泡剂。 (√)

119. 环氧乙烷解吸、吸收系统发泡时应该立即去现场开洗涤塔分离罐倒淋。 (×)

正确答案： 环氧乙烷解吸、吸收系统发泡时应该立即去现场手动加消泡剂。

120. 碳酸盐的总浓度就是碳酸钾浓度与碳酸氢钾浓度之和。 (×)

正确答案： 碳酸盐的总浓度 = 碳酸钾浓度 + 0.69 × 碳酸氢钾浓度。

121. 所有的塔都有灵敏板存在。 (×)

正确答案： 只有精馏塔才有灵敏板。

122. 在精馏塔的操作中回流比越大越好。 (×)

正确答案： 在精馏塔的操作中，有一个适宜回流比，它是通过经济衡算来决定的，按照操作费用与设备折旧费用之和为最小的原则来确定，它是介于全回流和最小回流比之间的值。

123. 精馏塔全回流操作时无产品采出。 (√)

124. 环氧乙烷槽车装车前槽车内不需要经过氮气置换。 (×)

正确答案： 环氧乙烷槽车装车前槽车内必须经过氮气置换，氧含量 < 0.2%(W)合格。

125. 只要是槽车都可以装环氧乙烷。 (×)

正确答案： 只有环氧乙烷专用槽车才能装运环氧乙烷。

126. 50%乙二醇溶液的冷冻盐水在 -10℃时就能结冰。 (×)

正确答案： 50%乙二醇溶液的冷冻盐水在 -36℃时才能结冰。

127. 冷冻盐水是冷冻机把50%乙二醇水溶液冷却到 -10 ~ -15℃而制得。 (√)

128. 再沸器引蒸汽时必须打开蒸汽管线倒淋、疏水器阀门排放冷凝液，然后慢慢打开蒸汽手阀暖管，直到倒淋有蒸汽，再全开蒸汽手阀。 (√)

129. 环氧乙烷取样时可以把少量的环氧乙烷排放至空气中。 (×)

正确答案： 环氧乙烷取样时不可以把环氧乙烷排放至空气中，因为环氧乙烷在空气中的爆炸极限是3% ~ 100%。

130. 环氧乙烷精制塔的作用是把含有10%(W)左右环氧乙烷水溶液经过精馏生产出99.9%以上的环氧乙烷。 (√)

131. 环氧乙烷回流泵空转不会产生危险。 (×)

正确答案： 环氧乙烷回流泵空转会发生很大的危险，因为泵空转会产生很多热量使环氧乙烷气化发生爆炸的危险。

132. 环氧精制塔回流泵应在产品采出泵启动前启动，以防止产品采出泵抽空。 (√)

133. 环氧乙烷精制塔两个安全阀必须同时使用。（×）

正确答案：环氧乙烷精制塔两个安全阀是一个开，另一个作为备用。

134. 环氧乙烷精制塔安全阀出口有一股氮气目的是当安全阀起跳后稀释环氧乙烷，防止环氧乙烷爆炸。（√）

135. 环氧乙烷精制塔开车时塔的压力最好比设计压力设定高一点。（×）

正确答案：环氧乙烷精制塔开车时塔的压力最好比设计压力设定低一点，因为当塔内物料开始升温时，塔内的上升气量增加，塔的压力会上升。

136. 环氧乙烷精制塔回流的作用是为了在精制塔液位下降时补充塔的液位。（×）

正确答案：环氧乙烷精制塔回流的作用是保持塔板上气、液两相的传质。

137. 国家标准环氧乙烷产品中二氧化碳的含量小于 50ppm。（√）

138. 环氧乙烷精制塔开车时为了尽快使产品合格，我们可以通过全回流的方式来调节。（√）

139. 环氧乙烷精制塔进料温度通过调节二氧化碳汽提塔塔釜的温度来控制。（×）

正确答案：环氧乙烷精制塔进料温度通过调节精制塔釜的流量来控制。

140. 环氧乙烷精制塔进料温度控制越高越好。（×）

正确答案：环氧乙烷精制塔进料温度控制在 96℃左右，过高会使管线中的环氧乙烷气化，发生危险。

141. 如果环氧乙烷精制塔进料温度低于设计值，会使 EO 产品中的二氧化碳含量超标，且会造成下游单元腐蚀问题。（√）

142. 环氧乙烷精制塔产品产出量的多少应根据负荷的大小来调整。（√）

143. 环氧乙烷精制塔脱醛都是从塔顶脱除的。（×）

正确答案：环氧乙烷精制塔塔顶脱除甲醛，中段脱除乙醛。

144. 环氧乙烷精制塔脱醛量的多少会直接影响产品产量和产品质量。（√）

145. 环氧乙烷在空气中的允许浓度是 1ppm。（√）

146. 环氧乙烷精制塔降负荷时必须注意塔的压力，随时作调整。（√）

147. 环氧乙烷精制塔停车时氧化反应器必须停车。（×）

正确答案：环氧乙烷精制塔停车时氧化反应器不需要停车。

148. 环氧乙烷精制塔停车时塔釜液分析合格后才可以排放。（√）

149. 环氧乙烷精制塔停车交出时必须可燃气体、氧含量分析合格。（√）

150. 环氧乙烷贮罐可以用水清洗。（×）

正确答案：环氧乙烷贮罐不可以用水清洗，因为容易生锈。

151. 环氧乙烷物料管线保温时应把所有法兰口包住。（×）

正确答案：环氧乙烷物料管线保温时不应把法兰口都包住。

152. 环氧乙烷场所使用工器具必须是防爆的。（√）

153. 环氧乙烷精制塔回流罐设计自立式压力调节阀是为了调节精制塔的压力。（×）

正确答案：环氧乙烷精制塔回流罐设计自立式压力调节阀是为了防止塔内压力高时环氧乙烷倒回氮气总阀。

154. 环氧乙烷精制塔安全阀正常投用时，阀前后吹扫氮气均应打开。（√）

155. 环氧乙烷溅到人体后应用碱中和然后用水冲洗。（×）

正确答案： 环氧乙烷溅到人体后应用大量水冲洗。

156. 环氧乙烷回流泵抽空后应立即停泵，降低塔的蒸汽，降低产品产出量，维持塔的压力。 (√)

157. 汽提塔的主要作用是脱除环氧乙烷水溶液中的醛、环氧乙烷。 (×)

正确答案： 汽提塔的主要作用是脱除环氧乙烷水溶液中的二氧化碳和微量的醛。

158. 多效蒸发是指各效蒸发器串联，逐步提浓，最后得到所要求的乙二醇浓度。 (√)

159. 二乙二醇和环氧乙烷发生反应的方程式是 $C_2H_4OC_2H_4(OH)_2 + C_2H_4O = C_2H_4OC_2H_4OC_2H_4(OH)_2$。 (√)

160. 反应停留时间越长乙二醇选择性越高。 (×)

正确答案： 反应停留时间越长生成的二乙二醇越多，乙二醇选择性越低。

161. 蒸发岗位水运前仪表调节系统必须正常运行。 (√)

162. 一次蒸汽比二次蒸汽的热效率要高。 (√)

163. 多效蒸发系统回流水只能来自循环水槽。 (×)

正确答案： 多效蒸发系统回流水来自循环水槽和水处理装置。

164. 水合反应器入口温度是由进料换热器控制的。 (√)

165. 真空泵投用时，直接打开蒸汽手阀即可。 (×)

正确答案： 真空泵投用时，应首先打开 Y 型过滤器排液，再打开蒸汽手阀。

166. 环氧乙烷水合反应器入口温度低对反应没有影响。 (×)

正确答案： 水合反应器入口温度低，环氧乙烷水合反应不完全，环氧乙烷会带入蒸发系统产生危险。

167. 多效蒸发系统末效真空泵一投用应立即投用真空表。 (×)

正确答案： 末效真空泵投用一段时间后，根据温度情况再投用真空表。

168. 环氧乙烷的水合比的大小不影响乙二醇选择性。 (×)

正确答案： 水合比的大小对乙二醇选择性有影响。

169. 汽提塔的汽提温度越高越好。 (×)

正确答案： 对于汽提温度，温度不能太高，太高的温度会使大量环氧乙烷汽提出去。

170. 氧化反应岗位停车后，蒸发系统应立即停蒸汽停车。 (×)

正确答案： 氧化反应岗位停车后，蒸发系统不能立即停蒸汽停车。

171. 多效蒸发系统停车后，各塔内的液体应立即排放。 (×)

正确答案： 蒸发系统停车后，塔内的液体分析合格后才能排放。

172. 多效蒸发停车必须在进料的 EO 完全反应之后进行。 (√)

173. 环氧乙烷水合反应器中环氧乙烷不能完全反应，环氧乙烷进入蒸发系统后，蒸发系统压力会升高，造成安全阀起跳。 (√)

174. 真空泵蒸汽压力过低时，塔的真空度会升高。 (√)

175. 再沸器蒸汽阀后压力高，说明再沸器已结焦严重。 (√)

176. 酸灼伤后要用碱中和然后用水冲洗。 (×)

正确答案： 酸灼伤后要用大量水冲洗，然后送医院。

177. 装置大量酸泄漏后处理时首先用水冲洗。 (×)

正确答案： 装置大量酸泄漏后处理时首先用碱中和。

178. 多效蒸发系统末效真空泵故障时蒸发岗位应低负荷运行，并抢修真空泵。 (√)
179. 多效蒸发器塔顶含醇量过高时可减少加热蒸汽量解决。 (×)
正确答案： 多效蒸发器塔顶含醇量过高时可加大回流量解决。
180. 蒸发岗位紧急停车对前部蒸汽系统有一定的影响。 (√)
181. 适宜的回流比能使产品质量、装置能耗最佳化。 (√)
182. 精制塔开车时，全回流时能较快地使产品合格。 (√)
183. 灵敏板温度的变化情况可以反映出精馏塔的操作状况。 (√)
184. 乙二醇脱水塔气密试验的要求是每小时平均泄漏量不超过 0.25%。 (√)
185. 乙二醇精制系统精馏塔干燥是为了在生产时保证产品中的水含量合格。 (×)
正确答案： 乙二醇精制系统精馏塔干燥是为了保证塔抽真空时的效果。
186. 成品罐进料前必须先打开呼吸阀，用罐顶氮气吹扫，使罐中的氧含量符合要求。 (√)
187. 精馏塔塔釜没有液位时，再沸器也可以升温。 (×)
正确答案： 精馏塔塔釜没有液位时，再沸器不能升温。
188. 乙二醇脱水塔真空泵抽出的不凝气体回到热水井。 (×)
正确答案： 真空泵抽出的不凝气体从真空泵冷凝器放空阀放空。
189. 脱水塔进料只能来自粗乙二醇贮罐。 (×)
正确答案： 脱水塔进料可以来自粗乙二醇贮罐也可以来自蒸发系统末效的物料。
190. 乙二醇精制塔产品产出时要打开产品产出管线的平衡阀。 (√)
191. 乙二醇精制塔进料仅来自乙二醇脱水塔。 (×)
正确答案： 乙二醇精制塔进料来自乙二醇脱水塔和乙二醇循环塔。
192. 二乙二醇精制塔产品不合格时侧线产出返回多乙二醇贮罐。 (×)
正确答案： 二乙二醇精制塔产品不合格时侧线产出返回粗乙二醇贮罐。
193. 三乙二醇精制塔汽提时进料可以来自二乙二醇塔。 (√)
194. 乙二醇脱水塔开车时，气密合格后就可以进料。 (×)
正确答案： 乙二醇脱水塔气密合格后，先抽真空，真空度达到要求后才可以进料。
195. 乙二醇脱水塔液位满足就可以向乙二醇精制塔进料。 (×)
正确答案： 乙二醇脱水塔釜水含量满足就可以向乙二醇精制塔进料。
196. 乙二醇脱水塔能脱除进料中一些微量的杂质，对提高产品质量有一定的作用。 (√)
197. 脱水塔回流小会造成塔顶温度上升，塔顶气中乙二醇含量增加。 (√)
198. 乙二醇脱水塔塔釜温度高不会对塔釜再沸器造成影响。 (×)
正确答案： 脱水塔塔釜温度高，再沸器容易结焦。
199. 二乙二醇、三乙二醇精制系统物料倒空后用氮气置换系统。 (√)
200. 由于乙二醇产品产出时已分析合格，所以产品外送时不需要再进行分析。 (×)
正确答案： 虽然乙二醇产品产出时已分析合格，产品外送时需要再分析才能外送。
201. 乙二醇产品主要分析项目有乙二醇纯度、色相、醛含量、铁离子浓度、UV 值、水含量、灰分等。 (√)
202. 乙二醇精制塔停车时，产品采出必须停止。 (√)
203. 乙二醇精制塔停车后就立即进行破真空。 (×)
正确答案： 乙二醇精制塔停车后，塔温度降到 100℃以下时，才能破真空。

204. 乙二醇脱水塔筒体发生泄漏时真空度会升高。 (√)

205. 泵的出口压力高时就能确定进塔的过滤网堵。 (×)

正确答案: 当泵的出口压力高时不能确定进塔的过滤网堵，因为有可能进塔的调节阀开度小。

206. 停冷却水时，乙二醇精制岗位必须首先将塔釜泵停下。 (×)

正确答案: 停冷却水时，乙二醇精制岗位必须先停止各塔加热。

单选题

1. EO/EG 装置氧化反应器使用的催化剂是(B)。

A. 锌催化剂　B. 银催化剂　C. 氧化锌催化剂　D. 铜催化剂

2. 目前世界上 EO/EG 装置生产环氧乙烷的主要方法是(A)。

A. 乙烯纯氧氧化法　B. 氯醇法

C. 乙二醇脱水法　D. 乙烯空气氧化法

3. 乙二醇装置生产过程中使用的主要原材料为 O_2 和(C)。

A. CH_4　B. C_2H_6　C. C_2H_4　D. C_3H_6

4. 装置仪表空气的常压露点为(A)℃。

A. -40　B. 0　C. 20　D. 40

5. 下列关于环氧乙烷的化学性质不正确的说法是(D)。

A. 环氧乙烷可以和盐酸发生反应　B. 环氧乙烷可以和苯发生反应

C. 环氧乙烷可以发生聚合反应　D. 环氧乙烷不能发生还原反应

6. 环氧乙烷在空气中的爆炸范围为(体积百分比)(D)。

A. 50%~100%　B. 30%~100%　C. 3%~90%　D. 3%~100%

7. 环氧乙烷正确的贮存方法是(C)。

A. 常温常压　B. 低温常压

C. 低温、0.2MPa 的压力　D. 常温高压

8. 关于环氧乙烷的用途，下列说法正确的是(D)。

A. 生产乙醇　B. 用作防冻剂　C. 生产乙酸　D. 生产醇醚

9. 下列关于环氧乙烷中毒的临床症状，说法不正确的是(A)。

A. 口重有咸味　B. 剧烈头痛　C. 呼吸困难　D. 恶心、呕吐

10. 乙二醇不能发生(B)。

A. 氧化反应　B. 聚合反应　C. 酯化反应　D. 脱水反应

11. 浓度 50%的乙二醇水溶液的冰点为(A)℃。

A. -40　B. < -20　C. <0　D. <18

12. 下列关于乙二醇物理性质的说法中，正确的是(B)。

A. 易挥发　B. 闪点高　C. 不易溶于水　D. 易溶于乙醚

13. 乙二醇不能用作(B)。

A. 防冻剂　B. 制造炸药　C. 制造聚酯纤维　D. 柔软剂

14. 乙二醇的毒性属于(B)。

A. 无毒性　B. 低毒类　C. 中等毒类　D. 剧毒类

15. PID 图中的含义是(D)。

A. 流程图　B. 物料平衡图

C. 仪表联锁图　　D. 带控制点的工艺管道流程图

16. PFD 图中的含义是(B)。

A. 工艺流程图　　B. 工艺物料平衡图

C. 仪表联锁图　　D. 带控制点的工艺管道流程图

17. PID 图中代码为 P－911－3″－E1P6 中的“911”代表(A)。

A. 管道编号　　B. 管道外径

C. 管道公称直径　　D. 序号

18. 联锁逻辑图中“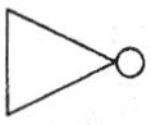”表示(B)。

A. 与门　　B. 非门　　C. 或门　　D. 延迟断开

19. 仪表联锁逻辑图中“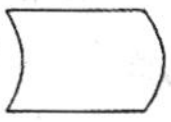”表示(C)。

A. 与门　　B. 非门　　C. 或门　　D. 延迟断开

20. 安全阀的作用是(A)。

A. 防止容器超压　　B. 防止容器超温

C. 控制容器压力　　D. 防止容器温度过低

21. 安全阀的起跳压力一般为压力容器工作压力的(B)倍。

A. 1～1.05　　B. 1.05～1.1　　C. 1.1～1.2　　D. 1.2～1.3

22. 选用离心泵时首先应确定(A)。

A. 输送液体性质和操作条件　　B. 流量和压头

C. 泵的型号　　D. 泵的功率

23. 化工装置中，调节离心泵流量最常用的方法是(B)。

A. 调节进口阀开度　　B. 调节出口阀开度

C. 改变叶轮转速　　D. 改变叶轮直径

24. 调节离心泵出口阀开度达到流量改变的原理是(B)。

A. 泵的特性改变　　B. 管路流体阻力改变

C. 叶轮转速改变　　D. 管路的扬程改变

25. 离心泵的(C)不能作为泵的性能参数。

A. 扬程　　B. 流量　　C. 电流　　D. 有效功率

26. 被输送流体的密度影响离心泵的(D)。

A. 压头　　B. 流量　　C. 效率　　D. 轴功率

27. 往复泵启动时，泵体内(D)。

A. 须充满液体　　B. 须排气　　C. 不能充满液体　　D. 不须充液

28. 压缩机润滑油过滤器进行切换前备用过滤器需先(B)。

A. 清洗　　B. 充液排气　　C. 打开进口阀　　D. 打开出口阀

29. 关于疏水器的作用，说法正确的是(A)。

A. 阻止蒸汽通过，排出凝液　　B. 阻止凝液通过，排出蒸汽

C. 阻止蒸汽和凝液　　D. 使蒸汽和凝液通过

30. (B)型疏水器是通过感知液面的变化来实现凝水的排放的。

A. 恒温　　B. 波纹管　　C. 脉冲　　D. 浮球

31. 引入蒸汽时，产生水锤正确的处理方法是(B)。

A. 关小蒸汽阀门，关闭管线上的倒淋　B. 关小蒸汽阀门，打开管线上的倒淋

C. 开大蒸汽阀门，打开管线上的倒淋　D. 开大蒸汽阀门，关闭开管线上的倒淋

32. 一般检测比空气轻的可燃气体或有毒气体的检测仪应安装于距释放源(C)cm 的上方。

A. 10　B. 30~50　C. 50~200　D. 200~500

33. 乙二醇装置可以使用的工艺伴热型式为(D)。

A. 只能用蒸汽伴热　B. 只能用水伴热

C. 油伴热　D. 蒸汽伴热和水伴热

34. 下列关于乙二醇装置的工艺管线伴热型式，说法正确的是(B)。

A. 蒸汽伴热较水伴热节能　B. 水伴热较蒸汽伴热节能

C. 水伴热比蒸汽伴热更适合低温地区　D. 蒸汽伴热只能用低低压蒸汽

35. 乙二醇装置使用的换热器以(A)为主。

A. 间壁式　B. 混合式　C. 蓄热式　D. 混合式和蓄热式

36. 不属于列管式换热器的是(A)。

A. 固定管板式　B. U 形管换热器　C. 浮头式换热器　D. 空冷器

37. 投用换热器一般最先开(B)。

A. 冷却水上水手阀　B. 冷却水回水手阀

C. 工艺介质上水手阀　D. 工艺介质回水手阀

38. 通常最适用于通流和断流的阀门是(A)。

A. 闸阀　B. 截止阀　C. 隔膜阀　D. 止回阀

39. 通常用于释放压力的阀门是(B)。

A. 闸阀　B. 安全阀　C. 截止阀　D. 止回阀

40. 球阀适合于(B)的介质。

A. 高温　B. 低温、高压　C. 低压　D. 黏度大

41. 磁浮式液位计的工作原理是(C)。

A. 连通器　B. 浮力　C. 磁力　D. 张力

42. 下列类型的单向阀中(C)单向阀的流体阻力最小。

A. 立式升降型　B. 球芯型　C. 旋启型　D. 卧式升降型

43. 一般(A)的出口都装有单向阀。

A. 离心泵　B. 蒸汽喷射器　C. 容器　D. 调节阀

44. 选用压力表时压力表盘刻度的极限值应为最高工作压力的(C)倍。

A. 1~2　B. 1.5~2　C. 1.5~3　D. 2~3

45. 离心泵的出口压力为 1.0MPa，应该选用的压力表的量程为(C)MPa。

A. 0.4　B. 1.0　C. 1.6　D. 3.2

46. 更换塔玻璃管液位计时(D)。

A. 不需要关闭联塔手阀　B. 不需要倒空

C. 不需要泄压　D. 必须倒空、泄压

47. 使用听棒时不要与(D)接触。

A. 泵过滤器　B. 泵壳　C. 机封　D. 转动部件

48. 正常情况下，离心泵的轴承温度不大于(C)℃。

A. 30　B. 45　C. 65　D. 80

49. 冬天气温较低时，蒸汽伴热管线疏水器阀组倒淋应(A)。

A. 稍微打开　B. 关闭　C. 定期排放　D. 全开

50. 备用离心泵冷却水防冻的主要措施是(C)。

A. 稍关冷却水进出口阀　B. 关闭冷却水

C. 全开进出口阀门，稍开冷却水旁路阀　D. 提高冷却水温度

51. 冬天，防止换热器循环冷却水冻的主要措施是(B)。

A. 蒸汽伴热　B. 打开换热器循环水旁路

C. 全开循环水进出口阀　D. 提高循环水温度

52. 机泵盘车的目的是(C)。

A. 泵腐蚀　B. 防止润滑油变质

C. 防止轴变形　D. 检查电机是否正常

53. 用火作业指具有火灾爆炸危险场所内进行的施工作业，用火作业共分(B)级。

A. 6　B. 5　C. 4　D. 3

54. HSE 中的 E 表示(B)。

A. 健康　B. 环境　C. 安全　D. 管理

55. HSE 中的 S 表示(C)。

A. 健康　B. 环境　C. 安全　D. 管理

56. (C)不是离心泵滤网堵的现象。

A. 泵出口压力低　B. 泵出口流量低

C. 泵电机电流上升　D. 出口压力低，关小出口阀门，压力上升

57. 离心泵的过滤网安装在(A)。

A. 泵进口阀与泵体之间　B. 进口阀之前

C. 泵出口阀之前　D. 泵出口阀之后

58. 着火不能用水扑救的是(B)。

A. 乙二醇　B. 汽油　C. 苯　D. 二乙二醇

59. 使用灭火器时应将喷射口对准火焰(C)进行灭火。

A. 上部　B. 中部　C. 根部　D. 上下摆动

60. 使用空气呼吸器时，气瓶压力低于(B)MPa 时必须停止使用。

A. 1　B. 5　C. 15　D. 20

61. 使用过滤式防毒面具时，空气中有毒气体浓度不得高于(B)，空气中氧气含量不得低于(B)。

A. 2%，17%　B. 2%，18%　C. 1%，19%　D. 1%，20%

62. 离心泵气蚀时(D)。

A. 出口压力高　B. 出口流量上升

C. 泵电机电流上升　D. 出口压力、流量下降

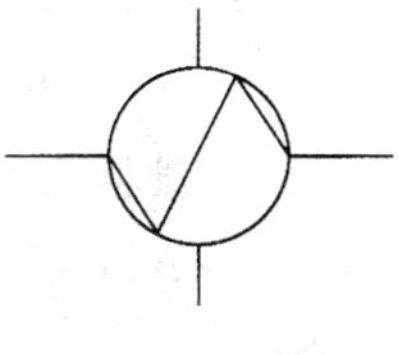

63. 下面符号表示的是(B)。

A. 蒸汽喷射器　B. 换热器

C. 离心泵　　D. 压缩机

64. 1标准大气压等于(D)帕斯卡。

A. 9.807×10^4　　B. 9.807×10^3　　C. 9.869×10^4　　D. 1.01×10^5

65. 若绝对压力为8atm，大气压为1atm，则表压为(C)atm。

A. 9　　B. 1　　C. 7　　D. 8

66. 25℃等于(B)开氏温度。

A. 273.15　　B. 298.15　　C. 248.15　　D. 77

67. 环氧乙烷水溶液中环氧乙烷与水的摩尔比为1:10，该溶液环氧乙烷的质量百分比浓度为(B)。

A. 16.42%　　B. 19.64%　　C. 24.44%　　D. 32.35%

68. 乙烯常温常压下是(B)。

A. 液体　　B. 气体　　C. 固体　　D. 汽液混合物

69. 抑制剂通常是由(C)带入循环气系统。

A. O_2　　B. N_2　　C. C_2H_4　　D. CH_4

70. 乙烯的分子式是(A)

A. C_2H_4　　B. C_2H_6　　C. C_2H_3　　D. C_2H_5

71. 乙烯的结构式是(C)。

A. $H_3C=CH_2$　　B. H_3C-CH_2　　C. $H_2C=CH_2$　　D. $HC=CH_3$

72. 液态氧通常是(B)。

A. 无色透明　　B. 淡蓝色　　C. 白色　　D. 淡绿色

73. 常温常压下氧气是一种(A)的气体。

A. 无色无味　　B. 有色无味　　C. 无色有味　　D. 有色有味

74. 氧气管线的安装应远离(C)。

A. 氮气管线　　B. 工厂风管线　　C. 乙烯管线　　D. 仪表风管线

75. 循环气系统中常用的致稳气为(A)。

A. CH_4，N_2　　B. C_2H_6，N_2　　C. C_2H_6，Ar　　D. CH_4，Ar

76. (D)不是致稳气的作用。

A. 减少热点产生　　B. 有效地带出反应热

C. 降低氧气、乙烯的爆炸极限　　D. 抑制副反应

77. 抑制剂的主要作用是(A)。

A. 提高乙烯选择性　　B. 提高乙烯转化率

C. 提高反应负荷　　D. 降低反应温度

78. (D)不是循环气系统工业质谱仪的取样位置。

A. 循环压缩机的出口　　B. 反应器的进出口

C. 接触塔分离罐出口　　D. 氧气混合站的出口

79. 通常磁氧分析仪主要分析(A)的浓度。

A. 氧气　　B. 乙烯　　C. 甲烷　　D. 氮气

80. 投料前氧化反应器反应温度应(B)。

A. 不超过200℃　　B. 达到催化剂初始反应温度

C. 低于催化剂初始反应温度　　D. 没有特殊要求

81. 氧化反应器中发生主反应的产物是(C)。

A. 二氧化碳　B. 水　C. 环氧乙烷　D. 乙烷

82. 氧化反应主反应方程式为(B)。

A. $C_2H_4 + O_2 \longrightarrow CO_2 + H_2O$　　B. $C_2H_4 + 1/2O_2 \longrightarrow CH_2CH_2O$

C. $C_2H_4 + O_2 \longrightarrow 2CH_2O$　　D. $C_2H_4 + O_2 \longrightarrow CH_3CHO$

83.(D)不是高压氮气压缩机开车前应该检查的内容。

A. 润滑油　B. 冷却水　C. 电源　D. 曲轴

84. 氧化反应系统气-气换热器的作用是(C)。

A. 降低反应器出入口循环气温度　　B. 提高反应器出入口循环气温度

C. 降低出口循环气温度、提高入口循环气温度

D. 提高出口循环气温度、降低入口循环气温度

85. 甲烷可从(B)处加入循环气中。

A. 一　B. 二　C. 三　D. 四

86. 氧化反应器在开车或催化剂活化期间反应产汽一般切入(D)。

A. 高压蒸汽　B. 中压蒸汽　C. 低压蒸汽　D. 低低压蒸汽

87. (D)对循环气没有明显的降温作用。

A. 反应器气体冷却器　　B. 气-气换热器

C. 洗涤塔　　D. 循环气分离罐

88. 以甲烷作为致稳剂开车时，氧气、乙烯投料顺序为(A)。

A. 先投氧气、再投乙烯　　B. 先投乙烯、再投氧气

C. 氧气、乙烯同时投　　D. 没有要求

89. 设置高压氮气压缩机的作用是(C)。

A. 向循环气系统补充氮气　　B. 在开车时向反应器进行冲压

C. 在开停车时对氧气混合站进行吹扫　D. 在开停车时对装置进行吹扫

90. 通常高压氮气压缩机(C)设置过滤器。

A. 只有进口　B. 只有出口　C. 进出口都有　D. 进出口都没有

91. 在循环气系统中(B)上设置了直接氮气充入口。

A. 富循环气管线　　B. 贫循环气管线

C. 贫、富循环气管线　　D. 去脱碳系统管线

92. 循环气压缩机启动前，确认(C)关。

A. 压缩机最小流量保护阀　　B. 压缩机出口电动阀

C. 反应器出口电动阀　　D. 压缩机出口压差控制阀

93. 对氧化反应器进行升温操作时用(D)。

A. 低压蒸汽　　B. 高压蒸汽

C. 过热蒸汽　　D. 先用低压蒸汽再用高压蒸汽

94. 氧化反应器升温时上下温差不应超过(B)℃。

A. 20　B. 25　C. 30　D. 50

95. 开车泵的入口、出口分别来自(C)。

A. 反应器、汽包　　B. 汽包、反应器

C. 汽包、汽包　　D. 反应器、反应器

96. 在甲烷致稳开车投料过程中，应该按(C)的顺序加入到反应器。

A. 氧气、抑制剂、乙烯　　B. 乙烯、抑制剂、氧气

C. 乙烯、氧气、抑制剂　　D. 抑制剂、氧气、乙烯

97. 检修后，在投氧前必须进行工艺联锁调试，由(C)进行调试。

A. 工艺人员　　B. 仪表人员

C. 仪表和工艺人员　　D. 机修人员

98. 脱氧槽设置放空管线的作用是(C)。

A. 保持脱氧槽的压力　　B. 保持脱氧槽的温度

C. 脱出槽内的氧气　　D. 防止脱氧槽超压

99. 氧气混合站的作用是(D)。

A. 混合乙烯的　　B. 混合氧气和甲烷的

C. 混合氧气和氮气的　　D. 把氧气混合到循环气中去

100. 氧气和循环气混合主要以(C)方式混合。

A. 喷射混合　　B. 湍流混合

C. 喷射混合、湍流混合　　D. 交叉混合

101. 氧气混合站系统有多少个自动动作阀，其中几个是超快阀(B)。

A. 15，1　　B. 15，2　　C. 10，2　　D. 10，1

102. 乙烯选择性是指(C)。

A. 消耗的乙烯量和乙烯进料总量的比值

B. 消耗的氧气量和氧气进料总量的比值

C. 生成环氧乙烷的乙烯量和乙烯进料总量的比值

D. 生成的环氧乙烷量和消耗的乙烯量的比值

103. 循环气中乙烯浓度上升时乙烯选择性会(B)。

A. 上升　　B. 下降　　C. 不变　　D. 先上升后下降

104. 乙烯转化率是指(A)。

A. 氧化反应器中消耗的乙烯量和进反应器乙烯进料总量的比值

B. 消耗的乙烯量和氧气进料总量的比值

C. 生成的环氧乙烷量和乙烯进料总量的比值

D. 生成的环氧乙烷量和消耗的乙烯量的比值

105. 循环气中乙烯浓度上升时乙烯转化率会(A)。

A. 上升　　B. 下降　　C. 不变　　D. 先上升后下降

106. 反应器空速的增加，将会(B)。

A. 增加反应器选择性　　B. 增加 EO 产量

C. 增加氧气浓度　　D. 增加乙烯浓度

107. 氧化反应器顶部是(B)。

A. 循环气反应区　　B. 循环气预热区

C. 撤热介质预热区　　D. 撤热介质沸腾区

108. 氧化反应器最底部是(C)。

A. 循环气反应区　　B. 循环气预热区

C. 撤热介质预热区　　D. 撤热介质沸腾区

109. 汽包的三冲量调节是指(B)。

A. 锅炉给水量、汽包压力、汽包液位

B. 锅炉给水量、汽包产汽量、汽包液位

C. 汽包压力、温度和液位　　D. 汽包产汽量、汽包压力、汽包液位

110. 通常我们所指的氧化反应温度即是(C)温度。

A. 反应器进口气体　　B. 反应器出口气体

C. 撤热介质　　D. 锅炉给水

111. (B)不是反应器汽包的主要控制参数。

A. 液位　　B. 排污量　　C. 锅炉给水量　　D. 压力

112. 控制反应器入口循环气温度的目的不是为了(C)。

A. 加热到反应温度　　B. 防止副反应产生

C. 增加汽包产汽量　　D. 防止温度过高产生危险

113. 循环气中的乙烷浓度增加，转化率会(A)。

A. 上升　　B. 下降　　C. 不变　　D. 先上升后下降

114. 循环气中的乙烷浓度增加，选择性会(B)。

A. 上升　　B. 下降　　C. 不变　　D. 先上升后下降

115. 循环气中的氩气浓度下降，转化率会(A)。

A. 上升　　B. 下降　　C. 不变　　D. 先上升后下降

116. 同等条件下，反应温度升高催化剂活性将(A)。

A. 增强　　B. 减弱　　C. 不变　　D. 先增强后减弱

117. 氧化反应器温度降低，不作其他调整时催化剂选择性将(A)。

A. 上升　　B. 下降　　C. 不变　　D. 先上升后下降

118. 循环气中的氩气主要来自(A)原料。

A. O_2　　B. C_2H_4　　C. CH_4　　D. N_2

119. 循环气中的氩浓度主要通过(A)控制。

A. 循环气连续排放　　B. 洗涤塔吸收

C. 去脱碳系统脱除　　D. 与氧气反应

120. 氧化反应器降负荷原则上应该首先降(A)。

A. 氧气　　B. 乙烯　　C. 抑制剂　　D. 锅炉给水

121. 氧化反应器正常降负荷时，(D)不需要调整。

A. 反应器汽包 BFW 量　　B. 出口气体冷却器汽包 BFW 量

C. 反应器汽包压力　　D. 出口气体冷却器汽包压力

122. 氧化反应器降负荷时，反应器汽包压力调节应以小于或等于(B)MPa/次为最佳。

A. 0.1　　B. 0.03　　C. 0.06　　D. 0.05

123. 氧化反应器大幅度降负荷过程中，应该注意(C)防止过低联锁停车。

A. 氧气流量　　B. 乙烯流量　　C. 循环气流量　　D. 产汽量

124. 氧化反应器降负荷时，反应器用汽包产汽阀降温，速度小于(B)℃/h。

A. 20　　B. 25　　C. 30　　D. 50

125. 氧化反应器短期停车不检修，反应器温度应维持在(C)℃。

A. 50～60　　B. 100～120　　C. 160～170　　D. 180～200

126. 长期停车时，维持3%（体积分数）乙烯、4%（体积分数）氧气及0%抑制剂的状况至少(B)h，使吸附在催化剂上的大多数氯化物解吸，才可以停止氧气、乙烯进料。

A. 6　　B. 8　　C. 12　　D. 24

127. 停车降温后充氮保护的汽包压力应该维持(A)MPa，防止空气窜入蒸汽系统。

A. 大于0.1　　B. 大于0.5　　C. 小于0.1　　D. 大于0.3

128. 氧化反应器温度降到160℃时，可以(C)以保护反应器。

A. 停循环压缩机　　B. 停锅炉给水

C. 关反应器进出口循环气阀　　D. 开循环气管线上氮气阀充氮

129. 大修停车循环气管线置换过程中，可燃气浓度在(B)以下可以用工厂风置换至合格。

A. 0.1%　　B. 0.5%　　C. 1.0%　　D. 5.0%

130. 大修停车交出检修前，最后是用(C)对循环气管线置换合格的。

A. 低压氮气　　B. 中压氮气　　C. 工厂风　　D. 低压蒸汽

131. 停车后乙烯管线接氮气向界区外置换的位置(D)。

A. 乙烯过滤器前　B. 乙烯脱硫床前　　C. 界区总阀前　　D. 乙烯进料阀前

132. 停车后乙烯管线是用(A)置换合格的。

A. 低压氮气　　B. 中压氮气　　C. 工厂风　　D. 低压蒸汽

133. 停车后氧气管线接氮气置换的放空位置(A)。

A. 氧气过滤器前　B. 氧气混合站前　　C. 界区总阀前　　D. 氧气进料阀前

134. 停车后氧气管线置换氧气浓度(C)m^3/m^3以下为合格。

A. 0.1　　B. 0.3　　C. 0.5　　D. 1.0

135. 停车后甲烷管线接氮气向界区外置换的位置(B)。

A. 甲烷过滤器前　B. 甲烷压缩机前　　C. 界区总阀前　　D. 甲烷进料阀前

136.(C)不会造成循环气流量波动。

A. 循环压缩机升转速　　B. 循环压缩机降转速

C. 循环压缩机轴振动　　D. 循环压缩机的喘振

137.(B)不是反应器开车时温度升不上去的原因。

A. 汽包内有不凝气　　B. 汽包没有排污

C. 开车蒸汽加入量少　　D. 开车泵没开

138.(C)波动不会造成循环气氧气浓度波动。

A. 氧气压力　B. 氧气温度　C. 汽包液位　D. 汽包压力

139. 循环气中乙烷(B)造成氧气浓度波动。

A. 改变催化剂选择性　B. 改变催化剂活性

C. 改变反应温度　D. 改变环氧乙烷生成率

140. 循环气中二氧化碳主要是通过(C)造成乙烯浓度波动的。

A. 改变催化剂选择性　B. 改变反应温度

C. 改变乙烯转化率　D. 改变环氧乙烷生成率

141. 氧化反应器反应温度迅速上升会造成循环气压力(A)。

A. 迅速下降　B. 迅速上升　C. 不变　D. 先下降后上升

142. 洗涤塔吸收水温度下降会造成循环气压力(A)。

A. 下降　B. 上升　C. 不变　D. 先上升后下降

143. 氧化反应器开车时温度升不上去的原因有(B)。

A. 反应器汽包液位低　B. 反应器汽包液位过高

C. 出口冷却器汽包液位低　D. 出口冷却器汽包液位高

144. 甲烷致稳时，甲烷出现不合格时首先应该(B)。

A. 停氧气混合站　B. 停甲烷进料

C. 停尾气回收压缩机　D. 停乙烯进料

145. 甲烷致稳时，甲烷出现长时间不合格的处理方法，说法不正确的是(A)。

A. 停氧气混合站　B. 向循环气中补氮气

C. 降氧气浓度　D. 降乙烯浓度

146. 氧气混合站联锁停车后，(D)不需要关闭。

A. 氧气进料阀　B. 乙烯进料阀　C. 抑制剂进料阀　D. 氮气总阀

147. 氧气混合站联锁停车后应该立即去现场启动(C)。

A. 脱盐水泵　B. 锅炉给水泵　C. 开车泵　D. 低压冷凝液泵

148. 氧气进料阀开度不变的情况下，氧气温度上升时氧气进料量(B)。

A. 上升　B. 下降　C. 不变　D. 不确定

149. 氧气压力、温度波动时，最主要应该注意(B)的变化。

A. 乙烯浓度　B. 氧气浓度

C. 反应器汽包液位　D. 出口冷却器汽包液位

150. 乙烯压力、温度波动时最主要应注意(B)。

A. 乙烯浓度的变化　B. 氧气浓度的变化

C. 反应器汽包液位的变化　D. 出口冷却器汽包液位变化

151. 循环气压缩机停车后循环气应视(D)变化来决定是否手动放空。

A. 反应器入口温度　B. 循环气中甲烷浓度

C. 反应器入口温差　D. 反应器出口温差

152. 设反应器进口乙烯浓度为25%，出口为23%，乙烯的转化率为(A)。

A. 8%　B. 8.7%　C. 80%　D. 92%

153. 如反应器进料乙烯和氧气流量相同，不计后系统损失，则反应选择性为(B)。

A. 100%　　B. 80%　　C. 77.3%　　D. 75%

154. 如反应器出口 EO%为1.72%，进口忽略，进反应器 O_2%为8%，出口为5.7%，则反应器反应选择性为(B)。

A. 77.2%　　B. 78.2%　　C. 80.3%　　D. 82%

155. 某装置年设计运行 7800h，2004 年实际运行了 7600h，装置开工率是(B)。

A. 95.5%　　B. 97.4%　　C. 98.4%　　D. 99.4%

156. 系统加入消泡剂后，不正确的是(D)。

A. 消除塔内物料泡沫　　B. 塔压降降低

C. 塔效率增加　　D. 降低液位

157. 二氧化碳脱除系统仪表用高压冲洗水的主要作用是(B)。

A. 定时清洗仪表　　B. 防止仪表管线被碳酸盐堵塞

C. 使仪表充满水　　D. 防止仪表腐蚀

158. 再生塔塔盘用冲洗水的主要作用是(C)。

A. 清洗塔盘上的固体杂质　　B. 防止碳酸盐堵塞塔盘

C. 洗去系统中的乙二醇　　D. 洗去二氧化碳气体中的碳酸盐

159. 再生塔上部除沫器的作用是(B)。

A. 防止发泡　　B. 防止碳酸盐被气体夹带

C. 防止乙二醇被气体夹带　　D. 防止水被带走

160. (C)内没有除沫器。

A. 碳酸盐闪蒸罐 B. 再生塔　　C. 接触塔　　D. 接触塔分离罐

161. 接触塔分离罐除沫器的主要作用是(C)。

A. 进一步脱除循环气中二氧化碳　　B. 防止碳酸盐溶液满到循环气管线

C. 除去循环气中夹带的碳酸盐　　D. 脱除循环气中的水

162. 接触塔里发生的化学反应，方程式正确的是(A)。

A. $K_2CO_3 + CO_2 + H_2O \longrightarrow 2KHCO_3$　　B. $K_2CO_3 + CO_2 \longrightarrow 2KHCO_3$

C. $2KHCO_3 \longrightarrow K_2CO_3 + CO_2$　　D. $2KHCO_3 \longrightarrow K_2CO_3 + CO_2 + H_2O$

163. 二氧化碳吸收过程主要是一个(B)。

A. 物理过程　　B. 化学过程

C. 物理化学过程　　D. 非物理化学过程

164. 碳酸盐溶液闪蒸罐的作用不是(B)。

A. 进一步解吸二氧化碳　　B. 使碳酸钾溶液充分混合

C. 回收一部分能量　　D. 缓冲和贮存碳酸钾溶液

165. 再吸收塔的主要作用是(C)。

A. 脱除 CO_2　　B. 脱除 C_2H_4

C. 吸收 EO，控制水合比　　D. 洗涤 MEG

166. 二氧化碳脱除系统碳酸盐过滤器设置在(B)管线上。

A. 碳酸盐溶液泵的入口　　B. 碳酸盐溶液泵的出口

C. 接触塔去再生塔　　D. 再生塔去碳酸盐溶液闪蒸罐

167. (B)不是再生塔直接蒸汽来源。

A. 低低压蒸汽　　B. 低压蒸汽

C. 中压蒸汽　　D. 低压凝液罐的闪蒸蒸汽

168. (C)不是解吸塔补充水。

A. 循环水槽来的水　　B. 水处理系统返回的再生水

C. 塔釜再沸器回塔水　　D. 直接蒸汽

169. 洗涤塔是和(C)之间建立水循环的。

A. 接触塔　　B. 再生塔　　C. 解吸塔　　D. 再吸收塔

170. 再吸收塔是和(D)之间建立水循环的。

A. 接触塔　　B. 再生塔　　C. 解吸塔　　D. 汽提塔

171. 再吸收塔塔顶压力控制阀，当室内操作站阀位显示 50%时，现场放空阀(A)。

A. 全关　　B. 全开　　C. 开 50%　　D. 开 25%

172. 尾气回收压缩机回收的尾气(B)。

A. 直接去反应器循环气系统　　B. 去二氧化碳脱除系统

C. 去焚烧炉焚烧　　D. 去洗涤塔再吸收

173. 尾气回收压缩机的出口管线是和(C)相连接的。

A. 反应器循环气入口管线　　B. 反应器循环气出口管线

C. 二氧化碳脱除系统循环气入口管线　　D. 二氧化碳脱除系统循环气出口管线

174. 开车时再沸器凝液不回收的主要原因是(A)。

A. 温度太低　　B. 有空气夹带

C. 凝液含有蒸汽　　D. 流量不稳定对系统有影响

175. (C)不是建立环氧乙烷吸收、解吸系统水运必备条件。

A. 系统清理干净　　B. 系统气密合格

C. 循环压缩机开车　　D. 系统所有泵已备用

176. (D)不是建立环氧乙烷吸收、解吸系统水运必备条件。

A. 现场调节阀处于停车状态　　B. 仪表调校完毕

C. 本岗位动设备正常　　D. 消泡剂具备条件

177.(D)不是建立环氧乙烷吸收、解吸系统水运必备条件。

A. 脱盐水具备　　B. 釜液泵完好

C. 仪表调校完毕　　D. 消泡剂具备

178. 打开接触塔塔釜到再生塔再沸器管线的手阀是为了(A)。

A. 防止再沸器中碳酸盐结晶　　B. 防止接触塔满塔

C. 促进碳酸盐再生　　D. 脱除系统中的乙二醇

179. 环氧乙烷解吸塔解吸所需的热源来自(D)。

A. 贫吸收液　　B. 直接蒸汽

C. 间接蒸汽　　D. 直接蒸汽和间接蒸汽

180. 循环水冷却器冷却水管线上安全阀的作用是(C)。

A. 防止冷却水超压　　B. 用于冷却水排气

C. 防止冷却水切断后超压　　D. 防止物料泄漏后引起超压

181. 环氧乙烷解吸塔下塔釜温由(A)控制。

A. 塔釜采出流量　　B. 塔釜回流量

C. 塔釜液位　　D. 蒸汽加入量

182. 环氧乙烷解吸塔解吸所需的热源来自(B)。

A. 贫吸收液　　B. 直接蒸汽

C. 间接蒸汽　　D. 直接蒸汽和间接蒸汽

183. 残余环氧乙烷吸收塔顶气(A)。

A. 直接放空大气　　B. 送至焚烧炉焚烧

C. 送至尾气吸收塔再吸收　　D. 送入循环气再利用

184. 急冷液汽提塔用(A)加热。

A. 直接蒸汽　B. 间接蒸汽　C. 贫吸收液　D. 不用加热

185. 二氧化碳接触塔中(B)有利于二氧化碳的吸收。

A. 减压降温　B. 加压降温　C. 减压升温　D. 加压升温

186. 二氧化碳脱除系统用来脱除二氧化碳的主要物质是(B)。

A. 五氧化二钒　B. 碳酸钾　C. 硼酸　D. 碳酸氢钾

187. (B)有利于环氧乙烷的吸收。

A. 减压降温　B. 加压降温　C. 减压升温　D. 加压升温

188. (C)有利于环氧乙烷的解吸。

A. 减压降温　B. 加压降温　C. 减压升温　D. 加压升温

189. 正常情况下，接触塔釜液中(A)。

A. 碳酸钾浓度比碳酸氢钾浓度低　　B. 碳酸钾浓度比碳酸氢钾浓度高

C. 碳酸氢钾和碳酸钾浓度一样高　　D. 只有碳酸氢钾

190. 正常情况下，再生塔釜液碳酸盐溶液中除水外(B)浓度最大。

A. 五氧化二钒　B. 碳酸钾　C. 硼酸　D. 碳酸氢钾

191. 再生塔塔顶冷凝器出口尾气中浓度最高的是(A)。

A. CO_2　B. C_2H_4　C. H_2O　D. CH_4

192. 正常情况下，二氧化碳脱除系统返回循环气系统的循环气中二氧化碳的含量(C)。

A. ≤12%　B. ≤9%　C. ≤2%　D. 0

193. 碳酸盐再生塔釜温低液位降低，可以通过(C)调节。

A. 提高碳酸盐循环量　　B. 提高再沸器蒸汽量

C. 加大直接蒸汽量　　D. 提高塔顶冷凝器出口温度

194. 环氧乙烷解吸塔塔釜温过高通常通过(C)调节。

A. 降低塔压　　B. 提高回流量

C. 降低加热蒸汽量　　D. 提高塔顶冷却器出口温度

195. 正常操作中，(A)可降低环氧乙烷解吸塔塔釜温度。

A. 增大塔釜采出量　　B. 增大塔釜蒸汽用量

C. 降低塔釜液位　　D. 减少塔釜回流量

196. 二氧化碳脱除系统负荷调整主要是调整(A)。

A. 去系统的循环气量　　B. 出系统的循环气量

C. 碳酸盐的总浓度　　D. 再生塔的洗涤水流量

197. 在甲烷致稳时再吸收塔尾气的主要成分是(B)。

A. C_2H_4，O_2，CH_4　　B. C_2H_4，CO_2，CH_4

C. C_2H_4，EO，CH_4　　D. CH_4，CO_2，N_2

198. 环氧乙烷吸收塔顶气中，含量最大的组分是 (D)。

A. EO　　B. O_2　　C. C_2H_4　　D. CH_4

199. 环氧乙烷再吸收塔压力高(B)。

A. 不利于 EO 吸收　　B. 有利于 EO 吸收

C. 有利于杂质的脱除　　D. 减少乙二醇生成

200. 环氧乙烷再吸收塔塔釜温度降低时(A)。

A. 有利于环氧乙烷的吸收　　B. 有利于脱除杂质

C. 塔顶尾气量上升　　D. 塔顶尾气中环氧乙烷浓度升高

201. 环氧乙烷解吸塔压力高的影响是(D)。

A. 利于塔内的 EO 解吸出来　　B. 利于直接加热蒸汽的加入

C. 利于间接加热蒸汽的加入　　D. 不利于直接加热蒸汽的加入

202. 环氧乙烷吸收塔急冷段急冷器采用(B)冷却急冷吸收液。

A. 工业水　　B. 循环水　　C. 消防水　　D. 脱盐水

203. 环氧乙烷吸收塔急冷段急冷吸收液温度低的影响是(D)。

A. 对循环气压缩机的运行影响　　B. 不利于吸收反应的副产物

C. 利于节约急冷液汽提塔用直接蒸汽　　D. 以上答案都不对

204. 装置停车检修时，二氧化碳吸收系统回收碳酸盐溶液的管线位置在(D)。

A. 再生塔塔釜　　B. 再生塔再沸器

C. 塔釜至碳酸盐溶液闪蒸罐管线　　D. 碳酸盐溶液闪蒸罐出口管线上

205. 二氧化碳脱除系统停车时，当碳酸盐系统中乙二醇的浓度小于(B)时可以停再生塔塔盘冲洗水。

A. 0　　B. 0.2%　　C. 0.5%　　D. 1.0%

206. 二氧化碳脱除系统停车后，通常第一次水洗的溶液(C)。

A. 排入地沟　　B. 排入碳酸盐溶液闪蒸罐

C. 排入碳酸盐溶液贮槽　　D. 排入碳酸盐溶解槽

207. 二氧化碳脱除系统停车后，碳酸盐溶液初次倒空时(B)。

A. 接触塔排空，再生塔有液位　　B. 再生塔排空，接触塔有液位

C. 再生塔液位要高一些　　D. 两个塔都可以空

208. 二氧化碳脱除系统停车后，碳酸盐系统循环气的泄压是在(D)。

A. 碳酸盐倒空前　　B. 碳酸盐倒空后

C. 初次水洗时　　D. 水洗排放后

209. 环氧乙烷吸收、解吸系统停车后，贫循环水中的乙二醇主要是通过(A)处理。

A. 水处理系统　　B. 加蒸汽蒸发　　C. 加水稀释排放　　D. 装桶

210. 环氧乙烷吸收、解吸系统停车后，解吸塔塔釜温(B)时可以停循环水冷却器。

A. ≤20℃　　B. ≤35℃　　C. ≤50℃　　D. 没有要求

211. 工业三废是指(D)。
A. 废油、废酸、废碱
B. 废水、废油、废气
C. 废液、废水、废渣
D. 废水、废气、废渣
212. 下列物质中，(D)不属于工业“三废”。
A. 废催化剂
B. 二氧化碳脱除系统置换排出的碳酸盐溶液
C. 加热炉烟气
D. 粉尘
213. 随着氧化降负荷，环氧乙烷解吸塔蒸汽使用量应(C)。
A. 维持不变　B. 逐步增加　C. 逐步减少　D. 停止加入
214. 造成再沸器蒸汽加不进原因是(C)。
A. 塔釜没有液位
B. 凝液罐倒淋没关
C. 再沸器不凝气多
D. 蒸汽阀没有全开
215. 再沸器循环效果差的原因是(A)。
A. 塔釜液位高
B. 塔釜液位低
C. 再沸器疏水器没开
D. 再沸器凝液罐液位低
216.(C)会造成解吸塔釜温高。
A. 补充水量多　B. 补充水量少　C. 蒸汽加入量大　D. 液位过高
217. 环氧乙烷解吸塔上塔釜温高与(C)无关。
A. 直接蒸汽加入量大
B. 解吸塔负荷大
C. 解吸塔塔顶压力低
D. 解吸温度高
218.(B)不是二氧化碳吸收系统发泡时的现象。
A. 接触塔压差上升
B. 再生塔液位上升
C. 碳酸盐溶液闪蒸罐液位下降
D. 接触塔分离罐液位上升
219. 环氧乙烷洗涤塔发泡时的现象是(D)。
A. 液位上升　B. 塔压力下降　C. 塔压差下降　D. 塔压差上升
220. 固定管板式换热器出现 1~2 根换热管泄漏，应在停车后(C)。
A. 更换换热器管束
B. 不需处理
C. 堵死泄漏的管子
D. 更换管子
221. 管式换热器换热管结垢可通过(B)来清除。
A. 蒸汽吹扫　B. 高压射流清洗　C. 水冲洗　D. 木锤敲击
222. 二氧化碳脱除系统发泡，接触塔分离罐液位上升过快时，不正确的处理方法是(C)。
A. 关循环气出口阀
B. 开塔釜倒淋
C. 停冲洗水泵
D. 全开塔釜液位调节阀
223. 环氧乙烷解吸、吸收系统发泡时解吸塔应该(B)。
A. 降低补水量、增加间接蒸汽
B. 降低间接蒸汽、增加补水量
C. 补水量和间接蒸汽都降低
D. 补水量和间接蒸汽增加
224. 再生塔碳酸盐总浓度为 28%，其中碳酸钾为 17.3%，则碳酸氢钾的浓度为(B)。
A. 10.7%　B. 15.51%　C. 16.06%　D. 17.8%
225. 环氧乙烷精馏塔灵敏板是(C)。
A. 塔顶的塔板
B. 塔釜的一块塔板

C. 靠近进料板的一块塔板　　D. 温度变化最快的一块塔板

226. 精馏塔灵敏板温度是(D)。

A. 塔顶的温度　　B. 进料温度

C. 塔釜的温度　　D. 温度变化最灵敏的一块板上的温度

227. 最小回流比是(A)。

A. 在规定的分离要求下，当回流比减小到某一值时，所需的板数增到无穷大，此时的回流比

B. 正常操作时的回流比

C. 对精馏塔设计不起作用　　D. 与精馏塔的操作没有关系

228. 精馏塔的回流是(B)。

A. 与精馏塔操作没有关系　　B. 构成气、液两相传质的必要条件

C. 对产品质量没有影响　　D. 不影响气、液两相传热

229. 乙二醇精馏塔全回流时(B)。

A. 回流比最小　　B. 回流比无穷大

C. 理论板数最多　　D. 产品产出量最大

230. 环氧乙烷槽车装车前要求槽车内的氧含量(C)。

A. <0.5%　　B. <0.8%　　C. <0.2%　　D. <1%

231. 环氧乙烷槽车装车后槽车内的氮气压力通常在(B)MPa 左右。

A. 0.15　　B. 0.25　　C. 0.3　　D. 0.35

232. 环氧乙烷槽车装车前分析槽车内的氧含量的目的是(B)。

A. 准确计算槽车内环氧乙烷重量

B. 防止氧含量过高与环氧乙烷发生反应，发生爆炸

C. 为了进人对槽车检查

D. 为了做气密试验

233. 环氧乙烷槽车装车前维持槽车内压力的目的是(C)。

A. 计算槽车内环氧乙烷重量　　B. 防止氧气进入槽车内

C. 为防止装车时环氧乙烷汽化　　D. 为了做气密试验

234. 环氧乙烷精制系统法兰连接处用的垫片材料是(D)。

A. 石墨　　B. 橡胶　　C. 石棉　　D. 聚四氟乙烯

235. 停电后环氧乙烷精制塔回流泵自启动时间是(A)s。

A. 10　　B. 12　　C. 6　　D. 15

236. 环氧乙烷球罐内部除锈的方法是(A)。

A. 喷砂处理　　B. 喷铝处理　　C. 涂环氧树脂　　D. 用水蒸煮

237. 环氧乙烷贮罐的形状是(C)。

A. 正方体　　B. 圆柱体　　C. 球形　　D. 长方体

238. 50%乙二醇冷冻盐水溶液的冰点是(C)℃。

A. －20　　B. －26　　C. －36　　D. －46

239. 冷冻盐水的组成为(D)。

A. 水和食盐　　B. 水和氢氧化钠　　C. 水和溴化钾　　D. 水和乙二醇

240. 冷冻盐水的配制方法是(B)。
A. 质量比为 2:1 的脱盐水和乙二醇混合
B. 相同质量的脱盐水和乙二醇混合
C. 不同质量的脱盐水和二乙二醇混合
D. 相同质量的脱盐水和二乙二醇混合

241. 环氧乙烷精制塔再沸器升温时塔釜液位应控制在(C)。
A. 10% B. 20% C. 50% D. 90%

242. 环氧乙烷分析取样的器具是(C)。
A. 玻璃瓶 B. 球袋 C. 不锈钢瓶 D. 铁桶

243. 环氧乙烷精制塔产品采出口以上的塔板作用是(B)。
A. 脱除水分 B. 脱除甲醛 C. 脱除环氧乙烷 D. 脱除乙醛

244. 环氧乙烷精制塔加入脱盐水可脱除 EO 产品中(C)。
A. 酸 B. 甲醛 C. 乙醛 D. 水

245. 环氧乙烷回流泵轴温达到(C)℃时联锁停回流泵。
A. 40 B. 50 C. 60 D. 70

246. 开车时，环氧乙烷精制塔回流泵若温度过高则(C)启动。
A. 可用工业水冷却泵体 B. 可以直接
C. 旁路温度联锁 D. 以上答案都不对

247. 环氧乙烷精制塔安全阀前后二股氮气的状态是(D)。
A. 吹扫安全阀氮气开，稀释用氮气关 B. 吹扫安全阀氮气关，稀释用氮气开
C. 吹扫安全阀氮气关，稀释用氮气关 D. 吹扫安全阀氮气开，稀释用氮气开

248. 环氧乙烷精制塔进料组成是(A)。
A. 10%~15%(W)的环氧乙烷水溶液 B. 15%~20%(W)的环氧乙烷水溶液
C. 20%~30%(W)的环氧乙烷水溶液 D. 35%~40%(W)的环氧乙烷水溶液

249. 正常情况下，环氧精制塔用(B)加热。
A. 直接蒸汽 B. 贫吸收液 C. 3.6PS 蒸汽 D. 低压蒸汽

250. 环氧乙烷精制塔回流液的来源是(D)。
A. 系统外补充的物料 B. 进料物料
C. 塔釜采出的物料
D. 塔内上升气量经塔顶冷凝器冷凝后的凝液

251. 环氧乙烷产品国家标准对水含量的要求是(D)ppm。
A. ≤10 B. ≤50 C. ≤80 D. ≤100

252. 精制塔操作回流比大于设计回流比时，产品质量会(B)。
A. 差 B. 提高 C. 没有影响 D. 不合格

253. 精制塔回流比无穷大时，产品产量、产品质量会(C)。
A. 增加、提高 B. 增加、降低 C. 无产品产出 D. 降低、降低

254. 环氧乙烷精制塔控制温度是由(A)控制在设计值。
A. 分程调节 B. 串级调节 C. 简单调节 D. 三冲量

255. 环氧乙烷精制塔进料流量增加时，塔釜再沸器加入蒸汽量(A)。

A. 增加　B. 减少　C. 不变　D. 变为原来的 2 倍

256. 环氧乙烷精制塔进料流量增加，进料浓度降低时，产品产出量(D)。

A. 增加　B. 减少　C. 不变　D. 视情况调整

257. 环氧乙烷精制塔塔釜温度(A)，会使产品中的水和醛含量超标，且可能会引发环氧乙烷精制塔联锁停车。

A. 太高　B. 太低　C. 不变　D. 以上答案都不对

258. 环氧乙烷精制塔中段侧线采出用来脱除环氧乙烷产品中的(B)。

A. 甲醛　B. 乙醛　C. 甲烷　D. 乙烷

259. 环氧乙烷精制塔塔顶脱除环氧乙烷产品中的(A)。

A. 甲醛　B. 乙醛　C. 甲烷　D. 乙烷

260. 环氧乙烷精制塔塔顶温度通常控制在(A)℃。

A. 40 ~ 45　B. 48 ~ 55　C. 55 ~ 60　D. 50 ~ 55

261. 环氧乙烷是(B)的物质。

A. 无毒　B. 有毒

C. 化学性质较稳定　D. 无刺激性气味

262. 环氧乙烷精制塔降负荷是指(A)。

A. 降低进料量　B. 降低蒸汽量　C. 降低产出量　D. 降低塔的压力

263. 环氧乙烷精制塔降负荷时，塔的压力要求(B)。

A. 降低　B. 不变　C. 升高　D. 可以升、降

264. 环氧乙烷精制塔停进料时的操作，正确的是(C)。

A. 立即降为 0　B. 接 50% 下降直到为 0

C. 逐渐降低　D. 直接停进料泵

265. EO 精制塔停车过程中，为保证排尽液，应打开换热器的(C)。

A. 倒淋阀　B. 放空阀　C. 密封腿阀　D. 冷却水阀

266. 环氧乙烷精制系统塔釜液乙二醇浓度(B)时可以排放。

A. ≤0.1%　B. ≤0.2%　C. ≤0.3%　D. ≤0.4%

267. 环氧乙烷精制系统停车后置换时用(B)。

A. 氧气　B. 氮气　C. 空气　D. 水蒸气

268. 环氧乙烷精制系统置换时，仪表的引压管线应(A)。

A. 根部阀打开，倒淋打开　B. 根部阀打开，倒淋关闭

C. 根部阀关闭倒淋关闭　D. 根部阀关闭，倒淋打开

269. EO 精制塔水洗时，接入的是(D)。

A. 工业水　B. 循环水　C. 消防水　D. 脱盐水

270. 环氧乙烷精制系统回流泵交出检修下列说法不正确的是(D)。

A. 冷却水已关　B. 倒空　C. 停电　D. 入口阀打开

271. 环氧乙烷贮罐清理方法是(C)。

A. 直接用水洗　B. 打开以后再清洗　C. 用氮气吹　D. 打开以后进人再清洗

272. 环氧乙烷物料系统保温材料是(D)。

A. 石棉　B. 棉布　C. 白色泡沫　D. 泡沫玻璃

273. 环氧乙烷回流罐切断阀类型是(D)。

A. 球阀　B. 电动阀　C. 截止阀　D. 旋塞阀

274. 环氧乙烷场所法兰跨接线的作用是(D)。

A. 连接法兰　B. 增加美观　C. 加固镙栓　D. 防止产生静电

275. 环氧乙烷场所检修时使用板手是(B)制成的。

A. 铁　B. 铜　C. 不锈钢　D. 铝

276. 环氧乙烷物料系统开车前引压管线要(B)。

A. 断开　B. 把水排尽，关闭根部手阀　C. 打开根部阀门　D. 先充满物料

277. 环氧乙烷物料系统引压管线有水，最大的危害是(D)。

A. 与环氧乙烷发生反应产生危险　B. 影响产品产量　C. 影响产品质量　D. 水会结冰堵塞管线

278. 环氧乙烷回流泵产生气蚀时的现象是(A)。

A. 泵出口压力波动较大　B. 泵出口流量升高　C. 泵出口压力上升　D. 回流罐液位下降

279. 环氧乙烷精制塔压力高的原因是(B)。

A. 进料量小　B. 蒸汽加入量过多　C. 塔液位低　D. 回流罐液位低

280. 环氧乙烷精制塔去再吸收塔的排放阀门失灵关闭会造成(C)。

A. 塔的压力降低　B. 塔的液位上升　C. 塔的压力上升　D. 回流罐液位上升

281. 环氧乙烷精制塔安全阀起跳原因是(A)。

A. 塔顶压力高　B. 蒸汽加入量过少　C. 环氧乙烷产品产出量过多　D. 环氧乙烷产品产出量过少

282. 环氧乙烷溅在人体表皮时应立即(B)。

A. 用碱中和　B. 用大量水冲洗　C. 擦冻伤药　D. 打 120

283. 环氧乙烷罐区泄漏时首先应(A)。

A. 切断泄漏点　B. 环氧乙烷精制系统停车　C. 氧气混合站停车　D. 用水稀释

284. 环氧乙烷在空气中浓度达(D)ppm 时，会使人引起中毒。

A. 20　B. 30　C. 40　D. 50

285. EO 精制塔回流泵抽空后，首先应(A)。

A. 立即停泵处理　　B. 立即停止塔釜加热
C. 保持产品采出　　D. 降低塔顶压力

286. 汽提塔塔釜加入汽提气体的目的是(B)。
A. 增加二氧化碳分压　　B. 降低二氧化碳分压
C. 增加汽提塔的能量　　D. 减少汽提塔的能量

287. 水合反应器内绝热反应使反应温度(A)。
A. 逐步升高　　B. 逐步降低　　C. 没有变化　　D. 不确定

288. 多效蒸发的最后一效压力是(B)。
A. 正压　　B. 负压　　C. 和第一效一样　　D. 不确定

289. 环氧乙烷水合反应主反应方程式是(A)。
A. $C_2H_4O + H_2O = C_2H_4(OH)_2$　　B. $C_2H_4O + C_2H_4(OH)_2 = C_2H_4OC_2H_4(OH)_2$
C. $C_2H_4O + O_2 = CH_3CHO$　　D. $C_2H_4O + O_2 = CO_2 + H_2O$

290. 目前装置上采用的水合反应器是(C)。
A. 固定床反应器　　B. 吸收、水合反应器
C. 管式反应器　　D. 釜式反应器

291. 水合反应系统水运开车前，必须将(D)。
A. 反应器入口温度高高联锁旁路　　B. 反应器出口压力低低联锁旁路
C. 反应器入口温度低低联锁旁路　　D. 水进料流量低低联锁在机柜内旁路

292. (D)不属于一次蒸汽。
A. 界外来的高压蒸汽　　B. 大汽包产蒸汽
C. 小汽包产蒸汽　　D. 蒸发系统一效顶出来蒸汽

293. 下列蒸汽(D)是二次蒸汽。
A. 界外来的高压蒸汽　　B. 界外来的低压蒸汽
C. 进第一效再沸器的蒸汽　　D. 蒸发系统一效顶出来蒸汽

294. 第一效再沸器蒸汽冷凝液去(D)。
A. 第二效冷凝液罐　　B. 第三效冷凝液罐
C. 循环水槽　　D. 蒸汽凝液罐

295. 多效蒸发系统中消泡剂可以加入的塔为(A)。
A. 乙二醇浓缩塔 I　　B. 乙二醇浓缩塔 II
C. 乙二醇浓缩塔 III　　D. 都不加入

296. 乙二醇反应器出口设有(D)联锁。
A. 温度高高　　B. 温度低低　　C. 压力高高　　D. 压力低低

297. 再沸器蒸汽管线引蒸汽时首先应该(B)。
A. 快速打开蒸汽手阀　　B. 打开蒸汽管线倒淋排液
C. 关闭疏水器阀门　　D. 打开调节阀

298. 再沸器引进蒸汽升温时首先应该(D)。
A. 快速打开进再沸器蒸汽手阀　　B. 关闭蒸汽调节阀

C. 关闭冷凝液的排放阀门　　D. 打开再沸器壳层的放空阀

299. 三级蒸汽喷射真空泵投用时(D)。

A. 先打开一级喷嘴蒸汽，再依次打开第二、三级喷嘴蒸汽

B. 先打开第二级喷嘴蒸汽，再依次打开第一、三级喷嘴蒸汽，关闭蒸汽调节阀

C. 先打开第三级喷嘴蒸汽，再依次打开第一、二级喷嘴蒸汽，关闭冷凝液的排放阀门

D. 先打开第三级喷嘴蒸汽，再依次打开第二、一级喷嘴蒸汽

300. 环氧乙烷水合反应器的压力应控制在(D)MPa。

A. 0.8~1.0　　B. 不作要求　　C. 1.0~2.5　　D. 2.5~3.8

301. 水合反应器的入口温度控制在(C)℃。

A. 130~150　　B. 150~190　　C. 180~200　　D. 200~210

302. 蒸发岗位末效抽真空时联塔阀(D)。

A. 不作要求　　B. 真空泵启动后关闭

C. 真空泵启动前打开　　D. 真空泵启动后打开

303. 多效蒸发系统水运首先应该(A)。

A. 从循环水槽向再吸收塔加水　　B. 启动汽提塔釜液泵

C. 引入蒸汽　　D. 投用真空泵

304. 多效蒸发系统水运前应先预热的再沸器有(A)。

A. 乙二醇浓缩塔Ⅰ再沸器　　B. 乙二醇浓缩塔Ⅱ再沸器

C. 乙二醇浓缩塔Ⅲ再沸器　　D. 乙二醇脱水塔再沸器

305. 环氧乙烷水合反应是(A)。

A. 放热反应　　B. 吸热反应　　C. 非均相反应　　D. 催化反应

306. 环氧乙烷水合反应是在(D)条件下的反应。

A. 一定温度、常压　　B. 常温、高压

C. 常温、常压　　D. 一定温度、一定压力

307. 进料中水和 EO 的比例大，生成目的产物(A)产量高。

A. 乙二醇　　B. 二乙二醇　　C. 三乙二醇　　D. 多乙二醇

308. 提高环氧乙烷水合反应的水合比，生成乙二醇的选择性(A)。

A. 上升　　B. 降低　　C. 不变　　D. 不确定

309. 降低环氧乙烷水合反应的水合比，生成乙二醇的选择性(C)。

A. 不确定　　B. 不变　　C. 降低　　D. 上升

310. 提高环氧乙烷水合反应的水合比，其他条件都不变的情况下，水合反应器的中点温度(A)。

A. 降低　　B. 升高　　C. 不变　　D. 不确定

311. (D)为多效蒸发系统提供回流。

A. 只有循环水槽　　B. 只有水处理装置

C. 脱盐水　　D. 循环水槽和水处理装置

312. 提高二氧化碳汽提塔塔釜温度，下列说法正确的是(C)。

A. 增加了二氧化碳的溶解度，有利于二氧化碳的汽提

B. 增加了二氧化碳的溶解度，不利于二氧化碳的汽提

C. 降低了二氧化碳的溶解度，有利于二氧化碳的汽提

D. 降低了二氧化碳的溶解度，不利于二氧化碳的汽提

313. 乙二醇浓缩塔 III 塔顶温度超高可能影响(A)。

A. 污水 COD 值　　B. 乙二醇产品质量

C. 二乙二醇产品质量　　D. 三乙二醇产品质量

314. 为提高乙二醇浓缩塔 II 的塔底温度，可以通过(C)来完成。

A. 提高塔顶压力　　B. 降低塔釜采出量

C. 提高乙二醇浓缩塔 I 的加热蒸汽量　　D. 降低塔回流量

315. 提高二氧化碳汽提塔汽提介质量，下列说法对的是(D)。

A. 增加了二氧化碳的气相分压，有利于二氧化碳的汽提

B. 增加了二氧化碳的气相分压，不利于二氧化碳的汽提

C. 降低了二氧化碳的气相分压，不利于二氧化碳的汽提

D. 降低了二氧化碳的气相分压，有利于二氧化碳的汽提

316. 多效蒸发系统末效塔釜温度过低时，末效塔釜的物料可以进入(B)。

A. 乙二醇脱水塔 B. 粗乙二醇贮罐　　C. 前系统　　D. 热水井

317. 多效蒸汽停车，高低压系统的操作(A)。

A. 系统隔离　　B. 系统不用隔离

C. 系统可以隔离也可以不用隔离　　D. 不确定

318. 多效蒸发系统停车后，塔釜液的排放标准是 MEG 含量应小于(B)。

A. 0.1%　　B. 0.2%　　C. 0.3%　　D. 0.4%

319. 环氧乙烷水合反应器进料中环氧乙烷浓度降低的标志是(B)。

A. 反应器入口温度降低　　B. 反应器温度梯度变化减小

C. 中点温度上升　　D. 反应器温度梯度变化增大

320. 多效停车要关的第一个手阀是(C)。

A. 乙二醇浓缩塔 I 的塔底手阀　　B. 乙二醇浓缩塔 II 的塔底手阀

C. 乙二醇浓缩塔 I 的再沸器蒸汽手阀　　D. 乙二醇浓缩塔 I 的回流手阀

321. 造成蒸发器安全阀起跳的原因，下列说法正确的是(B)。

A. 塔液位波动大　　B. 蒸汽加入量过多

C. 蒸汽加入量过少　　D. 乙二醇浓度低

322. 多效蒸发系统末效真空度高的原因是(C)。

A. 塔液位低　　B. 塔液位高　　C. 塔出现漏点　　D. 塔釜温度低

323. 再沸器凝液罐液位满时(B)。

A. 不影响再沸器换热效果　　B. 蒸汽加不进去

C. 塔釜温度上升　　D. 塔压力上升

324. 酸、碱岗位的工作人员要求穿(B)。

A. 普通工作服　B. 防酸、碱工作服

C. 化纤衣服　D. 布鞋

325. 装置出现少量酸泄漏时正确的处理方法是(B)。

A. 回收泄漏的酸　B. 用碱中和合格

C. 用砂掩盖　D. 用大量水冲洗

326. 末效蒸发器出现泄漏后，主要影响乙二醇产品的(B)。

A. 水含量　B. UV 值　C. 醛含量　D. 纯度

327. 蒸发器安全阀起跳时，不正确的处理方法是(D)。

A. 打开各效凝液罐放空阀　B. 降低蒸发系统蒸汽用量

C. 适当降低蒸发系统负荷　D. 紧急停车处理

328. 末效蒸发器真空泵故障时，正确的处理方法是(B)。

A. 氧气混合站停车　B. 蒸发岗位降负荷，真空泵切出抢修

C. 环氧乙烷精制系统停车　D. 维持原负荷运行，真空泵切出检修

329. 末效蒸发器塔釜温度过低不会引起(C)。

A. 脱水塔负荷增大　B. 乙二醇产品水含量高

C. 乙二醇产品中二乙二醇含量高　D. 塔顶产汽量减少

330. 蒸发岗位紧急停车，各塔液位操作(D)。

A. 可以将液位排空　B. 尽可能维持低的液位

C. 尽可能维持高的液位　D. 尽可能维持原液位

331. 对一定的分离要求，增加回流比可以(A)。

A. 减少理论板数 B. 降低操作费用　C. 减少设备投资　D. 降低分离效果

332. 乙二醇精馏塔气密试验用的气体是(D)。

A. 工厂风　B. 仪表风　C. 水蒸气　D. 氮气

333. 乙二醇精制塔开车时干燥要求露点≤(C)℃。

A. －20　B. －40　C. －25　D. －30

334. 乙二醇精制塔开车时，正确的干燥方法是(B)。

A. 关闭倒淋，充压后再排放　B. 打开倒淋，边充氮气边排放

C. 关闭倒淋充压　D. 打开人孔、倒淋，自然风干

335. 乙二醇成品罐防止腐蚀的处理方法是(B)。

A. 环氧树脂　B. 喷铝　C. 喷砂　D. 钝化

336. 乙二醇脱水塔再沸器升温时塔釜液位控制在(D)最佳。

A. 90%　B. 20%　C. 30%　D. 50%

337. 真空泵投用时应首先(B)。

A. 打开蒸汽手阀　B. 打开真空泵冷凝器的冷却水上、下水阀

C. 打开联塔阀　D. 打开冷却水旁路阀

338. 乙二醇脱水塔塔釜可以返(A)。

A. 粗乙二醇贮罐　B. 成品罐

C. 蒸发系统的末效　D. 蒸发系统的第一效

339. 乙二醇精制塔的物料来自(B)。
A. 粗乙二醇贮罐　B. 乙二醇脱水塔塔釜
C. 末效蒸发器　D. 乙二醇脱水塔塔顶
340. 乙二醇精制塔产品不合格时侧线物料去(A)。
A. 粗乙二醇贮罐　B. 乙二醇脱水塔
C. 成品罐　D. 乙二醇分离塔
341. 二乙二醇精制塔回流液来自(A)。
A. 塔顶冷凝液　B. 乙二醇分离塔
C. 脱盐水　D. 二乙二醇精制塔釜液
342. 二乙二醇精制塔塔釜泵不能去(B)。
A. 再沸器循环　B. 废醇罐　C. 不合格产品罐　D. 三乙二醇塔
343. 三乙二醇精制塔汽提时进料来自(A)。
A. 粗三乙二醇贮罐　B. 乙二醇分离塔
C. 粗乙二醇贮罐　D. 乙二醇精制塔
344. 三乙二醇精制塔精制时进料来自(B)。
A. 粗三乙二醇贮罐 A 部分　B. 粗三乙二醇贮罐 B 部分
C. 粗乙二醇贮罐　D. 乙二醇精制塔
345. 三乙二醇塔顶冷却器采用(B)冷却。
A. DMW　B. CWS　C. CHWS　D. DW
346. 乙二醇脱水塔开车时，(C)再沸器加蒸汽升温。
A. 进料后立即　B. 塔釜液位 20%时
C. 塔釜液 50%时　D. 塔釜液位 80%时
347. 乙二醇精制塔开车时保持塔顶返回脱水塔是为了最大目的(B)。
A. 脱铁离子　B. 脱水　C. 脱醛　D. 脱二乙二醇
348. 乙二醇精制塔回流液的来源是(D)。
A. 系统外补充的物料　B. 进料物料
C. 塔釜产出的物料　D. 塔内上升气量经塔顶冷凝器冷凝后的凝液
349. 乙二醇脱水塔主要脱除的杂质是(B)。
A. 脱除进料中的环氧乙烷　B. 脱除进料中的醛
C. 脱除进料中的乙二醇　D. 脱除进料中的二乙二醇
350. 乙二醇脱水塔回流量减小，其他工艺参数不变时(A)。
A. 塔顶温度上升 B. 塔顶温度降低　C. 塔釜液位下降　D. 能耗增加
351. 乙二醇脱水塔塔顶温度操作是(C)℃。
A. 30~40　B. 40~50　C. 50~60　D. 60~70
352. 乙二醇精制塔塔釜温度控制在(B)℃。
A. 140~150　B. 155~165　C. 165~170　D. 170~180
353. 决定乙二醇精制塔产品是否合格的主要分析点是(B)。
A. 回流液　B. 侧线产品　C. 塔顶气相　D. 进料物料
354. 关于乙二醇精制塔釜液的主要分析项目下列说法不正确的是(C)。

A. 分析乙二醇含量　　B. 分析二乙二醇含量
C. 分析塔釜液的 *UV* 值　　D. 分析塔釜液的水含量

355. 乙二醇产品的 *UV* 值越高说明乙二醇产品的(A)。
A. 微量杂质含量低　　B. 纯度低
C. 醛含量低　　D. 紫外线透光率低

356. 乙二醇产品优级品醛含量指标为 (C)ppm。
A. ≤7　　B. ≤8　　C. ≤10　　D. ≤9

357. 乙二醇脱水塔停车检修时，塔釜温度(C)℃可以交出检修。
A. ≤90　　B. ≤80　　C. ≤70　　D. ≤100

358. 乙二醇精制塔停车交出下列说法不正确的是(D)。
A. 塔已倒空　　B. 真空泵已停
C. 与其他系统隔离　　D. 再沸器内物料未倒空

359. 乙二醇精制系统停车后再沸器内剩余不能倒空的物料(C)处理。
A. 就地排放　　B. 留在塔内
C. 装桶　　D. 用氮气压向粗乙二醇贮罐

360. 乙二醇脱水塔停车倒空时塔内的物料排往(B)。
A. 乙二醇精制塔　　B. 粗乙二醇贮罐
C. 就地排放　　D. 装桶

361. 乙二醇脱水塔停车物料倒空后，置换方法是(B)。
A. 打开倒淋，接胶管用空气置换　　B. 打开倒淋，氮气置换
C. 打开倒淋，接胶管用蒸汽置换　　D. 关闭倒淋，接胶管用空气置换

362. 三乙二醇精制塔物料倒空时塔釜物料排往(B)。
A. 粗乙二醇贮罐　　B. 多乙二醇贮罐
C. 粗三乙二醇贮罐 A 部分　　D. 粗三乙二醇贮罐 B 部分

363. 三乙二醇精制塔物料倒空时塔釜物料排往(B)。
A. 粗乙二醇贮罐　　B. 废醇罐
C. 三乙二醇贮罐　　D. 二乙二醇贮罐

364. 乙二醇精制塔破真空时(A)。
A. 先关连塔阀，再关蒸汽阀　　B. 先关蒸汽阀，再关连塔阀
C. 先关蒸汽总阀，再关连塔阀　　D. 蒸汽阀和连塔阀一起关

365. 造成乙二醇脱水塔真空高的原因，下列说法不正确的是(D)。
A. 塔筒体泄漏　　B. 乙二醇脱水塔负荷低
C. 进料水含量高　　D. 塔液位低

366. 关于乙二醇精制塔真空高的原因，说法不正确的是(D)。
A. 塔筒体泄漏　　B. 乙二醇精制塔釜温升高
C. 塔顶换热器能力小　　D. 塔液位低

367. 造成乙二醇精制塔真空高的原因可能是(A)。
A. 塔筒体泄漏　　B. 乙二醇精制塔负荷低
C. 塔顶补充氮气量小　　D. 回流量小

368. 再沸器凝液罐液位满时(B)。
A. 不影响再沸器换热效果　　B. 蒸汽加不进去
C. 塔釜温度不会变化　　D. 塔压力不会变化
369. 乙二醇脱水塔进料过滤器堵时，说法不正确的是(D)。
A. 进料泵的出口压力高　　B. 进塔流量小
C. 过滤器压差大　　D. 塔压力升高
370. 粗乙二醇物料串入乙二醇成品罐的原因可能是(B)。
A. 乙二醇精制塔返粗乙二醇贮罐的平衡阀开，乙二醇精制塔进成品罐的平衡阀关
B. 乙二醇精制塔返粗乙二醇贮罐的平衡阀开，乙二醇精制塔进成品罐的平衡阀开
C. 乙二醇精制塔返粗乙二醇贮罐的平衡阀关，乙二醇精制塔进成品罐的平衡阀开
D. 乙二醇精制塔返粗乙二醇贮罐的平衡阀关，乙二醇精制塔进成品罐的平衡阀关
371. 乙二醇泄漏时，处理方法不正确的是(A)。
A. 用大量水冲洗　　B. 用容器回收
C. 用抹布擦干净　　D. 用围堰围住，防止进入装置污水池
372. 停冷却水时，乙二醇精制岗位不会发生的现象(C)。
A. 真空波动　　B. 用循环水冷却轴承箱泵的温度上升
C. 联锁停车　　D. 产品不合格

四、技能操作鉴定要素细目表

鉴定范围						鉴定点	
一级		二级		三级		代码	名称
代码	名称	代码	名称	代码	名称		
B	共用技能要求	B	设备使用与维护	A	使用设备	001	消防炮的使用
						002	调节阀手轮的使用
						003	玻璃液位计的投用操作
						004	改控制阀旁路的操作
				B	维护设备	001	泵润滑油的补加操作
						002	离心泵防冻保温投用
						003	压力表的更换操作
						004	液位计的更换操作
C	氧化岗位技能要求	A	工艺操作	A	开车准备	001	循环气系统的气密置换操作
						002	引界外蒸汽进入装置蒸汽总管的操作
				B	开车操作	001	氧化反应器升温操作
						002	乙烯过滤器的投用切换操作
						003	氧气进料开车的步骤
				C	正常操作	001	氧化岗位现场巡检
						002	循环压缩机的现场巡检
						003	氧气压力波动时氧化岗位的调整
				D	停车操作	001	氧化反应器短时停车的保温操作

续表

鉴定范围						鉴定点	
一级		二级		三级		代码	名称
代码	名称	代码	名称	代码	名称		
		B	设备使用与维护	A	使用设备	001	氧化反应器开车泵的开车操作
						002	锅炉给水泵的开车操作
		C	事故判断与处理	A	判断事故	001	循环气中氧气浓度上升的原因
						002	循环气中乙烯浓度上升的原因
				B	处理事故	001	停冷却水氧化岗位室外的处理
						002	岗位人员被氨水烧伤的处理
						003	普通离心泵出现气蚀的处理
		D	绘图与计算	A	绘图	001	画出开车泵与反应器之间的流程图
						002	氧气进料控制系统流程图
D	环氧乙烷吸收、解吸岗位技能要求	A	工艺操作	A	开车准备	001	环氧乙烷解吸塔的开车条件确认
						002	碳酸盐溶液贮槽建立自循环的操作
						003	氢氧化钠的添加操作
				B	开车操作	001	循环水(贫吸收液)冷却器的投用操作
						002	碳酸盐溶液再生塔再沸器的开车操作
						003	二氧化碳汽提塔再沸器的开车操作
				C	正常操作	001	消泡剂手动加入操作
						002	环氧乙烷洗涤塔日常巡检
						003	碳酸盐循环泵的日常巡检
						004	碱液的配置加入操作
				D	停车操作	001	二氧化碳脱除系统停车后倒空操作
						002	环氧乙烷吸收解吸系统停车后倒空操作
		B	设备使用与维护	A	使用设备	001	环氧乙烷解吸塔釜液泵的开车操作
						002	碳酸盐过滤器的投用操作
						003	溴化锂冰机排不凝气的操作
		C	事故判断与处理	A	判断事故	001	环氧乙烷解吸塔釜液泵出口压力低的原因
						002	碳酸盐过滤器流量小的原因
				B	处理事故	001	二氧化碳脱除系统的发泡处理
						002	环氧乙烷洗涤塔的发泡处理
						003	环氧乙烷洗涤塔吸收水温度高的处理
		D	绘图与计算	A	绘图	001	环氧乙烷富循环水的主流程示意图的绘制
E	环氧乙烷精制岗位技能要求	A	工艺操作	A	开车准备	001	环氧乙烷精制塔投料前应具备的条件确认
						002	设置环氧乙烷罐区冷冻盐水的开车流程
				B	开车操作	001	环氧乙烷精制系统加水热运的操作
						002	建立环氧乙烷球罐小循环的操作

续表

鉴定范围						鉴定点	
一级		二级		三级		代码	名称
代码	名称	代码	名称	代码	名称		
				C	正常操作	001	环氧乙烷冰机的日常巡检
						002	环氧乙烷精制岗位的日常巡检
						003	环氧乙烷精制岗位蒸汽波动时的调整操作
				D	停车操作	001	环氧乙烷精制塔降负荷操作
		B	设备使用与维护	A	使用设备	001	环氧乙烷精制塔回流泵的开车操作
						002	环氧乙烷球罐循环泵的开车操作
						003	消防喷淋的操作
		C	事故判断与处理	A	判断事故	001	环氧物料系统压力仪表管线堵塞的原因
						002	环氧乙烷精制塔灵敏板温度低的原因
				B	处理事故	001	冰机排气压力过高的处理
						002	回流泵投用时不上压的处理
		D	绘图与计算	A	绘图	001	环氧乙烷精制塔回流系统流程图
F	水合蒸发岗位技能要求	A	工艺操作	A	开车准备	001	汽提塔开车条件的确认
						002	轻组分脱除塔开车条件的确认
						003	汽提塔到水合反应器的流程设定
						004	轻组分脱除塔到水合反应器的流程设定
				B	开车操作	001	水合蒸发岗位水运的建立
						002	水合反应器的开车
				C	正常操作	001	水合蒸发岗位现场巡检内容
						002	水合蒸发岗位排不凝气的操作
						003	甲烷不合格时汽提塔切入的氮气操作
						004	甲烷不合格时轻组分脱除塔切入的氮气操作
				D	停车操作	001	乙二醇蒸发岗位停蒸汽的步骤
		B	设备使用与维护	A	使用设备	001	换热器冷却水的投用操作
						002	汽提塔釜液泵的开车操作
		C	事故判断与处理	A	判断事故	001	水合反应器人口温度过低原因
						002	蒸发器末效塔釜温度低原因
				B	处理事故	001	水合反应器中点温度过高的处理
						002	现场人员被苛性钠灼伤的处理
		D	绘图与计算	A	绘图	001	画出末效蒸发器的流程图
G	乙二醇精制岗位技能操作	A	工艺操作	A	开车准备	001	再沸器引蒸汽的操作步骤
						002	乙二醇精制塔进料前条件检查
				B	开车操作	001	乙二醇脱水塔的开车操作
						002	乙二醇精制塔的升温过程操作

续表

鉴定范围						鉴定点	
一级		二级		三级		代码	名称
代码	名称	代码	名称	代码	名称		
				C	正常操作	001	乙二醇精制岗位现场巡检
						002	乙二醇成品罐的切换操作
						003	乙二醇精制塔进料过滤器的切换操作
				D	停车操作	001	乙二醇脱水塔的停车操作
		B	设备使用与维护	A	使用设备	001	换热器冷却水的投用操作
						002	乙二醇脱水塔釜液泵的开车操作
		C	事故判断与处理	A	判断事故	001	乙二醇脱水塔塔顶温度过高的原因
						002	乙二醇精制塔液位高的原因
				B	处理事故	001	乙二醇脱水塔塔釜水含量高的处理
						002	乙二醇精制塔釜液泵打不上量的处理
		D	绘图与计算	A	绘图	001	画出乙二醇成品罐的物料流程图

五、技能操作试题

试题1：消防炮的使用

（考核时间：15min）

序号	考核内容	考核要点	配分	评分标准	检测结果	扣分	得分	备注
1	准备工作	穿戴劳保用品	3	未穿戴整齐扣3分				
		工具、用具准备	2	工具选择不正确扣2分				
2	操作程序	检查消防炮完整性，检查消防水压力，检查消防炮转动灵活性	20	未检查消防炮完整性扣10分				
				未检查消防水压力5分				
				未检查转动灵活性5分				
3		先固定消防炮转向固定阀	15	未固定转向扣15分				
4		再固定消防炮上下固定阀	15	未检查扣15分				
5		用手握住水炮手柄，慢慢开启出水阀，控制出水量	20	未用手握住扣10分				
				未慢开启出水阀扣10分				
6		调整转向和上下固定阀控制出水方向	20	未调整转向扣10分				
				未调整上下扣10分				
7	使用工具	正确使用工具	2	工具使用不正确扣2分				
		正确维护工具	3	工具乱摆乱放扣3分				
8	安全及其他	按国家法规或企业规定		违规一次总分扣5分；严重违规停止操作				—
		在规定时间内完成操作		每超时1min总分扣5分，超时3min停止操作				—
		合计	100					

试题2：玻璃液位计的投用操作

（考核时间：20min）

序号	考核内容	考核要点	配分	评分标准	检测结果	扣分	得分	备注
1	准备工作	穿戴劳保用品	3	未穿戴整齐扣3分				
		工具、用具准备	2	工具选择不正确扣2分				
2	操作程序	检查安装完整性、正确性	15	未检查完整性扣10分				
				未检查正确性扣5分				
3		关闭液位计上下阀，打开排放阀	15	未关闭上下阀扣10分				
				未打开排放阀扣5分				
4		打开与设备相连的隔离阀	15	未打开扣15分				
				遗漏一只扣10分				
5		逐渐打开液位计上阀，对液位计吹扫，吹扫干净，关闭排放阀	20	开错阀扣10分				
				吹扫不干净扣10分				
				未关闭排放阀扣10分				
6		打开液位计下阀，使液位计积液(如果是针形阀，阀应处于中间位置)	15	未打开口扣10分(针形阀，开错扣)				
				投用不正确扣5分				
7		检查泄漏，读数，确认正确	10	未检查扣2分				
				未读数，确认扣2分				
8	使用工具	正确使用工具	2	工具使用不正确扣2分				
		正确维护工具	3	工具乱摆乱放扣3分				
9	安全及其他	按国家法规或企业规定		违规一次总分扣5分；严重违规停止操作			—	
		在规定时间内完成操作		每超时1min总分扣5分，超时3min停止操作			—	
		合计	100					

试题3：泵润滑油的补加操作

（考核时间：15min）

序号	考核内容	考核要点	配分	评分标准	检测结果	扣分	得分	备注
1	准备工作	穿戴劳保用品	3	未穿戴整齐扣3分				
		工具、用具准备	2	工具选择不正确扣2分				
2	操作程序	现场确认润滑油油位低于1/3	10	未到现场扣5分				
				确认有误扣5分				
3		确认该泵所加油的牌号	15	未确认扣15分				
				确认错扣10分				
4		对该油进行“三过滤”	20	未预处理扣20分				
				处理不规范扣15分				

续表

序号	考核内容	考核要点	配分	评分标准	检测结果	扣分	得分	备注
5		打开油杯上的加油孔	10	操作不规范扣10分				
6		对准加油孔，慢慢加入润滑油，到油位在2/3刻度时停止加入	25	加油不对准扣15分				
				加油到外面扣10分				
				不到或超过刻度扣10分				
7		复位油杯上的加油空	10	未复位扣5分				
				复位不到位扣5分				
8	使用工具	正确使用工具	2	工具使用不正确扣2分				
		正确维护工具	3	工具乱摆乱放扣3分				
9	安全及其他	按国家法规或企业规定		违规一次总分扣5分；严重违规停止操作			—	
		在规定时间内完成操作		每超时1min总分扣5分，超时3min停止操作			—	
		合　计	100					

试题4：离心泵防冻投用

（考核时间：20min）

序号	考核内容	考核要点	配分	评分标准	检测结果	扣分	得分	备注
1	准备工作	穿戴劳保用品	3	未穿戴整齐扣3分				
		工具、用具准备	2	工具选择不正确扣2分				
2	操作程序	说出影响结冰的因素：介质、温度、浓度	5	漏一个扣5分				
3		稍微打开冷却水旁路	25	未打开扣15分				
				打开不规范扣10分				
4		倒空排尽(条件是备泵介质冷流体)：关闭进出口阀，平衡阀，打开倒淋阀和放空阀，排尽残液，检查相关伴热管线	25	漏一个阀门扣5分				
				未排尽残液扣10分				
				未检查伴热管线和冷却水旁路扣10分				
5		倒流暖泵(条件是备泵介质热流体，出口有止逆排放阀)：略开备泵出口，打开止逆排放阀，略开泵进口阀，热流体流过泵体，叶轮不能反转，检查相关伴热管线	35	未确认条件扣10分				
				未按要求打开相关阀门5分				
				叶轮反转扣10分				
				未检查伴热管线和冷却水旁路扣10分				
6	使用工具	正确使用工具	2	工具使用不正确扣2分				
		正确维护工具	3	工具乱摆乱放扣3分				
7	安全及其他	按国家法规或企业规定		违规一次总分扣5分；严重违规停止操作			—	
		在规定时间内完成操作		每超时1min总分扣5分，超时3min停止操作			—	
		合　计	100					

试题5：液位计的更换操作

（考核时间：25min）

序号	考核内容	考核要点	配分	评分标准	检测结果	扣分	得分	备注
1	准备工作	穿戴劳保用品	3	未穿戴整齐扣3分				
		工具、用具准备	2	工具选择不正确扣2分				
2	操作程序	关闭液位计与设备相连的上下隔离阀	10	未关闭隔离阀扣5分				
				未关死扣5分				
3		打开液位计排放阀，泄压排尽残液	10	未打开扣5分				
				未排尽残液扣5分				
4		拆下旧液位计，更换垫片	20	操作不规范扣10分				
				未更换垫片扣10分				
5		安装新液位计	20	未水平扣5分				
				未垂直扣5分				
				损坏液位计扣10分				
6		打开液位计与设备相连的上下隔离阀						
7		按新液位计投用方法，操作使用液位计	20	操作错误扣10分				
				操作遗漏步骤扣10分				
8		检查是否泄漏，读数判断	10	未检漏扣5分				
				未读数判断扣5分				
9	使用工具	正确使用工具	2	工具使用不正确扣2分				
		正确维护工具	3	工具乱摆乱放扣3分				
10	安全及其他	按国家法规或企业规定		违规一次总分扣5分；严重违规停止操作			—	
		在规定时间内完成操作		每超时1min总分扣5分，超时3min停止操作			—	
合计			100					

试题6：循环气系统的气密置换操作

（考核时间：15min）

序号	考核内容	考核要点	配分	评分标准	检测结果	扣分	得分	备注
1	准备工作	穿戴劳保用品	3	未穿戴整齐扣3分				
		工具、用具准备	2	工具选择不正确扣2分				
2	操作程序	关闭系统所有进出口阀、放空阀、排放阀	10	未关闭进出口阀扣5分				
				漏一个放空阀扣5分				
				漏一个排放阀扣5分				
3		启动干气密封系统	15	未按规定投用扣15分				
				投用不规范扣10分				

续表

序号	考核内容	考核要点	配分	评分标准	检测结果	扣分	得分	备注
4		外供氮气慢慢充入循环气系统	15	速度不合适扣10分				
				压力等级不对扣10分				
5		分别在0.3MPa、1.0MPa、1.5MPa压力下，用肥皂水或超声波等捉漏工具对系统分别进行三次检查泄漏	20	缺一次扣10分				
				检漏不彻底扣10分				
6		检查结束，系统泄压，再升压到0.3MPa后泄压	20	程序不对扣10分				
				压力不到规定扣10分				
7		反复几次，分析循环气中氧含量、露点均达到要求	15	氧含量未到要求扣10分				
				露点未达到要求扣10分				
8		保压试验在0.3MPa，泄漏率≤0.25%合格	5	未升压扣5分				
				升压未到规定值扣3分				
9	使用工具	正确使用工具	2	工具使用不正确扣2分				
		正确维护工具	3	工具乱摆乱放扣3分				
10	安全及其他	按国家法规或企业规定		违规一次总分扣5分；严重违规停止操作			—	
		在规定时间内完成操作		每超时1min总分扣5分，超时3min停止操作			—	
	合　计		100					

试题7：引界外蒸汽进入装置蒸汽总管的操作

（考核时间：15min）

序号	考核内容	考核要点	配分	评分标准	检测结果	扣分	得分	备注
1	准备工作	穿戴劳保用品	3	未穿戴整齐扣3分				
		工具、用具准备	2	工具选择不正确扣2分				
2	操作程序	与调度联系，确认引入哪路管网、压力等级	10	不联系扣5分				
				不确认扣5分				
3		现场打开该路蒸汽管网上所有疏水器和倒淋阀，排尽凝液后关闭	15	未打开疏水器扣15分				
				未排尽凝液扣10分				
4		稍开蒸汽总阀的旁路阀，对蒸汽管网暖管，等到倒淋阀有蒸汽冒出时，关闭倒淋阀	20	未按规定执行扣20分				
				暖管不彻底扣10分				
5		暖管结束，慢慢打开蒸汽管网总阀，关闭旁路阀，投用压力控制阀，逐步将压力提高	20	未按规定执行扣15分				
				压力控制不妥扣10分				

续表

序号	考核内容	考核要点	配分	评分标准	检测结果	扣分	得分	备注
6		该蒸汽管网中应有一定的用量，防止压力失控	10	没有定量用户扣10分				
				造成压力失控扣10分				
7		压力、用量调节稳定后，将压力控制阀置自动控制在设定值上	10	未按规定执行扣10分				
8		降温器投用	5	未按规定执行扣5分				
9	使用工具	正确使用工具	2	工具使用不正确扣2分				
		正确维护工具	3	工具乱摆乱放扣3分				
10	安全及其他	按国家法规或企业规定		违规一次总分扣5分；严重违规停止操作			—	
		在规定时间内完成操作		每超时1min总分扣5分，超时3min停止操作			—	
合计			100					

试题8：氧化反应器的升温操作

（考核时间：15min）

序号	考核内容	考核要点	配分	评分标准	检测结果	扣分	得分	备注
1	准备工作	穿戴劳保用品	3	未穿戴整齐扣3分				
		工具、用具准备	2	工具选择不正确扣2分				
2	操作程序	确认相关仪表、联锁投用正常，汽包加纯水	15	未确认联锁扣10分				
				未确认仪表扣10分				
3		汽包建立液位，启动开车泵，BFW已强制循环	20	未建立液位扣15分				
				未启动开车泵扣15分				
4		中压蒸汽暖管结束后，用中压蒸汽通入汽包以不大于25℃/h升温，汽包氮气关，升温到105℃时，排不凝气完毕，关闭放空阀，继续升温，排除多余的凝液	25	未排尽凝液扣15分				
				未排不凝气扣10分				
				升温速度过快扣10分				
				未关氮气扣10分				
				汽包液位失控扣10分				
5		温度达到165℃，待启动循环压缩机开好后，改用高压蒸汽继续升温	15	升温速度过快扣10分				
				偏离定值多扣15分				
				未改用高压扣10分				
6		循环气切入反应器后，继续用高压蒸汽升温，直到所要求的反应温度	15	偏离定值多扣15分				
				升温速度过快扣10分				
7	使用工具	正确使用工具	2	工具使用不正确扣2分				
		正确维护工具	3	工具乱摆乱放扣3分				

续表

序号	考核内容	考核要点	配分	评分标准	检测结果	扣分	得分	备注
8	安全及其他	按国家法规或企业规定		违规一次总分扣5分；严重违规停止操作			—	
		在规定时间内完成操作		每超时1min总分扣5分，超时3min停止操作			—	
	合计		100					

试题9：乙烯过滤器的切换操作

（考核时间：15min）

序号	考核内容	考核要点	配分	评分标准	检测结果	扣分	得分	备注
1	准备工作	穿戴劳保用品	3	未穿戴整齐扣3分				
		工具、用具准备	2	工具选择不正确扣2分				
2	操作程序	检查备用过滤器的完整性，所有的阀门关闭	15	未检查扣15分				
				漏一个阀门扣5分				
3		与控制室保持联系，观察乙烯压力、流量的波动	10	未联系扣10分				
4		慢慢打开备用过滤器的进口阀，升压，检漏，正常后全开进口阀	20	顺序错扣15分				
				未检漏扣10分				
				未全开进口阀扣10分				
5		慢慢打开过滤器的后阀，投用备用过滤器	15	未按规定操作扣15分				
6		待乙烯流量稳定后，慢慢关闭原来使用的过滤器前阀，再关闭后阀	20	顺序错扣10分				
				流量不稳定扣10分				
7		确认乙烯流量稳定，检查过滤器压差是否正常，对原过滤器打开检查，清洗或更换滤芯	10	未处理扣10分				
8	使用工具	正确使用工具	2	工具使用不正确扣2分				
		正确维护工具	3	工具乱摆乱放扣3分				
9	安全及其他	按国家法规或企业规定		违规一次总分扣5分；严重违规停止操作			—	
		在规定时间内完成操作		每超时1min总分扣5分，超时3min停止操作			—	
	合计		100					

试题10：氧气进料开车的步骤

（考核时间：20min）

序号	考核内容	考核要点	配分	评分标准	检测结果	扣分	得分	备注
1	准备工作	穿戴劳保用品	3	未穿戴整齐扣3分				
		工具、用具准备	2	工具选择不正确扣2分				
2	操作程序	确认公用工程和原料具备投料条件，确认工艺条件具备，后系统单元做好接料准备	10	未确认公用工程扣10分				
				未确认原料扣10分				
				工艺条件漏一项扣5分				
3		所有仪表和联锁投用正常	10	未确认仪表扣5分				
				未确认联锁扣5分				
4		联系巡查现场，确认OMS附近没有人，与调度联系准备开车	10	未巡查现场扣5分				
				未与调度联系扣5分				
5		按“开始”按钮，启动OMS程序	10	未按规定操作扣10分				
6		至第“8”步投乙烯，浓度达到一定值后，把氧跟踪差按钮进行旁路，启动小分布器投氧，完成“10”步骤	15	未到“8”投乙烯扣15分				
				未到乙烯浓度投氧扣15分				
7		调整负荷，加EDC	10	未调整负荷扣10分				
				EDC不加扣10分				
8		当满足乙烯和氧气浓度和OMS压差等条件后，联系调度确认后启动大分布器，到达“13”步，调整负荷，优化各工艺参数	25	未与调度联系扣5分				
				未确认条件扣15分				
				未按规定启动大分布器扣15分				
				未优化扣10分				
9	使用工具	正确使用工具	2	工具使用不正确扣2分				
		正确维护工具	3	工具乱摆乱放扣3分				
10	安全及其他	按国家法规或企业规定		违规一次总分扣5分；严重违规停止操作			—	
		在规定时间内完成操作		每超时1min总分扣5分，超时3min停止操作			—	
		合　　计	100					

试题11：循环压缩机的现场巡检

（考核时间：15min）

序号	考核内容	考核要点	配分	评分标准	检测结果	扣分	得分	备注
1	准备工作	穿戴劳保用品	3	未穿戴整齐扣3分				
		工具、用具准备	2	工具选择不正确扣2分				

续表

序号	考核内容	考核要点	配分	评分标准	检测结果	扣分	得分	备注
2	操作程序	循环压缩机的电流、压力、流量、温度、振动等检查	30	检查漏一项扣5分				
3		干气系统的压力、流量、调节阀开度检查	20	检查漏一项扣5分				
4		润滑油泵的压力、温度、油的液位检查	20	检查漏一项扣10分				
5		机组、管线的振动检查	10	未检查扣10分				
6		现场泄漏点检查	10	未检查扣10分				
7	使用工具	正确使用工具	2	工具使用不正确扣2分				
		正确维护工具	3	工具乱摆乱放扣3分				
8	安全及其他	按国家法规或企业规定		违规一次总分扣5分；严重违规停止操作			—	
		在规定时间内完成操作		每超时1min总分扣5分，超时3min停止操作			—	
		合　计	100					

试题12：氧化反应器短时停车的保温操作

（考核时间：15min）

序号	考核内容	考核要点	配分	评分标准	检测结果	扣分	得分	备注
1	准备工作	穿戴劳保用品	3	未穿戴整齐扣3分				
		工具、用具准备	2	工具选择不正确扣2分				
2	操作程序	分析停车原因，迅速判断是短时停车	10	未作分析扣10分				
				判断不迅速扣10分				
3		立即到现场启动开车泵，强制循环，关闭BFW阀门	15	未启动开车泵扣15分				
				未关闭BFW阀扣10分				
				启动不及时扣10分				
4		与调度联系增加外供蒸汽	10	未联系扣10分				
				增加量估计不足扣5分				
5		打开至反应器的加热蒸汽倒淋，排除凝液，并及时引蒸汽到汽包内	20	不引蒸汽扣20分				
				不及时扣15分				
				未排凝液扣10分				
6		控制好汽包温度和液位，温度在初始反应温度，液位高进行排放	15	未控制好压力扣10分				
				未控制好液位扣10分				
7		洗涤塔的循环水量和去脱除二氧化碳的循环气量下降至重新开车的值上	20	未控制好循环水量和脱除二氧化碳的循环气量各扣10分				

续表

序号	考核内容	考核要点	配分	评分标准	检测结果	扣分	得分	备注
8	使用工具	正确使用工具	2	工具使用不正确扣2分				
		正确维护工具	3	工具乱摆乱放扣3分				
9	安全及其他	按国家法规或企业规定		违规一次总分扣5分；严重违规停止操作			—	
		在规定时间内完成操作		每超时1min总分扣5分，超时3min停止操作			—	
合　计			100					

试题13：氧化反应器的开车泵的操作

（考核时间：15min）

序号	考核内容	考核要点	配分	评分标准	检测结果	扣分	得分	备注
1	准备工作	穿戴劳保用品	3	未穿戴整齐扣3分				
		工具、用具准备	2	工具选择不正确扣2分				
2	操作程序	汽包液位已建立，泵的完整性检查，冷却水投用	20	未建立液位扣15分				
				未完整性检查扣15分				
				未开冷却水扣15分				
3		关闭泵及进口管线的倒淋阀	10	未关泵的倒淋扣5分				
				未关管线倒淋扣5分				
4		打开进口阀，灌泵，排气，暖泵，盘泵正常，检漏正常	25	未灌泵、排气扣15分				
				未暖泵扣10分				
				未盘泵扣5分				
				未检漏扣5分				
5		关排气阀，按启动按钮	10	未关排气阀扣5分				
				未按规定操作扣5分				
6		观察泵的压力和振动是否正常	10	未观察压力扣10分				
				未观察振动扣10分				
7		压力正常，慢慢打开出口阀，观察泵的压力和BFW循环量，建立循环	15	未按规定操作扣10分				
				未观察运行扣10分				
8	使用工具	正确使用工具	2	工具使用不正确扣2分				
		正确维护工具	3	工具乱摆乱放扣3分				
9	安全及其他	按国家法规或企业规定		违规一次总分扣5分；严重违规停止操作			—	
		在规定时间内完成操作		每超时1min总分扣5分，超时3min停止操作			—	
合　计			100					

试题14：锅炉给水泵的开泵操作

（考核时间：20min）

序号	考核内容	考核要点	配分	评分标准	检测结果	扣分	得分	备注
1	准备工作	穿戴劳保用品	3	未穿戴整齐扣3分				
		工具、用具准备	2	工具选择不正确扣2分				
2	操作程序	检查脱氧器，建立液位	5	未检查扣5分				
3		检查脱氧器的压力，考虑用蒸汽升压到规定值	10	未检查扣10分				
4		泵的完整性检查	5	未检查扣5分				
5		关闭泵与进口管上的倒淋阀	10	未关倒淋扣5分				
				未关出口阀扣5分				
6		打开进口阀，灌泵，打开排气阀进行充分排气，暖泵，盘泵正常	20	未排气、暖泵扣10分				
				未盘泵扣10分				
7		关闭排气阀、压力表手阀，打开出口平衡阀，启动泵	15	未关排气阀扣5分				
				未关压力表阀扣5分				
				未开平衡阀扣5分				
				未按规定启动扣10分				
8		打开压力表手阀，观察压力是否正常	10	未打开手阀扣5分				
				未观察压力扣5分				
9		慢慢打开出口阀，直至出口阀全开，观察压力、流量是否正常	15	未按规定操作扣10分				
				未观察压力流量扣10分				
10	使用工具	正确使用工具	2	工具使用不正确扣2分				
		正确维护工具	3	工具乱摆乱放扣3分				
11	安全及其他	按国家法规或企业规定		违规一次总分扣5分；严重违规停止操作			—	
		在规定时间内完成操作		每超时1min总分扣5分，超时3min停止操作			—	
		合　计	100					

试题15：循环气中乙烯浓度上升的原因

（考核时间：15min）

序号	考核内容	考核要点	配分	评分标准	检测结果	扣分	得分	备注
1	准备工作	穿戴劳保用品	3	未穿戴整齐扣3分				
		工具、用具准备	2	工具选择不正确扣2分				
2	操作程序	外界突然发生变化：供氧气故障，管线压力控制阀故障	15	未分析供气故障扣10分				
				未分析阀故障扣10分				
3		乙烯的加入量大	10	未分析扣10分				

续表

序号	考核内容	考核要点	配分	评分标准	检测结果	扣分	得分	备注
4		反应异常：氧气流量下降；EDC加入量偏高或过量；反应温度下降或汽包压力低；进口环氧乙烷或二氧化碳上升，反应器进口循环气中的水分增加	35	未分析氧气扣10分				
				未分析 EDC 扣10分				
				未分析温度扣10分				
				未分析压力扣10分				
				未分析环氧乙烷、二氧化碳和水分各扣5分				
5		催化剂突然活性下降或催化剂中毒	20	未分析失活扣10分				
				未分析中毒扣10分				
6		分析仪故障，显示不准	10	未分析故障扣10分				
7	使用工具	正确使用工具	2	工具使用不正确扣2分				
		正确维护工具	3	工具乱摆乱放扣3分				
8	安全及其他	按国家法规或企业规定		违规一次总分扣5分；严重违规停止操作			—	
		在规定时间内完成操作		每超时1min总分扣5分，超时3min停止操作			—	
合计			100					

试题16：停冷却循环水氧化岗位室外的处理

（考核时间：15min）

序号	考核内容	考核要点	配分	评分标准	检测结果	扣分	得分	备注
1	准备工作	穿戴劳保用品	3	未穿戴整齐扣3分				
		工具、用具准备	2	工具选择不正确扣2分				
2	操作程序	确认外供冷却循环水停止，通知相关岗位	10	未确认扣5分				
				未通知扣5分				
3		配合内操，作紧急停车处理，停OMS，现场把压缩机一级密封切到高压氮气，按停车钮停循环压缩机，放空90S，循环气开氮气置换，以及停回收压缩机、氮气压缩机等	30	漏一项扣10分				
4		停止用冷却水冷却的泵	15	漏一台泵扣10分				
5		空压机冷却水切换工业水，否则停运	10	漏项扣10分				
6		现场关闭氧气、乙烯、甲烷手阀	10	漏一项扣5分				
7		切断二氧化碳脱除系统与循环气的手阀，停运碳酸钾循环泵	5	漏一项扣5分				

续表

序号	考核内容	考核要点	配分	评分标准	检测结果	扣分	得分	备注
8		停运循环水泵，切断洗涤塔与汽提塔的循环水	5	漏一项扣5分				
9		停用所有的药剂加入的泵	5	漏一项扣5分				
10	使用工具	正确使用工具	2	工具使用不正确扣2分				
		正确维护工具	3	工具乱摆乱放扣3分				
11	安全及其他	按国家法规或企业规定		违规一次总分扣5分；严重违规停止操作			—	
		在规定时间内完成操作		每超时1min总分扣5分，超时3min停止操作			—	
		合　计	100					

试题17：被氨水灼伤人员的处理

（考核时间：15min）

序号	考核内容	考核要点	配分	评分标准	检测结果	扣分	得分	备注
1	准备工作	穿戴劳保用品	3	未穿戴整齐扣3分				
		工具、用具准备	2	工具选择不正确扣2分				
2	操作程序	立即切断氨水源	15	未按规定扣15分				
3		皮肤灼伤，先将伤员转移至现场洗眼器处	15	未转移扣15分				
				转移不及时扣10分				
4		脱去脏衣，用清水大量冲洗灼伤部位，15min以上	30	未冲洗扣20分				
				冲洗不彻底扣15分				
5		灼伤严重时，让病人静卧并保暖，送医院，进一步进行治疗	15	未送扣15分				
				不及时送扣10分				
6		现场先进行中和处理，再用水冲洗干净	15	未检修扣15分				
				未冲洗场地扣10分				
7	使用工具	正确使用工具	2	工具使用不正确扣2分				
		正确维护工具	3	工具乱摆乱放扣3分				
8	安全及其他	按国家法规或企业规定		违规一次总分扣5分；严重违规停止操作			—	
		在规定时间内完成操作		每超时1min总分扣5分，超时3min停止操作			—	
		合　计	100					

试题18：画出开车泵与反应器系统的流程图

（考核时间：15min）

序号	考核内容	考核要点	配分	评分标准	检测结果	扣分	得分	备注
1	准备工作	穿戴劳保用品	3	未穿戴整齐扣3分				
		工具、用具准备	2	工具选择不正确扣2分				
2	操作程序	总体布局合理，卷面清晰	10	布局不合理扣10分				
				卷面不清晰扣5分				
3		相关设备：反应器、汽包、开车泵等齐全，位号正确	20	漏反应器扣15分				
				漏汽包扣10分				
				位号错扣5分				
				漏开车泵扣10分				
4		主要的物料：蒸汽、BFW等管线齐全，走向正确	20	漏主要管线一项扣10分				
				一处走向不正确扣5分				
5		流量、液位等控制方案正确	20	漏一项扣10分				
				一项不完整扣5分				
6		主要测量点：温度、压力、液位不漏	15	漏温度测量扣5分				
				漏压力测量扣5分				
				漏液位测量扣5分				
7		写好流程图名称	5	漏名称扣5分				
8	使用工具	正确使用工具	2	工具使用不正确扣2分				
		正确维护工具	3	工具乱摆乱放扣3分				
9	安全及其他	按国家法规或企业规定		违规一次总分扣5分；严重违规停止操作			—	
		在规定时间内完成操作		每超时1min总分扣5分，超时3min停止操作			—	
合计			100					

试题19：氧气进料控制系统流程图

（考核时间：15min）

序号	考核内容	考核要点	配分	评分标准	检测结果	扣分	得分	备注
1	准备工作	穿戴劳保用品	3	未穿戴整齐扣3分				
		工具、用具准备	2	工具选择不正确扣2分				
2	操作程序	总体布局合理，卷面清晰	10	布局不合理扣10分				
				卷面不清晰扣5分				
3		相关设备：氧气管线、氧气过滤器、氧气混合站等齐全，各仪表和设备的位号正确	20	漏氧气管线扣20分				
				漏氧气过滤器扣10分				
				位号错扣5分				
				漏氧气混合站扣20分				

续表

序号	考核内容	考核要点	配分	评分标准	检测结果	扣分	得分	备注
4		氧气、氮气管线齐全，走向正确	20	漏主要管线一处扣10分				
				走向错一个扣10分				
5		压力、流量、跟踪差等控制方案正确	20	漏压力控制扣10分				
				漏流量控制扣10分				
				漏跟踪差控制扣10分				
6		主要测量点：流量、压力、压差等不漏	15	漏流量测量扣5分				
				漏压力测量扣5分				
				漏压差测量扣5分				
7		写好流程图的名称	5	漏名称扣5分				
8	使用工具	正确使用工具	2	工具使用不正确扣2分				
		正确维护工具	3	工具乱摆乱放扣3分				
9	安全及其他	按国家法规或企业规定		违规一次总分扣5分；严重违规停止操作			—	
		在规定时间内完成操作		每超时1min总分扣5分，超时3min停止操作			—	
合　计			100					

试题20：环氧乙烷解吸塔的开车条件

（考核时间：15min）

序号	考核内容	考核要点	配分	评分标准	检测结果	扣分	得分	备注
1	准备工作	穿戴劳保用品	3	未穿戴整齐扣3分				
		工具、用具准备	2	工具选择不正确扣2分				
2	操作程序	确认系统所有的盲板全部拆除	20	未确认盲板扣20分				
3		系统的气密试验结束	10	未气密试验扣10分				
4		公用工程各系统正常，待用	10	不到位扣10分				
5		电气、仪表、联锁投用正常	15	缺一样扣10分				
6		氮气压力控制系统已投用	15	无氮气建立扣15分				
7		消泡剂系统待用	10	未满足要求扣10分				
8		所有的冷却器、换热器、空冷机、再沸器待用	5	缺一样扣3分				
9		所有的泵待用	5	未满足要求扣5分				
10	使用工具	正确使用工具	2	工具使用不正确扣2分				
		正确维护工具	3	工具乱摆乱放扣3分				

续表

序号	考核内容	考核要点	配分	评分标准	检测结果	扣分	得分	备注
11	安全及其他	按国家法规或企业规定		违规一次总分扣5分；严重违规停止操作			—	
		在规定时间内完成操作		每超时1min总分扣5分，超时3min停止操作			—	
	合　计		100					

试题21：碳酸盐贮槽建立循环的操作

（考核时间：20min）

序号	考核内容	考核要点	配分	评分标准	检测结果	扣分	得分	备注
1	准备工作	穿戴劳保用品	3	未穿戴整齐扣3分				
		工具、用具准备	2	工具选择不正确扣2分				
2	操作程序	该贮槽清洗干净，并受建立一定的液位料	15	不干净扣5分				
				不建立液位扣10分				
3		开启伴热管线，达到规定的温度	15	未开扣10分				
				未达到温度扣10分				
4		在循环泵出口安装过滤网	20	未安装扣15分				
				规格不对扣10分				
5		建立泵的冲洗水，按泵的操作法启动泵，建立循环	25	不会使用扣25分				
				操作不熟练扣15分				
6		停泵时关闭冲洗水，及时清洗过滤网，去除杂质	15	未关闭冲洗水扣15分				
				未及时清洗扣15分				
7	使用工具	正确使用工具	2	工具使用不正确扣2分				
		正确维护工具	3	工具乱摆乱放扣3分				
8	安全及其他	按国家法规或企业规定		违规一次总分扣5分；严重违规停止操作			—	
		在规定时间内完成操作		每超时1min总分扣5分，超时3min停止操作			—	
	合　计		100					

试题22：循环水(贫吸收液)冷却器投用操作

（考核时间：15min）

序号	考核内容	考核要点	配分	评分标准	检测结果	扣分	得分	备注
1	准备工作	穿戴劳保用品	3	未穿戴整齐扣3分				
		工具、用具准备	2	工具选择不正确扣2分				

续表

序号	考核内容	考核要点	配分	评分标准	检测结果	扣分	得分	备注
2	操作程序	检查冷却器的完整性，关闭排放阀	10	未检查扣10分				
				未关阀扣5分				
3		微打开冷却水过滤器进水阀，打开排气阀	15	未按规定操作扣15分				
				未开排气阀扣5分				
4		排气完毕，关闭排气阀，全开进水阀，检漏正常，慢慢打开冷却水过滤器出口阀，投用冷却水过滤器	20	未按规定操作扣20分				
5		打开冷却器的进水阀，冷却器排气，完毕后关闭排气阀，全开进水阀，检漏正常，慢慢打开冷却水出口阀	15	未排气扣15分				
				未排尽扣5分				
				未检漏扣10分				
				未全开进水阀扣5分				
6		微开贫吸收液进水阀，打开排气阀排气，排尽后关闭，全开进口阀，检漏正常，慢慢打开出口阀，投用贫吸收液	20	未按规定操作扣10分				
				未检漏扣10分				
				未排气扣15分				
				未全开进出口阀扣10分				
7		检查冷却器的进出口压力表是否正常	10	未检查扣10分				
8	使用工具	正确使用工具	2	工具使用不正确扣2分				
		正确维护工具	3	工具乱摆乱放扣3分				
9	安全及其他	按国家法规或企业规定		违规一次总分扣5分；严重违规停止操作			—	
		在规定时间内完成操作		每超时1min总分扣5分，超时3min停止操作			—	
		合　计	100					

试题23：紧急消泡剂加入操作

（考核时间：15min）

序号	考核内容	考核要点	配分	评分标准	检测结果	扣分	得分	备注
1	准备工作	穿戴劳保用品	3	未穿戴整齐扣3分				
		工具、用具准备	2	工具选择不正确扣2分				
2	操作程序	用量杯准备好加入一定量消泡剂	15	未准备消泡剂扣10分				
				未准备量杯扣10分				
3		检查缓冲罐系统的压力情况，所有阀门均处于关闭状态，打开放空阀，缓冲罐泄压，把消泡剂倒入缓冲罐	25	操作失误每步扣10分				

续表

序号	考核内容	考核要点	配分	评分标准	检测结果	扣分	得分	备注
4		关闭放空阀，慢慢打开氮气手阀，控制好氮气压力	20	未关放空阀扣5分				
				不打开氮气手阀扣5分				
				压力不平衡操作扣10分				
5		打开缓冲罐下游阀，消泡剂被压入系统	15	未按规定操作扣15分				
6		观察缓冲罐压力一波动，就关闭氮气与缓冲罐下游阀	15	未按规定操作扣15分				
7	使用工具	正确使用工具	2	工具使用不正确扣2分				
		正确维护工具	3	工具乱摆乱放扣3分				
8	安全及其他	按国家法规或企业规定		违规一次总分扣5分；严重违规停止操作			—	
		在规定时间内完成操作		每超时1min总分扣5分，超时3min停止操作			—	
		合　计	100					

试题24：碳酸盐循环泵的日常巡检

（考核时间：15min）

序号	考核内容	考核要点	配分	评分标准	检测结果	扣分	得分	备注
1	准备工作	穿戴劳保用品	3	未穿戴整齐扣3分				
		工具、用具准备	2	工具选择不正确扣2分				
2	操作程序	检查碳酸盐循环泵的压力、电流、流量是否正常	30	未检查压力扣10分				
				未检查电流扣10分				
				未检查流量扣10分				
3		泵和管线是否有振动	15	未检查泵扣10分				
				未检查管线扣10分				
4		泵和管线是否有泄漏	15	未检查泵扣10分				
				未检查管线扣10分				
5		润滑油、冷却水是否正常，冲洗水是否到位	20	未检查润滑油扣10分				
				未检查冷却水扣10分				
				未检查冲洗水扣10分				
6		备泵的使用情况及盘泵的情况	10	未检查备泵扣10分				
7	使用工具	正确使用工具	2	工具使用不正确扣2分				
		正确维护工具	3	工具乱摆乱放扣3分				
8	安全及其他	按国家法规或企业规定		违规一次总分扣5分；严重违规停止操作			—	
		在规定时间内完成操作		每超时1min总分扣5分，超时3min停止操作			—	
		合　计	100					

试题25：活性碳酸钾的配制操作

（考核时间：15min）

序号	考核内容	考核要点	配分	评分标准	检测结果	扣分	得分	备注
1	准备工作	穿戴劳保用品	3	未穿戴整齐扣3分				
		工具、用具准备	2	工具选择不正确扣2分				
2	操作程序	计算各化学品的用量；准备好各固体化学品	15	计算错误扣10分				
				未备齐扣5分				
3		先加入一定量的纯水，启动循环泵，搅拌溶解，慢慢加入碳酸钾，再加热到规定温度	15	未到规定温度扣10分				
				未充分搅拌溶解扣10分				
				顺序错扣5分				
4		按顺序加入硼酸、五氧化二钒，充分搅拌溶解	15	顺序错扣10分				
				未充分搅拌溶解扣10分				
5		用泵返回到碳酸盐贮槽，并加热到规定的温度	20	未按规定操作扣10分				
				未到规定温度扣10分				
6		反复上述步骤，配制到要求的数量	10	未按规定操作扣10分				
7		保温、循环贮槽溶液，并经过过滤器，取样分析合格	10	未保温、循环扣10分				
				未分析扣5分				
				分析不合格扣5分				
8		清洗溶解槽	5	未清洗扣5分				
9	使用工具	正确使用工具	2	工具使用不正确扣2分				
		正确维护工具	3	工具乱摆乱放扣3分				
10	安全及其他	按国家法规或企业规定		违规一次总分扣5分；严重违规停止操作		—		
		在规定时间内完成操作		每超时1min总分扣5分，超时3mn停止操作		—		
		合　计	100					

试题26：二氧化碳脱除系统停车后倒空操作

（考核时间：15min）

序号	考核内容	考核要点	配分	评分标准	检测结果	扣分	得分	备注
1	准备工作	穿戴劳保用品	3	未穿戴整齐扣3分				
		工具、用具准备	2	工具选择不正确扣2分				
2	操作程序	停车后，二氧化碳脱除系统继续运转，分析碳酸氢钾全部转化碳酸钾	15	未分析扣15分				
				未全部转化扣10分				
3		提浓碳酸钾到规定浓度	15	未到规定浓度扣15分				

续表

序号	考核内容	考核要点	配分	评分标准	检测结果	扣分	得分	备注
4		利用再生塔釜管线将提浓碳酸钾返回中间槽；吸收塔到低液位，再生塔倒空	20	返料未按规定到指定槽扣15分				
				吸收塔倒空失误扣20分				
				再生塔未倒空扣10分				
5		加水喷淋再生塔，打循环再经过吸收塔回到再生塔，洗涤碳酸钾，回收碳酸钾到规定浓度，再重复一次操作，回收清洗液	20	未加水喷淋扣10分				
				未回收扣20分				
				排放浓度大扣10分				
6		吸收塔泄压，两塔排尽残液	10	吸收塔未泄压扣5分				
				吸收塔未排尽扣5分				
				再生塔未排尽扣5分				
7		按清洗方案清洗两塔到满足要求	10	没有清洗方案扣10分				
				未清洗彻底扣5分				
8	使用工具	正确使用工具	2	工具使用不正确扣2分				
		正确维护工具	3	工具乱摆乱放扣3分				
9	安全及其他	按国家法规或企业规定		违规一次总分扣5分；严重违规停止操作				
		在规定时间内完成操作		每超时1min总分扣5分，超时3min停止操作				
		合　计	100					

试题27：环氧乙烷吸收解吸系统停车倒空操作

（考核时间：15min）

序号	考核内容	考核要点	配分	评分标准	检测结果	扣分	得分	备注
1	准备工作	穿戴劳保用品	3	未穿戴整齐扣3分				
		工具、用具准备	2	工具选择不正确扣2分				
2	操作程序	确认富吸收液中环氧乙烷浓度满足排放要求	10	未确认扣10分				
				不满足要求扣5分				
3		停止解吸塔加热蒸汽、回流和去工艺水处理单元水	15	未停止蒸汽扣5分				
				未停止回流扣5分				
				未停止处理水扣5分				
4		打开吸收塔的氮气管线，向塔充压，保持正压状态	15	未打开氮气充压扣15分				
				充压不充分扣5分				
5		打开吸收液泵的小循环，切断至洗涤塔的吸收水	20	未打开小循环扣10分				
				未切断大循环扣10分				

续表

序号	考核内容	考核要点	配分	评分标准	检测结果	扣分	得分	备注
6		系统冷却，停吸收水泵	10	冷却温度高扣5分				
				未按规定停泵扣10分				
7		洗涤塔排液、泄压	10	未按规定扣10分				
8		解吸塔、洗涤塔排液干净，以及循环水所有管道排液干净	10	解吸塔未排净扣5分				
				管道未排净扣5分				
				洗涤塔未排净扣5分				
9	使用工具	正确使用工具	2	工具使用不正确扣2分				
		正确维护工具	3	工具乱摆乱放扣3分				
10	安全及其他	按国家法规或企业规定		违规一次总分扣5分；严重违规停止操作			—	
		在规定时间内完成操作		每超时1min总分扣5分，超时3min停止操作			—	
		合　计	100					

试题28：环氧乙烷解吸塔釜液泵的启动操作

（考核时间：15min）

序号	考核内容	考核要点	配分	评分标准	检测结果	扣分	得分	备注
1	准备工作	穿戴劳保用品	3	未穿戴整齐扣3分				
		工具、用具准备	2	工具选择不正确扣2分				
2	操作程序	泵润滑油、冷却水和相关阀门的检查	15	未检查润滑油扣10分				
				未检查冷却水扣5分				
				未检查阀门扣5分				
3		确认塔内建立液位	10	未确认扣10分				
4		关闭倒淋，打开进口阀，打开排气阀，灌泵、排气、暖泵；盘泵正常	20	未关闭倒淋扣5分				
				未打开进口阀扣5分				
				未打开排气阀扣10分				
				未盘泵扣5分				
5		关闭排气阀；关闭压力表手阀；检漏；启动泵	15	未关闭排气阀扣5分				
				未关闭压力表手阀扣5分				
				未检漏扣5分				
				启动未按规定扣10分				
6		打开压力表手阀，观察压力、声音是否正常	10	未打开阀扣5分				
				未观察压力、声音扣5分				
7		慢慢打开出口阀，保持压力	10	未按规定开阀扣5分				
				操作压力波动扣10分				

续表

序号	考核内容	考核要点	配分	评分标准	检测结果	扣分	得分	备注
8		直到出口阀全开，观察泵压力、流量、振动是否正常	10	出口阀未全开扣5分				
				未观察压力、流量、振动各扣5分				
9	使用工具	正确使用工具	2	工具使用不正确扣2分				
		正确维护工具	3	工具乱摆乱放扣3分				
10	安全及其他	按国家法规或企业规定		违规一次总分扣5分；严重违规停止操作			—	
		在规定时间内完成操作		每超时1min总分扣5分，超时3min停止操作			—	
合计			100					

试题29：碳酸盐过滤器的投用操作

（考核时间：15min）

序号	考核内容	考核要点	配分	评分标准	检测结果	扣分	得分	备注
1	准备工作	穿戴劳保用品	3	未穿戴整齐扣3分				
		工具、用具准备	2	工具选择不正确扣2分				
2	操作程序	检查过滤器的完整性，关闭倒淋阀	15	未检查扣15分				
3		慢慢打开进口阀，打开放空阀排气，进行充分排气	20	未按规定操作阀扣10分				
				未充分排气扣20分				
4		关闭放空阀，压力平衡后检漏	20	未关放空阀扣10分				
				未检漏扣10分				
5		慢慢打开出口阀，使流量达到设定值	20	未按规定操作阀扣10分				
				流量未到设定值扣10分				
6		投用过滤器差压表，观察差压是否正常	15	未投用差压表扣10分				
				未观察差压表扣5分				
7	使用工具	正确使用工具	2	工具使用不正确扣2分				
		正确维护工具	3	工具乱摆乱放扣3分				
8	安全及其他	按国家法规或企业规定		违规一次总分扣5分；严重违规停止操作			—	
		在规定时间内完成操作		每超时1min总分扣5分，超时3min停止操作			—	
合计			100					

试题30：环氧乙烷解吸塔釜液泵压力低的原因

（考核时间：15min）

序号	考核内容	考核要点	配分	评分标准	检测结果	扣分	得分	备注
1	准备工作	穿戴劳保用品	3	未穿戴整齐扣3分				
		工具、用具准备	2	工具选择不正确扣2分				
2	操作程序	塔压力过低	10	未分析压力扣10分				
3		介质温度太高、液位过低或抽空	15	未分析温度扣10分				
				未分析液位扣10分				
4		塔釜或进口管有垃圾阻塞	15	未能分析塔釜扣10分				
				未能分析进口管扣10分				
5		泵过滤器阻塞	15	未能分析扣20分				
6		泵机械密封泄漏或叶轮损坏，泵有气阻	20	未能分析泄漏扣10分				
				未能分析叶轮坏扣10分				
7		出口流量太大	10	未能分析扣10分				
8		压力表指示不准	5	未分析扣5分				
9	使用工具	正确使用工具	2	工具使用不正确扣2分				
		正确维护工具	3	工具乱摆乱放扣3分				
10	安全及其他	按国家法规或企业规定		违规一次总分扣5分；严重违规停止操作			—	
		在规定时间内完成操作		每超时1min总分扣5分，超时3min停止操作			—	
		合　　计	100					

试题31：二氧化碳脱除系统的发泡处理

（考核时间：15min）

序号	考核内容	考核要点	配分	评分标准	检测结果	扣分	得分	备注
1	准备工作	穿戴劳保用品	3	未穿戴整齐扣3分				
		工具、用具准备	2	工具选择不正确扣2分				
2	操作程序	观察压差上升趋势，分析发泡严重程度	15	未观察扣10分				
				未分析扣10分				
3		加入紧急消泡剂，稳定操作	15	未加扣15分				
				不及时扣10分				
4		打开碳酸盐过滤器，检查滤芯，清洗或更换	20	未更换扣20分				
				滤芯型号不对扣10分				
5		工艺水置换，调节加热蒸汽，脱除系统中生成的乙二醇	20	未置换水扣10分				
				未脱除乙二醇扣10分				

续表

序号	考核内容	考核要点	配分	评分标准	检测结果	扣分	得分	备注
6		适当降低氧化负荷，甚至作停车处理	10	未考虑到扣10分				
7		严重发泡，马上切断与循环气的进出阀	10	未及时切断扣10分				
8	使用工具	正确使用工具	2	工具使用不正确扣2分				
		正确维护工具	3	工具乱摆乱放扣3分				
9	安全及其他	按国家法规或企业规定		违规一次总分扣5分；严重违规停止操作			—	
		在规定时间内完成操作		每超时1min总分扣5分，超时3min停止操作			—	
合计			100					

试题32：环氧乙烷洗涤塔的发泡处理

（考核时间：15min）

序号	考核内容	考核要点	配分	评分标准	检测结果	扣分	得分	备注
1	准备工作	穿戴劳保用品	3	未穿戴整齐扣3分				
		工具、用具准备	2	工具选择不正确扣2分				
2	操作程序	观察洗涤塔参数变化趋势，分析严重程度	15	未观察扣10分				
				未分析扣10分				
3		加入紧急消泡剂，稳定操作，检查消泡剂平时添加情况是否正常	25	未加消泡剂扣25分				
				未检查平时添加量扣5分				
				加入不及时扣15分				
4		适当降低负荷，减少吸收水量	20	未考虑扣20分				
				调整不及时扣10分				
5		循环水部分置换	20	未考虑扣20分				
6		继续恶化，作停车处理	10	未考虑扣10分				
7	使用工具	正确使用工具	2	工具使用不正确扣2分				
		正确维护工具	3	工具乱摆乱放扣3分				
8	安全及其他	按国家法规或企业规定		违规一次总分扣5分；严重违规停止操作			—	
		在规定时间内完成操作		每超时1min总分扣5分，超时3min停止操作			—	
合计			100					

试题33：环氧乙烷富循环水的主流程示意图的绘制

（考核时间：15min）

序号	考核内容	考核要点	配分	评分标准	检测结果	扣分	得分	备注
1	准备工作	穿戴劳保用品	3	未穿戴整齐扣3分				
		工具、用具准备	2	工具选择不正确扣2分				
2	操作程序	总体布局合理，卷面清晰	10	布局不合理扣5分				
				卷面不清晰扣5分				
3		塔、泵、换热器等相关设备齐全，位号正确	20	漏塔扣10分				
				漏泵扣10分				
				漏换热器扣10分				
4		主要物料、冷却水等管线不遗漏，走向正确	25	遗漏一根主要管线扣10分				
				错一项走向扣5分				
5		液位、低流量控制，超速联锁等完整	25	缺液位控制扣10分				
				缺低流量控制扣10分				
				缺超速联锁扣10分				
				任一控制不完整扣5分				
6		孔板、安全阀等措施齐全	10	漏孔板扣5分				
				漏安全阀扣5分				
7	使用工具	正确使用工具	2	工具使用不正确扣2分				
		正确维护工具	3	工具乱摆乱放扣3分				
8	安全及其他	按国家法规或企业规定		违规一次总分扣5分；严重违规停止操作			—	
		在规定时间内完成操作		每超时1min总分扣5分，超时3min停止操作			—	
		合　计	100					

试题34：设置环氧乙烷罐区冷冻盐水的开车流程

（考核时间：15min）

序号	考核内容	考核要点	配分	评分标准	检测结果	扣分	得分	备注
1	准备工作	穿戴劳保用品	3	未穿戴整齐扣3分				
		工具、用具准备	2	工具选择不正确扣2分				
2	操作程序	检查冷媒系统的完整性	15	未检查扣15分				
3		计算所需加入冷媒乙二醇量	10	计算错扣10分				
4		加入乙二醇和纯水到冷媒槽	15	未按规定操作扣15分				
5		启动泵，建立冷媒槽和冷冻机的循环，再建立与急冷器、换热器的大循环(注意压力和流量满足要求)	35	未按规定启动泵扣20分				
				未建立小循环扣15分				
				未建立大循环扣15分				
				压力或流量不满足扣10分				

续表

序号	考核内容	考核要点	配分	评分标准	检测结果	扣分	得分	备注
6		取样分析乙二醇浓度在规定的范围内	15	未取样分析扣15分				
				分析不合格扣10分				
7	使用工具	正确使用工具	2	工具使用不正确扣2分				
		正确维护工具	3	工具乱摆乱放扣3分				
8	安全及其他	按国家法规或企业规定		违规一次总分扣5分；严重违规停止操作			—	
		在规定时间内完成操作		每超时1min总分扣5分，超时3min停止操作			—	
		合　计	100					

试题35：环氧乙烷精制系统加水热运的操作

（考核时间：15min）

序号	考核内容	考核要点	配分	评分标准	检测结果	扣分	得分	备注
1	准备工作	穿戴劳保用品	3	未穿戴整齐扣3分				
		工具、用具准备	2	工具选择不正确扣2分				
2	操作程序	对精制系统进行气密试验、检查氮气置换露点合格，确认公用工程投用正常，电气、仪表、安全消防系统投用正常	20	未确认气密扣5分				
				未确认置换扣5分				
				未确认公用工程扣5分				
				未确认电气扣5分				
				未确认仪表扣5分				
				未确认消防系统扣5分				
3		现场主要阀门位置确认	10	未确认扣10分				
				漏一个扣5分				
4		塔内控制在低正压状态	10	无压力控制扣10分				
				控制偏差大扣5分				
5		向塔内加纯水至50%液位	10	未按规定操作扣10分				
6		向塔釜再沸器引入蒸汽加热，疏水器投用	10	引入蒸汽不规范扣5分				
				疏水器投用不规范扣5分				
7		气相排除不凝性气体，控制一定的压力	10	未排除不凝气扣10分				
				压力控制波动大扣5分				
8		待塔釜水沸腾，即降低蒸汽，保持塔内水温在沸腾状态，防止水蒸发到塔顶	20	控制偏差大扣10分				
				水蒸发到塔顶扣15分				
9	使用工具	正确使用工具	2	工具使用不正确扣2分				
		正确维护工具	3	工具乱摆乱放扣3分				

续表

序号	考核内容	考核要点	配分	评分标准	检测结果	扣分	得分	备注
10	安全及其他	按国家法规或企业规定		违规一次总分扣5分；严重违规停止操作			—	
		在规定时间内完成操作		每超时1min总分扣5分，超时3min停止操作			—	
		合　计	100					

试题36：环氧乙烷精制岗位的日常巡检

（考核时间：15min）

序号	考核内容	考核要点	配分	评分标准	检测结果	扣分	得分	备注
1	准备工作	穿戴劳保用品	3	未穿戴整齐扣3分				
		工具、用具准备	2	工具选择不正确扣2分				
2	操作程序	检查冷冻机系统的运行是否正常；球罐运行是否正常	15	未检查冷冻机扣15分				
				未检查球罐扣10分				
3		检查塔釜泵、回流泵、冷媒泵、球罐循环泵等运行是否正常	15	未检查塔釜泵扣10分				
				未检查回流泵扣10分				
				未检查冷媒泵扣10分				
				未检查循环泵扣10分				
4		检查有关消防系统压力是否正常，各配件不缺损	15	未检查压力扣15分				
				未检查完整性扣10分				
5		检查现场各个测量点如温度、压力、流量、液位等是否正常	20	未检查温度扣10分				
				未检查压力扣10分				
				未检查流量扣5分				
				未检查液位扣5分				
6		检查现场是否有泄漏点	15	未检查扣15分				
7		检查环氧乙烷精制塔及球罐现场安全阀的氮气吹扫量是否达到规定值	10	未检查扣10分				
8	使用工具	正确使用工具	2	工具使用不正确扣2分				
		正确维护工具	3	工具乱摆乱放扣3分				
9	安全及其他	按国家法规或企业规定		违规一次总分扣5分；严重违规停止操作			—	
		在规定时间内完成操作		每超时1min总分扣5分，超时3min停止操作			—	
		合　计	100					

试题37：环氧乙烷精制岗位蒸汽波动时的调整操作

（考核时间：15min）

序号	考核内容	考核要点	配分	评分标准	检测结果	扣分	得分	备注
1	准备工作	穿戴劳保用品	3	未穿戴整齐扣3分				
		工具、用具准备	2	工具选择不正确扣2分				
2	操作程序	查看蒸汽总管压力和加热流量的波动情况，分析原因	20	未查蒸汽扣10分				
				未查蒸汽流量扣10分				
3		解除温度串级控制，手动控制蒸汽流量	25	未解除串级扣25分				
				手控不熟练扣10分				
4		调整进料和釜出、各采出量，保持物料平衡	25	未调整进料扣10分				
				未调整釜出扣10分				
				未调整采出扣10分				
5		稳定塔压和塔内温度分布	20	塔压不稳定扣10分				
				温度分布不稳定扣15分				
6	使用工具	正确使用工具	2	工具使用不正确扣2分				
		正确维护工具	3	工具乱摆乱放扣3分				
7	安全及其他	按国家法规或企业规定		违规一次总分扣5分；严重违规停止操作			—	
		在规定时间内完成操作		每超时1min总分扣5分，超时3min停止操作			—	
合　计			100					

试题38：环氧乙烷精制塔回流泵的开泵操作

（考核时间：15min）

序号	考核内容	考核要点	配分	评分标准	检测结果	扣分	得分	备注
1	准备工作	穿戴劳保用品	3	未穿戴整齐扣3分				
		工具、用具准备	2	工具选择不正确扣2分				
2	操作程序	对泵和相关管线进行完整性检查	15	未检查泵扣10分				
				未检查管线扣5分				
3		检查回流罐液位达到一定值	15	未检查扣15分				
4		确认有关联锁已投用(进口阀、高温、可燃气体检测等)	15	未确认进口阀扣5分				
				未确认高温扣5分				
				未确认气体检测扣5分				
5		打开进口阀和最小回流管线，灌泵、排气，盘泵正常，检漏正常	25	未开进口阀扣5分				
				未开最小回流扣5分				
				未排尽气扣10分				
				未盘泵扣5分				
				未检漏扣5分				

续表

序号	考核内容	考核要点	配分	评分标准	检测结果	扣分	得分	备注
6		启动泵，观察出口压力和最小回流量是否达到要求	10	启动泵不规范扣5分				
				未观察压力扣5分				
				未检查回流扣5分				
7		慢慢打开出口阀到全开，观察泵压力和流量正常	10	阀操作不规范扣5分				
				未观察压力扣5分				
				未检查回流扣5分				
8	使用工具	正确使用工具	2	工具使用不正确扣2分				
		正确维护工具	3	工具乱摆乱放扣3分				
9	安全及其他	按国家法规或企业规定		违规一次总分扣5分；严重违规停止操作			—	
		在规定时间内完成操作		每超时1min总分扣5分，超时3min停止操作			—	
		合　计	100					

试题39：环氧乙烷球罐循环泵开泵的操作

（考核时间：15min）

序号	考核内容	考核要点	配分	评分标准	检测结果	扣分	得分	备注
1	准备工作	穿戴劳保用品	3	未穿戴整齐扣3分				
		工具、用具准备	2	工具选择不正确扣2分				
2	操作程序	确认球罐已积液到一定液位，冷冻机运行正常，球罐内温度、压力符合要求	15	未确认积液扣5分				
				未确认冷冻机扣10分				
				未确认球罐扣10分				
3		确认换热器投用正常	10	未确认扣10分				
4		泵及进口管线检查；打开进口阀，在泵体排气，用水吸收	20	未检查泵扣5分				
				未检查管线扣5分				
				未排气扣15分				
				未用水吸收扣10分				
5		关闭排气阀，检漏；打开最小回流管线	15	未关排气阀扣5分				
				未检漏扣10分				
				未开最小回流扣10分				
6		启动泵，观察压力是否正常	10	启动泵不规范扣5分				
				未观察压力扣5分				
7		慢慢打开出口阀，建立到球罐的最小回流且达到规定值	10	阀操作不规范扣5分				
				未建立最小回流扣10分				
8		慢慢打开到换热器的阀门，建立循环，观察压力、温度正常	10	阀操作不规范扣5分				
				未建立循环扣10分				
				未观察压力温度扣5分				

续表

序号	考核内容	考核要点	配分	评分标准	检测结果	扣分	得分	备注
9	使用工具	正确使用工具	2	工具使用不正确扣2分				
		正确维护工具	3	工具乱摆乱放扣3分				
10	安全及其他	按国家法规或企业规定		违规一次总分扣5分；严重违规停止操作			—	
		在规定时间内完成操作		每超时1min总分扣5分，超时3min停止操作			—	
合　计			100					

试题40：冰机排气压力过高的处理

（考核时间：15min）

序号	考核内容	考核要点	配分	评分标准	检测结果	扣分	得分	备注
1	准备工作	穿戴劳保用品	3	未穿戴整齐扣3分				
		工具、用具准备	2	工具选择不正确扣2分				
2	操作程序	检查冰机冷却水手阀是否全开	10	未检查、处理扣10分				
3		保证冷却水供水压力，想法降低进水温度	10	未检查、处理压力扣5分				
				未检查、处理温度扣5分				
4		冷凝器是否结垢或泄漏，需停工检查	20	未检查、处理扣20分				
5		系统中制冷剂过多，排出多余制冷剂	25	未检查制冷剂扣15分				
				未处理扣10分				
6		制冷系统存在不凝性气体过多，准备停运，抽真空排除不凝气体	25	未检查分析扣20分				
				未抽真空扣10分				
7	使用工具	正确使用工具	2	工具使用不正确扣2分				
		正确维护工具	3	工具乱摆乱放扣3分				
8	安全及其他	按国家法规或企业规定		违规一次总分扣5分；严重违规停止操作			—	
		在规定时间内完成操作		每超时1min总分扣5分，超时3min停止操作			—	
合　计			100					

试题41：环氧乙烷精制塔回流泵投用时不上压的处理

（考核时间：15min）

序号	考核内容	考核要点	配分	评分标准	检测结果	扣分	得分	备注
1	准备工作	穿戴劳保用品	3	未穿戴整齐扣3分				
		工具、用具准备	2	工具选择不正确扣2分				

续表

序号	考核内容	考核要点	配分	评分标准	检测结果	扣分	得分	备注
2	操作程序	回流罐液位低，提高回流罐液位	15	未分析到扣15分				
				处理不及时扣10分				
3		可能介质中含有水而结冰，切换泵，清洗滤网	15	未分析到扣15分				
				处理不及时扣10分				
4		机械杂质堵塞滤网，切换泵清洗滤网	15	未分析到扣15分				
				处理不及时扣15分				
5		出口流量太大，关小出口阀	10	未分析到扣10分				
				处理不及时扣5分				
6		泵内有气阻，排气至压力正常	15	未分析到扣15分				
				处理不及时扣10分				
7		泵机械故障，联系检修	10	未分析到扣10分				
				未联系处理扣5分				
8		泵进口遥控切断阀故障，联系仪表工解决	10	未分析到扣10分				
				未联系处理扣5分				
9	使用工具	正确使用工具	2	工具使用不正确扣2分				
		正确维护工具	3	工具乱摆乱放扣3分				
10	安全及其他	按国家法规或企业规定		违规一次总分扣5分；严重违规停止操作			—	
		在规定时间内完成操作		每超时1min总分扣5分，超时3min停止操作			—	
		合　计	100					

试题42：环氧乙烷精制塔回流系统流程图

（考核时间：15min）

序号	考核内容	考核要点	配分	评分标准	检测结果	扣分	得分	备注
1	准备工作	穿戴劳保用品	3	未穿戴整齐扣3分				
		工具、用具准备	2	工具选择不正确扣2分				
2	操作程序	总体布局合理，卷面清晰	10	布局不合理扣5分				
				卷面不清晰扣5分				
3		相关设备齐全：塔、回流罐、泵、换热器等	20	漏塔扣10分				
				漏回流罐扣5分				
				漏泵扣5分				
				漏换热器扣5分				
4		主要工艺等管线齐全，走向正确	20	漏一条管线扣5分				
				错一个走向扣5分				

续表

序号	考核内容	考核要点	配分	评分标准	检测结果	扣分	得分	备注
5		压力、液位控制、联锁系统完整	20	漏压力控制扣10分				
				漏液位控制扣10分				
				漏联锁扣15分				
6		主要温度、压力、流量等测量点齐全	20	漏一项温度扣2分				
				漏一项压力扣2分				
				漏一项流量扣2分				
7	使用工具	正确使用工具	2	工具使用不正确扣2分				
		正确维护工具	3	工具乱摆乱放扣3分				
8	安全及其他	按国家法规或企业规定		违规一次总分扣5分；严重违规停止操作			—	
		在规定时间内完成操作		每超时1min总分扣5分，超时3min停止操作			—	
合计			100					

试题43：汽提塔到水合反应器的流程设定

（考核时间：15min）

序号	考核内容	考核要点	配分	评分标准	检测结果	扣分	得分	备注
1	准备工作	穿戴劳保用品	3	未穿戴整齐扣3分				
		工具、用具准备	2	工具选择不正确扣2分				
2	操作程序	由再吸收塔塔釜来的水向汽提塔加水到一定的液位	10	未描述扣10分				
				未到一定的液位扣5分				
3		启动汽提塔塔釜泵，自动打开最小回流管线	15	未描述扣15分				
				最小回流不开扣10分				
4		由泵向反应器预热、加热换热器灌水，同时在反应器高点排除不凝气	20	未描述扣20分				
				高点不排气扣15分				
5		换热器灌水满后，继续向反应器灌水，控制压力	10	未描述扣10分				
				压力不控制扣5分				
6		反应器灌满水，关闭排气阀，控制压力在要求范围，继续向蒸发器输送水	10	未描述扣10分				
				未关闭排气阀扣10分				
				压力控制不好比扣5分				
7		逐渐向反应器加热器引入蒸汽加热，控制反应进口温度	15	未描述扣15分				
				反应温度不控制扣10分				
8		由多效蒸发器来的凝水经反应器预热器后返回循环水槽	10	未描述扣10分				
				去向不明扣5分				

续表

序号	考核内容	考核要点	配分	评分标准	检测结果	扣分	得分	备注
9	使用工具	正确使用工具	2	工具使用不正确扣2分				
		正确维护工具	3	工具乱摆乱放扣3分				
10	安全及其他	按国家法规或企业规定		违规一次总分扣5分；严重违规停止操作			—	
		在规定时间内完成操作		每超时1min总分扣5分，超时3min停止操作			—	
		合　计	100					

试题44：水合蒸发岗位水运的建立

（考核时间：15min）

序号	考核内容	考核要点	配分	评分标准	检测结果	扣分	得分	备注
1	准备工作	穿戴劳保用品	3	未穿戴整齐扣3分				
		工具、用具准备	2	工具选择不正确扣2分				
2	操作程序	确认公用工程投用正常；对系统进行完整性检查，相关阀门阀位确认	10	未确认公用工程扣3分				
				未确认完整性扣5分				
				阀位未确认扣5分				
3		对末效蒸发器抽真空正常	10	未抽真空扣10分				
				真空度未到扣5分				
4		按操作法投用预热器和加热器、水合反应器	15	未按规定操作扣15分				
				反应器未排气扣10分				
5		将反应器出口水向蒸发器加，建立液位，并对一效蒸发器引入蒸汽加热，建立回流，在凝液罐和再沸器上放空阀打开，排除不凝性气体	15	未按规定操作扣15分				
				回流未建立扣5分				
				引入蒸汽不规范扣10分				
6		利用压差逐效建立液位和回流，并引入二次蒸汽加热	10	未及时建立液位扣5分				
				未及时建立回流扣5分				
				未利用二次蒸汽扣5分				
7		调整反应加热蒸汽，控制反应入口温度，向三效凝液罐注入规定量的蒸汽	15	凝液罐未排气扣5分				
				再沸器未排气扣5分				
				反应加热未调整扣5分				
				脱醛蒸汽未注入扣5分				
8		待不凝性气体排尽，关闭放空阀，增加一效蒸发器加热蒸汽，产生的二次蒸汽向解吸塔和汽提塔供汽，调整吸收水量，使该单元水运满足开车条件	15	放空阀未关扣5分				
				未向解吸塔送汽扣5分				
				未向汽提塔送汽扣5分				
				未调整吸收水扣5分				

续表

序号	考核内容	考核要点	配分	评分标准	检测结果	扣分	得分	备注
9	使用工具	正确使用工具	2	工具使用不正确扣2分				
		正确维护工具	3	工具乱摆乱放扣3分				
10	安全及其他	按国家法规或企业规定		违规一次总分扣5分；严重违规停止操作			—	
		在规定时间内完成操作		每超时1min总分扣5分，超时3min停止操作			—	
合计			100					

试题45：水合反应器的开车

（考核时间：15min）

序号	考核内容	考核要点	配分	评分标准	检测结果	扣分	得分	备注
1	准备工作	穿戴劳保用品	3	未穿戴整齐扣3分				
		工具、用具准备	2	工具选择不正确扣2分				
2	操作程序	确认公用工程投用正常	10	未确认扣10分				
3		确认电气、仪表、联锁投用正常	10	未确认电气扣5分				
				未确认仪表扣5分				
				未确认联锁扣5分				
4		现场主要阀门确认处于开车位置	10	未确认扣10分				
				漏一项扣5分				
5		启动汽提塔釜泵经过换热器、加热器，然后向反应器注水	10	启动操作不规范扣10分				
6		注水时，打开反应器末端高点排气阀排气；并将压力控制阀置于相对低的值上	15	未高点排气扣10分				
				压力控制不好扣10分				
7		排气结束，关闭排气阀，液体流向首效蒸发器；向反应器前加热器引入蒸汽加热	20	未关闭排气阀扣10分				
				未引入蒸汽扣10分				
8		逐步调高反应器压力控制到规定值；增加加热蒸汽到要求的值	15	未控制压力扣10分				
				控制加热不好扣10分				
9	使用工具	正确使用工具	2	工具使用不正确扣2分				
		正确维护工具	3	工具乱摆乱放扣3分				
10	安全及其他	按国家法规或企业规定		违规一次总分扣5分；严重违规停止操作			—	
		在规定时间内完成操作		每超时1min总分扣5分，超时3min停止操作			—	
合计			100					

试题 46：水合蒸发岗位现场巡检内容

（考核时间：15min）

序号	考核内容	考核要点	配分	评分标准	检测结果	扣分	得分	备注
1	准备工作	穿戴劳保用品	3	未穿戴整齐扣 3 分				
		工具、用具准备	2	工具选择不正确扣 2 分				
2	操作程序	检查该岗位内各运行泵的压力、流量、振动、冷却水、电流、机械密封等情况	35	未检查压力扣 5 分				
				未检查流量扣 5 分				
				未检查振动扣 5 分				
				未检查冷却水扣 5 分				
				未检查电流扣 5 分				
				未检查机封扣 5 分				
				每漏一台扣 5 分				
3		检查反应器、塔、罐、槽的液位及现场各压力、温度、流量等测量点是否正常	20	未检查液位扣 10 分				
				漏一项测量点扣 2 分				
4		检查真空系统压力、蒸汽压力、声音，冷却水温度	25	未检查真空压力扣 10 分				
				未检查蒸汽压力扣 5 分				
				未检查声音扣 5 分				
				未检查冷却水温度扣 5 分				
5		检查本岗位内有无泄漏点	10	未检查扣 10 分				
6	使用工具	正确使用工具	2	工具使用不正确扣 2 分				
		正确维护工具	3	工具乱摆乱放扣 3 分				
7	安全及其他	按国家法规或企业规定		违规一次总分扣 5 分；严重违规停止操作			—	
		在规定时间内完成操作		每超时 1min 总分扣 5 分，超时 3min 停止操作			—	
		合　计	100					

试题 47：甲烷不合格时汽提塔切入的氮气操作

（考核时间：15min）

序号	考核内容	考核要点	配分	评分标准	检测结果	扣分	得分	备注
1	准备工作	穿戴劳保用品	3	未穿戴整齐扣 3 分				
		工具、用具准备	2	工具选择不正确扣 2 分				
2	操作程序	确认甲烷供应停止，氮气供应正常	15	未确认甲烷扣 10 分				
				未确认氮气扣 10 分				
3		关闭甲烷供应调节阀和手阀，切断甲烷管线	25	未关闭扣 25 分				
				漏一项扣 10 分				

续表

序号	考核内容	考核要点	配分	评分标准	检测结果	扣分	得分	备注
4		慢慢打开氮气到汽提塔的管线阀门	15	未打开氮气扣25分				
				阀操作不规范扣10分				
5		调整氮气加入量满足汽提塔的要求，保持汽提量稳定	25	没有调节扣25分				
				流量不足扣15分				
6		观察汽提塔液位、釜温的变化	10	未观察扣10分				
7	使用工具	正确使用工具	2	工具使用不正确扣2分				
		正确维护工具	3	工具乱摆乱放扣3分				
8	安全及其他	按国家法规或企业规定		违规一次总分扣5分；严重违规停止操作			—	
		在规定时间内完成操作		每超时1min总分扣5分，超时3min停止操作			—	
合　计			100					

试题48：乙二醇蒸发岗位停蒸汽的步骤

（考核时间：20min）

序号	考核内容	考核要点	配分	评分标准	检测结果	扣分	得分	备注
1	准备工作	穿戴劳保用品	3	未穿戴整齐扣3分				
		工具、用具准备	2	工具选择不正确扣2分				
2	操作程序	确认水合反应器内温差接近零，蒸发系统内物料已处理完毕，真空效釜出无物料	15	未确认温差扣10分				
				未确认釜出扣10分				
3		联系调度和氧化岗位，准备降负荷和加热蒸汽	15	未联系调度扣10分				
				未联系氧化岗位扣10分				
4		逐渐降低蒸汽加热量，降水运负荷、降预热蒸汽	25	降加热蒸汽操作不规范扣15分				
				降预热蒸汽操作不规范扣10分				
				顺序错扣15分				
5		切断蒸汽和进料、脱醛蒸汽，及到解吸塔和汽提塔的二次蒸汽	20	未切断蒸汽扣15分				
				未切断进料扣10分				
				未切断脱醛蒸汽扣10分				
				未切断二次蒸汽扣10分				
6		关闭疏水器和凝液罐，打开倒淋泄压排液	10	未关闭疏水器扣5分				
				未停用凝液罐扣5分				
				未打开倒淋扣5分				
7		排液结束后充氮气吹扫	5	未充氮气吹扫扣5分				

续表

序号	考核内容	考核要点	配分	评分标准	检测结果	扣分	得分	备注
8	使用工具	正确使用工具	2	工具使用不正确扣2分				
		正确维护工具	3	工具乱摆乱放扣3分				
9	安全及其他	按国家法规或企业规定		违规一次总分扣5分；严重违规停止操作			—	
		在规定时间内完成操作		每超时1min总分扣5分，超时3min停止操作			—	
		合　计	100					

试题49：换热器冷却水的投用操作

（考核时间：15min）

序号	考核内容	考核要点	配分	评分标准	检测结果	扣分	得分	备注
1	准备工作	穿戴劳保用品	3	未穿戴整齐扣3分				
		工具、用具准备	2	工具选择不正确扣2分				
2	操作程序	联系调度，确认冷却水供水压力正常	15	未联系确认扣15分				
				未确认压力扣10分				
3		打开冷却器的倒淋和放空阀，慢慢打开冷却水进水阀	25	未打开倒淋扣5分				
				未打开放空阀扣10分				
				阀门操作不规范扣10分				
4		待管道冲洗干净，关闭阀门，排气结束，关闭放空阀	25	冲洗不干净扣5分				
				未关闭倒淋扣10分				
				未排气扣15分				
				未关闭排气阀扣10分				
5		压力平衡后，检漏	15	未检漏扣15分				
6		全开进口阀，慢慢打开出口阀直至全开	10	未按规定操作扣10分				
7	使用工具	正确使用工具	2	工具使用不正确扣2分				
		正确维护工具	3	工具乱摆乱放扣3分				
8	安全及其他	按国家法规或企业规定		违规一次总分扣5分；严重违规停止操作			—	
		在规定时间内完成操作		每超时1min总分扣5分，超时3min停止操作			—	
		合　计	100					

试题50：汽提塔釜液泵的开泵操作

（考核时间：15min）

序号	考核内容	考核要点	配分	评分标准	检测结果	扣分	得分	备注
1	准备工作	穿戴劳保用品	3	未穿戴整齐扣3分				
		工具、用具准备	2	工具选择不正确扣2分				
2	操作程序	对泵及相关系统进行完整性检查（包括润滑油和冷却水）	15	未检查泵扣5分				
				未检查冷却水扣5分				
				未检查润滑油扣5分				
3		确认相关仪表、电气、联锁投用；小流量旁路已打开；相关阀门处于正确位置	15	未检查仪表扣5分				
				未检查电气扣5分				
				未检查联锁扣5分				
				未检查旁路扣5分				
				未检查相关阀门扣5分				
4		塔内建立较高液位	10	未按规定操作扣10分				
5		打开进口阀，盘泵正常；排气；检漏	15	未排气扣8分				
				未盘泵扣8分				
				未检漏扣5分				
6		关排气阀、压力表手阀；启动泵，打开压力表手阀，观察压力是否正常	15	未关排气阀扣5分				
				未关压力表阀扣5分				
				启动操作不规范扣10分				
				未开压力表阀扣5分				
				未观察压力扣5分				
7		慢慢打开出口阀，建立小流量旁路循环	10	阀操作不规范扣5分				
				未打开旁路扣5分				
8		慢慢调节到洗涤塔流量，建立与洗涤塔的大循环，关闭小循环	10	阀操作不规范扣5分				
				未关闭小循环扣5分				
9	使用工具	正确使用工具	2	工具使用不正确扣2分				
		正确维护工具	3	工具乱摆乱放扣3分				
10	安全及其他	按国家法规或企业规定		违规一次总分扣5分；严重违规停止操作			—	
		在规定时间内完成操作		每超时1min总分扣5分，超时3min停止操作			—	
合计			100					

试题51：水合反应器中点温度高的处理

（考核时间：15min）

序号	考核内容	考核要点	配分	评分标准	检测结果	扣分	得分	备注
1	准备工作	穿戴劳保用品	3	未穿戴整齐扣3分				
		工具、用具准备	2	工具选择不正确扣2分				
2	操作程序	调节水合反应器的水合比接近设计值	25	未判断扣25分				
				调节不及时扣15分				
3		适当降低反应器进口温度	15	未判断扣25分				
				调节不及时扣15分				
4		适当提高反应器的处理量，待温度稳定后再优化	15	未判断扣25分				
				调节不及时扣15分				
5		稳定反应器操作压力	15	未判断扣25分				
				调节不及时扣15分				
6		减少物料停留时间	10	调节不及时扣10分				
7		温度指示不准，联系仪表工处理	10	未判断扣10分				
8	使用工具	正确使用工具	2	工具使用不正确扣2分				
		正确维护工具	3	工具乱摆乱放扣3分				
9	安全及其他	按国家法规或企业规定		违规一次总分扣5分；严重违规停止操作			—	
		在规定时间内完成操作		每超时1min总分扣5分，超时3min停止操作			—	
		合　计	100					

试题52：现场人员被苛性钠灼伤的处理

（考核时间：15min）

序号	考核内容	考核要点	配分	评分标准	检测结果	扣分	得分	备注
1	准备工作	穿戴劳保用品	3	未穿戴整齐扣3分				
		工具、用具准备	2	工具选择不正确扣2分				
2	操作程序	先将灼伤人员迅速脱离现场	20	未脱离现场扣20分				
				未及时扣15分				
3		及时脱下脏衣服	10	未脱脏衣服扣10分				
4		灼伤部位立即用大量清水冲洗15min以上，再用硼酸中和	30	未按规定处理扣30分				
				处理彻底扣20分				
				冲洗时间不到位扣20分				
5		将灼伤人员送医务室进一步治疗	20	未按规定处理扣25分				

续表

序号	考核内容	考核要点	配分	评分标准	检测结果	扣分	得分	备注
6		对现场进行酸中和处理，并用水冲洗干净	10	未中和处理扣10分				
				未冲洗干净扣10分				
7	使用工具	正确使用工具	2	工具使用不正确扣2分				
		正确维护工具	3	工具乱摆乱放扣3分				
8	安全及其他	按国家法规或企业规定		违规一次总分扣5分；严重违规停止操作			—	
		在规定时间内完成操作		每超时1min总分扣5分，超时3min停止操作			—	
合计			100					

试题53：画出末效蒸发器的流程图

（考核时间：15min）

序号	考核内容	考核要点	配分	评分标准	检测结果	扣分	得分	备注
1	准备工作	穿戴劳保用品	3	未穿戴整齐扣3分				
		工具、用具准备	2	工具选择不正确扣2分				
2	操作程序	总体布局合理，卷面清晰	15	布局不合理扣10分				
				卷面不清晰扣5分				
3		相关设备：塔、换热器、真空泵等齐全	25	漏塔扣10分				
				漏换热器扣5分				
				漏真空泵扣10分				
				漏塔釜扣5分				
4		液位压力、流量等控制方案正确	25	漏压力控制扣10分				
				漏流量控制扣10分				
				漏液位控制扣10分				
				一个控制不完整扣5分				
5		各测量点：温度、压力、流量等不漏	25	漏一项扣5分				
6	使用工具	正确使用工具	2	工具使用不正确扣2分				
		正确维护工具	3	工具乱摆乱放扣3分				
7	安全及其他	按国家法规或企业规定		违规一次总分扣5分；严重违规停止操作			—	
		在规定时间内完成操作		每超时1min总分扣5分，超时3min停止操作			—	
合计			100					

试题54：再沸器引蒸汽的操作步骤

（考核时间：15min）

序号	考核内容	考核要点	配分	评分标准	检测结果	扣分	得分	备注
1	准备工作	穿戴劳保用品	3	未穿戴整齐扣3分				
		工具、用具准备	2	工具选择不正确扣2分				
2	操作程序	确认塔内有一定的液位，蒸汽压力正常，联锁复位	15	未确认液位扣5分				
				未确认蒸汽压力扣5分				
				未确认联锁扣5分				
3		打开蒸汽管线上及疏水器处的所有倒淋，排除凝液，稍开蒸汽总阀和调节阀，待倒淋排尽凝液，有蒸汽冒出时，关闭倒淋阀	15	未排凝液扣15分				
				所有的倒淋阀未开到位扣10分				
				未关闭倒淋扣5分				
4		打开再沸器上部的排气阀，排除不凝性气体	25	阀操作不规范扣15分				
				未排气扣15分				
				排气不尽扣10分				
5		关闭排气阀，全开蒸汽总阀，通过调节阀逐渐增加蒸汽用量。疏水器（或凝液罐）投用，凝液回收	25	未关排气阀扣10分				
				蒸汽操作不规范扣10分				
				凝液未及时回收扣15分				
6		根据加热要求，用调节阀控制加热蒸汽流量	10	控制不平稳扣10分				
7	使用工具	正确使用工具	2	工具使用不正确扣2分				
		正确维护工具	3	工具乱摆乱放扣3分				
8	安全及其他	按国家法规或企业规定		违规一次总分扣5分；严重违规停止操作			—	
		在规定时间内完成操作		每超时1min总分扣5分，超时3min停止操作			—	
		合　计	100					

试题55：乙二醇精制塔进料前条件检查

（考核时间：15min）

序号	考核内容	考核要点	配分	评分标准	检测结果	扣分	得分	备注
1	准备工作	穿戴劳保用品	3	未穿戴整齐扣3分				
		工具、用具准备	2	工具选择不正确扣2分				
2	操作程序	确认公用工程投用正常	15	未确认扣15分				

续表

序号	考核内容	考核要点	配分	评分标准	检测结果	扣分	得分	备注
3		确认电气、仪表、联锁投用正常	15	未确认电气扣5分				
				未确认仪表扣5分				
				未确认联锁扣5分				
4		塔气密试验合格、氮气置换符合要求	25	未确认气密扣15分				
				未确认置换扣15分				
5		真空泵已投用，真空度达到要求	20	未投用真空泵扣20分				
				真空度未达要求扣10分				
6		分析脱水塔的釜出水分合格，允许进料	5	未分析扣5分				
7		成品槽具备受料条件	10	未确认扣10分				
8	使用工具	正确使用工具	2	工具使用不正确扣2分				
		正确维护工具	3	工具乱摆乱放扣3分				
9	安全及其他	按国家法规或企业规定		违规一次总分扣5分；严重违规停止操作			—	
		在规定时间内完成操作		每超时1min总分扣5分，超时3min停止操作			—	
		合　计	100					

试题56：乙二醇脱水塔的开车操作

（考核时间：15min）

序号	考核内容	考核要点	配分	评分标准	检测结果	扣分	得分	备注
1	准备工作	穿戴劳保用品	3	未穿戴整齐扣3分				
		工具、用具准备	2	工具选择不正确扣2分				
2	操作程序	进行系统检查公用工程和进料位置，电气、仪表联锁确认正常	10	未检查公用工程扣5分				
				未检查进料位置扣5分				
				未联锁确认扣5分				
3		真空泵投用；真空度达到要求	10	未投用扣10分				
				未达到要求扣5分				
4		由末效蒸发器釜出向脱水塔进料，建立一定液位	10	不知道扣10分				
				未建立液位扣5分				
5		按再沸器使用方法，给塔内物料加热；建立回流	20	投用再沸器不规范扣15分				
				回流不建立扣10分				
6		启动塔釜泵，在液位控制下将釜液送往中间槽	10	启动泵不规范扣8分				
				液位控制不好扣5分				
7		调整进料、蒸汽、回流，控制液位、塔压及温度分布	20	未及时调整参数扣15分				
				控制不好扣10分				

续表

序号	考核内容	考核要点	配分	评分标准	检测结果	扣分	得分	备注
8		一旦釜出水分合格，将物料切入乙二醇精制塔	10	未分析水分扣10分				
				切料操作不熟练扣5分				
9	使用工具	正确使用工具	2	工具使用不正确扣2分				
		正确维护工具	3	工具乱摆乱放扣3分				
10	安全及其他	按国家法规或企业规定		违规一次总分扣5分；严重违规停止操作			—	
		在规定时间内完成操作		每超时1min总分扣5分，超时3min停止操作			—	
		合　计	100					

试题57：乙二醇精制塔的升温过程操作

（考核时间：15min）

序号	考核内容	考核要点	配分	评分标准	检测结果	扣分	得分	备注
1	准备工作	穿戴劳保用品	3	未穿戴整齐扣3分				
		工具、用具准备	2	工具选择不正确扣2分				
2	操作程序	进料到一定液位，慢慢引蒸汽用再沸器给予物料加热	15	未确认液位扣10分				
				引蒸汽不规范扣10分				
3		塔釜液位满足后，启动塔釜泵，对塔釜物料强制循环	20	未强制循环扣15分				
				操作不规范扣10分				
4		逐步增加进料，相应调整加热蒸汽；建立回流	15	调整不及时扣15分				
				回流不建立扣10分				
5		利用釜出和侧线采出到中间槽，控制塔内液位	20	采出操作不规范扣10分				
				液位控制不好扣10分				
6		回流量上升，温度分布趋于正常，控制好灵敏板温度	10	调整不及时扣10分				
7		取样分析侧线产品，合格后切入产品槽，釜出合格切入乙二醇分离塔	10	温度分布不合理扣5分				
				操作不及时扣5分				
8	使用工具	正确使用工具	2	工具使用不正确扣2分				
		正确维护工具	3	工具乱摆乱放扣3分				
9	安全及其他	按国家法规或企业规定		违规一次总分扣5分；严重违规停止操作			—	
		在规定时间内完成操作		每超时1min总分扣5分，超时3min停止操作			—	
		合　计	100					

试题58：乙二醇成品罐的切换操作

（考核时间：15min）

序号	考核内容	考核要点	配分	评分标准	检测结果	扣分	得分	备注
1	准备工作	穿戴劳保用品	3	未穿戴整齐扣3分				
		工具、用具准备	2	工具选择不正确扣2分				
2	操作程序	在DCS上确认需切换的贮槽	20	未确认扣20分				
3		现场确认氮封情况和需要操作的阀门	15	未确认氮封扣10分				
				未确认阀门扣10分				
4		慢慢打开空槽的进料阀，直至全开，保持采出流量的稳定，关闭原来进料槽	25	未按规定操作扣15分				
				未关闭原阀扣15分				
				流量不稳定扣20分				
5		建立循环前必须确认空槽底循环手阀关闭，再打开满槽的循环手阀	10	未确认阀门扣10分				
6		对满槽成品建立循环，待取样分析	20	未建立循环扣20分				
7	使用工具	正确使用工具	2	工具使用不正确扣2分				
		正确维护工具	3	工具乱摆乱放扣3分				
8	安全及其他	按国家法规或企业规定		违规一次总分扣5分；严重违规停止操作			—	
		在规定时间内完成操作		每超时1min总分扣5分，超时3min停止操作			—	
合　计			100					

试题59：乙二醇脱水塔的停车操作

（考核时间：15min）

序号	考核内容	考核要点	配分	评分标准	检测结果	扣分	得分	备注
1	准备工作	穿戴劳保用品	3	未穿戴整齐扣3分				
		工具、用具准备	2	工具选择不正确扣2分				
2	操作程序	慢慢降低进料；同时降低加热蒸汽；釜出切换到中间槽	15	操作不熟练扣5分				
				波动大扣10分				
3		减少釜出和回流水	10	未减少釜出扣5分				
				未减少回流扣5分				
4		切断进料和加热蒸汽及回流水；保持真空，自然降温	15	未切断蒸汽扣10分				
				未切断回流扣5分				
				未保持真空扣5分				
5		用釜液泵将塔内物料排完	10	未排完物料扣10分				

续表

序号	考核内容	考核要点	配分	评分标准	检测结果	扣分	得分	备注
6		温度较低后，停真空泵，向塔内充氮气到常压，打开塔顶放空阀	15	温度高扣10分				
				停真空泵不规范扣10分				
				未充氮扣5分				
				未打开放空阀扣5分				
7		向塔内加纯水喷淋，回收残余物料到中间槽	15	未回收残液扣15分				
8		继续加水，通入少量蒸汽进行水蒸馏，水蒸馏结束后，停蒸汽，排液干净，氮气吹扫残液至合格	10	未水蒸馏扣10分				
				蒸馏不干净扣5分				
				氮气吹扫不干净扣5分				
9	使用工具	正确使用工具	2	工具使用不正确扣2分				
		正确维护工具	3	工具乱摆乱放扣3分				
10	安全及其他	按国家法规或企业规定		违规一次总分扣5分；严重违规停止操作			—	
		在规定时间内完成操作		每超时1min总分扣5分，超时3min停止操作			—	
		合　计	100					

试题60：换热器冷却水的投用操作

（考核时间：15min）

序号	考核内容	考核要点	配分	评分标准	检测结果	扣分	得分	备注
1	准备工作	穿戴劳保用品		未穿戴整齐扣3分				
		工具、用具准备	2	工具选择不正确扣2分				
2	操作程序	对换热器系统进行系统检查，并确认冷却水供应的压力和温度	15	未检查扣10分				
				未确认扣10分				
3		打开倒淋和排气阀，稍开冷却水进口阀	20	未打开倒淋扣10分				
				未打开排气扣10分				
4		排污干净后，关闭倒淋；排气结束，关闭排气阀	20	未排干净扣5分				
				未关倒淋扣5分				
				未排净不凝气扣10分				
				未关排气阀扣5分				
5		全开进口阀，压力平衡，检漏	20	进口阀未全开扣10分				
				未检漏分扣10分				
6		慢慢打开冷却水出口阀，观察冷却是否达到要求	15	阀操作不规范扣10分				
				未观察冷却水扣10分				
7	使用工具	正确使用工具	2	工具使用不正确扣2分				
		正确维护工具	3	工具乱摆乱放扣3分				

续表

序号	考核内容	考核要点	配分	评分标准	检测结果	扣分	得分	备注
8	安全及其他	按国家法规或企业规定		违规一次总分扣5分；严重违规停止操作			—	
		在规定时间内完成操作		每超时1min总分扣5分，超时3min停止操作			—	
合　计			100					

试题61：乙二醇脱水塔釜液泵的启动操作

（考核时间：15min）

序号	考核内容	考核要点	配分	评分标准	检测结果	扣分	得分	备注
1	准备工作	穿戴劳保用品	3	未穿戴整齐扣3分				
		工具、用具准备	2	工具选择不正确扣2分				
2	操作程序	检查泵的润滑油、冷却水和相关阀门位置	20	未检查润滑油扣10分				
				未检查冷却水扣5分				
				未检查阀门扣10分				
3		确认塔内液体已建立一定的液位，温度、压力正常	15	未确认液位扣10分				
				未确认温度、压力扣10分				
4		打开进口阀和平衡阀，观察塔压是否正常，灌泵、排气	20	未打开平衡阀扣10分				
				未排气扣15分				
5		盘泵正常，关闭平衡阀，启动泵	15	未盘泵扣10分				
				未关平衡阀扣5分				
				启动操作不规范扣10分				
6		压力正常，慢慢打开出口阀至全开；观察压力、流量正常，运行无异常	20	阀操作不规范扣15分				
				未观察运行扣10分				
7	使用工具	正确使用工具	2	工具使用不正确扣2分				
		正确维护工具	3	工具乱摆乱放扣3分				
8	安全及其他	按国家法规或企业规定		违规一次总分扣5分；严重违规停止操作			—	
		在规定时间内完成操作		每超时1min总分扣5分，超时3min停止操作			—	
合　计			100					

试题62：乙二醇脱水塔塔顶温度高的原因

（考核时间：15min）

序号	考核内容	考核要点	配分	评分标准	检测结果	扣分	得分	备注
1	准备工作	穿戴劳保用品	3	未穿戴整齐扣3分				
		工具、用具准备	2	工具选择不正确扣2分				

续表

序号	考核内容	考核要点	配分	评分标准	检测结果	扣分	得分	备注
2	操作程序	塔顶回流水量小，上升汽量大	15	未分析扣15分				
3		塔釜再沸器加热蒸汽流量太大，上升汽量大	20	未分析扣20分				
4		进料量明显减少	15	未分析扣15分				
5		进料中轻组分减少	10	未分析扣10分				
6		塔压上升	10	未分析扣15分				
7		塔顶冷凝不够	15	未分析扣15分				
8		操作波动大	5	未分析扣5分				
9	使用工具	正确使用工具	2	工具使用不正确扣2分				
		正确维护工具	3	工具乱摆乱放扣3分				
10	安全及其他	按国家法规或企业规定		违规一次总分扣5分；严重违规停止操作			—	
		在规定时间内完成操作		每超时1min总分扣5分，超时3min停止操作			—	
合　计			100					

试题63：乙二醇精制塔釜液泵打不上量的处理

（考核时间：15min）

序号	考核内容	考核要点	配分	评分标准	检测结果	扣分	得分	备注
1	准备工作	穿戴劳保用品	3	未穿戴整齐扣3分				
		工具、用具准备	2	工具选择不正确扣2分				
2	操作程序	现场检查运行泵压力是否正常	25	未到现场扣10分				
				未检查运行泵压力扣15分				
3		检查塔釜物料夜位、压力、温度是否正常	15	未检查塔釜液位和压力各扣10分				
				未检查塔釜温度扣5分				
4		若发现异常，立即启动备泵；正常后停原来泵；排液等处理，联系检修	15	未立即切换泵扣10分				
				未排液处理扣10分				
				未联系检修扣5分				
5		清洗原泵进口过滤器	10	未清洗过滤器扣10分				
6		若压力正常，无运行异常，联系仪表，确认流量指示	10	未联系仪表确认流量扣10分				
7		出口管线堵塞	5	没有判断扣5分				
8		联系仪表，确认出口流量控制阀	10	未联系仪表确认控制阀扣10分				
9	使用工具	正确使用工具	2	工具使用不正确扣2分				
		正确维护工具	3	工具乱摆乱放扣3分				

续表

序号	考核内容	考核要点	配分	评分标准	检测结果	扣分	得分	备注
10	安全及其他	按国家法规或企业规定		违规一次总分扣5分；严重违规停止操作			—	
		在规定时间内完成操作		每超时1min总分扣5分，超时3min停止操作			—	
合　计			100					

试题64：氧气进料开车的步骤

（考核时间：30min）

序号	考核内容	考核要点	配分	评分标准	检测结果	扣分	得分	备注
1	准备工作	穿戴劳保用品	3	未穿戴整齐扣3分				
		工具、用具准备	2	工具选择不正确扣2分				
2	投氧前应具备的条件确认	脱碳系统、EO吸收系统及300#单元(除C－302塔以外)运行正常，且具备接收EO的条件；K－201运行正常，V－110温度在220℃左右，开、停车高压氮气吹扫系统工作正常；在线分析仪表投运且工作正常；乙烯已引进装置	15	缺一项扣3分				
3	投氧操作步骤	打开HV－102，进行氮气吹扫，氮气的流量要超过低低联锁值，计数器开始计时；计数器满足3min后，人员到现场手动同时复位EAL－103和EAL－104，等到SDV－101/SDV102打开、SDV－103/SDV－104关闭、SDV－151/152关闭后松开手；打开V－102到V－101的冲氮气的手阀，则V－101压力上到3.8MPa时，PALL－154B恢复正常；完全打开氧气管线上的长柄手阀；等到现场的人员撤回后，准备投氧，控制室内操作HIC－101A.HIC－101B两个手操器，逐渐提高开度，两个设定值之间始终保持流量相差50Nm³；当投氧量超过低报警以后，氧气的流量低联锁消除，可以手动复位吹扫氮气按钮，逐渐关闭开车吹扫氮气	60	缺或错一项扣10分				
4	提负荷	按照设定值与实际流量值相差小于联锁值750Nm³的指标逐步提高氧量	5	缺一项扣5分				

续表

序号	考核内容	考核要点	配分	评分标准	检测结果	扣分	得分	备注
5	注意事项	密切注意EO反应器床层温度的变化趋势，以及反应器进出口物流中的氧气浓度；当氧气进料提高到$1000Nm^3/h$后，应开始逐步加入抑制剂。加入量在50～60g。在提高氧气进料的同时，应相应提高乙烯的进料量以保持反应器入口物料中的乙烯浓度。保持反应器入口物料中的乙烯浓度在25%左右	10	缺一项扣5分				
6	使用工具	正确使用工具	2	工具使用不正确扣2分				
		正确维护工具	3	工具乱摆乱放扣3分				
7	安全及其他	按国家法规或企业规定		违规一次总分扣5分；严重违规停止操作			—	
		在规定时间内完成操作		每超时1min总分扣5分，超时3min停止操作			—	
		合　计	100					

试题65：氧气进料控制系统流程图

（考核时间：30min）

序号	考核内容	考核要点	配分	评分标准	检测结果	扣分	得分	备注
1	准备工作	穿戴劳保用品	3	未穿戴整齐扣3分				
		工具、用具准备	2	工具选择不正确扣2分				
2	操作程序	排布合理，卷面清晰、设备齐全	30	设备齐全给20分				
3		仪表位号、信号线、控制点	30	按数量平均给分				
4		进出物料、粒置、位号正确	30	按数量平均给分				
5	使用工具	正确使用工具	2	工具使用不正确扣2分				
		正确维护工具	3	工具乱摆乱放扣3分				
6	安全及其他	按国家法规或企业规定		违规一次总分扣5分；严重违规停止操作			—	
		在规定时间内完成操作		每超时1min总分扣5分，超时3min停止操作			—	
		合　计	100					

试题66：碱液的配置加入操作

（考核时间：30min）

序号	考核内容	考核要点	配分	评分标准	检测结果	扣分	得分	备注
1	准备工作	穿戴劳保用品	3	未穿戴整齐扣3分				
		工具、用具准备	2	工具选择不正确扣2分				

续表

序号	考核内容	考核要点	配分	评分标准	检测结果	扣分	得分	备注
2	操作程序	现场碱液罐浓度合格，贮量满足	30	未得确切浓度扣10分				
				液位未监控扣20分				
3		P-208E具备启动条件，V-207液位计清晰，DMW管线畅通已到阀前	30	泵启动条件未确认扣10分				
				液位计未确认扣5分				
				DMW未确认扣15分				
4		启动P-208E将碱液打至V-207，当液位到达一定程度时停泵，然后将DMW打开，控制液位	25	泵启动不起来扣20分				
				启动后未监控扣10分				
				水阀未开扣20分				
5	注意事项	注意与分析和内操的沟通	5	不联系扣5分				
6	使用工具	正确使用工具	2	工具使用不正确扣2分				
		正确维护工具	3	工具乱摆乱放扣3分				
7	安全及其他	按国家法规或企业规定		违规一次总分扣5分；严重违规停止操作			—	
		在规定时间内完成操作		每超时1min总分扣5分，超时3min停止操作			—	
		合　计	100					

试题67：溴化锂冰机排不凝气的操作

（考核时间：30min）

序号	考核内容	考核要点	配分	评分标准	检测结果	扣分	得分	备注
1	准备工作	穿戴劳保用品	3	未穿戴整齐扣3分				
		工具、用具准备	2	工具选择不正确扣2分				
2	操作程序	关闭排气单元与J循环箱相连的阀门。等待5min	20	未关阀扣10分				
				时间短扣10分				
3		慢慢开启排气阀，若收集瓶中有气泡则表示排气开始。若发现瓶中液位下降而没有气泡，关闭排气阀，再等3min	25	顺序错扣10分				
				回答不完整扣10分				
4		当气泡停止排出，而溶液开始冒出时，关闭排气阀，全开排气单元与J循环箱相连的阀门，排气结束	25	顺序错扣10分				
				回答不完整扣10分				
5		稍开排气阀，用聚乙烯管将塑料瓶中的溶液吸入系统，降到中间位置	20	答错扣20分				

续表

序号	考核内容	考核要点	配分	评分标准	检测结果	扣分	得分	备注
6	使用工具	正确使用工具	2	工具使用不正确扣2分				
		正确维护工具	3	工具乱摆乱放扣3分				
7	安全及其他	按国家法规或企业规定		违规一次总分扣5分；严重违规停止操作			—	
		在规定时间内完成操作		每超时1min总分扣5分，超时3min停止操作			—	
		合　计	100					

试题68：环氧乙烷副循环水的主流程示意图的绘制

（考核时间：30min）

序号	考核内容	考核要点	配分	评分标准	检测结果	扣分	得分	备注
1	操作程序	流程走向排布合理，卷面清晰、设备齐全	20	设备齐全给20分				
2		控制回路仪表位号、信号线、控制点	25	按数量平均给分				
3		C-203进出物料、位置、位号正确	25	按数量平均给分				
4		C-204进出物料、位置、位号正确	25	按数量平均给分				
5	使用工具	正确使用工具	2	工具使用不正确扣2分				
		正确维护工具	3	工具乱摆乱放扣3分				
6	安全及其他	按国家法规或企业规定		违规一次总分扣5分；严重违规停止操作			—	
		在规定时间内完成操作		每超时1min总分扣5分，超时3min停止操作			—	
		合　计	100					

试题69：环氧乙烷精制塔投料前应具备的条件确认

（考核时间：30min）

序号	考核内容	考核要点	配分	评分标准	检测结果	扣分	得分	备注
1	准备工作	穿戴劳保用品	3	未穿戴整齐扣3分				
		工具、用具准备	2	工具选择不正确扣2分				
2	操作程序	确认系统的安全设施投用正常，防爆膜的压力设定正确	15	少确认一处扣10分				
		确认环氧乙烷反应负荷超过60%且稳定水合单元正在运行，轻组分塔塔釜温度在设计值时，可进行精制塔的开车	10	少确认一处5分				

续表

序号	考核内容	考核要点	配分	评分标准	检测结果	扣分	得分	备注
		确认环氧乙烷精制塔用氮气置换合格无氧气；压力投自动在0.2MPa	15	少确认一处扣10分				
		确认环氧乙烷精制塔塔顶产物冷却器的冷却水投用正常，过冷器和产品冷却器的深冷水投用正常	15	确认位置错误扣5分				
		带有密封液的泵以加好密封液体	10	少确认扣10分				
		确认IP306的联锁参数全部投用，TV322A/B关闭，环氧乙烷精制塔至再沸器的蝶阀全开	15	没确认联锁扣10分				
				没确认蝶阀状态扣10分				
3	注意事项	水喷淋投用正常	10	少确认扣10分				
4	使用工具	正确使用工具	2	工具使用不正确扣2分				
		正确维护工具	3	工具乱摆乱放扣3分				
5	安全及其他	按国家法规或企业规定		违规一次总分扣5分；严重违规停止操作			—	
		在规定时间内完成操作		每超时1min总分扣5分，超时3min停止操作			—	
合　计			100					

试题70：环氧乙烷精制岗的日常巡检

（考核时间：30min）

序号	考核内容	考核要点	配分	评分标准	检测结果	扣分	得分	备注
1	准备工作	工具、安全帽、手套、工作服	5	每少一件扣5分				
2	检查项目	Z-050的运行状态，制冷情况，真空度是否正常；T-050液位是否正常；P-050A/B的运行及润滑情况，备用泵是否备用	14	每少一处扣4分				
3		K-301的运行情况，如温度、压力、声音；检查各油杯液位；检查过滤器压差；设备管线是否泄漏；检查及按需排放V-303	14	每少一处扣3分				
4		V-305的压力、温度是否正常，是否泄漏；消防设施是否齐全；附近管线有无泄漏	10	每少一处扣3分				

续表

序号	考核内容	考核要点	配分	评分标准	检测结果	扣分	得分	备注
5		检查P-306/305/304/215/205/210/214运行是否正常，泵出口压力、流量是否正常，密封罐液位是否正常；检查V-203/204液位是否正常；检查安全消防设施是否正常，附近有无泄漏	18	每少一处扣5分				
6		检查V-301/302的现场压力；检查本岗设备、管线是否有泄漏；检查安全消防设施	11	每少一处扣3分				
7		检查V-208的运行状况、油位及出口压力是否正常；检查V-207及碱罐的液位；检查安全消防设施，附近有无泄漏	11	每少一处扣4分				
8		检查P-206/301/302/303/307/308的运行状况，检查各泵出口压力及密封水流量；备用泵是否备用；检查安全消防设施，附近有无泄漏	15	每少一处扣5分				
9		控制室，写记录	2	每少一处扣2分				
10	安全文明生产	按照国家颁发有关法律法规或企业自定有关规定执行		违规一次总分扣5分；严重违规停止操作			—	
		在规定时间内完成操作		每超时1min总分扣5分，超时3min停止操作			—	
		合　计	100					

试题71：环氧乙烷精制塔回流泵的开车操作

（考核时间：30min）

序号	考核内容	考核要点	配分	评分标准	检测结果	扣分	得分	备注
1	准备工作	穿戴劳保用品	3	未穿戴整齐扣3分				
		工具、用具准备	2	工具选择不正确扣2分				
2	操作程序	确认EO精制塔已经正常进料，当AR301达到0.92MPa时，J进C302保证C-302釜温达到54℃	20	少确认一处扣10分				
				阀位少确认一个扣5分				
3		V-302建立液位，V-302压力设定在200kPa，液位达到40%	20	未确认一处扣10分				

续表

序号	考核内容	考核要点	配分	评分标准	检测结果	扣分	得分	备注
4		P305密封液罐液位到70%，送电，盘车正常	20	少确认一系统扣10分				
				不盘车扣10分				
5		现场启动P-305，注意观察运行情况、出入口压力、声音等	10	启动未与内操联系扣10分				
				启动后未确定运行正常就离开扣10分				
6	注意事项	现场启泵应使用防爆扳手，将泵的最小流量开一点确保安全	20	差一项扣10分				
7	使用工具	正确使用工具	2	工具使用不正确扣2分				
		正确维护工具	3	工具乱摆乱放扣3分				
8	安全及其他	按国家法规或企业规定		违规一次总分扣5分；严重违规停止操作			—	
		在规定时间内完成操作		每超时1min总分扣5分，超时3min停止操作			—	
合计			100					

试题72：环氧乙烷精制塔回流系统流程图

（考核时间：30min）

序号	考核内容	考核要点	配分	评分标准	检测结果	扣分	得分	备注
1	流程走向	排布合理，卷面清晰	10	一项不合格扣5分				
	控制回路	仪表位号、信号线、控制点	30	错一个扣5分				
	物料及走向	进出物料、位置、位号正确	30	错一个扣5分				
	设备	名称正确	30	错一个扣5分				
2	考试时限							
合计			100					

试题73：轻组分脱除塔到水合反应器的流程设定

（考核时间：30min）

序号	考核内容	考核要点	配分	评分标准	检测结果	扣分	得分	备注
1	流程	旁掉环氧乙烷精制系统	20	设备缺少、线路错误扣20分				
	流程走向	关闭环氧乙烷精制塔进料，物料从轻组分塔，经塔底泵，直接打到旁路线，到达水合反应进料泵入口，最终打到水合反应器中	80	主物料线路错误扣40分				
				控制阀点缺少扣40分				
2	考试时限							
合计			100					

试题 74：水合蒸发岗位水运的建立

（考核时间：30min）

序号	考核内容	考核要点	配分	评分标准	检测结果	扣分	得分	备注
1	准备工作	穿戴劳保用品	3	未穿戴整齐扣 3 分				
		工具、用具准备	2	工具选择不正确扣 2 分				
2	操作程序	V－401 建液，启 P－403 泵，通过最小流量线循环	10	未给 V－401 建液扣 10 分				
3		V－402 建液，启 P－410 泵，通过最小流量线循环	10	未给 V－402 建液扣 10 分				
4		确认蒸汽系统建立	10	未确认扣 10 分				
5		将 HS401 打超驰（FSLL405），开始水进料	10	水进料阀开错扣 10 分				
6		手动开 FV－451，引入蒸汽加热，逐步提高进水量和蒸汽量	10	引蒸汽步骤错扣 10 分				
7		当 TRC－408A 指示 194℃时，将 TRC－408A 与 FRC－451 挂串级	10	未投串级扣 10 分				
8		当有水进入 C－401 塔时，手动开 FV452	10	开阀错误扣 10 分				
9		打开三效各塔回流，调节蒸汽量使各塔液位为 50%左右	10	蒸汽量调节目的不明确扣 10 分				
10		当 V－405 有液位时，开 LV－404	10	开阀错误扣 10 分				
11	使用工具	正确使用工具	2	工具使用不正确扣 2 分				
		正确维护工具	3	工具乱摆乱放扣 3 分				
12	安全及其他	按国家法规或企业规定		违规一次总分扣 5 分；严重违规停止操作			—	
		在规定时间内完成操作		每超时 1min 总分扣 5 分，超时 3min 停止操作			—	
		合　计	100					

试题 75：水合反应器的开车

（考核时间：30min）

序号	考核内容	考核要点	配分	评分标准	检测结果	扣分	得分	备注
1	准备工作	穿戴劳保用品	3	未穿戴整齐扣 3 分				
		工具、用具准备	2	工具选择不正确扣 2 分				
2	操作程序	确认水运已经正常，P－401 入口 SDV401 开；开 P－401 入口阀	15	确认少一项扣 5 分				
				不开阀扣 10 分				

续表

序号	考核内容	考核要点	配分	评分标准	检测结果	扣分	得分	备注
3		确认到 V305 回流线通，FIC401 设 2.5t/h 并投自动	15	不确认扣 5 分				
				设定值错误扣 10 分				
4		确认 FV402A 手动用 HS404 超驰 FSLL402B 开 EO/水进料线上 FV402 截止阀	20	确认位置错误扣 5 分				
				状态错误扣 5 分				
				不开阀扣 10 分				
5		启动 P401，确认 PDSLL401 已正常，SDV402C 会关，而 5s 后 SDV402A 和 SDV402B 开	20	不启泵扣 10 分				
				少确认一处扣 5 分				
6		手动开 FV402A，开始 EO/水进料，逐步加大 EO/水进料，达到 M401 进料中 EO/水进料比为 11.5:1	20	不开阀扣 10 分				
				进料配比不清扣 10 分				
7	使用工具	正确使用工具	2	工具使用不正确扣 2 分				
		正确维护工具	3	工具乱摆乱放扣 3 分				
8	安全及其他	按国家法规或企业规定		违规一次总分扣 5 分；严重违规停止操作				—
		在规定时间内完成操作		每超时 1min 总分扣 5 分，超时 3min 停止操作				—
合计			100					

试题 76：乙二醇蒸发岗位停蒸汽的步骤

（考核时间：30min）

序号	考核内容	考核要点	配分	评分标准	检测结果	扣分	得分	备注
1	准备工作	穿戴劳保用品	3	未穿戴整齐扣 3 分				
		工具、用具准备	2	工具选择不正确扣 2 分				
2	操作程序	EO 和水进料系统降负荷逐渐停车	40	未降低生产负荷扣 40 分				
3		相应降低 E－404/A 加热蒸汽相应降低塔回流液量，停止 C－403 向下游进料	30	未降低蒸汽负荷扣 10 分				
				未降低回流液扣 10 分				
				未停止进料扣 10 分				
4		平衡各塔液位	20	出现满塔扣 20 分				
5	使用工具	正确使用工具	2	工具使用不正确扣 2 分				
		正确维护工具	3	工具乱摆乱放扣 3 分				
6	安全及其他	按国家法规或企业规定		违规一次总分扣 5 分；严重违规停止操作				—
		在规定时间内完成操作		每超时 1min 总分扣 5 分，超时 3min 停止操作				—
合计			100					

试题77：画出末效蒸发器的流程图

（考核时间：30min）

序号	考核内容	考核要点	配分	评分标准	检测结果	扣分	得分	备注
1	流程走向	总体排布合理，卷面清晰	10	一项不合格扣5分				
	控制回路	仪表位号、信号线、控制点，相关设备：氧气管线、氧气过滤器、氧气混合站等齐全	30	错一个扣5分				
	物料及走向	进出物料、位置、位号正确	30	错一个扣5分				
	设备	名称正确	30	错一个减5分				
2	考试时限			超时扣分				
合计			100					

第二部分

中 级 工

一、国家职业标准(中级工工作要求)

职业功能	工作内容	技能要求	相关知识
工艺操作	(一)开车准备	能按岗位操作法做好本装置两个及两个以上岗位开车准备工作 1. 能完成吹扫、气密、置换工作 2. 能配合仪表工对调节阀、联锁校对确认 3. 能检查确认多岗位开车流程 4. 能对机组进行油洗、建立油循环	1. 装置吹扫、气密、置换知识 2. 开车准备注意事项
	(二)开车操作	能完成两个及两个以上岗位的开车工作 1. 能按指令打通多岗位工艺流程 2. 能完成多岗位的接送料工作 3. 能完成对搅拌器、机泵等设备的试运 4. 能完成多岗位的投料 5. 能完成投料后的工艺调整 6. 能按指令完成银催化剂活化工作 7. 能完成压缩机的开车确认工作 8. 能完成碳酸钾的配制操作 9. 能完成水合比的开车调整操作 10. 能完成环氧乙烷精制塔的脱醛操作 11. 能完成调节乙二醇塔回流比的操作	1. 开车方案及注意事项 2. 机泵及搅拌器等设备的试运知识 3. 银催化剂活化程序及活化主要步骤 4. 碳酸钾的纯度指标 5. 水合比的调整方法
	(三)正常操作	1. 能根据操作指令和分析结果,调节两个及两个以上岗位的工艺参数 2. 能进行催化剂、助剂的配制、加入操作 3. 能投用冬季生产的伴热 4. 能投切联锁 5. 能根据负荷变化和工艺波动调整氧气、乙烯浓度 6. 能完成罐区产品、中间产品的物料接送及储罐正常切换操作 7. 能根据工况调整回收压缩机的放空量 8. 能完成汽提塔回流量及回流罐液位的操作 9. 能完成调整五效蒸发器蒸发量的操作	1. 分析项目、取样点、频度、控制值 2. 催化剂、助剂的有关知识 3. 多岗位控制指标 4. 五效蒸发的工作原理 5. 氧气、乙烯浓度、反应温度、反应选择性、蒸汽流量、回流比、灵敏点温度、水合比等重要指标的调整依据
	(四)停车操作	能按岗位操作法及工艺方案完成两个及两个以上岗位的停车操作: 1. 能根据停车程序停止系统进料 2. 能完成停料后的操作调整 3. 能完成退料、倒空、水洗、置换等工艺处理工作 4. 能完成氧化系统停车、降温、卸压、置换、隔离操作 5. 能完成精制系统停车、降温、卸压、置换、隔离操作 6. 能完成脱二氧化碳系统的停车、降温、排料的操作 7. 能完成水合蒸发系统的停车、降温、排料的操作	1. 装置停车要点 2. 设备管线排放、倒空、置换、隔离知识 3. 氧化、精制、脱二氧化碳、水合蒸发系统的停车处理要点
设备使用	(一)使用设备	1. 能开停离心式、往复式压缩机 2. 能开停、操作蒸汽透平 3. 能投用、切换冷换设备 4. 能开停、操作高速离心泵	1. 设备的功能、工作原理 2. 设备的操作规程
	(二)维护设备	1. 能及时发现设备保养中存在的问题并处理 2. 能配合有关工种做好检修工作	1. 设备密封、防腐知识 2. 设备运行周期

续表

职业功能	工作内容	技 能 要 求	相 关 知 识
事故判断与处理	(一) 判断事故	能判断装置常见事故： 1. 能根据反应温度、压力、放空量等参数，判定反应异常现象 2. 能通过看、停、摸、闻等方法，判断设备、管线是否泄漏，电机、泵、机组轴承温度、单向阀及转动部件是否异常 3. 能判断设备常见故障	1. 正常生产控制指标 2. 影响生产主要因素
	(二) 处理事故	能处理一般工艺、设备事故： 1. 能处理系统超温、超压事故 2. 能联系处理装置泄漏、跑料、冒罐、着火事故 3. 能协助处理、紧急切换、安全交付检修等电气、仪表事故 4. 能协助处理装置停原料、水、蒸汽、电、风等各类突发事故 5. 能协助处理一般电气　仪表事故 6. 能处理一般产品质量事故 7. 能进行事故状态下氧化反应器开停车操作 8. 能处理过热、环氧乙烷水合、精制等关键工艺系统的超温超压事故 9. 能处理环氧乙烷吸收塔的发泡事故 10. 能处理精制、精馏系统的泄漏事故	1. 常见事故处理方法 2. 仪表控制方案 3. 装置生产突发事故紧急处理方案 4. 产品质量事故的处理方法 5. 事故状态下氧化反应器开停车操作步骤 6. 系统的超温超压事故处理程序 7. 环氧乙烷吸收塔发泡事故处理预案
绘图与计算	(一) 绘图	1. 能绘制装置工艺流程图 2. 能识读设备结构简图	设备简图知识
	(二) 计算	1. 能进行简单物料衡算 2. 能计算收率、转化率、产率、配比及助剂的加入量等	1. 收率、转化率、产率的基本概念、意义 2. 物料衡算的方法

二、理论知识鉴定要素细目表

行业通用理论知识鉴定要素细目表

鉴定范围						鉴定点		
一级		二级		三级		代码	名 称	重要程度
代码	名 称	代码	名 称	代码	名 称			
A	基本要求	B	基础知识	A	记录填写基础知识	001	岗位交接班记录的填写要求	X
						002	关键设备巡检记录的填写要求	X
				B	识图基础知识	001	正投影的特点	X
						002	三视图的特点	X
						003	三视图的作图方法	X
						004	零件图的作用	X
				C	安全环保基础知识	001	石化行业安全检查的内容	X
						002	尘毒物质危害人体的主要因素	X
						003	化工污染的控制方法	X
						004	清洁生产的理论基础	X
						005	清洁生产审计的目的	X

续表

鉴定范围						鉴定点		
一级		二级		三级		代码	名称	重要程度
代码	名称	代码	名称	代码	名称			
						006	灭火的机理	X
						007	ISO 14001 标准的特点	X
						008	ISO 14001 环境因素识别的状态、时态和类型	X
						009	ISO 14001 环境因素识别的步骤	X
						010	ISO 14001 识别环境因素的方法	X
						011	HSE 审核的概念	X
						012	HSE 审核的目的	X
						013	HSE 危害的概念	X
						014	废水治理的常识	X
						015	废气治理的常识	X
						016	废渣处理的常识	X
						017	防冻防凝的知识	X
						018	夏季四防的知识	X
						019	职业病的概念	X
						020	职业病的种类	X
						021	石化行业事故的分类	X
						022	石化行业事故分级的规定	X
						023	HSE 不符合的概念	X
						024	HSE 事故的定义	X
				D	质量基础知识	001	标准化的意义	X
						002	质量认证的概念	X
						003	全面质量管理的特点	X
						004	ISO 9000 质量管理体系基础的内容	X
						005	质量管理 PDCA 动态循环的意义	X
						006	ISO 9000 族标准的核心标准	X
						007	ISO 9000 族标准“质量”的意义	X
						008	ISO 9001 标准的八项管理原则	X
				E	计算机基础知识	001	Word 文字处理软件基础知识	X
						002	Word 表格处理知识	X
						003	Excel 工作表的建立	X
						004	Excel 的排版	X
				F	法律常识	001	合同的形式	X
						002	合同法关于无效合同的规定	X

职业通用理论知识鉴定要素细目表(《烃类衍生物生产工》)

鉴定范围						鉴定点		
一级		二级		三级		代码	名称	重要程度
代码	名称	代码	名称	代码	名称			
A	基本要求	B	基础知识	A	无机化学基础知识	001	理想气体状态方程的应用	X
						002	物质的量浓度	X
						003	物质的量浓度应用	Y
						004	硫的氧化物的种类	Y
						005	硫的含氧酸的种类	X
						006	铁的硫化物的种类	Y
				B	有机化学基础知识	001	饱和烃的命名	X
						002	烯烃的命名	X
						003	二烯烃的结构	X
						004	二烯烃的命名	X
						005	炔烃的命名	Y
						006	卤代烃的命名	X
						007	卤代烃的取代反应式	Z
						008	醇的命名	X
						009	醇的羟基取代反应式	X
						010	醛的命名	X
						011	酮的命名	X
						012	羧酸的命名	Z
						013	芳香烃的命名	Z
				C	化工单元操作知识	001	稳定流动下物料衡算的简单计算	X
						002	稳定流动下能量衡算的简单计算	X
						003	流体的流动形态	X
						004	离心泵的主要性能参数	X
						005	计量泵的工作原理	Y
						006	热传导的基本计算	X
						007	对流传热基本计算	X
						008	辐射传热基本知识	X
						009	空气湿度的概念	X
						010	蒸发量的计算	X
						011	多效蒸发的概念	X

续表

鉴定范围						鉴定点		
一级		二级		三级		代码	名称	重要程度
代码	名称	代码	名称	代码	名称			
						012	生蒸汽(一次蒸汽)的概念	Y
						013	二次蒸汽的概念	Z
						014	影响气体吸收的因素	X
						015	气体吸收中相组成的表示	X
						016	气体吸收的气液平衡关系	X
						017	连续精馏塔的物料衡算	X
						018	恒沸蒸馏原理	X
						019	萃取蒸馏原理	Y
						020	理论板的概念	X
						021	回流比的概念	X
				D	化工设备基础知识	001	管路连接方法	X
						002	腐蚀的分类	X
						003	常用密封的形式	X
						004	滚动轴承的原理	X
				E	电工基础及安全用电知识	001	直流电路的基本计算	X
						002	单相交流电的基本计算	X
						003	三相交流电的基本知识	Y
						004	触电急救知识	X
				F	化工仪表及自动化	001	测量仪表的精度指标	X
						002	测量仪表的灵敏度	X
						003	仪表信号制	X
						004	压力传感器基本知识	X
						005	浮力式液位计基础知识	X
						006	PID 控制规律	X
						007	气动执行器的组成	Y
						008	气动执行器的分类	Y
						009	简单控制回路组成	X
						010	DCS 的基本构成	X
						011	DCS 的显示操作画面知识	Y
				G	计量及化工分析基础知识	001	计量法有关知识	X
						002	溶液浓度的计算	X
						003	pH 值的简单计算	X

工种理论知识鉴定要素细目表

鉴定范围						鉴定点		
一级		二级		三级		代码	名称	重要程度
代码	名称	代码	名称	代码	名称			
B	共用相关知识	A	工艺操作	A	开车准备	001	装置吹扫的目的	X
						002	装置吹扫的原则	X
						003	管线吹扫操作的注意事项	X
						004	系统吹扫操作合格的标准	Y
						005	DCS 应用知识	X
						006	调节阀的调校内容	Y
						007	设置联锁的目的	X
						008	换热器水压试验要求	Y
		B	设备使用与维护	A	使用设备	001	压力容器安全附件	X
						002	离心泵基本结构	Y
						003	离心泵密封型式	X
						004	机封冲洗流程	X
						005	离心泵的吸入方式	Y
						006	泵的预热、预冷的要求	X
						007	往复泵的结构	Y
						008	过滤器基本结构	Y
						009	过滤器的选用原则	X
						010	疏水器的选用原则	Y
						011	疏水器的工作原理	X
						012	除沫器的结构	Y
						013	压力管道的连接形式	Z
						014	各类安全阀的适用范围	Y
						015	常用电机转速	Y
						016	各种换热器的优缺点	Y
						017	弹簧挂钩的作用	X
						018	阻火器的选用原则	Z
						019	填料塔的主要构件	Y
						020	板式塔的主要构件	Y
						021	液位测量表种类	Y
						022	压力测量表的种类	Y
						023	温度测量的方法	Y
						024	截止阀的结构	X
						025	闸阀的结构	X
						026	球阀的结构	X

续表

鉴定范围						鉴定点		
一级		二级		三级		代码	名称	重要程度
代码	名称	代码	名称	代码	名称			
				B	维护设备	001	离心泵的完好标准	X
						002	压力容器的管理规定基本内容	Y
						003	润滑管理制度	X
						004	润滑油三级过滤的概念	X
						005	润滑油的作用	X
						006	润滑油的指标	X
						007	泵润滑油更换的注意事项	X
						008	导致润滑油变质的原因	X
		D	绘图与计算	A	绘图	001	化工设备图的基本知识	X
						002	带控制点的工艺流程图基本知识	X
				B	计算	001	气密试验泄漏率计算	X
						002	管路流速计算	X
						003	物质的量的计算	Y
C	氧化系统相关知识	A	工艺操作	A	开车准备	001	建立蒸汽系统的要点	X
						002	原料气系统气密的要求	X
						003	原料气系统置换的要求	X
						004	循环压缩机开车前应具备的条件	X
						005	循环气系统升压注意事项	X
						006	氧化投料前抑制剂系统具备的条件	X
						007	二氧化碳脱除系统碱洗的目的	X
						008	发泡试验的目的	Y
						009	氧化投料前二氧化碳脱除系统具备的条件	X
						010	氧化投料前环氧乙烷吸收系统具备的条件	X
						011	回收压缩机开车前的准备	X
				B	开车操作	001	催化剂活化的目的	X
						002	氧化反应器投料应具备的条件	X
						003	氧化反应器投氧注意事项	X
						004	判定氧化反应器投氧后反应状况的指标	X
						005	氧化反应器提负荷步骤	X
						006	大、小分布器切换依据	X
						007	开车泵的停泵条件	X
						008	二氧化碳脱除系统引入循环气的操作注意事项	X
						009	BFW 质量指标	Z
						010	锅炉给水系统排污的目的	X

续表

鉴定范围						鉴定点		
一级		二级		三级		代码	名称	重要程度
代码	名称	代码	名称	代码	名称			
						011	碳酸钾的纯度指标	Z
						012	饱和蒸汽的概念	X
						013	过热蒸汽的概念	X
						014	高速泵启动步骤	X
						015	尾气回收压缩机的启动步骤	X
						016	循环压缩机干气密封系统建立的注意点	X
						017	循环压缩机润滑油系统建立的注意点	X
						018	再沸器开车的操作步骤	X
						019	再沸器蒸汽凝液切换的注意事项	X
				C	正常操作	001	反应器热点概念	X
						002	反应器飞温概念	X
						003	反应器尾烧的概念	X
						004	反应器优化的概念	X
						005	催化剂中毒概念	X
						006	物理吸收概念及影响因素	X
						007	化学吸收概念及影响因素	X
						008	吸收剂的选择依据	X
						009	氧化反应器优化目的	X
						010	催化剂性能下降的体现	X
						011	抑制剂与转化率的关系	X
						012	抑制剂与选择性的关系	X
						013	反应选择性变化的工艺参数的判断	X
						014	吸收水温度对氧化反应的影响	X
						015	反应器温度对氧化反应的影响	X
						016	设置氧气流量跟踪差的目的	X
						017	设置循环气流量跟踪差的目的	X
						018	氧化反应转化率的影响因素	X
						019	氧化反应选择性的影响因素	X
						020	反应器入口温度对反应状况的影响	X
						021	循环气流量对氧化反应的影响	X
						022	循环水中加碱的作用	X
						023	保护反应器安全运行的主要联锁	X
						024	抑制剂加入的原理	Y
						025	抑制剂加入量调整依据	X

续表

鉴定范围						鉴定点		
一级		二级		三级		代码	名称	重要程度
代码	名称	代码	名称	代码	名称			
						026	催化剂床层压差高低的意义	Y
						027	氧化反应器负荷提高时二氧化碳脱除系统主要调整参数及注意事项	X
						028	氧化反应器负荷提高时环氧乙烷系统主要调整参数及注意事项	X
						029	尾气回收与否对氧化反应的影响	X
						030	氧化系统分析的项目	X
						031	环氧乙烷吸收系统 pH 值影响因素	Y
						032	环氧乙烷再吸收塔塔釜温度的调节方法	X
						033	影响碳酸盐再生的主要因素	X
						034	影响环氧乙烷吸收效果的因素	X
						035	影响二氧化碳吸收效果的因素	X
				D	停车操作	001	氧化系统停车前准备工作	X
						002	氮气致稳后操作注意事项	X
						003	氧化岗位停车程序	X
						004	环氧乙烷吸收解吸系统停车程序	X
		C	事故判断与处理	A	判断事故	001	催化剂中毒的判断	X
						002	催化剂活性下降的原因	X
						003	反应器出口温差高的原因	X
						004	反应器入口环氧乙烷浓度高的原因	X
						005	二氧化碳脱除系统加入消泡剂后参数调整注意事项	X
						006	环氧乙烷吸收系统加入消泡剂后参数调整注意事项	X
				B	处理事故	001	液态抑制剂污染催化剂的处理	X
						002	环氧乙烷吸收解吸系统发泡对氧化岗位的影响	X
						003	二氧化碳脱除系统发泡对氧化岗位的影响	X
						004	抑制剂系统故障的处理方法	X
						005	反应器出口温差高的处理方法	X
						006	解吸塔釜液泵故障氧化系统的处理方法	X
						007	碳酸盐再生塔釜温低的处理方法	X
						008	环氧乙烷解吸塔塔釜温度低的处理方法	X
						009	环氧乙烷吸收水温度高的处理方法	X
						010	氧化反应器紧急停车二氧化碳脱除系统的处理方法	X
						011	环氧乙烷再吸收塔塔压高的处理方法	X
						012	碳酸盐循环泵故障的处理方法	X
						013	氧化反应器紧急停车环氧乙烷解吸、吸收系统的处理	X

续表

鉴定范围						鉴定点		
一级		二级		三级		代码	名称	重要程度
代码	名称	代码	名称	代码	名称			
D	精制系统相关知识	A	工艺操作	A	开车准备	001	乙二醇产品的规格	X
						002	二乙二醇产品的规格	X
						003	真空试验的方法	X
						004	真空试验的要求	X
						005	环氧乙烷物料传输系统安全阀的特殊要求	X
						006	环氧乙烷储罐系统投料时必须具备的条件	X
						007	各类杂质对环氧乙烷贮存的影响	X
						008	乙二醇蒸发岗位气密的要求	X
						009	氧化投料前水合蒸发系统具备的条件	X
						010	乙二醇精制岗位开车具备的条件	Y
						011	环氧乙烷精制系统的气密要求	X
						012	环氧乙烷精制系统的置换要求	X
						013	环氧乙烷精制系统投料时必须具备的条件	X
						014	蒸汽喷射器所用蒸汽等级	X
						015	残余环氧乙烷吸收塔水运条件	X
				B	开车操作	001	再沸器蒸汽凝液切换的注意事项	X
						002	冰机加氟里昂的操作注意事项	X
						003	环氧乙烷装车时的注意事项	X
						004	乙二醇产品合格的工艺判断指标	X
						005	环氧乙烷产品合格的工艺判断指标	X
				C	正常操作	001	潜热的概念	Y
						002	显热的概念	Y
						003	蒸发器回流量确定依据	X
						004	多效蒸发的主要控制参数	X
						005	多效蒸发的主要控制参数的调整方法	X
						006	多效蒸发升降负荷主要调整参数	X
						007	多效蒸发末效塔釜物料的分析项目	X
						008	末效蒸发器塔釜物料水含量的控制方法	X
						009	温度对环氧乙烷水合反应的影响	X
						010	压力对环氧乙烷水合反应的影响	X
						011	停留时间对环氧乙烷水合反应的影响	X
						012	乙二醇产品的国标指标	X
						013	二乙二醇产品的企标指标	X
						014	乙二醇产品水含量高的调整方法	X
						015	乙二醇产品中二乙二醇含量高调整方法	X

续表

鉴定范围						鉴定点		
一级		二级		三级		代码	名称	重要程度
代码	名称	代码	名称	代码	名称			
						016	再沸器结焦的原因	X
						017	乙二醇脱水塔真空影响因素	X
						018	乙二醇精制塔真空影响因素	X
						019	乙二醇精制塔回流比对产品质量的影响	X
						020	环氧乙烷精制系统安全保护措施	X
						021	环氧乙烷精制系统醛含量高的危害	X
						022	环氧乙烷储罐温度压力控制依据	X
						023	EO精制塔回流比调节依据	Y
						024	乙二醇产品中醛含量高调整方法	X
				D	停车操作	001	乙二醇脱水塔切出检修隔离方法	X
						002	乙二醇精制塔切出检修隔离方法	X
						003	减少蒸发系统物料排放方法	X
						004	减少乙二醇精制系统物料排放方法	X
		B	设备使用与维护	A	使用设备	001	冰机的制冷原理	Z
				B	维护设备	001	环氧乙烷物料系统仪表的校验周期	Z
						002	环氧精制回流泵运行切换周期	Z
						003	环氧乙烷储罐的处理要求	Y
		C	事故判断与处理	A	判断事故	001	水合反应器压力控制依据	X
						002	冰机制冷效果差的原因	Y
						003	汽提塔塔釜温度低的原因	X
						004	末效蒸发器温度低的原因	X
						005	末效蒸发器真空度低的原因	X
						006	再沸器结焦的判断依据	X
						007	环氧乙烷回流泵联锁停车的原因	X
				B	处理事故	001	环氧乙烷着火的处理方法	X
						002	环氧乙烷精制塔塔压高的处理方法	X
						003	蒸发器凝液罐乙二醇含量高的处理方法	X
						004	汽提塔塔釜二台釜液泵都不能启动的处理方法	X
						005	多效蒸发器再沸器蒸汽加入调节阀故障的处理方法	X
						006	多效蒸发器超压处理方法	X
						007	乙二醇精制塔塔釜温度低的处理方法	X
						008	乙二醇脱水塔塔压力高的处理方法	X
						009	乙二醇脱水塔液位控制阀故障的处理方法	X
						010	成品罐冒罐的处理方法	X
						011	乙二醇精制系统停蒸汽的处理方法	X

三、理论知识试题

行业通用理论知识试题

判断题

1. 交接班记录需要领导审阅签字。 (√)

2. 设备巡检包括设备停机过程中的检查。 (√)

3. 投影线都相互平行的投影称为中心投影。 (×)

正确答案： 投影线都相互平行的投影称为平行投影。

4. 在三视图中，能够反映物体上下、左右位置关系的视图为俯视图。 (×)

正确答案： 在三视图中，能够反映物体上下、左右位置关系的视图为主视图。

5. 画三视图时，左视图和俯视图的关系是长对正。 (×)

正确答案： 画三视图时，左视图和俯视图的关系是宽相等。

6. 零件图的作用是读零件图与装配图关系。 (×)

正确答案： 零件图的作用是直接指导制造零件和检验零件的图样。

7. 零件图是直接指导制造零件和检验零件的图样。 (√)

8. 综合性季度检查中，安全生产不仅是重要内容，还实行一票否决权。 (√)

9. 尘毒物质对人体的危害与个人体质因素无关。 (×)

正确答案： 尘毒物质对人体的危害与个人年龄、身体健康状况等因素有关。

10. 因为环境有自净能力，所以轻度污染物可以直接排放。 (×)

正确答案： 虽然环境有自净能力，轻度污染物也不可以直接排放。

11. 目前清洁生产审计中应用的理论主要是物料平衡和能量守恒原理。 (√)

12. 清洁生产审计的目的是：通过清洁生产审计判定生产过程中不合理的废物流和物、能耗部位，进而分析其原因，提出削减它的可行方案并组织实施，从而减少废弃物的产生和排放，达到实现本轮清洁生产目标。 (√)

13. 根据燃烧三要素，采取除掉可燃物、隔绝氧气(助燃物)、将可燃物冷却至燃点以下等措施均可灭火。 (√)

14. 在 HSE 管理体系中，评审是高层管理者对安全、环境与健康管理体系的适应性及其执行情况进行正式评审。 (√)

15. 第二方审核是直属企业作为受审方，由取得相应资格的单位进行 HSE 体系审核。 (×)

正确答案： 第三方审核是直属企业作为受审方，由取得相应资格的单位进行 HSE 体系审核。

16. 含汞、铬、铅等的工业废水不能用化学沉淀法治理。 (×)

正确答案： 含汞、铬、铅等的工业废水可以用化学沉淀法治理。

17. 一级除尘又叫机械除尘。 (√)

18. 废渣处理首先考虑综合利用的途径。 (√)

19. 陆地填筑法可避免造成火灾或爆炸。 (×)

正确答案： 陆地填筑法有可能造成火灾或爆炸。

20. 在防冻防凝工作中，严禁用高压蒸汽取暖、严防高压蒸汽窜入低压系统。 (√)

21. 对已冻结的铸铁管线、阀门等可以用高温蒸汽迅速解冻。 (×)

正确答案： 对已冻结的铸铁管线、阀门等不得急剧加热，只允许温水或少量蒸汽缓慢解冻，以防骤然受热损坏。

22. 进入夏季，工业园区应对所有地沟、排水设施进行检查，清除排水障碍。备足防汛物资，遇到险情时能满足需求。 (√)

23. 从事办公室工作的人员不会形成职业病。 (×)

正确答案： 从事办公室工作的人员也会形成相应的职业病。

24. 职业中毒不属于职业病。 (×)

正确答案： 职业中毒属于职业病之一。

25. 急慢性中毒皆属于人身事故。 (×)

正确答案： 急性中毒属于人身事故。

26. 在 HSE 管理体系中，一般不符合项是指能使体系运行出现系统性失效或区域性失效的问题。 (×)

正确答案： 在 HSE 管理体系中，一般不符合项是指个别的、偶然的、孤立的、性质轻微的问题或者是不影响体系有效性的局部问题。

27. HSE 管理体系规定，公司应建立事故报告、调查和处理管理程序，所制定的管理程序应保证能及时地调查、确认事故(未遂事故)发生的根本原因。 (√)

28. 标准化的重要意义是提高产品、过程或服务的质量，防止贸易壁垒，并促进技术合作。(×)

正确答案： 标准化的重要意义是改进产品、过程或服务的适用性，防止贸易壁垒，并促进技术合作。

29. 企业应当具备法人的资格或是法人的一部分，才可以申请质量体系认证。 (√)

30. 全面质量管理的核心是强调提高产品质量。 (×)

正确答案： 全面质量管理的核心是强调提高工作质量。

31. 生产制造过程的质量管理是全面质量管理的中心环节。 (√)

32. 质量管理体系是指在质量方面指挥和控制组织的管理体系，它是组织若干管理体系的一个。 (√)

33. PDCA 循环是全面质量管理的科学方法，可用于企业各个方面、各个环节的质量管理活动。 (√)

34. ISO 9004:2000 标准是“指南”，可供组织作为内部审核的依据，也可用于认证和合同目的。 (×)

正确答案： ISO 9004:2000 标准提供了超出 ISO 9001 要求的指南和建议，不用于认证或合同的目的。

35. ISO 9000 族标准中，质量仅指产品质量。 (√)

36. ISO 9000 族标准质量管理八项原则是一个组织在质量管理方面的总体原则。 (√)

37. 计算机应用软件 Word 字处理软件不仅可以进行文字处理，还可以插入图片、声音等，但不能输入数学公式。 (×)

正确答案： Word 字处理软件不仅可以进行文字处理，还可以插入图片、声音等，也能输入数学公式。

38. 在应用软件 Word 表格操作中选定整个表格后，按格式工具栏上的左、右、居中对齐等按钮则单元格中的文字内容进行左、右、居中对齐。 (×)

正确答案：选定整个表格后，按格式工具栏上的左、右、居中对齐等按钮则单元格中的文字内容不会进行左、右、居中对齐，整个工作表整体在页面中进行左、右、居中对齐。

39. 在应用软件 Word 表格操作中利用表格工作栏还可对表格内容进行垂直对齐。（√）

40. 在计算机应用软件 Excel 中选中不连续单元格的功能键是 Alt。（×）

正确答案：在计算机应用软件 Excel 中选中不连续单元格的功能键是 Ctrl。

41. 在计算机应用软件 Excel 中清除合并居中的格式可以通过键盘的删除（Delete）键来实现。（×）

正确答案：在计算机应用软件 Excel 中清除合并居中的格式可以通过编辑菜单中的清除格式来实现。

42. 在计算机应用软件 Excel 中的打印可实现放大或缩小比例打印。（√）

43. 不动产的买卖合同一般采用登记形式。（√）

44. 在实践中，口头形式是当事人最为普遍采用的一种合同约定形式。（×）

正确答案：在实践中，书面形式是当事人最为普遍采用的一种合同约定形式。

单选题

1. 不允许在岗位交接班记录中出现（ C ）。

A. 凭旧换新　B. 划改内容　C. 撕页重写　D. 双方签字

2. 投影线都通过中心的投影称为（ A ）投影法。

A. 中心　B. 平行　C. 斜　D. 正

3. 在工程制图中应用较多的投影法是（ D ）投影法。

A. 中心　B. 平行　C. 斜　D. 正

4. 剖视图的剖切符号为断开的（ D ）线。

A. 细实　B. 点划　C. 虚　D. 粗实

5. 在三视图中，反映物体前后、左右位置关系的视图为（ B ）。

A. 主视图　B. 俯视图

C. 左视图　D. 在三个视图中都有可能

6. 在三视图中，反映物体前后、上下位置关系的视图为（ C ）。

A. 主视图　B. 俯视图

C. 左视图　D. 在三个视图中都有可能

7. 画三视图时，主视图和俯视图的关系是（ A ）。

A. 长对正　B. 高平齐　C. 宽相等　D. 无关系

8. 零件图的主要作用之一是（ B ）。

A. 指导读零件的结构　B. 直接指导制造零件

C. 读零件图与装配图关系　D. 读零件之间的配合情况

9. 毒物的沸点是（ C ）。

A. 越低毒性越小　B. 越高毒性越大　C. 越低毒性越大　D. 与毒性无关

10. 污染物的回收方法包括（ D ）。

A. 蒸发　B. 干燥　C. 排放　D. 吸收

11. 清洁生产涵盖有深厚的理论基础，但其实质是（ A ）。

A. 最优化理论　B. 测量学基本理论

C. 环境经济学基本理论　　　　D. 资源经济学基本理论

12. 液体有机物的燃烧可以采用(C)灭火。

A. 水　　B. 沙土　　C. 泡沫　　D. 以上均可

13. ISO 14001 标准其主要特点有强调(D)，强调法律，法规的符合性，强调系统化管理，强调文件化，强调相关方的观点。

A. 污染预防　　　　B. 持续改进

C. 末端治理　　　　D. 污染预防、持续改进

14. 在 ISO 14001 标准体系中，为了确保环境因素评价的准确性，在识别环境因素时应考虑的三种状态是(C)。

A. 开车、停机和检修状态　　　　B. 连续、间歇和半连续状态

C. 正常、异常和紧急状态　　　　D. 上升、下降和停止状态

15. 公司 HSE 管理体系的审核分为内部审核、(C)。

A. 第一方审核　　B. 第二方审核　　C. 第三方审核　　D. 第四方审核

16. HSE 评审的目的是检验 HSE 管理体系的适宜性、(B)和有效性。

A. 充分性　　B. 公平性　　C. 权威性　　D. 必要性

17. 废水治理的方法有物理法、(A)法和生物化学法等。

A. 化学　　B. 过滤　　C. 沉淀　　D. 结晶

18. 可直接用碱液吸收处理的废气是(A)。

A. 二氧化硫　　B. 甲烷　　C. 氨气　　D. 一氧化氮

19. 废渣的处理大致采用(D)、固化、陆地填筑等方法。

A. 溶解　　B. 吸收　　C. 粉碎　　D. 焚烧

20. 为了做好防冻防凝工作，停用的设备、管线与生产系统连接处要加好(B)，并把积水排放吹扫干净。

A. 阀门　　B. 盲板　　C. 法兰　　D. 保温层

21. “夏季四防”包括防暑降温、防汛、(A)、防倒塌。

A. 防雷电　　B. 防霉变　　C. 防跌滑　　D. 防干旱

22. 属于石化行业职业病的是(B)。

A. 近视　　B. 尘肺病　　C. 肩周炎　　D. 哮喘

23. 与化工生产密切相关的职业病是(B)。

A. 耳聋　　B. 职业性皮肤病　　C. 关节炎　　D. 眼炎

24. 在 HSE 管理体系中，(A)是指组织在职业健康安全绩效方面所达到的目的。

A. 目标　　B. 事件　　C. 不合格　　D. 不符合

25. 在 HSE 管理体系中，(B)是指与组织的职业健康安全绩效有关的或受其职业健康安全绩效影响的个人或团体。

A. 目标　　B. 相关方　　C. 事件　　D. 不符合

26. 在 HSE 管理体系中，造成死亡、职业病、伤害、财产损失或环境破坏的事件称为(C)。

A. 灾害　　B. 毁坏　　C. 事故　　D. 不符合

27. 标准化的重要意义是改进产品、过程或服务的(C)，防止贸易壁垒，并促进技术合作。

A. 品质　B. 性能　C. 适用性　D. 功能性

28. 产品质量认证活动是(D)开展的活动。

A. 生产方　B. 购买方

C. 生产和购买双方　D. 独立于生产方和购买方之外的第三方机构

29. 全面质量管理强调以(B)质量为重点的观点。

A. 产品　B. 工作　C. 服务　D. 工程

30. 质量管理体系要求企业除应有(A)上的保证能力以外，还应有资源上的保证能力。

A. 管理　B. 质量计划

C. 质量政策与程序　D. 质量文件

31. 企业的质量方针是由(D)决策的。

A. 全体员工　B. 基层管理人员

C. 中层管理人员　D. 最高管理层人员

32. PDCA 循环的四个阶段八个步骤的第四个步骤是(B)。

A. 总结　B. 拟订对策并实施

C. 分析问题原因　D. 效果的确认

33. ISO 9001 和 ISO 9004 的区别在于(D)。

A. 采用以过程为基础的质量管理体系模式

B. 建立在质量管理八项原则的基础之上

C. 强调与其他管理标准的相容性

D. 用于审核和认证

34. 下列各项中属于产品固有特性的是(B)。

A. 价格　B. 噪音　C. 保修期　D. 礼貌

35. PDCA 循环是实施 ISO 9000 族标准(B)原则的方法。

A. 系统管理　B. 持续改进　C. 过程方法　D. 以事实为决策依据

36. 在计算机应用软件 Word 中，不能进行的字体格式设置是(C)。

A. 文字的缩放　B. 文字的下划线　C. 文字的旋转　D. 文字的颜色

37. 计算机应用软件 Word 的菜单中，经常有一些命令是灰色的，这表示(B)。

A. 应用程序本身有故障　B. 这些命令在当前状态不起作用

C. 系统运行故障　D. 这些命令在当前状态下有特殊的效果

38. 在计算机应用软件 Word 中，可用于计算表格中某一数值列平均值的函数是(C)。

A. Abs( )　B. Count( )　C. Average( )　D. Total( )

39. 在计算机应用软件 Excel 工作表中，可按需拆分窗口，一张工作表最多拆分为(B)个窗口。

A. 3　B. 4　C. 5　D. 任意多

40. 在计算机应用软件 Excel 中如图所示页面中的斜杠是通过(B)菜单中单元格里的边

框来实现。

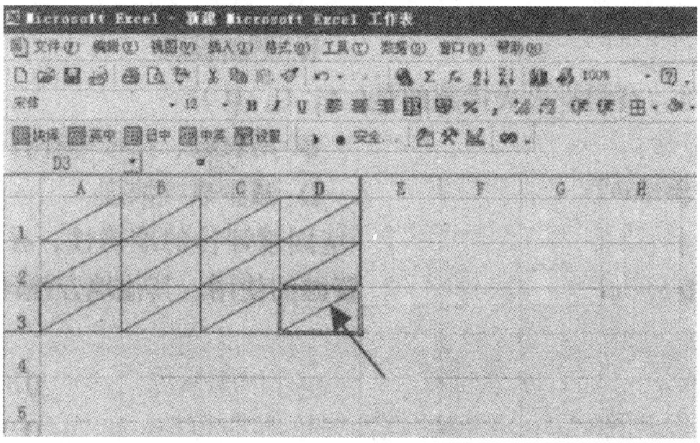

A. 编辑　　B. 格式　　C. 工具　　D. 窗口

41. 当事人采用合同书形式订立合同的，自双方当事人(C)时合同成立。

A. 制作合同书　　B. 表示受合同约束

C. 签字或者盖章　　D. 达成一致意见

42. 下列各种合同中，必须采取书面形式的是(D)合同。

A. 保管　　B. 买卖　　C. 租赁　　D. 技术转让

多选题

1. 设备巡检时域分为(A，B，C，D)等检查。

A. 设备运行期间　　B. 设备停机过程中

C. 设备停运期间　　D. 设备开机过程中

2. 在三视图中，能够反映物体前后位置关系的视图为(B，C)。

A. 主视图　　B. 俯视图

C. 左视图　　D. 在三个视图中都有可能

3. 在三视图中，能够反映物体上下位置关系的视图为(A，C)。

A. 主视图　　B. 俯视图

C. 左视图　　D. 在三个视图中都有可能

4. 在三视图中，与高度有关的视图是(A，C)。

A. 主视图　　B. 俯视图　　C. 左视图　　D. 三个视图都有关系

5. 在三视图中，与宽度有关的视图是(B，C)。

A. 主视图　　B. 俯视图　　C. 左视图　　D. 三个视图都有关系

6. 零件图的主要作用是(A，C)。

A. 直接指导制造零件　　B. 指导读零件的结构

C. 检验零件的图样　　D. 读零件图与装配图关系

7. 安全检查中的“月查”由车间领导组织职能人员进行月安全检查，查领导、查思想、(A，B，D)。

A. 查隐患　　B. 查纪律　　C. 查产量　　D. 查制度

8. 尘毒物质对人体的危害与工作环境的(A，B，C)等条件有关。

A. 温度　　B. 湿度　　C. 气压　　D. 高度

9. 改革生产工艺是控制化工污染的主要方法，包括(A，B，C)等。

A. 改革工艺　　B. 改变流程

C. 选用新型催化剂　　D. 更新设备

10. 着火点较大时，有利于灭火措施的是(A，C，D)。

A. 抑制反应量　　B. 用衣服、扫帚等扑打着火点

C. 减少可燃物浓度　　D. 减少氧气浓度

11. 在 ISO 14001 标准体系中，为了确保环境因素评价的准确性，在识别环境因素时应考虑土地污染、对社区的影响、原材料与自然资源的使用、其他地方性环境问题外，还应考虑(A，B，C)问题。

A. 大气排放　　B. 水体排放　　C. 废物管理　　D. 材料的利用

12. 在 ISO 14001 标准体系中，环境因素识别的步骤包括(A，B，D)。

A. 划分和选择组织过程　　B. 确定选定过程中存在的环境因素

C. 初始环境评审　　D. 明确每一环境因素对应的环境影响

13. 在 ISO 14001 标准体系中，识别环境因素的方法除问卷调查、专家咨询、现场观察和面谈、头脑风暴、查阅文件及记录、测量、水平对比、纵向对比等方法外，还有(A，B，C)方法。

A. 过程分析法　　B. 物料衡算

C. 产品生命周期　　D. 最优化理论

14. 在 HSE 管理体系中，审核是判别管理活动和有关的过程(A，B)，并系统地验证企业实施安全、环境与健康方针和战略目标的过程。

A. 是否符合计划安排　　B. 是否得到有效实施

C. 是否已经完成　　D. 是否符合标准

15. HSE 管理体系中，危害主要包括(A，B，C，D)等方面。

A. 物的不安全状态　　B. 人的不安全行为

C. 有害的作业环境　　D. 安全管理缺陷

16. 工业废水的生物处理法包括(B，D)法。

A. 过滤　　B. 好氧　　C. 结晶　　D. 厌氧

17. 对气态污染物的治理主要采取(B，C)法。

A. 蒸馏　　B. 吸附　　C. 吸收　　D. 过滤

18. 可用于废渣处理方法的是(A，B，C)。

A. 陆地填筑　　B. 固化　　C. 焚烧　　D. 粉碎

19. 为了做好防冻防凝工作，应注意(A，B，C)。

A. 加强报告制度　　B. 加强巡检力度

C. 有情况向上级或领导汇报　　D. 独立解决问题

20. 不属于夏季四防范畴的是(A，B，D)。

A. 防滑　　B. 防冰雹　　C. 防雷电　　D. 防干旱

21. HSE 管理体系规定，事故的报告、(A，B，C)、事故的调查、责任划分、处理等程序应按国家的有关规定执行。

A. 事故的分类　　B. 事故的等级　　C. 损失计算　　D. 事故的赔偿

22. 标准化的重要意义可概括为(A，B，C，D)。
A. 改进产品、过程或服务的适用性　　B. 防止贸易壁垒，促进技术合作
C. 在一定范围内获得最佳秩序　　D. 有一个或多个特定目的，以适应某种需要
23. 企业质量体系认证(A，C，D)。
A. 是一种独立的认证制度　　B. 依据的标准是产品标准
C. 依据的标准是质量管理标准
D. 是第三方对企业的质量保证和质量管理能力依据标准所做的综合评价
24. 产品的质量特性包括(A，B，C，D)。
A. 性能　　B. 寿命　　C. 可靠性　　D. 安全性
25. PDCA 循环中，处置阶段的主要任务是(B，D)。
A. 明确目标并制订实现目标的行动方案
B. 总结成功经验
C. 对计划实施过程进行各种检查
D. 对质量问题进行原因分析，采取措施予以纠正
26. 下列哪些标准应用了以过程为基础的质量管理体系模式的结构(B，C)。
A. ISO 9000:2000《质量管理体系基础和术语》
B. ISO 9001:2000《质量管理体系要求》
C. ISO 9004:2000《质量管理体系业绩改进指南》
D. ISO 19011:2002《质量和环境管理体系审核指南》
27. ISO 9000 族标准中，质量具有(B，C)性等性质。
A. 适用　　B. 广义　　C. 相对　　D. 标准
28. 在计算机应用软件 Word 的“页面设置”对话框中，可以设置的选项为(B，C，D)。
A. 字体　　B. 位置　　C. 纸型　　D. 纸张大小
29. 在计算机应用软件 Word 表格中，关于数据排序的叙述，不正确的是(A，B，C)。
A. 表格中数据的排序只能按升序进行　　B. 表格中数据的排序只能按降序进行
C. 表格中数据的排序依据只能是行　　D. 表格中数据的排序依据可以是列
30. 在计算机应用软件 Excel 工作表中，选定某单元格，单击“编辑”菜单下的“删除”选项，可能完成的操作是(A，B，C)。
A. 删除该行　　B. 右侧单元格左移
C. 删除该列　　D. 左侧单元格右移
31. 在 Excel 工作簿中，对工作表可以进行的打印设置是(A，B，D)。
A. 打印区域　　B. 打印标题　　C. 打印讲义　　D. 打印顺序
32. 合同可以以(A，B，C，D)形式存在。
A. 口头　　B. 批准　　C. 登记　　D. 公正
33. 下列说法中属于无效合同特征的有(A，B，C，D)。
A. 无效合同自合同被确认无效时起无效
B. 对无效合同要进行国家干预
C. 无效合同具有不得履行性
D. 无效合同的违法性

职业通用理论知识试题(《烃类衍生物生产工》)

判断题

1. 用单位体积溶液中所含溶质的物质的量表示的浓度，叫做物质的量浓度。 (√)

2. 对溶液进行稀释，稀释前后的体积和浓度发生改变，溶质的物质的量也改变。 (×)

正确答案：对溶液进行稀释，稀释前后的体积和浓度发生改变，但溶质的物质的量不改变。

3. 硫属于非金属，所以，SO_2 具有还原性。 (×)

正确答案：SO_2 分子中 S 的化合价为 +4 价，所以 SO_2 既有氧化性又有还原性。

4. 烯烃异构现象和烷烃一样，只存在构造异构。 (×)

正确答案：烯烃异构现象和烷烃不一样，不但存在构造异构，而且存在立体异构。

5. 用系统命名法命名炔烃时，含四个碳原子以上的炔烃须将叁键的位次标于名称之间。 (√)

6. 烯烃异构现象和烷烃一样，只存在构造异构。 (×)

正确答案：烯烃异构现象和烷烃不一样，不但存在构造异构，而且存在立体异构。

7. 检查司机是否酒后驾车的呼吸分析仪是利用乙醇氧化反应。 (√)

8. 多元醛用系统命名法命名时，可选择羰基最少的最长的碳链为主链，编号时使羰基的位置数字最小，再以汉字标明羰基的数目。 (×)

正确答案：多元醛用系统命名法命名时，可选择羰基最多的最长的碳链为主链，编号时使羰基的位置数字最小，再以汉字标明羰基的数目。

9. 计量泵是由转速稳定的电动机通过可改变偏心轮，带动活塞杆而运行，改变此轮的偏心程度，就可以改变活塞杆的冲程，从而达到调节流量的目的。 (√)

10. 灰体的辐射能力越大，其吸收能力越小。 (×)

正确答案：灰体的辐射能力越大，其吸收能力越大。

11. 湿空气的相对湿度在 0~100%之间，说明它处在未饱和状态，其数值越小，说明越接近饱和状态，空气的吸湿能力越弱。 (×)

正确答案：湿空气的相对湿度在 0~100%之间，说明它处在未饱和状态，其数值越大，说明越接近饱和状态，空气的吸湿能力越弱。

12. 在蒸发操作中，通常把物料汽化出来的蒸气称为一次蒸气。 (×)

正确答案：在蒸发操作中，通常把物料汽化出来的蒸气称为二次蒸气。

13. 气体混合物中某一组分的摩尔分率等于该组分的压力分率亦等于该组分的体积分率。 (√)

14. 对于吸收操作而言，提高操作压力或降低操作温度对吸收有利。 (√)

15. 对于连续精馏装置，其物料衡算范围是以全塔进行的，称全塔物料衡算。 (√)

16. 进行全塔物料衡算时，摩尔分率和质量分率单位无须进行统一。 (×)

正确答案：在全塔物料衡算时，摩尔分率和质量分率一定要注意单位的统一。

17. 恒沸蒸馏较之萃取蒸馏的主要优点在于可以选用的第三组分较多。 (×)

正确答案：萃取蒸馏较之恒沸蒸馏的主要优点在于可以选用的第三组分较多。

18. 求理论塔板数只能采用逐板计算的方法。 (×)

正确答案：求理论塔板数有简易图解法和逐板计算法。

19. 精馏塔内各板，由于气液两相的接触时间短暂，接触面积有限等原因，使得离开塔板的蒸气与液体未能达到平衡，因此理论板并不存在。（√）

20. 连接键可分为平键、半圆键、楔键、切向键等多种类型。（√）

21. 化学腐蚀的特点是腐蚀介质中有能导电的电解质溶液存在。（×）

正确答案：电化学腐蚀的特点是腐蚀介质中有能导电的电解质溶液存在。

22. 填料密封与机械密封相比，具有密封性好、结构紧凑、消耗功率小等优点。（×）

正确答案：机械密封与填料密封相比，具有密封性好、结构紧凑、消耗功率小等优点。

23. 轴承按其所能承受的负荷的方向可分为径向轴承和推力轴承两种。（√）

24. 在有电阻元件的交流电路中，电流和电压是有相位差的。（×）

正确答案：在有电阻元件的交流电路中，电流和电压是同相位的。

25. 遇见有高压线路触电者，应立即电话通知有关部门停电或抛金属线于线路上，使相间短路，迫使保护开关动作而断电。（√）

26. 工业上应用仪表对准确度的要求总是越高越好。（×）

正确答案：应根据生产操作的实际情况和该参数对整个工艺过程的影响程度所提供的误差允许范围来确定。

27. 灵敏度指仪表输入变化量和输出变化量之比。（×）

正确答案：灵敏度指仪表输出变化量和输入变化量之比。

28. 压力传感器的作用是把压力信号检测出来，并转化为机械位移输出。（×）

正确答案：压力传感器的作用是把压力信号检测出来，并转化为电信号输出。

29. 浮力式液位计是根据浮在液面上的浮球或浮标随液位的高低而产生上下位移，或浸于液体中的浮筒随液位变化而引起浮力变化的原理而工作的。（√）

30. 微分控制具有超前控制的作用。（√）

31. 加热炉的燃烧气或燃料油控制阀从安全角度考虑应选用气关式。（×）

正确答案：加热炉的燃烧气或燃料油控制阀从安全角度考虑应选用气开式。

32. 在简单控制系统中，没有反馈控制回路。（×）

正确答案：在简单控制系统中，只有一条反馈控制回路。

33. 概貌显示画面的显示方式有多种，不同的集散控制系统提供的显示方式都相同。（×）

正确答案：概貌显示画面的显示方式有多种，不同的集散控制系统提供的显示方式不相同。

34. 进口计量器具必须经市级以上人民政府计量行政部门检定合格后方可销售。（×）

正确答案：进口计量器具必须经省级以上人民政府计量行政部门检定合格后方可销售。

单选题

1. 一氧气(氧的相对原子质量 16)储罐体积为 $0.024m^3$，温度 25℃，压力为 1.5×10^3kPa，该罐中贮有氧气(D)kg。

A.0.24　　B.0.38　　C.4.6　　D.0.46

2. 用理想气体状态方程式在研究真实气体时往往存在偏差，(B)，偏差越小。

A. 温度越低　　B. 压力越低　　C. 温度越高　　D. 压力越高

3. 在 200mL 稀盐酸溶液中，含有 0.73g 氯化氢，则溶液的物质的量浓度为(B)。

A.0.01mol/L　　B.0.1mol/L　　C.0.01L/mol　　D.0.1L/mol

4. 对溶液进行稀释，稀释前后只是溶液体积和浓度发生了改变，(C)没变。

A. 溶质的质量分数　　B. 溶液中溶剂的量

C. 溶液中溶质的量　　D. 溶剂的质量分数

5. 酸雨主要是指大气中(B)遇水蒸气形成酸雾随雨水降落而形成的。

A. SO_3　　B. SO_2　　C. CO_2　　D. NO_2

6. 硫酸酐是指(B)。

A. SO_2　　B. SO_3　　C. SO_3^{2-}　　D. SO_4^{2-}

7. 通过焙烧，能制备 SO_2，且被称为黄铁矿的是(B)。

A. FeS　　B. FeS_2　　C. Fe_2S_3　　D. $FeSO_4$

8. 煮鸡蛋时间长，在蛋黄表面会出现一层灰绿色的东西，这是由于蛋黄中的亚铁离子与硫离子形成(C)的缘故。

A. 硫酸铁　　B. 硫酸亚铁　　C. 硫化亚铁　　D. 硫化铁

9. 饱和烃的命名方法有三种，习惯命名法、衍生物命名法和(A)。

A. 系统命名法　　B. 国际命名法　　C. 汉字命名法　　D. 英文命名法

10. $CH_3—CH_2—CH(CH_3)_2$ 读作(A)。

A. 异戊烷　　B. 异丁烷　　C. 2-甲基戊烷　　D. 3,3-二甲基丁烷

11. 烷烃分子中去掉一个氢原子后剩下的基团称为(B)。

A. 甲基　　B. 烷基　　C. 烃基　　D. 炔基

12. 烯烃的衍生物命名法，是以(B)为母体，把其他的烯烃看成是它的烷基衍生物。

A. 甲烷　　B. 乙烯　　C. 丙烯　　D. 丁烯

13. 烯烃用系统命名法命名时，碳原子数在(B)个以下的烯烃，用天干表示，称为某烯。

A. 8　　B. 10　　C. 12　　D. 11

14. 丙烯和环丙烷互为(C)。

A. 构型异构体　　B. 立体异构体　　C. 构造异构体　　D. 构象异构体

15. 两个双键与同一个碳原子相连的二烯烃，称为(D)。

A. 共轭二烯烃　　B. 简单二烯烃　　C. 孤立二烯烃　　D. 累积二烯烃

16. 多烯烃系统命名法规定：取(D)的碳链为主链。

A. 含碳原子数最多　　B. 不含双键　　C. 含两个双键　　D. 含双键最多

17. 多烯烃系统命名，应从(D)起给主链碳原子编号。

A. 距双键最远一端　　B. 主链左端　　C. 主链右端　　D. 距双键最近一端

18. 炔烃用衍生物命名法命名，以(A)作为母体。

A. 乙炔　　B. 丙炔　　C. 乙烯　　D. 甲烷

19. 卤代烷用系统命名法命名，选择(B)作为主链。

A. 含碳原子数最多的碳链　　B. 含卤原子的最长碳链

C. 含卤原子的最短碳链　　D. 不含卤原子的最长碳链

20. 卤原子连在芳烃侧链上，以(C)为母体来命名。

A. 芳基　　B. 卤原子　　C. 脂肪烃　　D. 整个侧链

21. 卤代烷与银盐溶液进行反应的方程式为(A)。

A. $R-X+AgONO_2 \xrightarrow{\text{乙醇}} RONO_2+AgX\downarrow$　　B. $R-X+AgONO_2 \xrightarrow{\text{乙醇}} RONO_2+AgX$

C. $R-X+AgONO_2 \xrightarrow{\text{乙醇}} XONO_2+RAg$　　D. $R-X+AgONO_2 \xrightarrow{\text{乙醇}} XONO_2+RAg\downarrow$

22. 醇的衍生物命名法是把醇看作(D)的衍生物。

A. 烷烃　　B. 乙醇　　C. 甲烷　　D. 甲醇

23. 醛的命名法有(A)。

A. 普通命名法和系统命名法　　B. 系统命名法和衍生物命名法

C. 习惯命名法和普通命名法　　D. 普通命名法和衍生物命名法

24. $CH_3—CH(CH_3)—CH_2—CH(CH_2—CH_3)—CHO$ 读作(B)。

A. 2－乙基－4－甲基戊醛　　B. 4－甲基－2－乙基戊醛

C. 2－甲基－4－乙基戊醛　　D. γ－2－甲基－α－乙基辛醛

25. 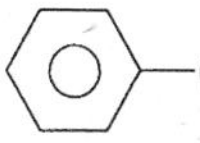—$COCH_3$ 叫做(D)。

A. 甲基乙苯　　B. 乙酮苯　　C. 苯基甲基乙酮　　D. 苯乙酮

26. $HOOC—CH_2—CHCH_3—COOH$ 读作(B)。

A. 3－甲基丁二酸　　B. 2－甲基丁二酸

C. 2－甲基丁二醇　　D. 3－甲基丁二酸醇

27. 在芳香族化合物中，从苯环上去掉一个氢原子后所剩下的原子团叫(D)。

A. 苯基　　B. 苯环基　　C. 芳香基　　D. 芳基

28. 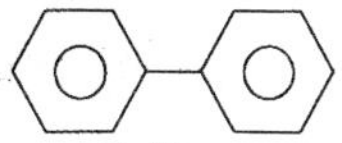 叫做(A)。

A. 联苯　　B. 二苯　　C. 萘　　D. 菲

29. 在稳定流动时，流体的流速与导管的截面积成(B)关系。

A. 正比　　B. 反比　　C. 倒数　　D. 无关系

30. 在稳定流动时，流体的流速与导管直径的平方(B)。

A. 成正比　　B. 成反比

C. 不成比例　　D. 有时成正比有时成反比

31. 流体在(C)的情况下做稳定流动时，流体在不同截面上总的机械能量为一常数。

A. 没有外加能量　　B. 没有摩擦阻力

C. 没有外加能量和摩擦阻力　　D. 有外加能量和摩擦阻力

32. 属于层流流动状态的雷诺数是(D)。

A. $Re=10000$　　B. $Re=4000$　　C. $Re=30000$　　D. $Re=1500$

33. 直管阻力的大小除随动压头的增加而增加外，还与管长成(A)与管径成(A)。

A. 正比、反比　　B. 正比、正比　　C. 反比、反比　　D. 反比、正比

34. 下列离心泵的流量单位正确的是(A)。

A. m^3/s　　B. m^2/h　　C. N/h　　D. J/s

35. 计量泵的流量是通过调节(D)来实现的。

A. 入口阀的开度　　B. 电机转速

C. 出口阀的开度　　D. 偏心轮的偏心程度

36. 传热膜系数 α 的单位是(D)。

A. W/m^2　　B. $kJ/(m^2 \cdot K)$　　C. $J/(s \cdot m \cdot K)$　　D. $J/(s \cdot m^2 \cdot K)$

37. 相同温度下，黑度越大的物体，其辐射能力(C)。

A. 越弱　　B. 强弱不定　　C. 越强　　D. 不变

38. 反映湿空气吸收水汽能力的指标是(D)。

A. 温度　　B. 绝对湿度　　C. 压力　　D. 相对湿度

39. 物料衡算的基础是物料平衡点，其基本依据是(D)。

A. 能量守衡定律　　B. 亨利定律　　C. 连续性方程　　D. 质量守衡定律

40. 将几个蒸发器串联操作，将一个蒸发器产生的二次蒸气作为另一个蒸发器的加热剂，这样的操作叫(B)。

A. 单效蒸发　　B. 多效蒸发　　C. 串联蒸发　　D. 间歇蒸发

41. 具有(C)的蒸发叫三效蒸发。

A. 三个换热器　　B. 三个加热器

C. 三个蒸发器　　D. 一个换热器和两个加热器

42. 在单效蒸发操作中，通常将(A)的蒸气称为生蒸气。

A. 作热源用　　B. 物料气化出来　　C. 中压　　D. 低压

43. 在蒸发操作中，通常将(B)的蒸气称为二次蒸气。

A. 作热源用　　B. 物料气化出来　　C. 中压　　D. 低压

44. 在一定条件下，当气液两相处于平衡时，一定数量吸收剂所能溶解的吸收质的最大量称为(D)。

A. 吸收度　　B. 质量分率　　C. 浓度　　D. 气体溶解度

45. 空气和氨的混合气的总压为101.325kPa，其中氨的体积分率为5%，下列正确的说法是(A)。

A. 氨的比摩尔分率为0.0526kmolNH_3/kmol 空气

B. 氨的比摩尔分率为0.0819kmolNH_3/kmol 空气

C. 氨的分压为507kPa

D. 氨的分压为507Pa

46. 在一定条件下，气液两相处于平衡时，吸收质从气相溶于液相的速率(C)从液相返回气相的速率。

A. 大于　　B. 小于　　C. 等于　　D. 不能确定

47. 亨利定律认为：在一定条件下，稀溶液上方溶质的平衡分压与其在液相中的摩尔分数(B)。

A. 成反比　　B. 成正比　　C. 分情况而定　　D. 不成比例

48. 在被分离的混合溶液中加入一种第三组分，使其与混合溶液中的一个或多个组分形成新的共沸混合物，从而将原混合液分离的操作叫(D)。

A. 萃取蒸馏　　B. 三元蒸馏　　C. 水蒸气蒸馏　　D. 恒沸蒸馏

49.(C)不是萃取剂必须具备的条件。

A. 与原混合物互溶，并与其中一组分具有较强的吸引力

B. 萃取剂的化学性质稳定，不与被处理组分发生化学反应

C. 萃取剂黏度大

D. 萃取剂的沸点一般比欲分离组分的沸点要高

50. 萃取剂加入被分离混合物后，加大了原来组分之间的(A)，使其容易分离。

A. 相对挥发度　　B. 相对密度　　C. 相对溶解度　　D. 相对饱和度

51. 所谓理论板是指在塔板上气液两相都充分混合且传热及传质阻力(A)的理想化塔板。

A. 均为零　　B. 小于 1　　C. 等于 1　　D. 大于 1

52. 在精馏操作中，回流量与(D)之比称为回流比。

A. 塔底采出量　　B. 塔顶气相冷凝量

C. 进料量　　D. 塔顶采出量

53. 精馏过程的回流比是指相同时间内塔顶回流液体量和(C)量之比。

A. 塔底采出　　B. 塔侧线采出　　C. 塔顶采出　　D. 塔进料

54. 机器工作时，被连接零件间可以有相对(B)的连接，称为机械动连接。

A. 静止　　B. 运动　　C. 静止或运动　　D. 变化

55.(A)不属于不可拆连接。

A. 法兰连接　　B. 焊接　　C. 铆钉连接　　D. 胶接

56. 腐蚀按腐蚀机理分为(A)两类。

A. 化学腐蚀和电化学腐蚀　　B. 均匀腐蚀和晶间腐蚀

C. 化学腐蚀和选择腐蚀　　D. 全面腐蚀和电化学腐蚀

57. 离心泵常用的轴封有填料密封和(D)。

A. 密封气密封　　B. 锯齿密封　　C. 迷宫密封　　D. 机械密封

58. 用如图所示方法测量电阻，已知 $U=220V$，$I=1A$ 则 $R=$(C)Ω。

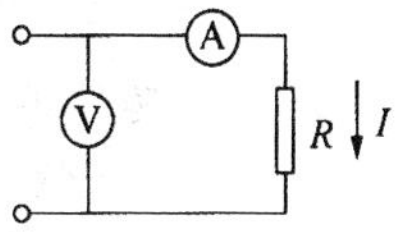

A.440　　B.110

C.220　　D.$220\sqrt{3}$

59. 电源的两端电压等于电源的电势(C)内阻电压降。

A. 乘以　　B. 除以　　C. 减去　　D. 加上

60. 正弦电压和电流等物理量,常统称为正弦量,确定正弦量的要素为:频率、幅值和(C)。

A. 相位　　B. 相位角　　C. 初相位　　D. 周期

61. 在电感元件电路中，在相位上电流比电压滞后(A)。

A.90　　B.60　　C.45　　D.180

62. 三相电路中负载的连接方法有星形连接和(A)。

A. 三角形连接　　B.Y 形连接　　C.X 形连接　　D.Z 形连接

63. 中性线的作用在于使(C)不对称的相电压对称。

A. 三角形连接　　B. 三角形连接和星形连接

C. 星形连接　　D. 其他连接

64. 当发现有人在 250V 以下线路触电时，应首先(B)。

A. 电话通知有关部门停电　　B. 切断电源或用木棍等绝缘物将电线挑开

C. 直接用手去救触电者　　D. 报警

65. 某台仪表的引用百分误差为 $\delta=\pm0.8\%$，这台仪表的精度为(C)级。

A. 0.02　　B. 0.05　　C. 0.1　　D. 0.2

66. 工艺上有如下选表要求：测量范围为 0 ~ 300℃，最大绝对误差不能大于 ±4℃，则该温度仪表应选用(C)级。

A. 1.3　　B. 1.5　　C. 1.0　　D. 2.5

67. 仪表指针的线位移或角位移与引起这个位移的被测参数变化量之比值称为仪表的(B)。

A. 精确度　　B. 灵敏度　　C. 线密度　　D. 复现性

68. DDZ－Ⅲ型调节器输出信号是(A)mA。

A.4 ~ 20　　B.0 ~ 20　　C.2 ~ 20　　D.5 ~ 20

69. 电容式压力传感器是将压力的变化转化为(A)的变化。

A. 电容　　B. 电阻　　C. 电感　　D. 机械位移

70. 能适应快速变化的脉动压力和高真空超高压条件下的压力传感器有压阻式压力传感器和(D)。

A. 电阻式压力传感器　　B. 电流式压力传感器

C. 电感式传感器　　D. 电容式传感器

71. 利用浮子本身的重量和所受的浮力均为定值，使浮子始终漂在液面上，并跟随液位的变化而变化的原理制成的液位计叫(A)液位计。

A. 恒浮力式　　B. 变浮力式　　C. 差压式　　D. 电容式

72. 比例控制器的比例度 δ 与放大倍数 k_c 成(B)关系。

A. 正比　　B. 反比　　C. 没有规律　　D. 相等

73. 气动执行器一般是由气动执行机构和(A)两部分组成。

A. 调解机构　　B. 手轮　　C. 阀门定位器　　D. 压力表

74. 下列不是控制阀典型的理想流量特性的是(C)。

A. 直线流量特性　　B. 百分比流量特性

C. 曲线流量特性　　D. 快开型流量特性

75. 当控制阀阀杆下移时，通过阀的介质流量减少的称为控制阀的(C)作用。

A. 正反　　B. 反　　C. 正　　D. 负

76. 薄膜式执行机构不具有的特点包括(C)。

A. 维修方便　　B. 结构简单　　C. 结构复杂　　D. 动作可靠

77. 所谓简单控制系统，通常是指由一个测量元件、一个变送器、一个控制器、一个控制阀和一个控制对象所构成的(B)控制系统。

A. 单开环　　B. 单闭环　　C. 双开环　　D. 双闭环

78. 集散控制系统(DCS)充分反映了(B)的特点。

A. 分散控制，分散管理　　B. 分散控制，集中管理

C. 集中控制，分散管理　　D. 集中控制，集中管理

79.DCS 操作画面中，液位的变化可直观的用(B)来显示。

A. 饼图　　B. 棒图　　C. 因果图　　D. 控制图

80.《计量法》规定，县级以上人民政府计量行政部门对社会公用计量标准器具、部门和企事业单位使用的最高计量标准器具，实行(B)。

A. 检定　　B. 强制检定　　C. 自由检定　　D. 校准

81. 一定量的溶液里所含溶质的量叫做溶质的(B)。

A. 密度　B. 浓度　C. 重量　D. 溶解度

82. 相对分子质量为 M 的某物质在室温下溶解度为 Sg，此时测得饱和溶液密度为 $d$kg/m^3,则饱和溶液的物质的量浓度为(B)mol/L。

A. $\frac{M}{100Sd}$　B. $\frac{Sd}{M(100+S)}$　C. $\frac{10Sd}{M}$　D. $\frac{M(100+S)}{1000Sd}$

83. 在 200mL(200g)稀硫酸里溶有 1.96g 硫酸，则它的浓度为(B)。

A. 1mol/L　B. 0.98%　C. 0.2mol/L　D. 1.96%

84. 酸性溶液中的[H^+]浓度(C)mol/L。

A. 1×10^{-7}　B. $<1\times10^{-7}$　C. $>1\times10^{-7}$　D. 7

85. 某稀溶液中[OH^-]是 3×10^{-7}，则该溶液(C)。

A. 显酸性　B. 显中性　C. 显碱性　D. 酸碱性无法判断

多选题

1. $PV=nRT$ 中 R 的值，因压力、体积使用单位不同，可以有不同的值，正确的是(A，B，D)。

A. 0.082atm·L/(mol·K)　B. 8.314J/(mol·K)

C. 0.082Pa·L/(mol·K)　D. 8.314kJ/(kmol·K)

2. 理想气体状态方程是以下(A，B，C)经验定律结合而得。

A. 波义耳定律　B. 盖－吕萨克定律

C. 阿伏加德罗定律　D. 道尔顿分压定律

3. 溶液的体积为 v，溶液中的溶质的质量为 m，溶质的相对分子质量为 M，则溶质的量浓度为(B，C)。

A. $\frac{m}{v}$　B. $\frac{\frac{m}{M}}{v}$　C. $\frac{m}{Mv}$　D. $\frac{Mv}{m}$

4. 在配制 NaOH 溶液时，会使溶液物质的量浓度产生偏低现象是(B，C)。

A. 往容量瓶中加入，使溶液凹液面与刻度线相切

B. NaOH 颗粒表面部分变质

C. 未将烧杯的洗液注入容量瓶

D. 容量瓶使用前用蒸馏水洗过

5. SO_2 对人体的(B，D)极有危害。

A. 生殖系统　B. 呼吸系统　C. 内分泌系统　D. 消化系统

6. 浓硫酸具有(B，C，D)性。

A. 强还原　B. 强氧化　C. 脱水　D. 吸水性

7. $CH_3—C(CH_3)═CH_2$ 读作：(A，D)

A. 2－甲基－1－丙烯　B. 顺丁烯　C. 甲基丙烯　D. 异丁烯

8. $CHCl_3$ 叫做(B，D)。

A. 氯甲烷　B. 三氯甲烷　C. 氯烷　D. 氯仿

9. 简单的一元醇可用(B，C)命名法命名。

A. 国际　　B. 衍生物　　C. 普通　　D. 多元醇

10. CH_3—CH═CH—CHO 叫做(C，D)。

A. 香草醛　　B.3－丁烯醛　　C.2－丁烯醛　　D. 巴豆醛

11. HOOC—COOH 叫做(A，C)。

A. 草酸　　B. 水杨酸　　C. 乙二酸　　D. 二乙酸

12. 流体在流动时所具有的机械能的形式有(A，B，D)。

A. 位能　　B. 动能　　C. 内能　　D. 静压能

13. 减小流体流动阻力的途径有(A，C)。

A. 管路尽可能短些　　B. 适当缩小管径

C. 没有必要的阀门和管件尽量不装　　D. 提高流速

14. 计量泵具有的特点是(C，D)。

A. 流量不准确　　B. 扬程一定　　C. 流量精确　　D. 扬程与流量无关

15. 关于物质的导热系数，叙述正确的是(A，B，C，D)。

A. 金属的导热系数最大

B. 液体的导热系数一般比固体的导热系数小

C. 固体非金属的导热系数较金属的导热系数小

D. 气体的导热系数最小

16. 傅里叶定律是研究热传导过程的一个重要方程式，它在工程上主要(B，C，D)的问题。

A. 计算锅炉的负荷　　B. 计算传热量和传热损失

C. 确定壁面上的温度　　D. 确定保温层的厚度

17. 影响传热膜系数的因素有很多，其中主要有(A，B，C，D)。

A. 流体的种类　　B. 流体的性质

C. 流体的运动状态　　D. 流体的对流状况

18. 物体的黑度主要取决于物体的(B，C，D)。

A. 表面抗冲击能力　　B. 表面温度　　C. 表面状况　　D. 性质

19. 工程上，湿空气进入干燥器之前先预热的目的是(A，B)。

A. 提高湿空气的焓值

B. 提高温度，加快传热速率

C. 增大相对湿度，以提高吸湿的能力

D. 降低相对湿度提高吸湿的能力

20. 下列为水分蒸发中物料平衡计算式，正确的为(A，B，C，D)。

A. $F = W + (F - W)$　　B. $F \cdot X_0 = (F - W)X_1$

C. $X_1 = \frac{F}{F - W}X_0$　　D. $W = F(1 - X_0/X_1)$

21. 根据蒸发时压强的不同，可将蒸发操作分为(B，C，D)。

A. 高压蒸发　　B. 加压蒸发　　C. 减压蒸发　　D. 常压蒸发

22. 下列说法正确的是(A，D)。

A. 易溶气体在溶液上方的气相平衡分压低

B. 易溶气体在溶液上方的气相平衡分压高

C. 难溶气体在溶液中的浓度高

D. 难溶气体在溶液中的浓度低

23. 双组分连续精馏塔的工艺计算包括(A，B，C，D)等。

A. 物料衡算　　B. 塔板数或填料层高度的计算

C. 塔高和塔径的计算　　D. 热量衡算

24. 恒沸蒸馏时，加入的第三组分应具备的条件是(A，B，C)。

A. 至少应与欲分离的混合液中的一个组分形成共沸物

B. 所组成的共沸物的沸点比原来的任一组分的都低

C. 来源广泛，价格便宜

D. 与分离组分起化学反应

25. 实际精馏塔系统内相当于理论板的是(B，C)。

A. 进料板　　B. 再沸器　　C. 塔顶冷凝器　　D. 灵敏板

26. 按腐蚀破坏的分布特征有(A，B，D)。

A. 均匀腐蚀、电偶腐蚀　　B. 缝隙腐蚀、小孔腐蚀

C. 应力腐蚀、电化学腐蚀　　D. 晶间腐蚀、磨损腐蚀

27. 滚动轴承和滑动轴承相比其特点是(A，B，C，D)。

A. 摩擦系数小　　B. 内部间隙小　　C. 运转精度高　　D. 润滑油消耗低

28. 仪表的灵敏度，在数值上等于单位被测参数变化量所引起的仪表指针移动的(A，B)。

A. 距离　　B. 转角　　C. 方向　　D. 次数

29. 测量系统中常见的信号类型有(A，B，C，D)。

A. 位移信号　　B. 压力信号　　C. 电信号　　D. 光信号

30. 关于比例控制，下列说法正确的是(B，D)。

A. 比例度越小，控制作用越小　　B. 比例度越大，余差越大

C. 比例度越大，过渡过程曲线越陡　　D. 比例度越大，过渡过程曲线越平稳

31. 下列属于气开阀的是(C，D)。

A. 气压信号增加，阀关小　　B. 气压信号减小，阀开大

C. 气压信号增加，阀开大　　D. 气压信号减小，阀关小

32. 活塞式执行机构在结构上是无弹簧的汽缸活塞式，适用于(A，C，D)的场合。

A. 高静压　　B. 小口径

C. 高压差，只有一个控制阀　　D. 大口径

33. 所谓简单控制系统，通常是指由变送器和(A，B，C，D)所构成的单闭环控制系统，也称单回路控制系统。

A. 一个测量元件　　B. 一个控制器　　C. 一个控制阀　　D. 一个控制对象

34. 集散控制系统的显示画面的层次大致可分为(A，B，C，D)。

A. 区域显示　　B. 单元显示　　C. 组显示　　D. 纲目显示

35. 我国制定《计量法》的目的是(A，B，C，D)。

A. 加强计量监督管理

B. 保障国家计量单位制的统一和量值的准确可靠

C. 有利于生产贸易和科学技术的发展

D. 适应社会主义现代化建设的需要，维护国家、人民的利益

工种理论知识试题

判断题

1. 进行管道空气吹扫开始时需缓慢向管道送气，当检查排出口有空气排出时，方可逐渐加大气量至要求的量进行吹扫。 (√)

2. 调节器输出为4mA的信号，调节阀的开度一定为0。 (×)

正确答案： 调节器输出为4mA的信号，调节阀的开度为0或100%。

3. 联锁阀的作用就是当某一工艺参数出现异常达到设定值时，联锁阀接受信号后自动关闭或打开，防止异常情况扩大。 (√)

4. 简单的离心泵主要由轴承箱、机械密封、泵体、叶轮四大部分组成。 (√)

5. 离心泵的机械密封流程旋风分离器的目的是分离机械杂质。 (√)

6. 往复泵的吸入和排出阀均是单向阀。 (√)

7. 过滤器承受的压力等级一般比管道内介质压力低一个档次。 (×)

正确答案： 过滤器承受的压力等级一般比管道内介质压力高一个档次。

8. 选用疏水器时只需根据最大排水量。 (×)

正确答案： 选用疏水器要根据使用条件进行选择，不能单纯地根据最大排水量。

9. 常见的除沫器有折板除沫器、填料除沫器以及丝网除沫器。 (√)

10. 除沫器中丝网除沫器采用最多，适用于分离5μm的液滴，其除沫率可达99%。 (√)

11. 压力管道焊接时，管径大于32mm，厚度在4mm以上者采用气焊。 (×)

正确答案： 压力管道焊接时，管径大于32mm，厚度在4mm以上者采用电焊。

12. 从气体排放方式来看，对盛装有毒、易燃或污染环境的介质容器，应选用敞开式安全阀。 (×)

正确答案： 从气体排放方式来看，对盛装有毒、易燃或污染环境的介质容器，应选用封闭式安全阀。

13. 电动机的额定转速一般比泵的操作转速要大。 (×)

正确答案： 电动机的额定转速应与泵的操作转速相对应。

14. 板式换热器与管式换热器相比，传热效率高、体积小、组装灵活，但热损失大。 (×)

正确答案： 板式换热器与管式换热器相比，传热效率高、体积小、组装灵活，而且热损失小。

15. 化工装置中弹簧挂钩一般用于支承位置不会发生改变的管道。 (×)

正确答案： 化工装置中弹簧挂钩一般用于支承位置会发生改变的管道。

16. 阻火器壳体应能承受介质的压力和允许的温度，还要能耐介质的腐蚀。 (√)

17. 填料塔填料的选择应根据操作压力和介质来选择填料的材质。 (√)

18. 泡罩塔板的板效率比浮阀塔板的板效率高。 (×)

正确答案： 泡罩塔板的板效率比浮阀塔板的板效率低。

19. 常用的液位计可分为玻璃液位计、浮标液位计、差压液位计、电式液位计、辐射式液位计、超声波液位计六类。 (√)

20. 单管压力计结构简单、使用方便，属于弹性式压力计。 (×)

正确答案：单管压力计结构简单、使用方便，属于液柱式压力计。

21. 截止阀座的开度与手轮旋转的实数成正比关系，允许准确地调节流量。（√）

22. 闸阀最适合于不需要经常操作的地方，但用作调节流量是不实用的。（√）

23. 润滑油品库房应防雨、防晒、防尘、防冻、干燥清洁、通风良好，并有完善的消防设施。（√）

24. 润滑油的作用分为润滑、冷却、冲洗、密封、减震、保护等方面。（√）

25. 润滑油的润滑作用是指减少两个相对运动的金属表面的摩擦。（√）

26. 常用的 N46 汽轮机油内可以含少量的水分。（×）

正确答案：常用的 N46 汽轮机油内不含水分。

27. 流体在管道流动时，如果管道直径增加 1 倍，则流体流速变为 1/2。（×）

正确答案：流体在管道流动时，如果管道直径增加 1 倍，则流体流速变为 1/4。

28. 标准状况下，相同体积的氧气和乙烯，物质的量相等。（√）

29. 原料气系统气密试验主要是为了测试原料气管道的强度。（×）

正确答案：原料气系统气密试验主要是为了检验和检查管线法兰、阀门、测量点、焊缝等各处有无泄漏。

30. 系统检修结束以后，对拆检过的法兰或者加装过盲板的法兰必须进行气密检查。（√）

31. 二氧化碳脱碳系统碱洗是用 10% 的 NaOH 稀溶液对系统进行 24h 循环清洗。（×）

正确答案：二氧化碳脱碳系统碱洗是用 4% ~ 5% 的 NaOH 稀溶液对系统进行 24h 循环清洗。

32. 氧化投料前再吸收塔与蒸发水合岗位只需要水联运不需要热运。（×）

正确答案：氧化投料前再吸收塔与蒸发水合岗位需要热联运。

33. 氧化开车前环氧吸收解吸系统必须进行高低压隔离。（×）

正确答案：氧化开车前环氧吸收解吸系统已经水运，系统不用高低压隔离。

34. 回收压缩机通常是往复式压缩机，所以不需要盘车。（×）

正确答案：回收压缩机在启动前必须启动盘车电机盘车或者手动盘车半个小时以上。

35. 催化剂的活化是一个复杂的过程，处理不慎，则催化效能达不到指标或缩短使用寿命，所以催化剂通常是出厂前进行活化。（×）

正确答案：催化剂在活化后再进行包装、运输和装填，往往由于较多地暴露于空气中，易失活或受潮，因此催化剂大多在工业装置中按催化剂制造商的规定活化得到。

36. 反应器出口循环气中出现环氧乙烷峰时，说明乙烯与氧气开始反应了。（√）

37. 通常大、小分布器切换时氧气与循环气压差应大于 0.1MPa。（×）

正确答案：通常大、小分布器切换时氧气与循环气压差应大于 0.2MPa。

38. 反应器循环气中氧浓度达 3%时可以停开车泵。（×）

正确答案：当氧化负荷平稳，汽包与反应器之间能自身循环后停开车泵。

39. 当纯液体物质的饱和蒸气压等于外压时，液体就会沸腾，此时的温度叫该液体在指定压力下的露点。（×）

正确答案：当纯液体物质的饱和蒸气压等于外压时，液体就会沸腾，此时的温度叫该液体在指定压力下的沸点。

40. 氧化反应器汽包产生的蒸汽属于过热蒸汽。（×）

正确答案：氧化反应器汽包产生的蒸汽属于饱和蒸汽。

41. 启动高速泵时泵出口阀门应该打开一点。 (√)

42. 催化剂床层某一点银粉的堆积造成活性超强，会引起飞温现象。 (√)

43. 过量的铁锈带入氧化反应器会导致环氧乙烷异构化。 (√)

44. 催化剂中毒可分为暂时中毒和永久性中毒。 (√)

45. 物理吸收是指吸收过程中溶质与吸收剂之间不发生明显的化学反应。 (√)

46. 通常在化学吸收的过程中也伴随着物理吸收。 (√)

47. 吸收剂黏度越大越好，因为粘性好利于吸收。 (×)

正确答案：吸收剂黏度越小越好，因为黏度大使接触面积减少。

48. 增加氧化反应器循环气抑制剂加入量，乙烯转化率会上升。 (×)

正确答案：增加氧化反应器循环气抑制剂加入量，乙烯转化率会下降。

49. 循环气中加入适量的抑制剂选择性会上升。 (√)

50. 氧化反应器反应温度上升时，副反应速度提高，主反应速度下降。 (×)

正确答案：氧化反应器反应温度上升时，主反应、副反应速度均提高。

51. 设置氧气流量跟踪差复位按钮主要目的是为了防止氧气流量突然增加对氧化反应器造成危险。 (√)

52. 氧化反应器循环气中二氧化碳浓度上升选择性会提高。 (√)

53. 循环水中加碱主要是为了中和循环水中生成的乙二醇。 (×)

正确答案：循环水中加碱主要是为了中和反应器中生成的酸性物质。

54. 反应器出口氧分析仪取样流量低不会造成反应器联锁停车。 (√)

55. 脱碳系统联锁停车会引发反应器联锁停车。 (×)

正确答案：脱碳系统联锁停车不会引发反应器联锁停车。

56. 随着催化剂的使用，活性会越来越差，抑制剂的加入量也会越来越少。 (×)

正确答案：随着催化剂的使用，因反应温度会越来越高，抑制剂的加入量会越来越多。

57. 氧化反应器负荷提高时二氧化碳脱除系统提高碳酸盐溶液浓度主要是有利于碳酸盐的再生。 (×)

正确答案：氧化反应器负荷提高时二氧化碳脱除系统提高碳酸盐溶液浓度主要是有利于脱除提负荷后循环气中增加的二氧化碳。

58. 氧化反应器负荷提高时洗涤塔在提高吸收水量的同时还必须注意吸收水温的控制。 (√)

59. 在甲烷致稳时，环氧乙烷再吸收系统回收尾气与不回收相比抑制剂的补充量要大。 (×)

正确答案：在甲烷致稳时，环氧乙烷再吸收系统回收尾气与不回收相比抑制剂的补充量要小。

60. 氧化反应器催化剂的选择性上升，循环水的 pH 值也相应升高。 (√)

61. 碳酸盐再生塔塔压越高越有利于碳酸盐再生。 (×)

正确答案：碳酸盐再生塔塔压越低越有利于碳酸盐再生。

62. 循环气的流速越快越有利于洗涤塔中环氧乙烷的吸收。 (×)

正确答案：循环气的流速越慢越有利于洗涤塔中环氧乙烷的吸收。

63. 二氧化碳脱除系统碳酸盐中乙二醇的浓度高低不影响二氧化碳的吸收。 (×)

正确答案：二氧化碳脱除系统碳酸盐中乙二醇的浓度高低会影响二氧化碳的吸收。

64. 同负荷下氧化反应氮气致稳比甲烷致稳反应温度要低。 （×）

正确答案：同负荷下氧化反应氮气致稳比甲烷致稳反应温度要高。

65. 氧气混合站停车后循环压缩机就可以停车。 （×）

正确答案：应该在所有乙烯或氧气耗尽，反应器降温至160～170℃切断反应器循环气后才可以停循环压缩机。

66. 环氧乙烷吸收系统循环水中乙二醇的置换是通过加大去水处理系统的处理量和不断补充脱盐水来完成的。 （√）

67. 环氧吸收解吸系统停车环氧中间储罐不用循环。 （×）

正确答案：环氧吸收解吸系统停车环氧中间储罐有液需循环。

68. 氧化反应器各工艺参数不变条件下，汽包产汽量的明显增加可能是催化剂中毒造成。 （×）

正确答案：氧化反应器各工艺参数不变条件下，汽包产汽量的明显降低可能是催化剂中毒造成。

69. 氧化反应器循环气中氩气浓度长时间偏高时，会加速催化剂活性的下降、缩短催化剂的使用寿命。 （√）

70. 反应器催化剂床层底部装不装惰性球不会影响出口温差。 （×）

正确答案：反应器催化剂床层底部不装惰性球出口温差将会升高。

71. 反应器出口环氧乙烷浓度上升是反应器入口环氧乙烷浓度上升的原因之一。 （√）

72. 二氧化碳脱除系统加入消泡剂后要注意循环气中二氧化碳浓度，如果过高要及时关小来去二氧化碳脱除系统的量。 （×）

正确答案：二氧化碳脱除系统加入消泡剂后要注意循环气中二氧化碳浓度，如果过高要及时开大来去二氧化碳脱除系统的量。

73. 环氧乙烷吸收解吸系统发泡会造成氧化反应器入口环氧乙烷浓度上升。 （√）

74. 正常生产中，当发现反应器出口温差高，可以先通过降负荷降反应温度控制住温差，然后查找原因处理后恢复负荷。 （√）

75. 当两台解吸塔釜液泵都发生故障时，只要洗涤塔有液位氧化系统可以不停车。 （×）

正确答案：当两台解吸塔釜液泵都发生故障时，氧化系统应立即手动紧急停车。

76. 当碳酸盐循环泵发生故障时要注意接触塔的液位防止向再生塔串压。 （√）

77. 国标中乙二醇优级品对275nm波长的紫外线透光率不作要求。 （×）

正确答案：国标中乙二醇优级品对275nm波长的紫外线透光率要求大于92%。

78. 国标中二乙二醇产品对紫外线透光率不作要求。 （√）

79. 真空试验时，一定要保持塔的压力恒定。 （×）

正确答案：真空试验时，塔的压力不一定是个定值。

80. 环氧乙烷物料系统安全阀起跳后物料排向大气。 （×）

正确答案：环氧乙烷物料系统安全阀起跳后物料排向物料管线。

81. 环氧乙烷储罐喷砂时如果喷砂效果不理想，环氧乙烷进料后会引起环氧乙烷的聚合。 （√）

82. 乙二醇蒸发岗位气密试验的要求是泄漏率不超过0.5%。 （√）

83. 氧化反应器投料时蒸发岗位开始气密、吹扫、水运。 （×）

正确答案：氧化反应器投料前蒸发岗位必须水运正常。

84. 乙二醇精制岗位开车前必须各精制塔水运正常。 (×)

正确答案：乙二醇精制岗位开车前，脱水塔、精制塔必须处于干燥、真空状态。

85. 乙二醇精制系统开车，蒸汽系统已经建立。 (√)

86. 环氧精制系统气密不用保压。 (×)

正确答案：环氧精制系统气密必须保压。

87. 环氧乙烷精制系统的置换要求是系统中的氧含量为 $<0.2\%$、露点 $<-40℃$。 (√)

88. 环氧精制系统不用退料就进行氮气置换。 (×)

正确答案：环氧精制系统进行氮气置换，系统必须退料。

89. 环氧乙烷精制系统投料时氧化反应岗位必须运行正常。 (√)

90. 环氧中间罐稀浓度环氧水溶液温度控制在 40℃以下。 (√)

91. 冰机加氟里昂时，冰机一定要停运。 (×)

正确答案：冰机加氟里昂时，冰机正常运行。

92. 从环氧乙烷精制塔各工艺参数的变化能初步判断产品是否合格。 (√)

93. 只控制环氧精制塔回流比，不用控制环氧精制塔灵敏点温度，就会采出合格环氧。 (×)

正确答案：合格环氧的采出不仅跟回流比有关，与环氧精制塔灵敏点温度等因素都有关。

94. 潜热是指物质在没有相变化的情况下吸收或放出的热量。 (×)

正确答案：潜热是指物质在有相变化的情况下，吸收或放出的热量。

95. 显热是指物质在没有相变化的情况下，温度上升或下降过程中吸收或放出的热量。 (√)

96. 蒸发器回流量的确定是根据蒸发器的液位来确定的。 (×)

正确答案：蒸发器回流量的确定是根据蒸发器凝液罐中乙二醇含量多少来确定的。

97. 控制多效蒸发系统末效蒸发器塔釜温度的目的是为了控制塔釜液的水含量。 (√)

98. 多效蒸发系统升降负荷时主要调整的参数是塔的液位。 (×)

正确答案：多效蒸发系统升降负荷时主要调整的参数是塔的压力、加入蒸汽量。

99. 紫外线透光率是多效蒸发末效塔釜物料的必须的分析项目。 (×)

正确答案：紫外线透光率不是多效蒸发末效塔釜物料的必须的分析项目。

100. 末效蒸发器塔釜水含量的控制方法是控制塔的蒸汽量、真空度以及塔釜采出量。 (√)

101. 在一定的转化率下，水合反应温度越高所需的反应时间越短。 (√)

102. 国标中乙二醇产品优级品水含量指标为 $\leqslant 0.1\%$。 (√)

103. 乙二醇脱水塔一级喷嘴堵塞，不影响塔的真空度。 (×)

正确答案：乙二醇脱水塔一级喷嘴堵塞，影响塔的真空度。

104. 环氧乙烷精制塔设计二个安全阀的目的是定期切换使用，确保安全阀正常运行。 (√)

105. 环氧乙烷储罐在氮气压力为 0.1MPa、温度小于 20℃以下理论上是安全的。 (√)

106. 环氧乙烷精制塔增加回流比可以提高产品质量，但会降低塔的生产能力，增加水，电、汽的消耗。 (√)

107. 乙二醇脱水塔切出检修时必须要用警戒绳与其他区域隔开。 (√)

108. 乙二醇蒸发系统停车时回流罐内没有乙二醇存在。 (×)

正确答案：乙二醇蒸发系统停车时回流罐内有少量乙二醇存在。

109. 减少乙二醇精制系统物料排放的最好方法是尽量将含 EG 的废液回收至粗乙二醇储罐或装桶。（√）

110. 冰机的原理是经过干燥器后的液态氟里昂经过膨胀阀节流膨胀吸收热量，在蒸发器中与盐水进行热交换，将盐水冷却。（√）

111. 环氧乙烷储罐进料前必须要用水清洗，然后再用氮气吹扫，达到要求后才能进料。（×）

正确答案：环氧乙烷储罐不能用水清洗，喷砂后用氮气吹扫，达到要求后才能进料。

112. 水合反应压力是决定环氧乙烷转化率的必要条件。（√）

113. 在正常生产时，减少多效蒸发系统一效蒸发器蒸汽加入量会引起末效蒸发器温度降低。（√）

114. 多效蒸发系统末效蒸发器塔压低的主要原因是真空泵蒸汽加入量大。（×）

正确答案：真空泵蒸汽加入量不是引起末效蒸发器塔压低的主要原因。

115. 当环氧乙烷精制塔回流泵入口远程控制阀关闭时，回流泵自动停运。（√）

116. 多效蒸发器凝液罐乙二醇含量高的处理方法是把凝液罐物料返回粗乙二醇储罐。（×）

正确答案：多效蒸发器凝液罐乙二醇含量高的处理方法是增加蒸发器的回流量。

117. 汽提塔塔釜二台釜液泵都不能启动，处理方法是水合蒸发系统停车。（√）

118. 乙二醇精制塔塔釜温度低时，应提高塔的真空度。（×）

正确答案：乙二醇精制塔塔釜温度低时，应提高塔釜的循环量、增加蒸汽量。

119. 乙二醇脱水塔液位控制阀故障时，乙二醇精制塔应停车，检修控制阀。（×）

正确答案：控制室与现场协调好，紧急打开旁路阀，调整到需要的流量，关闭控制阀前后手阀，检修控制阀，排除故障后复位。

120. 成品罐冒罐时，溢出的产品用水冲洗排放，通知废水处理岗位做好应急工作。（×）

正确答案：成品罐冒罐时，溢出的产品应该装桶回收。

单选题

1. 工艺管道空气吹扫气源压力一般要求为(C)MPa。

A. 0.2～0.4　B. 0.4～0.6　C. 0.6～0.8　D. 0.8～1.0

2. 对工艺管线进行空气吹扫时，要保证气体的流速(C)m/s。

A. ≥1　B. ≥5　C. ≥20　D. ≥40

3. 通常蒸汽吹扫时管内蒸汽流量为额定值的(B)。

A. 80%～90%　B. 70%～80%　C. 60%～70%　D. 50%～60%

4. “DCS”指利用微型计算机技术对生产过程进行“(D)”的系统，简称为集散控制。

A. 集中操作、集中控制、分散管理　B. 集中管理、集中控制、分散操作

C. 集中管理、分散控制、分散操作　D. 集中操作、集中管理、分散控制

5. 调节器输出为 8mA 的信号，线性调节阀的开度为(C)。

A. 0　B. 50%　C. 25%或 75%　D. 100%

6. 板式换热器的水压试验压力一般为操作压力的(C)倍。

A. 1.1　B. 1.15　C. 1.25　D. 1.5

7. 普通离心油泵的叶轮为(C)。

A. 开式　B. 半开式　C. 闭式　D. 开式和闭式

8. 机械密封与填料密封相比，机械密封(C)。

A. 易于检修　　B. 易于更换　　C. 不易泄漏　　D. 使用时间短

9. 采用机械密封自冲洗的离心泵冲洗水管线上的辅助装置中一般没有(C)。

A. 旋风分离装置　　B. 冷却器　　C. 压力表　　D. 节流孔板

10. 对离心泵预热的要求是当泵入口温度与泵体温度差小于(A)℃时，全开入口阀，泵处于备用状态。

A. 40　　B. 60　　C. 80　　D. 100

11. 下列属于往复泵的液力端的是(D)。

A. 连杆　　B. 十字头　　C. 曲轴　　D. 吸入阀

12. 下列过滤器中，结构最简单的过滤器是(B)。

A. 直流式T型　　B. 平顶锥型　　C. 平底篮式　　D. 卧式反冲洗型

13. 波纹管式疏水器的工作原理是(D)。

A. 蒸汽和凝结水的密度差　　B. 热胀冷缩的原理

C. 蒸汽和凝结水的热力学特性　　D. 蒸汽和凝结水的温度差

14. 浮筒式疏水器的工作原理是(A)。

A. 蒸汽和凝结水的密度差　　B. 热胀冷缩的原理

C. 蒸汽和凝结水的热力学特性　　D. 蒸汽和凝结水的温度差

15. 埋地或沿墙敷设的给排水管连接时一般采用(D)。

A. 承插焊　　B. 螺纹连接　　C. 焊接　　D. 承插连接

16. 下列换热器中换热效率最高的换热器是(D)。

A. 固定管板式　　B. 填函式　　C. 浮头式　　D. 平板式

17. 浮阀塔板与泡罩塔板相比(A)。

A. 生产能力大　　B. 操作弹性小　　C. 液面梯度大　　D. 结构复杂

18. 波纹管压力计属于(B)压力计。

A. 液柱式　　B. 弹性式　　C. 电气式　　D. 活塞式

19. 双金属温度计的测温原理是(A)。

A. 固体热膨胀　　B. 液体热膨胀　　C. 气体热膨胀　　D. 金属热电阻

20. 温度计按其测量方式可分为接触式和非接触式，(B)属于非接触式温度计。

A. 双金属温度计　　B. 比色温度计　　C. 玻璃温度计　　D. 压力式温度计

21. 调节阀的上下游切断阀一般选用(B)。

A. 截止阀　　B. 闸阀　　C. 减压阀　　D. 球阀

22. 球阀的阀体为(A)。

A. 球形　　B. 圆柱形　　C. 圆锥形　　D. 椭圆球形

23. 按照压力容器在生产工艺过程中的作用原理划分，环氧乙烷球罐属于(D)。

A. 反应压力容器　　B. 换热压力容器　　C. 分离压力容器　　D. 贮存压力容器

24. 压力容器按照设计压力大小划分，分为(B)个等级。

A. 3　　B. 4　　C. 5　　D. 6

25. 润滑油需要进行三级过滤，第三级过滤指(D)。

A. 大油桶放油过滤　　B. 小油罐或油桶放油过滤

C. 泵润滑系统对润滑油的过滤　　D. 注油器过滤

26. 常用的 N32 汽轮机油黏度(40℃时)为(C)cSt 左右。

A. 10　　B. 25　　C. 32　　D. 46

27. 常用的 N32、N46 汽轮机油的酸值为(D)mgKOH/g。

A. 0　　B. 等于 0.03　　C. 不低于 0.03　　D. 不高于 0.03

28. 大多数润滑油的牌号表示的是该油品的(D)。

A. 动力黏度　　B. 闪点　　C. 凝固点　　D. 运动黏度

29. 机泵更换润滑油在(B)进行。

A. 机泵运行时　　B. 机泵停运时

C. 机泵运行或停运时都能　　D. 不同的泵情况不一样

30. 离心泵油箱内润滑油的液位应在(D)处。

A. 1/4 ~ 1/3　　B. 1/4 ~ 1/2　　C. 1/2 ~ 2/3　　D. 1/3 ~ 2/3

31. 氧化反应器锅炉给水进行处理的目的是(B)。

A. 降低 pH 值　　B. 防止金属腐蚀、传热面出现沉积物

C. 提高水中的二氧化硅含量　　D. 提高电导率

32. 某管道升压至 1.10MPa(A)，保压 10h 后(假定保压前后温度不变)，压力降为 1.06 MPa(A)，则该管道的泄漏率为(C)。

A. 0.08%　　B. 0.18%　　C. 0.36%　　D. 7.2%

33. 某精制塔升压至 0.30MPa(A)，保压 24h 后(假定保压前后温度不变)，压力降为 0.29MPa(A)，则该管道的泄漏率为(B)。

A. 0.1%　　B. 0.14%　　C. 0.21%　　D. 0.30%

34. 氧气体积百分比浓度为 8%的 1000m^3 的混合气体，其中氧气的物质的量为(A)kmol。

A. 3.57　　B. 56　　C. 80　　D. 5.6×10^4

35. 通常建立蒸汽系统时，当(C)时投用疏水器。

A. 引蒸汽前投用　　B. 倒淋刚有蒸汽出来

C. 倒淋无凝液排出　　D. 压力正常后投用

36. 氧气引入前氧气管线必须用氮气置换至氧浓度(C)%(体积)为合格。

A. 0.1%　　B. 0.2%　　C. 0.5%　　D. 1.0%

37. 循环压缩机开车前反应器循环气系统应具备的条件是(C)。

A. 系统压力达到设计值　　B. 系统压力为常压

C. 反应器温度达 160℃　　D. 反应器温度升至 100℃

38. 正常开车时，循环气系统升压应该(A)。

A. 先用低压氮气，再用中压氮气　　B. 直接用中压氮气

C. 先用中压氮气，再用高压氮气　　D. 直接用高压氮气

39. 二氧化碳脱除系统碱洗的目的主要是(B)。

A. 脱除铁锈　　B. 脱除油质　　C. 脱除死角灰尘　　D. 脱除无机盐

40. 二氧化碳脱除系统碱洗后做发泡试验主要是为了检测(C)。

A. 碳酸盐溶液的浓度　　B. 检测消泡剂的效果

C. 检测油质的脱除效果　　D. 检测系统乙二醇含量

41. 二氧化碳脱除系统正常生产过程中做发泡实验是为了检测(B)。
A. 碳酸盐溶液的浓度　　B. 碳酸盐溶液中杂质含量
C. 二氧化碳吸收效果　　D. 碳酸盐的再生效果

42. 氧化投料前二氧化碳脱除系统应具备的条件，不正确的说法是(D)。
A. 碳酸盐浓度达到正常范围　　B. 各塔液位正常
C. 系统热运正常
D. 进入二氧化碳脱除的循环气流量达到设计值

43. 氧化开车前环氧吸收岗位(C)。
A. 不用水运　　B. 吸收塔为空塔高低压隔离
C. 环氧吸收岗位已经水运　　D. 贫吸收液冷却器不用投用

44. 催化剂的活化是改变催化剂(C)的处理过程。
A. 物理性质　　B. 化学性质　　C. 物理、化学性质　D. 化学成分

45. 催化剂活化的目的(B)。
A. 激活催化剂选择性　　B. 激活催化剂活性
C. 降低催化剂初始反应温度　　D. 降低装置能耗

46. 氧化反应器投料前循环气应(A)。
A. 切入大循环　　B. 切入小循环
C. 大部分切入大循环　　D. 小部分切入大循环

47. 氧化反应器投氧时应注意(B)与(B)之间的压差。
A. 乙烯、循环气　　B. 氧气、循环气　　C. 甲烷、乙烯　　D. 乙烯、氧气

48. 氧化反应器投氧时应该按住(A)。
A. 氧气流量高跟踪复位钮　　B. 乙烯流量高跟踪复位钮
C. 循环气流量高跟踪复位钮　　D. 循环气流量低跟踪复位钮

49. 如果反应器出口有(B)说明氧气与乙烯开始反应。
A. 乙烷　　B. 二氧化碳　　C. 氩气　　D. 丙烷

50. 在氧化反应器初次开车提负荷过程中通常是(A)。
A. 先将乙烯浓度提到要求后再提氧浓度　B. 先将氧浓度提到要求后再提乙烯浓度
C. 乙烯浓度、氧浓度同时提　　D. 低负荷时氧浓度应该高于乙烯浓度

51. 氧化反应器提负荷过程中洗涤塔应该调整(B)。
A. 吸收水水温　　B. 吸收水水量　　C. 塔液位　　D. 塔的压差

52. 在小分布器切大分布器时，按住大分布器开车钮同时应该按住(A)。
A. 氧气流量高跟踪复位钮　　B. 乙烯流量高跟踪复位钮
C. 循环气流量高跟踪复位钮　　D. 循环气流量低跟踪复位钮

53. 当二氧化碳脱除系统引入循环气时应该(A)。
A. 先慢慢打开进系统循环气阀门，同时稍开出口阀
B. 先慢慢打开出系统循环气阀门，同时稍开进口阀
C. 进、出系统循环气阀门同时全开
D. 没有特殊要求

54. 锅炉给水的 pH 值通常控制在(D)。

A. 1~2　　B. 4~5　　C. 6~7　　D. 8~10

55. 锅炉给水的电导值通常控制在(C)us/cm。

A. 0~0.5　　B. 30~50　　C. 0.5~30　　D. 20~30

56. 锅炉给水系统排污的目的是(B)。

A. 控制液位　　B. 防止反应器壳程及汽包结垢

C. 防止腐蚀　　D. 控制 pH 值

57. 二氧化碳脱除系统所用碳酸钾原料中碳酸钾的含量应该(C)(wt)。

A. ≥90.0%　　B. ≥98.0%　　C. ≥99.0%　　D. ≥99.99%

58. 尾气回收压缩机是在(A)下启动。

A. 零负荷　　B. 30%负荷　　C. 50%负荷　　D. 100%负荷

59. 当循环气(A)时可以建立压缩机密封腔内侧干气密封。

A. 准备升压　　B. 压力为 0.1MPa　　C. 压力为 0.4MPa　　D. 压力为 1.0MPa

60. 在建立循环压缩机润滑油系统时，应严格注意润滑油过滤器的前后压差，如果超过(C)MPa 应切换至备用过滤器。

A. 0.01　　B. 0.05　　C. 0.10　　D. 0.30

61. 再沸器蒸汽凝液切入总管的条件是(B)。

A. 再沸器进蒸汽，凝液就可切入总管　　B. 塔釜达一定温度后，凝液就可切入总管

C. 蒸汽阀后压力上升凝液就可切入总管　　D. 凝液罐满，凝液就可切入总管

62. 反应器飞温主要是指在(B)温度失控。

A. 反应器入口管线　　B. 反应器催化剂床层

C. 反应器出口管线　　D. 反应器出口冷却器

63. 反应器尾烧主要是由于(C)引起的。

A. 乙烯浓度高　　B. 氩气浓度高　　C. 催化剂银粉脱落　　D. 汽包液位低

64. 反应器的优化指对任一环氧乙烷生产负荷，能以最低的(D)达到最高的选择性。

A. 抑制剂加入量　　B. 乙烯加入量　　C. 氧气加入量　　D. 反应温度

65. 对物理吸收有利的工艺条件是(B)。

A. 降低压力　　B. 降低温度

C. 增大溶质的流速　　D. 降低吸收剂的浓度

66. 二氧化碳脱除系统二氧化碳吸收属于(B)。

A. 物理吸收　　B. 化学吸收

C. 既有物理吸收也有化学吸收　　D. 先物理吸收后化学吸收

67. 氧化反应器的优化主要是为了(B)。

A. 提高汽包产汽量　　B. 降低乙烯单耗

C. 降低锅炉给水加入量　　D. 降低汽包产汽量

68. 一定负荷下，随着催化剂性能下降反应器汽包产汽量会(D)。

A. 减少　　B. 先增加后减少　　C. 先减少后增加　　D. 增加

69. 循环气中抑制剂浓度高会使(A)。

A. 选择性上升、生产能力下降　　B. 选择性下降、生产能力下降

C. 选择性上升、生产能力不变　　D. 选择性下降、生产能力上升

70. 乙烯进料量相同条件下，随着催化剂选择性的提高(C)加入量相应降低。

A. 氮气　B. 甲烷　C. 氧气　D. 抑制剂

71. 环氧乙烷洗涤塔吸收水温度升高，反应器(A)。

A. 入口环氧乙烷浓度上升　B. 入口环氧乙烷浓度下降

C. 出口环氧乙烷浓度上升　D. 进出口氧差增大

72. 在其他工艺条件不变的情况下，环氧乙烷洗涤塔吸收水温度降低，反应器(B)。

A. 入口环氧乙烷浓度升高　B. 入口环氧乙烷浓度降低

C. 入口氧气浓度上升　D. 进出口氧差减小

73. 设置循环气流量跟踪差目的在于防止循环气流量突然(C)时，由于通过氧混合站的氧气流量不变，将引起(C)氧浓度突然危险性地上升。

A. 增加、OMS 分布器附近　B. 增加、反应器附近

C. 降低、氧气混合站分布器附近　D. 降低、反应器附近

74. 氧化反应中(D)下降转化率会上升。

A. 反应温度　B. 氧气浓度　C. 乙烯浓度　D. 二氧化碳浓度

75. 氧化反应循环气中(A)浓度上升，选择性会下降。

A. 乙烷　B. 氧气　C. 二氧化碳　D. 甲烷

76. 反应器入口温度过低会造成(A)。

A. 反应器不反应　B. 出口氧浓度低

C. 锅炉给水量大　D. 反应器出口温差大

77. 提高循环气流量有利于提高(C)。

A. 乙烯浓度　B. 氧气浓度　C. 氧化反应负荷　D. 转化率

78. 环氧乙烷吸收系统循环水中加入适量 NaOH 后(A)。

A. 可减少乙二醇的生成　B. 会增加乙二醇的生成

C. 不影响乙二醇的生成　D. 对吸收环氧乙烷有好处

79. 抑制剂的饱和蒸气压只是(B)的函数。

A. 压力　B. 温度　C. 浓度　D. 质量

80. 在抑制剂系统中乙烯分 2 股，一股去抑制剂储罐鼓泡，另一股是作为(C)，在热质量流量计之后加入。

A. 加热剂　B. 补充进料　C. 稀释剂　D. 吹扫剂

81. 抑制剂浓度低使反应加剧选择性降低，活性(B)。

A. 降低　B. 增加　C. 不变　D. 规律性波动

82. 在反应温度不变的前提下，抑制剂调整主要依据是(C)的高低。

A. 反应器入口氧浓度　B. 反应器入口乙烯浓度

C. 反应选择性　D. 循环气压力

83. 催化剂床层压差升高(C)。

A. 对氧化反应无影响　B. 反应器空速低

C. 转化率高　D. 转化率低

84. 氧化反应器负荷提高时洗涤塔需要调整的参数是(C)。

A. 液位　B. 塔压　C. 吸收水量　D. 釜温

85. 氧化反应器负荷提高时再吸收塔需要调整的参数是(C)。
A. 液位 B. 塔压 C. 吸收水量 D. 塔釜回流量
86. 环氧吸收解吸效果不好，贫液中 pH 值(A)。
A. 降低 B. 升高 C. 不变 D. 不能确定
87. 调节环氧乙烷再吸收塔塔釜温度的正确方法是(D)。
A. 调整塔压
B. 调整塔釜蒸汽加入量
C. 调整塔进料量
D. 调整塔顶吸收水温度或塔釜换热器冷却水流量
88. 碳酸盐再生过程中直接蒸汽的主要作用是(B)。
A. 增加二氧化碳的气相分压
B. 降低二氧化碳的气相分压
C. 增加碳酸钾的溶解度
D. 降低碳酸氢钾的溶解度
89. 有利于洗涤塔吸收环氧乙烷的因素是(D)。
A. 降低塔液位
B. 降低塔压
C. 提高塔吸收水温度
D. 降低塔吸收水温度
90. 氧化系统停车前降负荷过程中(D)。
A. 不需降反应器温度
B. 不允许降循环气压力
C. 不需降抑制剂加入量
D. 反应器出口温差会下降
91. 环氧乙烷吸收解吸系统紧急停车，可造成(A)。
A. 氧化停车 B. 脱碳系统停车 C. K101 停车 D. 水合三效停车
92. 催化剂中毒时表现为(C)。
A. 出口二氧化碳浓度升高
B. 出口环氧乙烷浓度升高
C. 出口氧浓度升高
D. 出口甲烷浓度升高
93. 二氧化碳脱除系统加入消泡剂后再生塔应该(D)。
A. 开大直接蒸汽和间接蒸汽
B. 关小直接蒸汽和间接蒸汽
C. 开大直接蒸汽，关小间接蒸汽
D. 关小直接蒸汽，开大间接蒸汽
94. 发现液态抑制剂污染催化剂应该(B)。
A. 降负荷运行
B. 停氧气混合站
C. 停循环压缩机
D. 提高反应温度运行
95. 环氧乙烷吸收解吸系统发泡会直接影响到氧化岗位(B)。
A. 循环气出口环氧乙烷浓度
B. 循环气入口环氧乙烷浓度
C. 反应器循环气出口温度
D. 反应器循环气入口温度
96. 二氧化碳脱除系统发泡会直接影响到氧化岗位(B)。
A. 循环气出口二氧化碳浓度
B. 循环气入口二氧化碳浓度
C. 反应器循环气出口温差
D. 反应器循环气入口温度
97. 二氧化碳脱除系统发泡循环气中二氧化碳浓度上升较快，氧化岗位应该(C)。
A. 立即停氧气混合站
B. 增加抑制剂的加入量提高
C. 降低负荷
D. 降低反应温度
98. 正常生产中，反应器出口温差高的正确处理方法是(B)。
A. 立即停车检查
B. 降低反应温度

C. 提高反应器汽包压力　　D. 降低抑制剂加入量

99. 解吸塔釜液泵故障并确定短时无法恢复时氧化系统应(C)。

A. 降负荷不用停车　　B. 仅氧气混合站紧急停车

C. 氧气混合站、循环压缩机都紧急停车　　D. 不用处理

100. 碳酸盐再生塔塔釜温度低原因可能是(D)。

A. 碳酸盐溶液闪蒸罐液位高　　B. 碳酸盐循环量大

C. 再生塔塔压高　　D. 蒸汽加入量偏低

101. 环氧乙烷解吸塔塔釜温度低的正确处理方法是(B)。

A. 开大塔顶回流　　B. 开大间接蒸汽量

C. 增大塔釜循环量　　D. 提高氧化反应负荷

102.(B)是环氧乙烷洗涤塔吸收水水温高的原因之一。

A. 解吸塔液位高　　B. 环氧乙烷解吸塔蒸汽量过大

C. 解吸塔塔顶出口温度低　　D. 解吸塔回流量大

103. 氧化反应器紧急停车，当(D)时可以关进出二氧化碳脱除系统循环气手阀。

A. 二氧化碳浓度为零　　B. 乙烯浓度为零

C. 环氧乙烷浓度为零　　D. 氧浓度为零

104. 造成环氧乙烷再吸收塔塔压高的原因可能是(C)。

A. 液位低　　B. 进料量过低　　C. 压力调节阀故障　　D. 吸收水温度低

105. 碳酸盐循环泵故障会引起(C)。

A. 接触塔液位高　　B. 接触塔分离罐液位高

C. 再生塔液位高　　D. 再生塔闪蒸罐液位高

106. 氧化反应器紧急停车后，环氧乙烷洗涤塔应该(B)。

A. 降低吸收水温度　　B. 降低吸收水流量

C. 降塔釜液位　　D. 提高吸收水流量

107. 氧化反应器紧急停车后，环氧乙烷解吸塔正确的操作是(D)。

A. 降低塔釜液位　　B. 提高再沸器蒸汽量

C. 降低塔顶温度　　D. 稍开补水阀维持液位

108. 乙二醇产品中醛含量优级品指标为(B)ppm。

A. ≤12　　B. ≤10　　C. ≤11　　D. ≤13

109. 乙二醇精制塔做真空试验时，下列说法不正确的是(C)。

A. 塔的压力不是定值　　B. 塔是负压

C. 真空泵正常运行　　D. 联塔阀关闭

110. 环氧乙烷储罐系统投用时必须具备的条件，下列说法不正确的是(C)。

A. 安全设施已投用　　B. 跨接线完好

C. 环氧球罐喷淋打开　　D. 装车流量计调校投用

111. 乙二醇蒸发岗位气密试验时使用的气体是(C)。

A. 空气　　B. 氧气　　C. 氮气　　D. 水蒸气

112. 氧化投料前水合蒸发系统应具备的条件，下列说法不正确的是(B)。

A. 各效压力、液位平稳　　B. 水合反应器进、出口有温差

C. 汽提塔釜液泵循环阀开　　D. 末效维持真空

113. 乙二醇精制塔开车时必须具备的条件是(C)。

A. 脱水塔水运正常　　B. 二乙二醇塔在真空状态

C. 乙二醇精制塔维持真空状态　　D. 乙二醇分离塔水运正常

114. 环氧乙烷精制系统气密时使用的气体是(C)。

A. 空气　　B. 氧气　　C. 氮气　　D. 水蒸气

115. 环氧乙烷精制系统气密试验要求泄漏率(C)。

A. $<0.1\%$　　B. $<0.2\%$　　C. $<0.3\%$　　D. $<0.4\%$

116. 环氧乙烷精制系统投料时必须具备的条件，下列说法正确的是(A)。

A. 回流泵自启动试验合格　　B. 产品冷却器冷冻盐水投用

C. 产品产出管线根部阀打开　　D. 所有的仪表管线根部阀打开

117. 蒸汽喷射器所用蒸汽等级为(B)MPa。

A. 0.35　　B. 0.8　　C. 1.4　　D. 2.0

118. 残余环氧吸收塔水运前(A)。

A. 环氧解吸塔釜泵已经运行　　B. 环氧精制塔釜泵已经运行

C. 残余环氧解吸塔釜泵已经运行　　D. 环氧精制塔测线采出泵已经运行

119. 再沸器蒸汽凝液切入总管的时间是(B)。

A. 再沸器进蒸汽，凝液就可切入总管　　B. 塔釜达一定温度后，凝液才能切入总管

C. 蒸汽阀后压力上升凝液就可切入总管　　D. 凝液罐满，凝液就可切入总管

120. 再沸器蒸汽凝液切入总管的步骤是(C)。

A. 快速打开去总管的凝液手阀

B. 先关闭凝液罐倒淋，再打开去总管的凝液手阀

C. 先慢慢打开去总管的凝液手阀，再关闭凝液罐倒淋

D. 快速打开去总管的凝液手阀，打开凝液罐倒淋

121. 环氧乙烷槽车一定要用(C)置换才能装车。

A. 工厂风　　B. 仪表风　　C. 氮气　　D. 二氧化碳气体

122. 乙二醇精制塔在压力一定的情况下，能判断乙二醇产品合格的工艺参数是(B)。

A. 塔的液位　　B. 产品产出口温度和灵敏板温度

C. 回流罐液位　　D. 塔顶冷凝器液位

123. 按 SHELL 设计 EO 优级产品中二氧化碳含量控制在(D)ppm(wt)以下。

A. 50　　B. 30　　C. 20　　D. 10

124. 物质的显热是指(A)。

A. 没有相变化，升温时吸收的热量　　B. 没有相变化，降温时吸收的热量

C. 冷凝时吸收的热量　　D. 冷凝时放出的热量

125. 确定蒸发器回流量的依据是(D)。

A. 蒸发器的液位　　B. 蒸发器的压力

C. 蒸发器的温度　　D. 蒸发器冷凝液罐中的乙二醇浓度

126. 控制末效蒸发器出口的乙二醇的浓度主要通过控制(A)。

A. 末效蒸发器再沸器出口温度　　B. 末效凝液罐的液位

C. 末效蒸发器的液位　　D. 热水井的液位

127. 末效蒸发器压力主要通过调节(B)控制。

A. 热水井液位　　B. 进塔的氮气量　　C. 联塔阀的开度　　D. 回流水量

128. 提高水合反应器入口温度，下列说法正确的是(B)。

A. 不利于主反应的发生　　B. 有利于副反应的发生

C. 提高乙二醇的选择性　　D. 降低二乙二醇的选择性

129. 降低环氧乙烷水合反应器压力，对环氧水合反应的影响是(A)。

A. 环氧乙烷气化速率升高　　B. 环氧乙烷转化率低

C. 水合反应时间长　　D. 水合反应温度高

130. 缩短环氧水合反应停留时间，对水合反应的影响是(B)。

A. 乙二醇转化率提高　　B. 乙二醇转化率降低

C. 降低乙二醇的选择性　　D. 二乙二醇选择性高

131. 二乙二醇优级品中 MEG 含量的企标指标为(B)kg/kg。

A. ≤0.01　　B. ≤0.15　　C. ≤0.1　　D. ≤0.2

132. 乙二醇精制塔产品水含量高的调整方法正确的是(A)。

A. 调整进料的水含量　　B. 调整精制塔的液位

C. 调整精制塔回流罐的液位　　D. 调整精制塔塔釜的产出量

133. 控制乙二醇精制塔(B)可以调整乙二醇产品中二乙二醇的含量。

A. 液位　　B. 塔釜温度　　C. 回流罐的液位　　D. 塔釜的产出量

134. 乙二醇产品中二乙二醇含量高的调整方法是(B)。

A. 调整精制塔的液位　　B. 减小偏置比例值

C. 调整精制塔回流罐的液位　　D. 调整精制塔塔釜的产出量

135. 乙二醇脱水塔塔顶冷凝器换热效果差会引起(B)。

A. 塔的液位波动　　B. 脱水塔真空度波动

C. 蒸汽凝液罐液位波动　　D. 回流量的波动

136. 乙二醇精制塔回流比增大对乙二醇产品的影响是(C)。

A. 与产品质量无关　　B. 不能提高产品质量

C. 能提高产品质量　　D. 提高产量

137. 环氧乙烷精制系统醛含量高(C)。

A. 不影响环氧乙烷分离　　B. 聚合物堵塞塔板

C. 物料系统聚合物增多　　D. 影响乙二醇产品质量

138. 环氧乙烷储罐在氮气压力为 0.2MPa(A)时环氧乙烷在(C)℃以下是安全的。

A. <47　　B. <37　　C. <27　　D. <17

139. 乙二醇产品中醛含量高，正确的处理方法是(B)。

A. 提高解吸塔的塔釜温度　　B. 减少氧化反应的副反应

C. 提高水合反应器入口温度　　D. 减小乙二醇精制塔的回流量

140. 乙二醇脱水塔切出检修时塔釜物料排向(B)。

A. 乙二醇精制塔　　B. 粗乙二醇储罐　　C. 装桶　　D. 蒸发系统

141. 乙二醇精制塔切出检修时的隔离方法正确的是(B)。
A. 用手阀与其他设备隔离 B. 与其他设备用盲板隔离
C. 用铁皮与其他区域隔开 D. 检修现场有人疏导
142. 采用(B)的方法可以减少乙二醇精制系统物料排放。
A. 物料返粗乙二醇储罐后，其余物料就地排放
B. 物料返粗乙二醇储罐后，用氮气把最后剩的物料压出装桶
C. 水煮后就地排放 D. 回流罐物料直接排放
143. 氟里昂在蒸发器中的状态是(C)。
A. 液态 B. 气态 C. 气、液混合物 D. 固态
144. 氧乙烷物料系统调节系统的校验周期是(D)个月。
A. 3 B. 6 C. 9 D. 12
145. 判断再沸器结焦的依据是(A)。
A. 蒸汽阀后压力升高 B. 蒸汽凝液罐液位低
C. 蒸汽阀开度大 D. 灵敏板温度低
146. 环氧乙烷液体着火后，正确的灭火方法是使用(B)。
A. 水 B. 1211 灭火器 C. 灭火风机 D. 砂
147. 环氧乙烷液体着火后，不正确的处理方法是(A)。
A. 用水灭火 B. 用 1211 灭火机灭火
C. 用干粉灭火器 D. 用泡沫灭火机
148. 环氧乙烷精制塔塔压高，不正确的处理方法是(C)。
A. 降低蒸汽量 B. 开大去再吸收塔的放空量
C. 减少脱醛量 D. 增大回流量
149. 环氧乙烷精制塔塔压高，正确的处理方法是(B)。
A. 降低进料温度 B. 开大去再吸收塔的排放量
C. 减少脱醛量 D. 降低冷冻盐水温度
150. 蒸发器凝液罐乙二醇含量高，不正确的处理方法是(D)。
A. 凝液罐物料排入循环水槽 B. 减少蒸发器的蒸发量
C. 增加蒸发器回流量 D. 增加蒸发器的蒸发量
151. 汽提塔塔釜二台釜液泵都不能启动，正确的处理方法是(C)。
A. 打开水合反应器出口手阀 B. 提高水合反应器入口温度
C. 降低蒸发器的蒸汽加入量 D. 增加蒸发器的回流量
152. 水合蒸发系统多效蒸发器再沸器蒸汽调节阀故障，正确的处理方法是(B)。
A. 蒸发系统维持原状态运行 B. 蒸发系统停车处理
C. 水合反应器不作调整 D. 增加蒸发器的回流量
153. 水合蒸发系统多效蒸发器超压，不正确的处理方法是(B)。
A. 降蒸发系统蒸汽量 B. 全关回流
C. 打开冷凝液罐放空阀 D. 打开再沸器放空
154. 水合蒸发系统多效蒸发器超压，正确的处理方法是(A)。
A. 降低蒸发系统蒸汽量 B. 蒸发系统停车处理

C. 减少末效采出量　　D. 增加回流量

155. 乙二醇脱水塔塔压偏高，不正确的处理方法是(B)。

A. 调节塔的补充氮气量　　B. 加大回流量

C. 检查真空泵喷嘴是否堵塞　　D. 检查系统是否有泄漏

156. 乙二醇脱水塔液位控制阀故障，不正确的处理方法是(A)。

A. 乙二醇精制塔正常运行　　B. 乙二醇脱水塔降负荷运行

C. 乙二醇精制塔降负荷，产品返粗乙二醇储罐

D. 后系统作调整

157. 乙二醇精制系统停蒸汽时，下列说法正确的是(B)。

A. 产品继续产出至成品罐　　B. 各塔停止进料

C. 精制系统各塔停真空　　D. 精制系统各塔塔釜继续采出

多选题

1. 装置吹扫的目的是将系统中存在的(A，B，C，D)吹扫干净。

A. 脏物　　B. 焊渣　　C. 泥沙　　D. 铁屑

2. 关于吹扫的原则，下列说法正确的是(B，C)。

A. 被吹扫管线上的流量计、孔板必须拆除，调节阀可以不拆除

B. 不允许脏物进入设备

C. 应分系统逐段吹扫

D. 尽量整个系统进行吹扫

3.(A，B，D)属于压力容器的安全附件。

A. 安全阀　　B. 压力容器的紧急切断装置

C. 电导仪　　D. 快开门式压力容器的安全联锁装置

4. 离心泵按叶轮数目的不同划分包括(A，B)。

A. 单级泵　　B. 多级泵　　C. 单吸泵　　D. 双级泵

5. 离心泵机械密封的组成部分有(A，B，D)。

A. 摩擦件　　B. 辅助密封　　C. 填料　　D. 传动件

6. 采用机封自冲洗的离心泵冲洗水管线上一般设有(A，B)。

A. 旋风分离器　　B. 冷却器　　C. 压力表　　D. 温度计

7. 管道直径小于 *DN*400 时，宜选用(B，C)过滤器。

A. 平板篮式　　B. Y 型　　C. T 型　　D. 锥型

8. 在冷凝水一经形成后必须立即排除的情况下，可选用的疏水器类型有(A，D)。

A. 可调恒温式疏水器　　B. 脉冲式疏水器

C. 波纹管式疏水器　　D. 浮球式疏水器

9. 目前常用离心泵电动机的有(B，C)r/min。

A. 4500　　B. 3000　　C. 1500　　D. 500

10. 阻火器的结构类型主要根据介质的(A，B，C)等选用。

A. 化学性质　　B. 温度　　C. 压力　　D. 密度

11. 填料塔的填料的选择原则有(A，B，D)。
A. 单位体积填料的表面积要大　　B. 质量要轻
C. 空隙截面积小　　D. 耐介质腐蚀
12. 差压式液位测量仪表包括(C，D)液位计。
A. 浮子式　　B. 浮筒式　　C. 压力式　　D. 压差式
13. 下列属于液柱式压力计的是(A，D)。
A. 单管压力计　　B. 膜片压力计　　C. 波纹管压力计　　D. U形管压力计
14. 下列具有方向性的阀为(A，C，D)。
A. 截止阀　　B. 闸阀　　C. 单向阀　　D. 高压节流阀
15. 离心泵的完好标准有(A，B，C，D)。
A. 冷却水畅通　　B. 压力表完好　　C. 盘车轻松自如　　D. 主体完整、基础坚固
16. 设备润滑管理制度应遵循(B，C)的原则。
A. 二级过滤　　B. 三级过滤　　C. 五定　　D. 四级过滤
17. 润滑油的三级过滤指(A，B，D)。
A. 大油桶放油过滤　　B. 小油罐或油桶放油过滤
C. 泵润滑系统对润滑油的过滤　　D. 注油器过滤
18. 润滑油变质的主要原因有(A，B，C)。
A. 氧化　　B. 乳化　　C. 黏度超标　　D. 泵气蚀
19. 循环压缩机开车前必须具备的条件有(A，B，D)。
A. 油系统建立并运行正常　　B. 干气密封系统正常
C. 循环气走大循环　　D. 盘车正常
20. 氧化反应器投料前抑制剂系统应具备的条件有(A，C)。
A. 抑制剂储罐液位正常　　B. 乙烯引入缓冲罐
C. 水浴加热到要求的温度　　D. 进循环气的阀门打开
21. 氧化反应器投料前洗涤塔应具备的条件有(A，D)。
A. 与解吸塔建立热运　　B. 吸收水水温大于37℃
C. 分离罐液位50%　　D. 塔液位正常
22. 回收压缩机开车前必须具备的条件有(A，B，C)。
A. 冷却水投用完好　B. 低压氮气合格　　C. 仪表风正常　　D. 甲烷合格
23. 物质的饱和蒸气压与(B，C)有关系。
A. 质量　　B. 温度　　C. 物质的种类　　D. 物质的密度
24. 高速泵启动后应该检查的主要内容是(A，C，D)。
A. 电流大小　　B. 入口压力　　C. 出口压力　　D. 有无泄漏
25. 环氧乙烷解吸塔塔釜再沸器开车时的操作注意事项，正确的是(A，C，D)。
A. 开壳程蒸汽放空阀排不凝气　　B. 开管程物料放空阀排不凝气
C. 塔釜液位大于30%　　D. 蒸汽要暖管
26.(B，C，D)可能会造成氧化反应器床层产生热点。
A. 抑制剂加入过多　　B. 汽包压力控制过高
C. 锅炉给水量中断或不足　　D. 氧化反应器列管铁锈多

27. 氧化反应器的优化操作主要是调整(B，C)。

A. 甲烷加入量　　B. 抑制剂加入量

C. 反应器温度　　D. 锅炉给水加入量

28. 引起氧化反应器催化剂中毒的物质有(B，C，D)。

A. 乙烷　　B. 硫化物　　C. 甲醇　　D. 水

29. 影响化学吸收的因素有(A，B，C，D)。

A. 温度　　B. 压力　　C. 气体流速　　D. 吸收剂种类

30. 选择吸收剂的标准有(A，B，C)。

A. 对吸收质的溶解度大　　B. 对杂质的溶解度很小

C. 价格便宜，无毒无害　　D. 黏度、比热大

31. 氧化反应器负荷不变时，氧化反应器进行优化操作后 (B，D)。

A. 汽包的产汽量上升　　B. 催化剂选择性上升

C. 氧气进料量上升　　D. 汽包补水量下降

32. 在保证装置当量环氧乙烷产量相同的情况下，随着催化剂使用时间的延长(A，B)的加入量会上升。

A. 乙烯　　B. 氧气　　C. 甲烷　　D. 氮气

33. 在保证装置当量环氧乙烷产量相同的情况下，随着催化剂使用时间的延长，(A，C，D)会上升。

A. 反应器出口二氧化碳浓度　　B. 反应器出口环氧乙烷浓度

C. 汽包加水量　　D. 反应器温度

34. 氧化反应器反应温度过高时(A，C)。

A. 加剧反应　　B. 降低负荷　　C. 缩短催化剂寿命　　D. 提高选择性

35. 氧化反应器循环气流量跟踪差(B、C)。

A. 不联锁 OMS 停车　　B. 联锁停 OMS 停车

C. 联锁循环气放空 90s　　D. 联锁循环压缩机停车

36.(A，B，C)变化时会对氧化反应选择性产生影响。

A. 反应器入口乙烷浓度　　B. 反应器温度

C. 循环气流量　　D. 反应器入口甲烷浓度

37. 造成氧化反应器循环气入口温度高的原因有(A，B，C)。

A. 循环压缩机出口温度高　　B. 反应器出口冷却器汽包压力高

C. 反应器出现尾烧　　D. 循环气流量大

38. 氧化反应器循环气流量低会造成(A，B，D)。

A. 循环气在反应器内停留时间长　　B. C_2H_4 和 EO 深度氧化

C. 转化率降低　　D. 选择性降低

39. 氧化联锁停车下列仪表调节阀自动关闭(A，B，D)。

A. 氧气进料仪表调节阀　　B. 乙烯仪表调节阀

C. 进反应器循环气仪表调节阀　　D. 抑制剂进料仪表调节阀

40. 乙烯氧化成环氧乙烷，所用抑制剂通常为(A，D)。

A. 一氯乙烷　　B. 聚乙醇醚　　C. 聚氯乙烯　　D. 二氯乙烷

41. 氧化反应器负荷提高时接触塔需要调整的参数有(B，C)。
A. 塔釜液位 B. 脱二氧化碳循环气量
C. 碳酸盐溶液循环量 D. 冲洗水量
42. 通过回收压缩机回收环氧乙烷吸收系统的尾气可以(A，B，C)。
A. 降低物耗 B. 减少抑制剂的消耗量
C. 减少对环境的污染 D. 降低二氧化碳脱除系统的负荷
43. 正常生产中，属于氧化反应器入口循环气分析项目的是(B，D)。
A. 一氧化碳浓度 B. 乙烷浓度 C. 氖气浓度 D. 环氧乙烷浓度
44. 影响环氧吸收系统 pH 值的(A，C)。
A. 氧化反应负荷 B. 吸收塔上塔液位
C. 碱液的加入量 D. EO 采出量
45. 影响接触塔二氧化碳吸收效果的因素有(A，B，C，D)。
A. 碳酸盐溶液闪蒸罐压力 B. 碳酸盐溶液浓度
C. 再生塔釜温 D. 碳酸盐流量
46. 氧化系统正常停车前的准备工作，正确的是(A，B，C)。
A. 停抑制剂 B. 降负荷 C. 降反应温度 D. 关循环气排放阀
47. 氧化停车后，循环气中(A，B)含量降低。
A. 氧气 B. 乙烯 C. 甲烷 D. 氮气
48. 吸收解吸系统停车，终止加热系统关闭(A，B，C，D)。
A. 解吸塔直接蒸汽热源 B. 解吸塔间接蒸汽热源
C. 急冷排放解吸塔热源 D. 急冷排放液浓缩塔热源
49. 氧化反应器催化剂中毒时，下列说法正确的是(A，B，D)。
A. 出口乙烯浓度升高 B. 反应器汽包产汽明显下降
C. 反应器出口环氧乙烷浓度升高 D. 反应器出口二氧化碳浓度降低
50. 会引起催化剂活性下降的因素有(B，C，D)。
A. 乙烷浓度高 B. 催化剂中毒
C. 循环气中水浓度过高 D. 催化剂使用末期
51. 氧化反应器出口温差高的原因有(A，B，C，D)。
A. 反应器内产生热点 B. 催化剂床层下部反应过于剧烈
C. 反应器出口管线处发生尾烧 D. 氧化反应器负荷高
52. 氧化反应器入口环氧乙烷浓度高的原因有(A，B，D)。
A. 洗涤塔吸收水温过高 B. 洗涤塔液泛或发泡
C. 洗涤塔吸收水流量过高 D. 洗涤塔塔盘坏
53. 环氧乙烷吸收系统加入消泡剂后要调整的参数有(A，C，D)。
A. 洗涤塔液位 B. 洗涤塔釜温 C. 解吸塔液位 D. 解吸塔釜温
54. 环氧吸收塔加入消泡剂时(C，D)。
A. 贫液进料量增大 B. 通过解吸塔循环气量增大
C. 解吸塔压差降低 D. 解吸塔上塔液位升高

55. 液态抑制剂污染催化剂后，正确的处理方法是(A，B，C，D)。

A. 置换循环水　　B. 氮气置换循环气

C. 再开车时提负荷速度要慢　　D. 氮气置换时适当提高循环气温度

56. 环氧乙烷吸收解吸系统严重发泡有可能会造成(A，B，C)。

A. 循环压缩机停车　　B. 氧气混合站停车

C. 循环气放空 90s　　D. 催化剂尾烧

57. 二氧化碳脱除系统发泡后接触塔分离罐液位高，为防止碳酸盐带液进入循环气系统时应该(A，B，C)。

A. 立即到现场排循环气低点倒淋　　B. 注意循环气分离罐液位

C. 注意反应器床层温度　　D. 注意再生塔进料闪蒸罐液位

58. 抑制剂系统故障时，主要会影响反应器的(A，B，C)。

A. 床层温度　　B. 进出口氧差　　C. 出口温差　　D. 入口环氧乙烷浓度

59. 造成碳酸盐再生塔釜温低的原因有(A，B，C，D)。

A. 蒸气加入量不足　　B. 再沸器凝液罐满

C. 再沸器中有不凝气　　D. 塔顶冷却器出口温度低

60. 造成环氧乙烷解吸塔塔釜温度低的原因有(A，B，C，D)。

A. 再沸器循环效果差　　B. 再沸器凝液罐满

C. 再沸器中有不凝气　　D. 再沸器凝液罐空

61. 环氧乙烷再吸收塔塔压高的原因有(A，D)。

A. 洗涤塔分离罐液位控制阀内漏　　B. 解吸塔塔釜温度低

C. 再吸收水流量高　　D. 塔顶压力控制阀故障

62. 国标中二乙二醇产品的规格有(A，B)。

A. 优级品　　B. 一级品　　C. 特级品　　D. 合格品

63. 环氧乙烷物料管线系统安全阀的特点是(A，B，C，D)。

A. 法兰垫片材料是聚四氟乙烯或石墨　　B. 材质必须是不锈钢

C. 放空口接在物料管线上　　D. 安全阀法兰有跨接线

64. 能催化环氧乙烷聚合的物质有(A，B，C)。

A. 空气　　B. 硫　　C. 铁　　D. 乙二醇

65. 氧化投料前水合蒸发系统应具备的条件是(A，B，D)。

A. 末效已真空状态　　B. 各效压力平稳

C. 水合反应器已有温差　　D. 仪表已投用

66. 水合蒸发系统水运前公用工程需确认(A，B，D)。

A. 系统循环水是否投用　　B. 蒸汽管网是否建立

C. 氮气管网不投用　　D. 电系统正常

67. 环氧精制系统停车空气置换后，进容器内动火的要求有(B，C)。

A. 氮气纯度至少为 99.5%　　B. 系统中氧含量至少为 21%

C. 系统中总烃含量最大为 2000ppm　　D. 系统中环氧含量为 0.3%

68. 环氧乙烷精制系统投料时必须具备的条件是(A，B，D)。

A. 氧化反应系统运行正常　　B. 联锁系统调校完毕、合格

C. 产品冷却器冷冻盐水阀投用　　D. 所有倒淋关闭

69. 冰机加氟里昂时，说法正确的是(A, B, D)。

A. 冰机正常运行　　B. 关闭蒸发器出口阀

C. 先打开氟里昂瓶阀门，再打开连接蒸发器的阀门

D. 先打开连接蒸发器的阀，再打开氟里昂瓶阀门

70. 环氧乙烷装车时的操作注意事项，正确的说法是(B, C, D)。

A. 关闭槽车的排气阀　　B. 对槽车进行氮气置换

C. 控制槽车的压力　　D. 控制装车速度

71. 乙二醇精制塔在一定的压力下，调整(A, C, D)来控制乙二醇产品质量。

A. 灵敏板温度　　B. 塔的液位　　C. 产品产出口温度　D. 回流比

72. 按 SHELL 设计，EO 产品达到优级品指标为(A, B, C, D)。

A. 总醛≤0.005%　　B. 水分≤0.005%

C. 酸度≤0.002%　　D. 二氧化碳≤0.003%

73. 关于物质的潜热，说法正确的是(C, D)。

A. 物质没有相变化，升温时吸收的热量　B. 物质没有相变化，降温时放出的热量

C. 物质温度无变化，汽化时吸收的热量　D. 物质温度无变化，冷凝时放出的热量

74. 多效蒸发系统的主要控制参数有(B, C, D)。

A. 脱盐水量　　B. 蒸发塔的各效压力

C. 各效的液位　　D. 第一效蒸汽加入量

75. 多效蒸发中乙二醇反应器产品闪蒸塔塔釜再沸器蒸汽量加入过大，最可能发生(A, B, D)。

A. 一效塔顶压力升高　　B. 严重时可能是一效二效塔顶安全阀起跳

C. 水合反应系统停车　　D. 环氧解吸系统波动

76. 多效蒸发升降负荷时，需要调整的工艺参数是(A, B, C, D)。

A. 蒸汽加入量　　B. 末效采出量　　C. 各效回流量　　D. 各塔液位

77. 调整多效蒸发系统末效蒸发器塔釜物料水含量的主要方法是(A, C, D)。

A. 调节蒸汽量　　B. 调节回流量　　C. 调节塔的压力　　D. 调节采出量

78. 环氧乙烷水合反应的停留时间会影响(A, C, D)。

A. 乙二醇的选择性　　B. 水合反应器的压力

C. 二乙二醇的选择性　　D. 环氧乙烷的转化率

79. 乙二醇产品的国标指标包括(A, B, D)。

A. 铁含量　　B. 酸度　　C. 二氧化碳含量　　D. 紫外透过率

80. 关于再沸器结焦的原因，说法正确的是(A, B, C)。

A. 物料的黏度大　　B. 再沸器温度高　　C. 使用时间长　　D. 塔的液位高

81. 乙二醇精制塔真空的影响因素有(B, C)。

A. 精制塔液位　　B. 塔顶冷凝器的换热效果

C. 脱水塔加入的氮气量　　D. 真空泵冷凝器的换热效果

82. 乙二醇精制塔回流比对产品的影响，说法正确的是(B, C, D)。

A. 不影响产品质量　　B. 影响产品质量

C. 影响产品中的重组分含量　　D. 影响产品中的水含量

83. 减少乙二醇精制系统物料排放的方法，下列说法正确的是(B，C，D)。

A. 停车后立即排放　　B. 用泵把塔釜物料返回粗乙二醇储罐

C. 把最后剩的物料装桶

D. 先用水蒸煮几遍后再返料至粗乙二醇储罐

84. 环氧乙烷物料系统的(B，C，D)校验周期是 6 个月。

A. 仪表控制系统　　B. 指示仪表

C. 质量流量计　　D. 固定式可燃气体检测仪

85. 环氧乙烷精制塔回流泵定期切换的目的是(A，B，C)。

A. 检查备用泵的好坏　　B. 防止泵壳内环氧乙烷聚合

C. 对运行泵作维护　　D. 已出现故障，需检修

86. 环氧乙烷储罐处理要求是(A，C，D)。

A. 储罐安全阀调校合格　　B. 安全阀氮气打开

C. 人孔复位时脱脂　　D. 法兰跨接线已连上

87. 环氧乙烷水合反应器压力控制的依据，下列说法正确的是(A，B)。

A. 反应温度高必须相应的提高反应压力

B. 控制反应压力保证环氧乙烷在液相中反应

C. 水合反应压力高可以提高反应速度

D. 水合反应压力低可提高乙二醇的选择性

88. 冰机制冷效果差的主要原因有(A，B，D)。

A. 制冷剂量少　　B. 排气温度高　　C. 电流大　　D. 吸气压力低

89. 造成末效蒸发器温度低的原因有(B，C，D)。

A. 热水井液位高　　B. 塔釜采出量小

C. 再沸器循环效果差　　D. 蒸汽加入量少

90. 多效蒸发系统末效蒸发器真空度低的原因是(A，C)。

A. 蒸发器负荷低　　B. 塔釜产出量大

C. 塔补充氮气量小　　D. 真空泵蒸汽加入量小

91. 关于再沸器结焦现象的叙述，说法正确的是(A，B，D)。

A. 再沸器进、出口温差小　　B. 蒸汽阀位开大，蒸汽量变化不明显

C. 塔的液位上升　　D. 塔釜温度上不去

92. 环氧乙烷精制塔回流泵联锁停车的原因有(B，C，D)。

A. 回流罐液位高　　B. 泵轴温高

C. 可燃气浓度高　　D. 回流罐入口阀关闭

93. 环氧乙烷着火后正确的处理方法是(A，B，D)。

A. 应切断泄漏点　　B. 用泡沫灭火机灭火

C. 用水灭火　　D. 报告调度

94. 乙二醇精制塔塔釜温度偏低，正确的处理方法是(A，B，C)。

A. 提高进料温度　　B. 提高加热蒸汽量

C. 检查再沸器是否结焦　　D. 增加回流量

95. 乙二醇脱水塔塔压力上升，正确的处理方法是(B，C)。
A. 提高进料温度　　B. 检查塔是否泄漏
C. 检查真空泵是否故障　　D. 增加回流量
96. 成品罐冒罐时，正确的处理方法是(A，C，D)。
A. 产品产出切至另外的成品罐　　B. 产品产出返粗乙二醇储罐
C. 溢出的产品装桶回收　　D. 查明原因
97. 乙二醇精制系统停蒸汽时，正确的处理方法是(A，B，C)。
A. 停止产品产出　　B. 各塔停止进料
C. 蒸汽凝液切出系统　　D. 各塔停真空

四、技能操作鉴定要素细目表

鉴定范围						鉴定点	
一级		二级		三级		代码	名称
代码	名称	代码	名称	代码	名称		
B	氧化系统技能要求	A	工艺操作	A	开车准备	001	原料气、氧气的引进操作
						002	干气密封系统投用操作
				B	开车操作	001	锅炉给水系统的建立
						002	碳酸盐溶液的配制操作
						003	建立环氧乙烷洗涤塔到吸收塔的水运操作
						004	碳酸盐溶液闪蒸罐喷射器的投用操作
						005	环氧乙烷再吸收塔的正常开车操作
				C	正常操作	001	抑制剂的补加操作
						002	水力透平的投用操作
						003	氧化反应系统提负荷的操作
						004	二氧化碳脱除系统补加碳酸盐操作
						005	正常运行时氧气浓度升高的调整操作
						006	正常运行时乙烯浓度升高的调整操作
						007	反应器入口环氧乙烷浓度高的调整操作
						008	反应器入口二氧化碳浓度高的调整操作
				D	停车操作	001	氧化反应器的停车操作
						002	二氧化碳脱除系统正常停车操作
						003	环氧乙烷解吸、吸收系统正常停车操作
		B	设备使用与维护	A	使用设备	001	高速离心泵的开停车操作
						002	锅炉给水泵的切换操作
						003	循环水冷却器切换操作
						004	空冷器的开车操作
						005	开车泵检修停车倒空交出操作
						006	柱塞泵的开停车操作
						007	溴化锂制冷机的开停车操作
						008	降膜再沸器的投用

续表

鉴定范围						鉴定点	
一级		二级		三级		代码	名称
代码	名称	代码	名称	代码	名称		
				B	维护设备	001	循环水泵交出检修工艺处理操作
						002	解吸塔塔釜换热器交出检修工艺处理操作
						003	氧化岗位冬季生产伴热的投用操作
		C	事故判断与处理	A	判断事故	001	氧化岗位正常运行过程中，反应器产汽量上升的原因
						002	氧化反应器出口温差高的原因
						003	环氧乙烷再吸收塔放空量大的原因
						004	碳酸盐溶液再生塔塔压高的原因
				B	处理事故	001	开车前反应器温度升不上去的处理
						002	循环压缩机联锁停车时氧化岗位处理
						003	离心泵气缚现象的处理
						004	环氧乙烷水溶液泄漏的处理
						005	循环水泵故障的处理
						006	碳酸盐循环泵故障的处理
						007	环氧乙烷再吸收塔塔压高的处理
		D	绘图与计算	A	绘图	001	识读环氧乙烷洗涤塔结构简图
						002	带控制点的碳酸盐过滤器流程图的绘制
						003	环氧乙烷再吸收塔流程图的绘制
C	精制系统技能要求	A	工艺操作	A	开车准备	001	冷冻盐水的配制操作
						002	乙二醇精制系统的气密置换操作
						003	环氧乙烷成品切入罐区前罐区应具备的条件
				B	开车操作	001	水合蒸发系统的正常开车操作
						002	乙二醇脱水塔的正常开车操作
						003	乙二醇精制塔的正常开车操作
						004	乙二醇分离塔的正常开车操作
						005	环氧乙烷精制塔的回流系统的建立操作
				C	正常操作	001	环氧乙烷装车操作
						002	环氧乙烷球罐的切换操作
						003	水合蒸发系统负荷提高时的调整操作
						004	乙二醇精制塔负荷提高时的调整操作
						005	乙二醇分离塔负荷提高时的调整操作
						006	环氧乙烷精制塔负荷提高时的调整操作
				D	停车操作	001	环氧乙烷储罐系统置换操作
						002	乙二醇蒸发岗位停车操作
						003	乙二醇精制塔物料倒空的操作

续表

鉴定范围						鉴定点	
一级		二级		三级		代码	名称
代码	名称	代码	名称	代码	名称		
						004	乙二醇分离塔的停车操作
						005	二乙二醇精制塔的停车操作
						006	环氧乙烷精制系统倒空操作
		B	设备使用与维护	A	使用设备	001	真空泵的投用操作
						002	真空塔的投用操作
						003	真空泵的切出检修处理
						004	高速离心泵的开停车操作
						005	乙二醇脱水塔再沸器的开车操作
						006	环氧乙烷精制塔塔釜泵的交出检修处理
				B	维护设备	001	冰机的维护内容
						002	离心泵的维护内容
						003	检修结束后塔内件的检查内容
		C	事故判断与处理	A	判断事故	001	环氧产品中的二氧化碳含量高的原因
						002	环氧乙烷精制塔回流罐液位高的原因
						003	环氧乙烷精制塔塔釜环氧乙烷含量高的原因
						004	汽提塔塔釜 pH 值低的原因
						005	乙二醇脱水塔塔压升高的原因
				B	处理事故	001	环氧乙烷精制塔塔压高的处理
						002	环氧乙烷回流罐中水含量高的处理
						003	加热蒸汽中断环氧乙烷精制岗位的处理
						004	回流泵故障环氧乙烷精制岗位的处理
						005	蒸发岗位停冷却水的处理
						006	末效蒸发器真空泵故障的处理
						007	乙二醇产品中水含量高的处理
						008	水合蒸发系统塔压高的处理
		D	绘图与计算	A	绘图	001	画出乙二醇脱水塔的工艺流程图
						002	画出水合进料汽提塔的工艺流程图

五、技能操作试题

试题1：原料氧气的引进操作

（考核时间：15min）

序号	考核内容	考核要点	配分	评分标准	检测结果	扣分	得分	备注
1	准备工作	穿戴劳保用品	3	未穿戴整齐扣3分				
		工具、用具准备	2	工具选择不正确扣2分				

续表

序号	考核内容	考核要点	配分	评分标准	检测结果	扣分	得分	备注
2	操作程序	氧气管道吹扫合格，氧气管线上氮气已加盲板；放空阀、倒淋阀已关闭；过滤器前后阀关闭	15	未确认盲板扣5分				
				管线未吹扫合格扣5分				
				未确认放空阀扣5分				
				未确认倒淋阀扣5分				
				未确认过滤器阀扣5分				
3		管线上仪表和联锁投用	10	未确认仪表投用扣5分				
				未确认联锁投用扣5分				
4		与调度联系，氧气可以供应	10	未联系扣10分				
5		确认氧气到界区，压力达到要求，压力控制阀投用	20	未确认界区压力扣10分				
				控制阀未投用扣20分				
6		打开过滤器前阀，升压平衡后，检漏	20	阀操作不规范扣10分				
				未检漏扣10分				
7		打开过滤器后阀，使氧气到达调节阀，压力达到要求，等待OMS开车	15	阀操作不规范扣5分				
				未确认压力扣10分				
8	使用工具	正确使用工具	2	工具使用不正确扣2分				
		正确维护工具	3	工具乱摆乱放扣3分				
9	安全及其他	按国家法规或企业规定		违规一次总分扣5分；严重违规停止操作			—	
		在规定时间内完成操作		每超时1min总分扣5分，超时3min停止操作			—	
	合　计		100					

试题2：干气密封系统投用操作

（考核时间：15min）

序号	考核内容	考核要点	配分	评分标准	检测结果	扣分	得分	备注
1	准备工作	穿戴劳保用品	3	未穿戴整齐扣3分				
		工具、用具准备	2	工具选择不正确扣2分				
2	操作程序	检查各等级氮气具备投用要求	10	未检查扣10分				
				检查漏一项扣5分				
3		干气系统进行完整性检查	10	未检查阀门位置扣5分				
				未检查氮气压力扣5分				
				未检查控制阀扣5分				
4		相关仪表、联锁投用	10	未确认仪表扣5分				
				未确认联锁扣5分				

续表

序号	考核内容	考核要点	配分	评分标准	检测结果	扣分	得分	备注
5		循环气升压前，用高压氮气建立一级密封；控制好密封气的压力和流量	20	建立密封不规范扣10分				
				压力没控制好扣10分				
				流量没控制好扣10分				
6		再用中压氮气建立二级密封；控制好密封气的压力和流量	20	建立密封不规范扣10分				
				压力没控制好扣10分				
				流量没控制好扣10分				
7		在油泵启动前，用低压氮气建立三级密封；控制好密封气的压力和流量	20	建立密封不规范扣10分				
				压力没控制好扣10分				
				流量没控制好扣10分				
8	使用工具	正确使用工具	2	工具使用不正确扣2分				
		正确维护工具	3	工具乱摆乱放扣3分				
9	安全及其他	按国家法规或企业规定		违规一次总分扣5分；严重违规停止操作			—	
		在规定时间内完成操作		每超时1min总分扣5分，超时3min停止操作			—	
		合　计	100					

试题3：碳酸盐溶液系统建立的操作

（考核时间：15min）

序号	考核内容	考核要点	配分	评分标准	检测结果	扣分	得分	备注
1	准备工作	穿戴劳保用品	3	未穿戴整齐扣3分				
		工具、用具准备	2	工具选择不正确扣2分				
2	操作程序	公用工程、电气、仪表、联锁投用正常	15	未确认公用工程扣5分				
				未确认电气扣5分				
				未确认仪表扣5分				
				未确认联锁扣5分				
3		系统水洗、碱洗、漂洗符合要求	10	水洗不干净扣5分				
				碱洗不符合要求扣5分				
				漂洗不彻底扣5分				
4		吸收塔用氮气升压达到要求	10	未达到压力要求扣10分				
5		碳酸盐溶液按要求配制在贮槽中待用	10	未配制扣10分				
				浓度不符合要求扣8分				
				未分析发泡合格扣5分				
6		由贮槽向再生塔加液到高液位，启动塔釜泵，建立与吸收塔之间的循环，同时继续补充溶液	15	加液不熟练扣5分				
				启动泵不规范扣10分				
				两塔液位控制不好扣5分				
				未及时补充溶液扣5分				

续表

序号	考核内容	考核要点	配分	评分标准	检测结果	扣分	得分	备注
7		投用碳酸盐溶液过滤器，观察过滤器的压差。建立仪表冲洗水，各液位控制稳定后，停碳酸钾补充	15	投用过滤器不规范扣15分				
				未建立冲洗水扣10分				
				未控制稳定停扣5分				
				未观察压差扣5分				
8		向再生塔加热，建立热循环；取样分析是否符合开车要求；观察洗收塔的压差符合要求	15	引蒸汽不规范扣5分				
				再沸器投用不规范扣5分				
				未取样分析扣5分				
				未观察压差扣5分				
9	使用工具	正确使用工具	2	工具使用不正确扣2分				
		正确维护工具	3	工具乱摆乱放扣3分				
10	安全及其他	按国家法规或企业规定		违规一次总分扣5分；严重违规停止操作			—	
		在规定时间内完成操作		每超时1min总分扣5分，超时3min停止操作			—	
		合　计	100					

试题4：建立环氧乙烷洗涤塔和汽提塔的水循环

（考核时间：15min）

序号	考核内容	考核要点	配分	评分标准	检测结果	扣分	得分	备注
1	准备工作	穿戴劳保用品	3	未穿戴整齐扣3分				
		工具、用具准备	2	工具选择不正确扣2分				
2	操作程序	冷却水、空冷器等公用工程投用，电气、仪表、联锁投用正常	15	未确认公用工程扣5分				
				未确认电气扣5分				
				未确认仪表扣5分				
				未确认联锁扣5分				
3		打开汽提塔氮气，控制好压力，洗涤塔氮气升压满足要求	10	未打开氮气扣10分				
				压力控制不好扣5分				
				洗涤塔升压不符合要求扣5分				
4		汽提塔加水，建立高液位，启动塔釜泵，建立小循环	15	未加水扣10分				
				液位太低扣5分				
				启动泵不规范扣5分				
				未建立小循环扣10分				
5		打开去洗涤塔阀门，建立大循环，关闭小循环；补充水，控制好塔液位	20	建立大循环不规范扣10分				
				塔液位控制不好扣10分				
				未及时补充水扣5分				
				未关小循环扣5分				

续表

序号	考核内容	考核要点	配分	评分标准	检测结果	扣分	得分	备注
6		向汽提塔引入蒸汽，升温，建立回流	15	引入蒸汽不规范扣5分				
				再沸器投用不规范扣5分				
				回流不建立扣5分				
7		调节去洗涤塔水量、汽提塔釜温和回流，满足开车要求	15	水量调节波动大扣5分				
				釜温太低扣5分				
				回流过小扣5分				
8	使用工具	正确使用工具	2	工具使用不正确扣2分				
		正确维护工具	3	工具乱摆乱放扣3分				
9	安全及其他	按国家法规或企业规定		违规一次总分扣5分；严重违规停止操作			—	
		在规定时间内完成操作		每超时1min总分扣5分，超时3min停止操作			—	
合计			100					

试题5：碳酸盐溶液闪蒸喷射器的投用操作

（考核时间：15min）

序号	考核内容	考核要点	配分	评分标准	检测结果	扣分	得分	备注
1	准备工作	穿戴劳保用品	3	未穿戴整齐扣3分				
		工具、用具准备	2	工具选择不正确扣2分				
2	操作程序	碳酸盐溶液已建立稳定循环，热运正常	20	未确认循环稳定扣10分				
				未确认热运正常扣10分				
3		打开蒸汽倒淋，排除凝液，引入少量蒸汽，暖管	25	未排凝液扣15分				
				未暖管扣10分				
4		关闭倒淋，慢慢开大蒸汽	25	未关倒淋扣15分				
				阀操作不规范扣10分				
5		调节蒸汽流量达到设定值	20	未调节到设定值扣20分				
6	使用工具	正确使用工具	2	工具使用不正确扣2分				
		正确维护工具	3	工具乱摆乱放扣3分				
7	安全及其他	按国家法规或企业规定		违规一次总分扣5分；严重违规停止操作			—	
		在规定时间内完成操作		每超时1min总分扣5分，超时3min停止操作			—	
合计			100					

试题6：环氧乙烷再吸收塔的正常开车操作

（考核时间：15min）

序号	考核内容	考核要点	配分	评分标准	检测结果	扣分	得分	备注
1	准备工作	穿戴劳保用品	3	未穿戴整齐扣3分				
		工具、用具准备	2	工具选择不正确扣2分				
2	操作程序	系统检查，公用工程投用，仪表系统全部投用	10	未系统检查扣5分				
				仪表系统没有投用扣5分				
				未确认公用工程扣5分				
3		氮气充入塔，压力自控，循环水槽充满水	15	氮气系统未投用扣5分				
				槽未充满水扣10分				
4		启动循环水泵，向吸收塔加水，建立液位	20	启动泵不规范扣10分				
				液位不符合要求扣10分				
5		启动塔釜泵，建立自循环，经过塔釜换热器	25	泵启动不规范扣10分				
				未建立自循环扣10分				
				循环走向不正确扣10分				
6		根据需要，向汽提塔供水，同时补充水，控制好液位，控制好压力	20	未向汽提塔供水扣10分				
				未及时补充水扣10分				
				液位控制不好扣5分				
				压力控制不好扣5分				
7	使用工具	正确使用工具	2	工具使用不正确扣2分				
		正确维护工具	3	工具乱摆乱放扣3分				
8	安全及其他	按国家法规或企业规定		违规一次总分扣5分；严重违规停止操作			—	
		在规定时间内完成操作		每超时1min总分扣5分，超时3min停止操作			—	
		合　计	100					

试题7：氧化反应系统提负荷的操作

（考核时间：15min）

序号	考核内容	考核要点	配分	评分标准	检测结果	扣分	得分	备注
1	准备工作	穿戴劳保用品	3	未穿戴整齐扣3分				
		工具、用具准备	2	工具选择不正确扣2分				
2	操作程序	认真分析反应状态，是否具备提负荷条件	10	未分析扣10分				
3		慢慢增加氧气和乙烯流量；调整抑制剂和吸收水量	15	提量速度快扣8分				
				未及时调整抑制剂扣8分				
				未及时调整吸收水扣8分				
4		适当增加脱除二氧化碳的处理量	20	未增加或引起该单元波动扣20分				
				未及时调整扣10分				

续表

序号	考核内容	考核要点	配分	评分标准	检测结果	扣分	得分	备注
5		调整 BFW 量，控制好汽包的压力、液位；观察氧气和乙烯浓度	20	未调整 BFW 扣 10 分				
				压力、液位波动扣 10 分				
				未观察浓度扣 10 分				
6		注意循环气和氧气流量跟踪差、反应温差等各种联锁值的变化情况	15	未注意氧气与循环压差扣 8 分				
				未注意跟踪差扣 8 分				
				未注意反应温差扣 8 分				
7		调整解吸塔的加热量，保证环氧乙烷的汽提	10	未调整扣 10 分				
				汽提不够扣 8 分				
8	使用工具	正确使用工具	2	工具使用不正确扣 2 分				
		正确维护工具	3	工具乱摆乱放扣 3 分				
9	安全及其他	按国家法规或企业规定		违规一次总分扣 5 分；严重违规停止操作			—	
		在规定时间内完成操作		每超时 1min 总分扣 5 分，超时 3min 停止操作			—	
合　计			100					

试题 8：二氧化碳脱除系统补加碳酸盐的操作

（考核时间：15min）

序号	考核内容	考核要点	配分	评分标准	检测结果	扣分	得分	备注
1	准备工作	穿戴劳保用品	3	未穿戴整齐扣 3 分				
		工具、用具准备	2	工具选择不正确扣 2 分				
2	操作程序	分析到系统中碳酸盐浓度低	10	未做分析扣 10 分				
3		计算系统需要补加的量	15	未计算或计算错扣 15 分				
4		分析贮槽中碳酸盐浓度及发泡试验均合格，温度比较合适，算出贮槽内补加的碳酸钾溶液的液位高度，并做好记录，启动泵，贮槽中的碳酸盐打循环	15	温度不符合扣 5 分				
				未分析碳酸盐浓度扣 5 分				
				未计算贮槽液位高度扣 5 分				
				贮槽未打循环扣 5 分				
				未分析发泡试验扣 5 分				
5		由泵向再生塔釜补加定量碳酸盐到预计的液位	20	泵操作不规范扣 10 分				
				补加量不适当扣 10 分				
6		待系统循环稳定后，分析碳酸盐浓度和发泡情况是否符合标准	15	补加后系统不稳定扣 10 分				
				未分析浓度扣 5 分				
				未分析发泡扣 5 分				
7		停止贮槽的循环	10	未停止循环扣 10 分				
8		停止碳酸盐泵	5	未停止碳酸盐泵扣 5 分				

续表

序号	考核内容	考核要点	配分	评分标准	检测结果	扣分	得分	备注
9	使用工具	正确使用工具	2	工具使用不正确扣2分				
		正确维护工具	3	工具乱摆乱放扣3分				
10	安全及其他	按国家法规或企业规定		违规一次总分扣5分；严重违规停止操作			—	
		在规定时间内完成操作		每超时1min总分扣5分，超时3min停止操作			—	
		合　计	100					

试题9：正常运行时乙烯浓度升高如何调整操作

（考核时间：15min）

序号	考核内容	考核要点	配分	评分标准	检测结果	扣分	得分	备注
1	准备工作	穿戴劳保用品	3	未穿戴整齐扣3分				
		工具、用具准备	2	工具选择不正确扣2分				
2	操作程序	适当降低乙烯进料量	15	未及时降低乙烯量扣15分				
				调整不及时扣15分				
3		适当增加氧气流量	10	没适当增加氧气流量扣10分				
4		适当降低抑制剂加入量，优化反应	25	未调整抑制剂扣25分				
				优化程序不规范扣10分				
5		吸收水、BFW量等相应调整	15	吸收水未调整扣10分				
				BFW未调整扣10分				
6		适当提高汽包压力和反应温度	10	未提高汽包压力和温度扣10分				
7		适当降低循环气的压力	5	未降低循环气压力扣5分				
8		通过排放焚烧或200单元的脱除量来控制好反应器入口循环气中的CO_2、Ar、N_2等浓度	10	未考虑组分的影响扣10分				
9	使用工具	正确使用工具	2	工具使用不正确扣2分				
		正确维护工具	3	工具乱摆乱放扣3分				
10	安全及其他	按国家法规或企业规定		违规一次总分扣5分；严重违规停止操作			—	
		在规定时间内完成操作		每超时1min总分扣5分，超时3min停止操作			—	
		合　计	100					

试题10：反应器入口环氧乙烷浓度高的原因

（考核时间：15min）

序号	考核内容	考核要点	配分	评分标准	检测结果	扣分	得分	备注
1	准备工作	穿戴劳保用品	3	未穿戴整齐扣3分				
		工具、用具准备	2	工具选择不正确扣2分				

续表

序号	考核内容	考核要点	配分	评分标准	检测结果	扣分	得分	备注
2	操作程序	解吸塔釜温低，解吸塔热量不够，汽提不完全	25	未分析釜液位高扣10分				
				未分析二次蒸汽少扣10分				
				未分析再沸器工作不正常扣10分				
3		吸收水量偏低或吸收水水温高，吸收水的换热器换热效果差等	25	未分析吸收水量少扣15分				
				未吸收水温高扣15分				
				吸收水的换热器换热效果差扣15分				
4		洗涤塔气相负荷高	10	未分析气相负荷高扣10分				
5		氧化反应生产负荷偏高	20	未分析生产负荷扣20分				
6		仪器指示不准	10	未分析仪器问题扣10分				
				未提出用色谱对比扣5分				
7	使用工具	正确使用工具	2	工具使用不正确扣2分				
		正确维护工具	3	工具乱摆乱放扣3分				
8	安全及其他	按国家法规或企业规定		违规一次总分扣5分；严重违规停止操作			—	
		在规定时间内完成操作		每超时1min总分扣5分，超时3min停止操作			—	
合计			100					

试题11：氧化反应器的停车操作

（考核时间：20min）

序号	考核内容	考核要点	配分	评分标准	检测结果	扣分	得分	备注
1	准备工作	穿戴劳保用品	3	未穿戴整齐扣3分				
		工具、用具准备	2	工具选择不正确扣2分				
2	操作程序	根据指令，甲烷致稳改用氮气；逐步降低氧气、乙烯浓度到规定值；增加外供蒸汽	15	未改用氮气扣5分				
				降浓度操作不规范扣5分				
				未提出增加蒸汽扣5分				
3		启动开车泵；降低BFW量，控制好汽包压力和液位	15	未启动开车泵扣15分				
				未控制好汽包压力扣5分				
				未控制好汽包液位扣5分				
4		按指令停抑制剂加入	10	未停抑制剂扣10分				
				过早或过晚扣5分				
5		联系调度，停OMS；切断氧气、乙烯、甲烷和EDC阀门，压缩机一级干气密封从循环气切到高压氮气	15	未联系调度扣5分				
				停OMS不果断扣5分				
				未切断原料阀门扣10分				
				未切断其他阀门扣10分				
				未切干气密封扣10分				

续表

序号	考核内容	考核要点	配分	评分标准	检测结果	扣分	得分	备注
6		循环若干小时，消耗残余氧气或乙烯后，将循环气与200单元切断，在汽包温度低于165℃之前，把循环气切离反应器，停压缩机	15	未观察氧气消耗扣5分				
				未观察乙烯消耗扣5分				
				未切断循环气扣5分				
				未切断200单元扣5分				
				未停压缩机扣5分				
7		汽包蒸汽从蒸汽管网切至放空，汽包和反应器降温	10	蒸汽未切至放空扣10分				
				降温操作不规范扣5分				
8		降到规定温度105℃，汽包微开氮气；循环气泄压，并用大量氮气升压置换到烃类合格	10	未向汽包充氮扣5分				
				循环气未泄压扣5分				
				置换不合格扣5分				
9	使用工具	正确使用工具	2	工具使用不正确扣2分				
		正确维护工具	3	工具乱摆乱放扣3分				
10	安全及其他	按国家法规或企业规定		违规一次总分扣5分；严重违规停止操作			—	
		在规定时间内完成操作		每超时1min总分扣5分，超时3min停止操作			—	
		合　计	100					

试题12：二氧化碳脱除系统正常停车操作

（考核时间：15min）

序号	考核内容	考核要点	配分	评分标准	检测结果	扣分	得分	备注
1	准备工作	穿戴劳保用品	3	未穿戴整齐扣3分				
		工具、用具准备	2	工具选择不正确扣2分				
2	操作程序	反应系统停车，待循环气中二氧化碳处理完毕，慢慢降低进二氧化碳脱除系统的循环气量	15	未确认系统二氧化碳浓度扣10分				
				没有降低去200单元的循环气量扣5分				
3		直到切断循环气去二氧化碳处理单元，关闭进出口阀门	10	切断不及时扣5分				
				切断引起工艺波动扣10分				
4		碳酸钾溶液继续运行，当碳酸氢钾完全转化为碳酸钾，把碳酸钾提浓到规定浓度	20	碳酸氢钾未完全转化扣10分				
				碳酸钾溶液未提浓扣10分				
5		停碳酸钾循环泵，排碳酸钾溶液到中间槽备用	15	排放溶液不规范扣15分				
6		加水喷淋到一定液位，打循环后，停碳酸钾循环泵，回收碳酸钾，再清洗一次，回收，停止加热蒸汽，关手阀，停仪表冲洗水	20	未用清水喷淋扣20分				
				未回收碳酸钾扣20分				
				未停加热蒸汽扣5分				
				未停冲洗水扣5分				
				未打循环扣5分				
				未清洗干净扣10分				

续表

序号	考核内容	考核要点	配分	评分标准	检测结果	扣分	得分	备注
7		停洗涤水泵，排液，系统泄压，用氮气置换合格	10	泄压不彻底扣5分				
				未排液扣5分				
				置换不彻底扣5分				
8	使用工具	正确使用工具	2	工具使用不正确扣2分				
		正确维护工具	3	工具乱摆乱放扣3分				
9	安全及其他	按国家法规或企业规定		违规一次总分扣5分；严重违规停止操作			—	
		在规定时间内完成操作		每超时1min总分扣5分，超时3min停止操作			—	
合计			100					

试题13：环氧乙烷吸收、解吸系统正常停车操作

（考核时间：15min）

序号	考核内容	考核要点	配分	评分标准	检测结果	扣分	得分	备注
1	准备工作	穿戴劳保用品	3	未穿戴整齐扣3分				
		工具、用具准备	2	工具选择不正确扣2分				
2	操作程序	循环压缩机已停，分析解吸塔顶无环氧乙烷	10	未分析浓度扣5分				
				未确认停压缩机扣5分				
3		逐步降低吸收水量，与后工段联系好，停解吸塔所有加热蒸汽；停回流泵	20	降水量操作不稳定扣5分				
				停蒸汽不规范扣10分				
				未停回流泵扣10分				
4		打开泵的小循环管线；切断吸收水大循环，停泵	25	未开小循环扣10分				
				切断大循环不熟练扣10分				
				停泵不规范扣5分				
5		停空冷器；吸收塔泄压，停泵，排液；解吸塔充入氮气保持正压，排液	25	未停空冷器扣5分				
				吸收塔未泄压排液扣10分				
				解吸塔不充氮排液扣10分				
6		两塔用氮气吹扫干净	10	吸收塔未吹干扣5分				
				解吸塔未吹干扣5分				
7	使用工具	正确使用工具	2	工具使用不正确扣2分				
		正确维护工具	3	工具乱摆乱放扣3分				
8	安全及其他	按国家法规或企业规定		违规一次总分扣5分；严重违规停止操作			—	
		在规定时间内完成操作		每超时1min总分扣5分，超时3min停止操作			—	
合计			100					

试题14：高速离心泵的开泵操作

（考核时间：15min）

序号	考核内容	考核要点	配分	评分标准	检测结果	扣分	得分	备注
1	准备工作	穿戴劳保用品	3	未穿戴整齐扣3分				
		工具、用具准备	2	工具选择不正确扣2分				
2	操作程序	检查泵润滑油、冷却水正常，完整性检查完好	15	未检查润滑油扣5分				
				未检查冷却水扣5分				
				未完整性检查扣5分				
3		脱氧器内液位、温度、压力符合要求	15	未确认液位扣5分				
				未确认温度扣5分				
				未确认压力扣5分				
4		打开进口阀，系统充分排气，暖泵，盘车正常	15	操作步骤错误扣15分				
				未盘车扣10分				
				未排气暖泵扣10分				
5		关闭排气阀，检漏。旁路阀有适当开度或出口阀稍开一点	10	未关排气阀扣5分				
				阀操作不规范扣5分				
				未检漏扣5分				
6		手摇泵按几下，直到油压表指针摆动。启动泵，慢慢打开出口阀，观察压力是否正常	20	启动泵不规范扣5分				
				未打开压力表阀扣5分				
				未观察压力扣5分				
7		通过旁路管线上的调节阀控制泵的出口流量或压力到设计流量	15	压力控制不好扣5分				
				流量控制不好扣5分				
				未建立小循环扣15分				
				未控制到设计值扣10分				
8	使用工具	正确使用工具	2	工具使用不正确扣2分				
		正确维护工具	3	工具乱摆乱放扣3分				
9	安全及其他	按国家法规或企业规定		违规一次总分扣5分；严重违规停止操作			—	
		在规定时间内完成操作		每超时1min总分扣5分，超时3min停止操作			—	
		合　计	100					

试题15：锅炉给水泵的切换操作

（考核时间：15min）

序号	考核内容	考核要点	配分	评分标准	检测结果	扣分	得分	备注
1	准备工作	穿戴劳保用品	3	未穿戴整齐扣3分				
		工具、用具准备	2	工具选择不正确扣2分				

续表

序号	考核内容	考核要点	配分	评分标准	检测结果	扣分	得分	备注
2	操作程序	检查备泵的润滑油、冷却水正常投用，完整性检查完好	10	未检查润滑油扣5分				
				未检查冷却水扣5分				
3		稍开进口阀，打开排气阀，充分暖泵	15	阀操作不规范扣5分				
				未排气扣15分				
				未暖泵扣10分				
4		关闭排气阀，盘泵正常，检漏正常	15	未关排气阀扣5分				
				未盘泵扣5分				
				未检漏扣5分				
5		启动备泵	15	启动泵操作不规范扣15分				
6		慢慢打开出口阀至全开，观察压力、流量、电流等是否正常	25	阀操作不规范扣5分				
				未观察压力扣5分				
				未观察流量扣5分				
				未观察电流扣5分				
7		同时慢慢关闭原运行泵的出口阀，待备泵运行正常后，停原来运行的泵	10	备泵未正常运行就停原运行泵扣10分				
				泵操作不规范扣5分				
				未排液扣5分				
8	使用工具	正确使用工具	2	工具使用不正确扣2分				
		正确维护工具	3	工具乱摆乱放扣3分				
9	安全及其他	按国家法规或企业规定		违规一次总分扣5分；严重违规停止操作			—	
		在规定时间内完成操作		每超时1min总分扣5分，超时3min停止操作			—	
		合　计	100					

试题16：循环水冷却器的切换操作

（考核时间：15min）

序号	考核内容	考核要点	配分	评分标准	检测结果	扣分	得分	备注
1	准备工作	穿戴劳保用品	3	未穿戴整齐扣3分				
		工具、用具准备	2	工具选择不正确扣2分				
2	操作程序	稍开备用冷却器的进口阀，打开排气阀排气	20	阀操作不规范扣5分				
				未排气扣15分				
3		关闭排气阀，待压力平衡，检漏	20	未关排气阀扣10分				
				未检漏扣10分				
4		慢慢打开冷却水出口阀至全开，投用冷却水	10	阀操作不规范扣10分				

续表

序号	考核内容	考核要点	配分	评分标准	检测结果	扣分	得分	备注
5		逐渐打开工艺水出口阀，进行排气，结束后慢慢打开工艺水进口阀	15	未投用工艺水扣15分				
				阀操作不规范扣5分				
6		慢慢关闭原来冷却器的工艺水进口阀，再关闭冷却水进口阀，如长期停用，进出口阀全关闭，并排液	15	未停原冷却器扣15分				
				阀操作顺序错扣5分				
7		观察冷却水投用后的温度变化是否正常	10	未观察投用效果扣10分				
8	使用工具	正确使用工具	2	工具使用不正确扣2分				
		正确维护工具	3	工具乱摆乱放扣3分				
9	安全及其他	按国家法规或企业规定		违规一次总分扣5分；严重违规停止操作			—	
		在规定时间内完成操作		每超时1min总分扣5分，超时3min停止操作			—	
		合　计	100					

试题17：空冷器的投用操作

（考核时间：15min）

序号	考核内容	考核要点	配分	评分标准	检测结果	扣分	得分	备注
1	准备工作	穿戴劳保用品	3	未穿戴整齐扣3分				
		工具、用具准备	2	工具选择不正确扣2分				
2	操作程序	对空冷器进行完整性检查，盘车正常	20	未检查完整性扣10分				
				未确认电气扣5分				
				未检查皮带扣5分				
3		手动关闭风门角度，低负荷启动	30	未调整叶片角度扣20分				
				调整未到位扣10分				
4		启动空冷器，观察运行是否正常(如声音、振动等)	20	启动不规范扣5分				
				未观察运行扣15分				
5		根据需要，调整风门角度至满足冷却要求	20	未调整叶片扣20分				
6	使用工具	正确使用工具	2	工具使用不正确扣2分				
		正确维护工具	3	工具乱摆乱放扣3分				
7	安全及其他	按国家法规或企业规定		违规一次总分扣5分；严重违规停止操作			—	
		在规定时间内完成操作		每超时1min总分扣5分，超时3min停止操作			—	
		合　计	100					

试题 18：开车泵停车检修倒空操作

（考核时间：15min）

序号	考核内容	考核要点	配分	评分标准	检测结果	扣分	得分	备注
1	准备工作	穿戴劳保用品	3	未穿戴整齐扣 3 分				
		工具、用具准备	2	工具选择不正确扣 2 分				
2	操作程序	紧急停开车泵，关闭开车泵的出口手阀，按停车按钮，关闭开车泵进口手阀	20	操作顺序错扣 10 分				
				没有紧急停车扣 10 分				
				阀操作不规范扣 10 分				
3		打开倒淋和放空阀，泄压、排液彻底	30	未打开倒淋扣 10 分				
				未打开放空阀扣 10 分				
				排液不干净扣 10 分				
4		切断泵冷却水，并排尽	20	未切断冷却水扣 10 分				
				未排尽冷却水扣 10 分				
5		切断电源，及时通知检修	20	未切断电源扣 20 分				
				未及时通知检修扣 10 分				
6	使用工具	正确使用工具	2	工具使用不正确扣 2 分				
		正确维护工具	3	工具乱摆乱放扣 3 分				
7	安全及其他	按国家法规或企业规定		违规一次总分扣 5 分；严重违规停止操作			—	
		在规定时间内完成操作		每超时 1min 总分扣 5 分，超时 3min 停止操作			—	
合计			100					

试题 19：柱塞泵的开泵操作

（考核时间：15min）

序号	考核内容	考核要点	配分	评分标准	检测结果	扣分	得分	备注
1	准备工作	穿戴劳保用品	3	未穿戴整齐扣 3 分				
		工具、用具准备	2	工具选择不正确扣 2 分				
2	操作程序	确认槽子液位正常或计量杯充满液体	10	未检查液位扣 10 分				
3		对泵进行完整性检查(润滑油、安全阀、输送介质等)	15	未检查润滑油扣 10 分				
				未检查安全阀扣 8 分				
				未检查介质扣 5 分				
4		打开进口阀，灌泵排气至充满，打开出口阀	25	未排气扣 20 分				
				排气不充分扣 10 分				
				不打开出口阀扣 15 分				
5		启动柱塞泵，观察出口压力是否正常	20	启动泵不规范扣 10 分				
				未观察运行扣 10 分				

续表

序号	考核内容	考核要点	配分	评分标准	检测结果	扣分	得分	备注
6		调整冲程到合适位置	20	未调整冲程扣20分				
				冲程调整不熟练扣10分				
7	使用工具	正确使用工具	2	工具使用不正确扣2分				
		正确维护工具	3	工具乱摆乱放扣3分				
8	安全及其他	按国家法规或企业规定		违规一次总分扣5分；严重违规停止操作				—
		在规定时间内完成操作		每超时1min总分扣5分，超时3min停止操作				—
		合　计	100					

试题20：溴化锂制冷机的开停车操作

（考核时间：30min）

序号	考核内容	考核要点	配分	评分标准	检测结果	扣分	得分	备注
1	准备工作	穿戴劳保用品	3	未穿戴整齐扣3分				
		工具、用具准备	2	工具选择不正确扣2分				
2	开车操作步骤	确认冰机已送电，冷却水已到吸收器和冷凝器，启动深冷水循环泵P-050，确认运行正常	20	未确认电和水扣10分				
				未确认泵状态扣10分				
3		稍开冰机热源，按启动按钮。确认安全回路无报警，溶液泵自启。计时器开始计时，延时一定时间。当制冷剂达到一定液位时，制冷剂泵自启。若制冷剂液位过高，将回路保护阀打开将制冷剂排至吸收器	20	热源开度过大扣5分				
				未作相应报警及泵状态确认扣10分				
4		不断调整热源切入量，保证深冷水温度的需要	10	未及时调整扣10分				
5	停车操作步骤	按“停车”按钮，关热源阀	10	缺项扣10分				
6		溶液泵运行15min进行降浓循环后自动停	10	缺项扣10分				
7		制冷剂溶液液位低时制冷剂泵自动停	10	缺项扣10分				
8		停深冷水循环泵P-050，停冷却水	10	缺项扣10分				
9	使用工具	正确使用工具	2	工具使用不正确扣2分				
		正确维护工具	3	工具乱摆乱放扣3分				
10	安全及其他	按国家法规或企业规定		违规一次总分扣5分；严重违规停止操作				—
		在规定时间内完成操作		每超时1min总分扣5分，超时3min停止操作				—
		合　计	100					

试题 21：降膜式再沸器的投用

（考核时间：30min）

序号	考核内容	考核要点	配分	评分标准	检测结果	扣分	得分	备注
1	准备工作	穿戴劳保用品	3	未穿戴整齐扣 3 分				
		工具、用具准备	2	工具选择不正确扣 2 分				
2	操作步骤	确认塔釜有液位，塔釜泵运转正常，按照设计值调整到再沸器管线上的阀门开度，观察流量值，直至满足条件	20	未确认釜液扣 10 分				
				未确认泵状态扣 10 分				
3		确认蒸汽管网建立，且引至再沸器调节阀前	20	未确认管网状况扣 10 分				
				未确认再沸器调节阀状态扣 10 分				
4		缓慢微开蒸汽调节阀，打开导淋，预热再沸器	20	导淋未开扣 10 分				
				再沸器未预热扣 10 分				
		待有汽排出，关闭导淋阀，稍开壳程的排不凝气阀，排净后关闭	20	缺项扣 20 分				
		打开凝液管线上的疏水器前后手阀，投用正常	10	疏水器未投扣 10 分				
5	使用工具	正确使用工具	2	工具使用不正确扣 2 分				
		正确维护工具	3	工具乱摆乱放扣 3 分				
6	安全及其他	按国家法规或企业规定		违规一次总分扣 5 分；严重违规停止操作			—	
		在规定时间内完成操作		每超时 1min 总分扣 5 分，超时 3min 停止操作			—	
		合　计	100					

试题 22：解吸塔塔釜换热器交出检修工艺处理

（考核时间：15min）

序号	考核内容	考核要点	配分	评分标准	检测结果	扣分	得分	备注
1	准备工作	穿戴劳保用品	3	未穿戴整齐扣 3 分				
		工具、用具准备	2	工具选择不正确扣 2 分				
2	操作程序	切断与洗涤塔的循环水，停塔釜泵	15	未切断循环水扣 15 分				
				未停塔釜泵扣 10 分				
3		解吸塔内充氮气保持正压，停止向解吸塔内加入蒸汽	10	未充氮气扣 10 分				
				未停加热蒸汽扣 10 分				
4		停止向再沸器提供蒸汽，关闭回流，停运回流泵，停空冷器	25	未停加热蒸汽扣 15 分				
				未停回流扣 10 分				
				未停空冷器扣 10 分				
5		系统排液（包括回流罐）	10	未排液干净扣 10 分				
6		系统用氮气吹扫，符合要求	15	未用氮气吹扫扣 10 分				
				吹扫不干净扣 10 分				

续表

序号	考核内容	考核要点	配分	评分标准	检测结果	扣分	得分	备注
7		系统泄压，关闭相应阀门与其他系统隔离，按规定插入相应的盲板	10	系统未泄压扣5分				
				未关相应阀门扣5分				
				未插盲板扣5分				
8		及时联系检修人员	5	未及时联系扣5分				
9	使用工具	正确使用工具	2	工具使用不正确扣2分				
		正确维护工具	3	工具乱摆乱放扣3分				
10	安全及其他	按国家法规或企业规定		违规一次总分扣5分；严重违规停止操作			—	
		在规定时间内完成操作		每超时1min总分扣5分，超时3min停止操作			—	
		合　计	100					

试题23：氧化岗位冬季伴热的投用操作

（考核时间：15min）

序号	考核内容	考核要点	配分	评分标准	检测结果	扣分	得分	备注
1	准备工作	穿戴劳保用品	3	未穿戴整齐扣3分				
		工具、用具准备	2	工具选择不正确扣2分				
2	操作程序	确认使用伴热的蒸汽压力和用量足够	10	未确认蒸汽压力扣5分				
				未确认蒸汽用量扣5分				
3		打开伴热蒸汽集气箱的倒淋阀，排除冷凝液，慢慢打开蒸汽总管到集气箱的手阀，待倒淋阀有蒸汽冒出，投用集气箱的疏水阀，打开集气箱凝液管到凝液总管的手阀，同时关闭倒淋阀	15	未排凝液扣15分				
				未排净凝液扣5分				
				未开总阀扣5分				
				未关倒淋阀扣5分				
				未投用疏水阀扣5分				
				操作顺序错扣10分				
4		打开集气箱相对应的集水箱的倒淋阀，排除冷凝液后，打开集气箱到集水箱之间的所有阀门，投用伴热管线上的疏水阀	25	未排凝液扣15分				
				未排净凝液扣5分				
				未投用疏水阀扣5分				
				操作顺序错扣10分				
5		打开集水箱到凝液总管阀门，待倒淋阀有热汽冒出时关倒淋阀，投用伴热管线，使蒸汽经过伴热后的凝液回到凝液总管	30	未打开总管阀门扣15分				
				未排凝液扣5分				
				未关倒淋阀扣5分				
				凝液未回总管扣15分				
6		检查疏水器工作状态，伴热是否畅通，符合要求	10	未检查疏水器扣10分				
				未检查伴热效果扣10分				

续表

序号	考核内容	考核要点	配分	评分标准	检测结果	扣分	得分	备注
7	使用工具	正确使用工具	2	工具使用不正确扣 2 分				
		正确维护工具	3	工具乱摆乱放扣 3 分				
8	安全及其他	按国家法规或企业规定		违规一次总分扣 5 分；严重违规停止操作			—	
		在规定时间内完成操作		每超时 1min 总分扣 5 分，超时 3min 停止操作			—	
		合　计	100					

试题 24：正常运行时反应器产汽量上升的原因

（考核时间：15min）

序号	考核内容	考核要点	配分	评分标准	检测结果	扣分	得分	备注
1	准备工作	穿戴劳保用品	3	未穿戴整齐扣 3 分				
		工具、用具准备	2	工具选择不正确扣 2 分				
2	操作程序	反应负荷增加	10	未分析到扣 10 分				
3		选择性下降，副产增加	10	未分析选择性扣 10 分				
				未指出副产增加扣 5 分				
4		循环气中乙烷等活性组分增加，反应加剧	5	未分析活性扣 5 分				
5		反应器内出现热点或尾烧	15	未分析可能热点扣 10 分				
				未分析可能尾烧扣 10 分				
6		抑制剂突然减少或中断	20	未分析抑制剂原因扣 20 分				
				减少或中断漏一个扣 10 分				
7		汽包液位下降或 BFW 可能中断	20	未分析液位下降扣 10 分				
				未分析 BFW 可能中断扣 10 分				
8		仪表指示故障或控制阀失控	10	未分析仪表指示故障扣 5 分				
				未分析控制阀失控扣 8 分				
9	使用工具	正确使用工具	2	工具使用不正确扣 2 分				
		正确维护工具	3	工具乱摆乱放扣 3 分				
10	安全及其他	按国家法规或企业规定		违规一次总分扣 5 分；严重违规停止操作			—	
		在规定时间内完成操作		每超时 1min 总分扣 5 分，超时 3min 停止操作			—	
		合　计	100					

试题 25：氧化反应器出口温差高的原因

（考核时间：15min）

序号	考核内容	考核要点	配分	评分标准	检测结果	扣分	得分	备注
1	准备工作	穿戴劳保用品	3	未穿戴整齐扣 3 分				
		工具、用具准备	2	工具选择不正确扣 2 分				

续表

序号	考核内容	考核要点	配分	评分标准	检测结果	扣分	得分	备注
2	操作程序	汽包 BFW 液位低或在反应内循环量不够，撤热不及时	10	未指出撤热不及时扣 10 分				
				未分析汽包液位扣 5 分				
				未分析 BFW 循环不够扣 10 分				
3		EDC 加入量少或中断	5	未分析 EDC 加入量扣 10 分				
4		生产负荷偏高	5	未分析生产负荷扣 10 分				
5		反应器催化剂床层可能有热点产生	20	未指出可能热点扣 20 分				
6		反应器出口可能有银粉脱落，有尾烧可能	20	未指出银粉脱落扣 10 分				
				未指出可能尾烧扣 10 分				
7		催化剂使用到末期，活性下降，反应温度高，热点下移	20	未指出催化剂老化扣 10 分				
				未分析热点下移扣 10 分				
8		仪表显示故障	10	未指出仪表故障扣 10 分				
9	使用工具	正确使用工具	2	工具使用不正确扣 2 分				
		正确维护工具	3	工具乱摆乱放扣 3 分				
10	安全及其他	按国家法规或企业规定		违规一次总分扣 5 分；严重违规停止操作			—	
		在规定时间内完成操作		每超时 1min 总分扣 5 分，超时 3min 停止操作			—	
		合计	100					

试题 26：环氧乙烷再吸收塔放空量大的原因

（考核时间：15min）

序号	考核内容	考核要点	配分	评分标准	检测结果	扣分	得分	备注
1	准备工作	穿戴劳保用品	3	未穿戴整齐扣 3 分				
		工具、用具准备	2	工具选择不正确扣 2 分				
2	操作程序	洗涤塔吸收水温低，溶解气多	15	未分析可能溶解气多扣 10 分				
				未指出吸收水温低扣 5 分				
3		再吸收塔吸收效果差：吸收水少；吸收水温高；釜液浓度高；发泡等	30	未分析吸收效果差扣 30 分				
				未指出吸收水少扣 8 分				
				未指出吸收水温高扣 8 分				
				未指出釜液浓度高扣 8 分				
				未指出可能发泡扣 8 分				
4		再吸收塔的压力控制低，进料温度高，釜温控制高	10	未分析压力高、进料温度高各扣 5 分				
				未指出釜温高扣 5 分				
5		相关塔内加入氮气多，或其他不凝性气体多	20	未指出可能发泡扣 8 分				
				未指出加入氮气多扣 15 分				

续表

序号	考核内容	考核要点	配分	评分标准	检测结果	扣分	得分	备注
6		仪表故障：指示坏；压力控制阀故障	15	未分析仪表指示坏扣8分				
				未分析压力控制阀故障扣10分				
7	使用工具	正确使用工具	2	工具使用不正确扣2分				
		正确维护工具	3	工具乱摆乱放扣3分				
8	安全及其他	按国家法规或企业规定		违规一次总分扣5分；严重违规停止操作			—	
		在规定时间内完成操作		每超时1min总分扣5分，超时3min停止操作			—	
		合　计	100					

试题27：碳酸盐溶液再生塔塔压高的原因

（考核时间：15min）

序号	考核内容	考核要点	配分	评分标准	检测结果	扣分	得分	备注
1	准备工作	穿戴劳保用品	3	未穿戴整齐扣3分				
		工具、用具准备	2	工具选择不正确扣2分				
2	操作程序	塔顶除沫器堵塞	10	未分析可能除沫器堵塞扣15分				
3		塔顶气相管不畅	20	未分析可能气相管堵塞扣20分				
4		系统发泡	20	未分析可能系统发泡扣25分				
5		加热蒸汽量太大	15	未指出蒸汽量太大扣20分				
6		生产负荷高	5	未分析生产负荷高扣5分				
7		碳酸盐溶液中含杂质多，釜温高	10	未分析杂质多、釜温高扣5分				
8		仪表指示坏或压力控制阀故障	10	未分析仪表不准扣10分				
9	使用工具	正确使用工具	2	工具使用不正确扣2分				
		正确维护工具	3	工具乱摆乱放扣3分				
10	安全及其他	按国家法规或企业规定		违规一次总分扣5分；严重违规停止操作			—	
		在规定时间内完成操作		每超时1min总分扣5分，超时3min停止操作			—	
		合　计	100					

试题28：开车前反应温度升不上去的原因

（考核时间：15min）

序号	考核内容	考核要点	配分	评分标准	检测结果	扣分	得分	备注
1	准备工作	穿戴劳保用品	3	未穿戴整齐扣3分				
		工具、用具准备	2	工具选择不正确扣2分				

续表

序号	考核内容	考核要点	配分	评分标准	检测结果	扣分	得分	备注
2	操作程序	蒸汽管线上阀门未开足	10	未分析阀门未开足扣10分				
3		加入到汽包中的蒸汽少或压力等级不够	20	未分析蒸汽少扣10分				
				未分析压力低扣15分				
4		汽包内有不凝气未排尽	15	未分析有不凝气扣20分				
5		蒸汽放空阀没有关闭	5	未关放空阀扣5分				
6		反应器开车泵未启动或循环量不够	15	未分析泵未启动扣15分				
				未分析循环量不够扣5分				
7		汽包液位太高，凝液排放不畅	15	未分析液位汽包扣10分				
				未分析排放不畅扣5分				
8		有锅炉给水补充	5	未关死锅炉给水阀扣5分				
9		温度显示不准	5	未判断仪表不准扣5分				
10	使用工具	正确使用工具	2	工具使用不正确扣2分				
		正确维护工具	3	工具乱摆乱放扣3分				
11	安全及其他	按国家法规或企业规定		违规一次总分扣5分；严重违规停止操作			—	
		在规定时间内完成操作		每超时1min总分扣5分，超时3min停止操作			—	
		合　计	100					

试题29：循环压缩机联锁停车时氧化岗位的处理

（考核时间：15min）

序号	考核内容	考核要点	配分	评分标准	检测结果	扣分	得分	备注
1	准备工作	穿戴劳保用品	3	未穿戴整齐扣3分				
		工具、用具准备	2	工具选择不正确扣2分				
2	操作程序	OMS立即停车，切断进出二氧化碳脱除系统的循环气手阀，关闭氧气、乙烯、EDC、BFW等手阀，视反应状况手动打开紧急放空阀，减少氧气浓度	20	未切断氧气扣5分				
				未切断乙烯扣5分				
				未切断EDC扣5分				
				未切断BFW扣5分				
				未关进出200#手阀扣5分				
				未考虑紧急放空扣10分				
3		联系调度增加外供蒸汽量，处理系统中物料；通知相关岗位人员做相应处理	15	未联系调度扣5分				
				未增加外供蒸汽扣5分				
				未通知相关岗位扣5分				
4		立即启动开车泵，强制BFW循环；反应器打开加热蒸汽阀进行保温	15	未启动开车泵扣10分				
				启动不及时扣5分				
				反应器不保温扣10分				

续表

序号	考核内容	考核要点	配分	评分标准	检测结果	扣分	得分	备注
5		调整吸收水、二氧化碳处理量	10	未调整吸收水扣5分				
				未调整 BFW 扣5分				
				未调整二氧化碳处理量扣5分				
6		马上充氮气，循环气进行置换，并维持循环气压力	10	未进行置换扣5分				
				未补氮维持压力扣5分				
7		将干气密封用循环气切换成氮气	10	未切换成氮气扣10分				
8		配合有关人员查找停车原因	10	未查找停车原因扣10分				
9	使用工具	正确使用工具	2	工具使用不正确扣2分				
		正确维护工具	3	工具乱摆乱放扣3分				
10	安全及其他	按国家法规或企业规定		违规一次总分扣5分；严重违规停止操作			—	
		在规定时间内完成操作		每超时1min总分扣5分，超时3min停止操作			—	
合　计			100					

试题30：环氧乙烷水溶液泄漏的处理

（考核时间：15min）

序号	考核内容	考核要点	配分	评分标准	检测结果	扣分	得分	备注
1	准备工作	穿戴劳保用品	3	未穿戴整齐扣3分				
		工具、用具准备	2	工具选择不正确扣2分				
2	操作程序	发现环氧乙烷液体泄漏点或用仪器检测到环氧乙烷泄漏	15	未现场确认扣10分				
				未用仪器检测扣5分				
3		想办法切断泄漏点物料源，系统做相应的调整；通知相关岗位	20	未切断物料源扣20分				
				系统调整不及时扣10分				
				未通知相关岗位扣5分				
4		现场泄漏点用水稀释，并围上安全警示线	10	未用水稀释扣5分				
				未围警示线扣5分				
5		及时向调度和组织汇报	10	未及时向调度汇报扣5分				
				未及时向组织汇报扣5分				
6		组织检修人员抢修，戴好防毒面具，使用铜制工具，使用防爆通讯工具	25	未及时组织抢修扣10分				
				未戴防毒面具扣10分				
				使用检修工具不对扣10分				
				使用通讯工具不对扣10分				
7		若泄漏点无法消除或有扩大趋势，停车处理	10	未考虑停车处理扣10分				

续表

序号	考核内容	考核要点	配分	评分标准	检测结果	扣分	得分	备注
8	使用工具	正确使用工具	2	工具使用不正确扣2分				
		正确维护工具	3	工具乱摆乱放扣3分				
9	安全及其他	按国家法规或企业规定		违规一次总分扣5分；严重违规停止操作			—	
		在规定时间内完成操作		每超时1min总分扣5分，超时3min停止操作			—	
		合　计	100					

试题31：循环水泵的故障处理

（考核时间：15min）

序号	考核内容	考核要点	配分	评分标准	检测结果	扣分	得分	备注
1	准备工作	穿戴劳保用品	3	未穿戴整齐扣3分				
		工具、用具准备	2	工具选择不正确扣2分				
2	操作程序	检查备泵情况；按操作规范，现场立即启动备泵	15	未检查备泵扣10分				
				启动泵不规范扣10分				
3		运行正常后，紧急停原来泵	10	运行未正常停原来泵扣15分				
				不及时停泵扣10分				
4		关闭进、出口手阀，关闭冷却水，打开倒淋阀，排尽液，切断电源	20	未关进出口阀扣10分				
				未关冷却水阀扣10分				
				未切断电源扣10分				
5		立即联系检修人员组织抢修	15	不组织抢修扣15分				
				组织抢修不及时扣10分				
6		若两台泵同时故障，不能使用，则考虑紧急停车处理，按紧急停车办法进行	30	判断两台泵故障有误扣40分				
				未考虑紧急停车扣30分				
				停车程序出错扣20分				
7	使用工具	正确使用工具	2	工具使用不正确扣2分				
		正确维护工具	3	工具乱摆乱放扣3分				
8	安全及其他	按国家法规或企业规定		违规一次总分扣5分；严重违规停止操作			—	
		在规定时间内完成操作		每超时1min总分扣5分，超时3min停止操作			—	
		合　计	100					

试题32：碳酸盐泵的故障处理

（考核时间：15min）

序号	考核内容	考核要点	配分	评分标准	检测结果	扣分	得分	备注
1	准备工作	穿戴劳保用品	3	未穿戴整齐扣3分				
		工具、用具准备	2	工具选择不正确扣2分				
2	操作程序	检查备泵情况；按操作法，现场立即启动备泵	15	未检查备泵扣10分				
				启动泵不规范扣10分				
3		运行正常后，紧急停原来泵	10	未停运行正常泵扣15分				
				停泵不规范				
4		关闭进出口手阀，关闭冷却水，打开倒淋阀，关闭冲洗水，碳酸盐溶液往回收槽排尽，切断电源	25	未关进出口阀扣10分				
				未关冷却水阀扣10分				
				未关冲洗水阀扣10分				
				料没有回收扣10分				
				未切断电源扣10分				
5		立即联系检修人员组织抢修	10	不组织检修扣15分				
				组织检修不及时扣10分				
6		若两台泵同时故障，不能使用，则考虑紧急停车处理，按紧急停车办法进行	30	判断失误扣40分				
				未考虑紧急停车扣30分				
				停车失误扣20分				
7	使用工具	正确使用工具	2	工具使用不正确扣2分				
		正确维护工具	3	工具乱摆乱放扣3分				
8	安全及其他	按国家法规或企业规定		违规一次总分扣5分；严重违规停止操作			—	
		在规定时间内完成操作		每超时1min总分扣5分，超时3min停止操作			—	
		合　计	100					

试题33：环氧乙烷再吸收塔塔压差高的处理

（考核时间：15min）

序号	考核内容	考核要点	配分	评分标准	检测结果	扣分	得分	备注
1	准备工作	穿戴劳保用品	3	未穿戴整齐扣3分				
		工具、用具准备	2	工具选择不正确扣2分				
2	操作程序	可能发泡引起，立即加消泡剂到循环水槽	20	未判断可能发泡扣20分				
				未立即加消泡剂扣15分				
3		若是液泛引起，降低生产负荷，减少吸收水量；若填料受污染则停车处理填料	20	未判断可能液泛扣20分				
				未立即降负荷扣10分				
				未分析对受污染填料处理扣10分				

续表

序号	考核内容	考核要点	配分	评分标准	检测结果	扣分	得分	备注
4		塔釜环氧乙烷浓度高，增加吸收水控制水合比	10	未控制合适水合比扣10分				
5		吸收水温高，降低水温；进料温度高，降低进料温度；釜温高，检查塔釜换热器的使用情况，增加冷量	15	未分析水温高扣10分				
				未分析进料温度高扣10分				
				未分析塔釜温度高扣10分				
				未降低水温扣10分				
6		控制来自其他设备的不凝性气体	10	未分析不凝气原因扣10分				
				未控制其来源扣5分				
7		气相管堵塞，检查气相管	10	未检查气相管扣10分				
8		仪表故障	5	未检查压差表扣5分				
9	使用工具	正确使用工具	2	工具使用不正确扣2分				
		正确维护工具	3	工具乱摆乱放扣3分				
10	安全及其他	按国家法规或企业规定		违规一次总分扣5分；严重违规停止操作			—	
		在规定时间内完成操作		每超时1min总分扣5分，超时3min停止操作			—	
		合　计	100					

试题34：识读环氧乙烷洗涤塔的结构图

（考核时间：15min）

序号	考核内容	考核要点	配分	评分标准	检测结果	扣分	得分	备注
1	准备工作	穿戴劳保用品	3	未穿戴整齐扣3分				
		工具、用具准备	2	工具选择不正确扣2分				
2	操作程序	读懂该塔总体结构：塔高、内径、作用、材质等	20	未能读懂塔高扣5分				
				未能读懂塔内径扣5分				
				未能读懂塔作用扣5分				
				未能读懂材料表扣5分				
				未能读懂塔设计条件扣5分				
3		读懂该塔内部结构：形式、层高或间距、数量、规格、分配器等	20	未能读懂塔形式扣5分				
				未能读懂层高扣5分				
				未能读懂层高或间距扣5分				
				未能读懂塔板数或填料层数扣5分				
				未能读懂塔板或填料规格扣5分				
				未能读懂分配器扣5分				
4		了解有关部门接口的位置、尺寸、方位、作用等	20	未能读懂接口位置扣5分				
				未能读懂接口尺寸扣5分				

续表

序号	考核内容	考核要点	配分	评分标准	检测结果	扣分	得分	备注
				未能读懂接口方位扣5分				
				未能读懂接口作用扣5分				
5		了解设备使用条件及制造、安装标准或规范	15	未能读懂备使用条件扣5分				
				未能读懂制造要求扣5分				
				未能读懂安装标准扣5分				
6		能读懂设计图名、设计日期、设计单位	15	未能读懂设计图名扣5分				
				未能读懂设计日期扣5分				
				未能读懂设计单位扣5分				
7	使用工具	正确使用工具	2	工具使用不正确扣2分				
		正确维护工具	3	工具乱摆乱放扣3分				
8	安全及其他	按国家法规或企业规定		违规一次总分扣5分；严重违规停止操作			—	
		在规定时间内完成操作		每超时1min总分扣5分，超时3min停止操作			—	
		合　计	100					

试题35：带控制点的碳酸盐过滤器流程图的绘制

（考核时间：15min）

序号	考核内容	考核要点	配分	评分标准	检测结果	扣分	得分	备注
1	准备工作	穿戴劳保用品	3	未穿戴整齐扣3分				
		工具、用具准备	2	工具选择不正确扣2分				
2	操作程序	总体布局合理，卷面清晰	10	布局不合理扣5分				
				卷面不清晰扣5分				
3		相关设备齐全：再生塔、塔釜泵、过滤器、再沸器等，各名称或位号书写正确	30	遗漏再生塔、塔釜泵、过滤器、再沸器等各扣10分				
				名称、位号错各扣5分				
				遗漏闪蒸罐扣5分				
4		主要物料管线齐全，方向准确	30	遗漏一根主要管线扣5分				
				管线走向错一处扣5分				
5		液位控制、流量显示、过滤器压差等仪表描述正确	20	遗漏液位控制扣5分				
				遗漏流量显示扣5分				
				遗漏过滤器压差扣10分				
				仪表表述不完整扣3分				
6	使用工具	正确使用工具	2	工具使用不正确扣2分				
		正确维护工具	3	工具乱摆乱放扣3分				

续表

序号	考核内容	考核要点	配分	评分标准	检测结果	扣分	得分	备注
7	安全及其他	按国家法规或企业规定		违规一次总分扣5分；严重违规停止操作			—	
		在规定时间内完成操作		每超时1min总分扣5分，超时3min停止操作			—	
		合　计	100					

试题36：环氧乙烷再吸收塔流程图的绘制

（考核时间：15min）

序号	考核内容	考核要点	配分	评分标准	检测结果	扣分	得分	备注
1	准备工作	穿戴劳保用品	3	未穿戴整齐扣3分				
		工具、用具准备	2	工具选择不正确扣2分				
2	操作程序	总体布局合理，卷面清晰	10	布局不合理扣5分				
				卷面不清晰扣5分				
3		相关设备齐全：再吸收塔、塔釜泵、换热器等，各位号或名称书写正确	30	遗漏再吸收塔扣15分				
				遗漏塔釜泵扣10分				
				位号、名称错扣10分				
				遗漏换热器一个扣5分				
4		主要物料管线齐全，方向准确	30	管线遗漏一个扣10分				
				走向错一个扣5分				
5		液位、压力控制、流量显示、压差等仪表描述正确	20	遗漏液位控制扣5分				
				遗漏压力控制扣5分				
				遗漏流量显示扣5分				
				遗漏压差显示扣5分				
				表述不正确扣3分				
6	使用工具	正确使用工具	2	工具使用不正确扣2分				
		正确维护工具	3	工具乱摆乱放扣3分				
7	安全及其他	按国家法规或企业规定		违规一次总分扣5分；严重违规停止操作			—	
		在规定时间内完成操作		每超时1min总分扣5分，超时3min停止操作			—	
		合　计	100					

试题37：乙二醇精制塔系统气密置换操作

（考核时间：15min）

序号	考核内容	考核要点	配分	评分标准	检测结果	扣分	得分	备注
1	准备工作	穿戴劳保用品	3	未穿戴整齐扣3分				
		工具、用具准备	2	工具选择不正确扣2分				

续表

序号	考核内容	考核要点	配分	评分标准	检测结果	扣分	得分	备注
2	操作程序	确定气密试验范围，采取隔离措施，关闭所有排放阀	10	未确定范围扣5分				
				未采取隔离措施扣5分				
				未关闭排放阀扣5分				
3		慢慢充氮气至0.1MPa	15	充氮气太快扣5分				
				压力太高扣10分				
4		检查静密封点的泄漏，对系统法兰和人孔等部位进行检漏，及时消除泄漏	15	检漏有遗漏扣10分				
				未及时消除漏点扣5分				
5		在安全点打开倒淋泄压至常压，关闭倒淋	10	泄压点不合适扣5分				
				泄压不到常压扣5分				
				未关闭倒淋扣10分				
6		按操作法启动真空泵，判断真空泵是否正常；抽到设计值后，打开与塔的连接阀，抽到一定压力后停真空泵，关闭连塔阀	15	启动真空泵不规范扣10分				
				未判断真空泵是否正常扣5分				
				打开连接阀时机不合适扣5分				
				停真空泵时机不合适扣5分				
				未关连塔阀扣5分				
7		真空泄漏试验100mmHg泄漏率符合<0.3%	10	遗漏保压试验扣10分				
				未判断是否合格扣5分				
8		充氮，泄真空，系统充氮排放置换，注意不留死角，直到分析氧含量<0.5%，露点<−20℃	15	升压前未泄真空扣5分				
				升压太高扣5分				
				低点倒淋有遗漏扣5分				
				露点不合格扣10分				
9	使用工具	正确使用工具	2	工具使用不正确扣2分				
		正确维护工具	3	工具乱摆乱放扣3分				
10	安全及其他	按国家法规或企业规定		违规一次总分扣5分；严重违规停止操作			—	
		在规定时间内完成操作		每超时1min总分扣5分，超时3min停止操作			—	
合　计			100					

试题38：环氧乙烷成品切入罐区前应具备的条件

（考核时间：15min）

序号	考核内容	考核要点	配分	评分标准	检测结果	扣分	得分	备注
1	准备工作	穿戴劳保用品	3	未穿戴整齐扣3分				
		工具、用具准备	2	工具选择不正确扣2分				
2	操作程序	球罐除锈完成，系统气密试验合格，并用氮气置换氧气和露点符合要求	20	未确认除锈完成扣8分				
				未确认气密合格扣8分				
				未确认置换合格扣8分				

续表

序号	考核内容	考核要点	配分	评分标准	检测结果	扣分	得分	备注
3		冷冻盐水配制完成，冷冻机已投用正常	20	未确认盐水配制扣10分				
				未确认冷冻机系统运行正常扣10分				
4		消防喷淋系统投用正常	15	未确认消防水正常扣5分				
				未确认现场阀门扣5分				
				未确认喷淋联锁投用扣10分				
5		仪表、联锁投用正常，现场检测仪投用	20	未确认仪表正常扣10分				
				未确认联锁投用扣10分				
				未投用检测仪扣5分				
6		环氧乙烷灌装站具备灌装条件	15	未确认灌装站准备好扣15分				
7	使用工具	正确使用工具	2	工具使用不正确扣2分				
		正确维护工具	3	工具乱摆乱放扣3分				
8	安全及其他	按国家法规或企业规定		违规一次总分扣5分；严重违规停止操作			—	
		在规定时间内完成操作		每超时1min总分扣5分，超时3min停止操作			—	
		合　计	100					

试题39：水合蒸发系统的正常开车操作

（考核时间：20min）

序号	考核内容	考核要点	配分	评分标准	检测结果	扣分	得分	备注
1	准备工作	穿戴劳保用品	3	未穿戴整齐扣3分				
		工具、用具准备	2	工具选择不正确扣2分				
2	操作程序	水合蒸发岗位已按操作法建立水运并符合开车要求	15	未确认已建立水运扣5分				
				未确认符合开车要求扣10分				
3		在水合反应器进出口出现温差，有乙二醇生成	15	未观察反应温差扣10分				
				未能判断有产物生成扣10分				
4		生成的乙二醇在蒸发器中逐渐提浓	20	未能判断产物提浓扣20分				
5		增加到再吸收塔的吸收水，及时调节水合反应器中的水合比；增加蒸汽；调节各效回流，控制凝液中的乙二醇	20	未能增加吸收水，调节水合比扣10分				
				未增加蒸汽扣10分				
				未调节回流扣5分				
6		将真空效蒸发器投用，釜出浓度达不到要求，采出到中间罐	10	投用真空效不及时扣5分				
				釜液位控制不好扣5分				
				釜出不及时采到中间罐扣10分				

续表

序号	考核内容	考核要点	配分	评分标准	检测结果	扣分	得分	备注
7		一旦塔釜温度接近设计值时，将釜出切换到脱水塔	10	塔釜调整不好扣5分				
				釜出切换不及时扣5分				
8	使用工具	正确使用工具	2	工具使用不正确扣2分				
		正确维护工具	3	工具乱摆乱放扣3分				
9	安全及其他	按国家法规或企业规定		违规一次总分扣5分；严重违规停止操作			—	
		在规定时间内完成操作		每超时1min总分扣5分，超时3min停止操作			—	
合计			100					

试题40：乙二醇精制塔的正常开车操作

（考核时间：15min）

序号	考核内容	考核要点	配分	评分标准	检测结果	扣分	得分	备注
1	准备工作	穿戴劳保用品	3	未穿戴整齐扣3分				
		工具、用具准备	2	工具选择不正确扣2分				
2	操作程序	检查精制塔、成品槽已具备受料条件	10	未检查真空泵扣5分				
				未确认真空度扣5分				
				未检查成品槽扣5分				
				未确认蒸汽联锁扣5分				
3		确认进料位置，打开此阀；由脱水塔向该塔进料	10	未确认进料位置扣5分				
				打开此阀不熟练扣5分				
4		待精制塔建立液位，启动塔釜强制循环泵，向再沸器通蒸汽加热，使物料受热循环，脱水；及时回收凝液	20	未确认液位扣5分				
				再沸器投用不规范扣10分				
				回收凝液不及时扣5分				
				启动釜不规范扣5分				
5		回流罐建立液位，启动回流泵，建立回流；启动塔釜泵，控制液位，送往中间槽；侧线采出送往中间槽	20	未注意回流罐液位扣5分				
				启动回流泵不及时扣5分				
				塔釜液位控制不好扣5分				
				侧线不及时采出扣5分				
6		继续调整进料、蒸汽和回流，使温度分布趋于合理；各种仪表控制置自动	20	调整参数不合理扣10分				
				温度分布不合理扣10分				
				仪表自控率低扣5分				
7		分析侧线采出，合格及时将它切换到成品槽；釜出分析合格，切换到乙二醇分离塔	10	未分析侧线采出扣10分				
				侧线切换不及时扣5分				
				未分析釜出扣5分				
				釜出切换不及时扣5分				

续表

序号	考核内容	考核要点	配分	评分标准	检测结果	扣分	得分	备注
8	使用工具	正确使用工具	2	工具使用不正确扣 2 分				
		正确维护工具	3	工具乱摆乱放扣 3 分				
9	安全及其他	按国家法规或企业规定		违规一次总分扣 5 分；严重违规停止操作			—	
		在规定时间内完成操作		每超时 1min 总分扣 5 分，超时 3min 停止操作			—	
		合　计	100					

试题 41：环氧乙烷精制塔的回流系统的建立操作

（考核时间：15min）

序号	考核内容	考核要点	配分	评分标准	检测结果	扣分	得分	备注
1	准备工作	穿戴劳保用品	3	未穿戴整齐扣 3 分				
		工具、用具准备	2	工具选择不正确扣 2 分				
2	操作程序	对回流罐、回流泵系统进行完整性检查；仪表、联锁投用正常	20	未检查回流罐扣 5 分				
				未检查回流泵扣 5 分				
				未确认仪表投用扣 5 分				
				未确认联锁投用扣 5 分				
3		回流罐逐渐建立液位；打开进口阀和最小回流管线；灌泵、排气，检漏	20	未确认回流罐液位扣 5 分				
				未灌泵排气扣 10 分				
				未检漏扣 10 分				
4		按泵的操作法启动回流泵，观察运行是否正常	20	操作泵不规范扣 15 分				
				未观察运行情况扣 5 分				
5		观察至回流罐的最小回流是否正常	10	未观察最小回流扣 10 分				
6		慢慢打开出口阀，注意压力；控制好液位和回流量	20	阀操作不规范扣 10 分				
				液位控制不好扣 10 分				
7	使用工具	正确使用工具	2	工具使用不正确扣 2 分				
		正确维护工具	3	工具乱摆乱放扣 3 分				
8	安全及其他	按国家法规或企业规定		违规一次总分扣 5 分；严重违规停止操作			—	
		在规定时间内完成操作		每超时 1min 总分扣 5 分，超时 3min 停止操作			—	
		合　计	100					

试题 42：水合蒸发系统负荷提高时的调整操作

（考核时间：15min）

序号	考核内容	考核要点	配分	评分标准	检测结果	扣分	得分	备注
1	准备工作	穿戴劳保用品	3	未穿戴整齐扣 3 分				
		工具、用具准备	2	工具选择不正确扣 2 分				
2	操作程序	慢慢增加到再吸收塔的吸收水，维持合适的水合比	20	未增加吸收水扣 20 分				
				水合比不合适扣 10 分				
3		增加蒸发系统的蒸汽，增加水合反应处理量，保持汽提塔的液位	20	未增加蒸汽扣 10 分				
				汽提塔的液位波动扣 10 分				
4		增加反应预热、加热蒸汽，控制反应进口温度；增加汽提塔的蒸汽，保证足够的汽提量	20	未增加预热蒸汽扣 5 分				
				未增加加热蒸汽扣 5 分				
				汽提塔汽量未增加扣 10 分				
				反应进口温度偏低扣 10 分				
5		调整回流量，控制凝液中的乙二醇；保持合适的真空度	20	回流量不调整扣 5 分				
				凝液中乙二醇超标扣 10 分				
				真空度波动扣 10 分				
6		慢慢增加真空效的釜出量，维持物料平衡	10	釜出不增加扣 10 分				
				液位控制波动扣 5 分				
7	使用工具	正确使用工具	2	工具使用不正确扣 2 分				
		正确维护工具	3	工具乱摆乱放扣 3 分				
8	安全及其他	按国家法规或企业规定		违规一次总分扣 5 分；严重违规停止操作			—	
		在规定时间内完成操作		每超时 1min 总分扣 5 分，超时 3min 停止操作			—	
		合　计	100					

试题 43：乙二醇精制负荷提高时的调整操作

（考核时间：15min）

序号	考核内容	考核要点	配分	评分标准	检测结果	扣分	得分	备注
1	准备工作	穿戴劳保用品	3	未穿戴整齐扣 3 分				
		工具、用具准备	2	工具选择不正确扣 2 分				
2	操作程序	慢慢增加进料量	15	不增加进料量扣 15 分				
				增加太快扣 5 分				
3		增加塔釜再沸器的加热蒸汽，控制好灵敏板温度	20	加热蒸汽不增加扣 15 分				
				灵敏板温度波动扣 10 分				
4		适当增加回流量，保持一定的回流比	20	回流不增加扣 10 分				
				回流比不合适扣 10 分				
5		注意塔压的控制	15	塔压波动扣 15 分				

续表

序号	考核内容	考核要点	配分	评分标准	检测结果	扣分	得分	备注
6		根据物料平衡，及时增加侧线和塔釜的采出量	20	侧线采出不调整扣10分				
				釜出不调整扣10分				
7	使用工具	正确使用工具	2	工具使用不正确扣2分				
		正确维护工具	3	工具乱摆乱放扣3分				
8	安全及其他	按国家法规或企业规定		违规一次总分扣5分；严重违规停止操作			—	
		在规定时间内完成操作		每超时1min总分扣5分，超时3min停止操作			—	
合计			100					

试题44：环氧乙烷储罐系统置换操作

（考核时间：15min）

序号	考核内容	考核要点	配分	评分标准	检测结果	扣分	得分	备注
1	准备工作	穿戴劳保用品	3	未穿戴整齐扣3分				
		工具、用具准备	2	工具选择不正确扣2分				
2	操作程序	检查球罐所有阀门关闭；仪表投用正常；安全阀投用	15	未检查阀门扣8分				
				未确认仪表扣8分				
				未检查安全阀扣8分				
3		用氮气慢慢对球罐升压到规定值，关氮气	20	升压太快扣10分				
				压力太高扣10分				
4		打开所有低点倒淋，泄压至常压	20	倒淋有遗漏一个扣5分				
				泄压未到常压扣10分				
5		重复上述步骤3、4，直到分析球罐内氧气和露点符合要求为止，氧气≤0.5%，露点≤－40℃	20	未分析有遗漏扣20分				
				氧气不合格扣10分				
				露点不合格扣10分				
6		球罐升压到规定值后关闭氮气保压待用	15	未升压扣15分				
				压力与要求偏差大扣5分				
7	使用工具	正确使用工具	2	工具使用不正确扣2分				
		正确维护工具	3	工具乱摆乱放扣3分				
8	安全及其他	按国家法规或企业规定		违规一次总分扣5分；严重违规停止操作			—	
		在规定时间内完成操作		每超时1min总分扣5分，超时3min停止操作			—	
合计			100					

试题45：乙二醇蒸发岗位停车操作

（考核时间：15min）

序号	考核内容	考核要点	配分	评分标准	检测结果	扣分	得分	备注
1	准备工作	穿戴劳保用品	3	未穿戴整齐扣3分				
		工具、用具准备	2	工具选择不正确扣2分				
2	操作程序	真空效蒸发器釜出切换到中间槽	10	釜出未切换扣10分				
				切换时产生波动扣5分				
3		与调度联系，慢慢降一效进料和加热蒸汽	15	未与调度联系扣5分				
				进料变化太快扣10分				
				蒸汽变化太快扣10分				
4		逐渐减少各效回流水和真空效釜出量	15	回流水未调整扣5分				
				真空效釜出未调整扣10分				
5		当反应没有温差，真空效乙二醇含量达到规定值时，停止进料和加热；切断醛汽提蒸汽和二次蒸汽的输出	20	停止蒸汽太快扣5分				
				停蒸汽后未后处理扣5分				
				未观察反应温差扣5分				
				未观察真空效物料扣5分				
				真空效有物料误判断扣10分				
				停止进料操作太快扣5分				
				未切断汽提蒸汽扣5分				
				未切断二次蒸汽扣5分				
6		切断回流和停止凝液泵	10	未切断回流扣5分				
				未停凝液泵扣10分				
7		各效蒸发器、凝液罐泄压，及真空效停真空泵，通入氮气，解除真空，打开低点倒淋阀排液	10	未泄压排液扣10分				
				未停真空泵扣5分				
				未解除真空扣5分				
				排液不干净扣5分				
8		稍开氮气吹扫残液至干净	10	氮气太大扣5分				
				残液不排净扣5分				
9	使用工具	正确使用工具	2	工具使用不正确扣2分				
		正确维护工具	3	工具乱摆乱放扣3分				
10	安全及其他	按国家法规或企业规定		违规一次总分扣5分；严重违规停止操作			—	
		在规定时间内完成操作		每超时1min总分扣5分，超时3min停止操作			—	
合计			100					

试题 46：乙二醇分离塔停车的操作

（考核时间：15min）

序号	考核内容	考核要点	配分	评分标准	检测结果	扣分	得分	备注
1	准备工作	穿戴劳保用品	3	未穿戴整齐扣3分				
		工具、用具准备	2	工具选择不正确扣2分				
2	操作程序	慢慢停止向塔进料；降低加热蒸汽	15	停止进料太快扣8分				
				降蒸汽太快扣8分				
3		停止侧线采出；釜出切换到中间槽	15	未停止侧线扣8分				
				釜出未切换扣8分				
4		停止加热蒸汽，保持真空，降温；釜液用塔釜泵打空后停	20	蒸汽停止未后处理扣8分				
				停蒸汽未保持真空扣8分				
				停泵时液位高扣8分				
5		按操作法停真空泵，向塔注入氮气至常压；用水注入塔釜，启动塔釜泵进行水喷淋至塔底，排放到中间槽，回收残液到浓度符合要求	20	停真空泵不规范扣8分				
				未向塔注入氮气扣8分				
				氮气升压太高扣5分				
				未用水洗涤残液扣8分				
				残液不回收扣8分				
				排放浓度不合格扣5分				
6		重新加水，用少量蒸汽对塔进行水蒸馏至排放水干净	10	未水蒸馏扣10分				
				蒸馏不彻底扣8分				
				排放不干净扣5分				
7		停蒸汽，打开各低点倒淋阀，用氮气吹扫残液至合格	10	低点排放有遗漏扣5分				
				未停蒸汽扣5分				
				吹扫不合格扣5分				
8	使用工具	正确使用工具	2	工具使用不正确扣2分				
		正确维护工具	3	工具乱摆乱放扣3分				
9	安全及其他	按国家法规或企业规定		违规一次总分扣5分；严重违规停止操作			—	
		在规定时间内完成操作		每超时1min总分扣5分，超时3min停止操作			—	
		合　计	100					

试题 47：二乙二醇精制塔停车的操作

（考核时间：15min）

序号	考核内容	考核要点	配分	评分标准	检测结果	扣分	得分	备注
1	准备工作	穿戴劳保用品	3	未穿戴整齐扣3分				
		工具、用具准备	2	工具选择不正确扣2分				

续表

序号	考核内容	考核要点	配分	评分标准	检测结果	扣分	得分	备注
2	操作程序	停止向塔进料；降低加热蒸汽	15	停止进料太快扣8分				
				降蒸汽太快扣8分				
3		停止侧线采出；釜出切换到中间槽	15	未停止侧线扣8分				
				釜出未切换扣8分				
4		塔釜低液位后，停止加热蒸汽，保持真空，自然降温；釜液用塔釜泵打空后停	20	蒸汽停止未后处理扣8分				
				停蒸汽未保持真空扣8分				
				停泵时液位高扣8分				
5		停真空泵，向塔注入氮气至常压；用水注入塔釜，排放到中间槽，回收残液到浓度符合要求	20	停真空泵不规范扣8分				
				未向塔注入氮气扣8分				
				氮气升压太高扣5分				
				未用水洗涤残液扣8分				
				残液不回收扣8分				
				排放浓度不合格扣5分				
6		重新加水，用少量蒸汽对塔进行水蒸馏至排放水干净	10	未水蒸馏扣10分				
				蒸馏不彻底扣8分				
				排放不干净扣5分				
7		用氮气吹扫残液至合格	10	低点排放有遗漏扣5分				
				吹扫不合格扣5分				
8	使用工具	正确使用工具	2	工具使用不正确扣2分				
		正确维护工具	3	工具乱摆乱放扣3分				
9	安全及其他	按国家法规或企业规定		违规一次总分扣5分；严重违规停止操作			—	
		在规定时间内完成操作		每超时1min总分扣5分，超时3min停止操作			—	
合计			100					

试题48：环氧乙烷精制塔系统到空操作

（考核时间：15min）

序号	考核内容	考核要点	配分	评分标准	检测结果	扣分	得分	备注
1	准备工作	穿戴劳保用品	3	未穿戴整齐扣3分				
		工具、用具准备	2	工具选择不正确扣2分				

续表

序号	考核内容	考核要点	配分	评分标准	检测结果	扣分	得分	备注
2	操作程序	切换侧线采出至汽提塔	10	侧线采出未切换扣10分				
3		逐渐降低进料，直到停止进料；进料管线残液吹扫；同时降低加热蒸汽	10	进料降低太快扣5分				
				未调整加热蒸汽扣5分				
				进料管线未吹扫扣5分				
4		利用脱醛管线和成品管线继续将塔内物料返回到汽提塔；直到塔顶温度接近水运温度，排空回流罐后，立即停止回流泵运转	20	停脱醛返料扣5分				
				停成品返料扣5分				
				顶温到后还返料扣5分				
				回流罐未排空扣5分				
				停回流泵不及时扣10分				
5		停止加热蒸汽；用水注入回流罐，返回到塔顶，喷淋回收残液到再吸收塔，一旦浓度符合要求停止	20	停蒸汽不合时宜扣5分				
				未用水喷淋扣5分				
				残液未回收扣8分				
				排放浓度高扣8分				
6		重新加水，建立液位，用少量蒸汽对塔进行水蒸馏至排放水干净	20	水蒸馏不彻底扣10分				
				排放水不干净扣10分				
7		打开各低点倒淋，用氮气吹扫残液至废水槽，合格为止	10	打开低点倒淋有遗漏扣5分				
				残液未吹扫扣5分				
				吹扫不合格扣5分				
8	使用工具	正确使用工具	2	工具使用不正确扣2分				
		正确维护工具	3	工具乱摆乱放扣3分				
9	安全及其他	按国家法规或企业规定		违规一次总分扣5分；严重违规停止操作			—	
		在规定时间内完成操作		每超时1min总分扣5分，超时3min停止操作			—	
		合　计	100					

试题49：真空塔的投用操作条件

（考核时间：15min）

序号	考核内容	考核要点	配分	评分标准	检测结果	扣分	得分	备注
1	准备工作	穿戴劳保用品	3	未穿戴整齐扣3分				
		工具、用具准备	2	工具选择不正确扣2分				
2	操作程序	系统正压试验检漏合格	15	未确认检漏合格扣15分				
3		系统负压保压检漏符合要求	15	未确认保压合格扣15分				
4		塔内用氮气置换合格	15	未确认置换合格扣15分				
5		公用工程投用正常	15	未确认公用工程投用正常扣15分				

续表

序号	考核内容	考核要点	配分	评分标准	检测结果	扣分	得分	备注
6		真空泵已启动，真空度达到要求值	15	未确认真空泵投用扣15分				
				未确认真空度符合要求扣10分				
7		电气、仪表正常；联锁投用	15	未确认电气扣5分				
				未确认仪表扣5分				
				未确认联锁投用扣5分				
8	使用工具	正确使用工具	2	工具使用不正确扣2分				
		正确维护工具	3	工具乱摆乱放扣3分				
9	安全及其他	按国家法规或企业规定		违规一次总分扣5分；严重违规停止操作			—	
		在规定时间内完成操作		每超时1min总分扣5分，超时3min停止操作			—	
合　计			100					

试题50：真空泵的切出检修处理

（考核时间：15min）

序号	考核内容	考核要点	配分	评分标准	检测结果	扣分	得分	备注
1	准备工作	穿戴劳保用品	3	未穿戴整齐扣3分				
		工具、用具准备	2	工具选择不正确扣2分				
2	操作程序	停止真空塔运行	15	未停止塔运行扣15分				
3		关闭与塔的连接阀；真空塔充氮至常压	20	未关闭连塔阀扣15分				
				塔未后处理扣10分				
4		由后向前逐级关闭喷射蒸汽	20	顺序错扣15分				
				漏一级扣10分				
5		切断蒸汽总管，打开倒淋泄压、排气、降温	20	未切断蒸汽扣10分				
				未泄压、排气扣10分				
6		若检修涉及冷却水，应切断冷却水，并排净残液	15	未切断冷却水扣15分				
				未排净残液扣5分				
7	使用工具	正确使用工具	2	工具使用不正确扣2分				
		正确维护工具	3	工具乱摆乱放扣3分				
8	安全及其他	按国家法规或企业规定		违规一次总分扣5分；严重违规停止操作			—	
		在规定时间内完成操作		每超时1min总分扣5分，超时3min停止操作			—	
合　计			100					

试题 51：高速离心泵的开泵操作

（考核时间：15min）

序号	考核内容	考核要点	配分	评分标准	检测结果	扣分	得分	备注
1	准备工作	穿戴劳保用品	3	未穿戴整齐扣3分				
		工具、用具准备	2	工具选择不正确扣2分				
2	操作程序	检查泵润滑油、冷却水正常；打开密封冲洗水	10	未检查润滑油扣5分				
				未检查冷却水扣5分				
				未检查冲洗水扣5分				
3		脱氧器内液位、温度、压力正常	10	未确认液位正常扣5分				
				未确认温度正常扣5分				
				未确认压力正常扣5分				
4		打开进口阀、放空阀排气，暖泵	15	未排气扣10分				
				未暖泵扣5分				
5		关闭排气阀，关压力表手阀，检漏，盘泵，点动试验正常	15	未关排气阀扣5分				
				未关压力表阀扣5分				
				未检漏扣5分				
6		按操作法启动泵，打开压力表手阀，观察压力是否正常	10	启动泵不规范扣5分				
				未打开压力表阀扣5分				
				未观察压力扣5分				
7		慢慢打开出口阀，打开旁路阀，建立到脱氧器小循环	10	阀操作不规范扣5分				
				未建立小循环扣10分				
8		控制合适的压力和流量	10	压力控制不合适扣5分				
				流量控制不合适扣5分				
9	使用工具	正确使用工具	2	工具使用不正确扣2分				
		正确维护工具	3	工具乱摆乱放扣3分				
10	安全及其他	按国家法规或企业规定		违规一次总分扣5分；严重违规停止操作			—	
		在规定时间内完成操作		每超时1min总分扣5分，超时3min停止操作			—	
合计			100					

试题 52：乙二醇脱水塔再沸器的投用操作

（考核时间：15min）

序号	考核内容	考核要点	配分	评分标准	检测结果	扣分	得分	备注
1	准备工作	穿戴劳保用品	3	未穿戴整齐扣3分				
		工具、用具准备	2	工具选择不正确扣2分				
2	操作程序	塔内物料积液到50%，管程充满物料，总阀未打开	15	未确认塔内液位扣5分				
				未确认蒸汽压力扣5分				
				未确认蒸汽总阀扣5分				

续表

序号	考核内容	考核要点	配分	评分标准	检测结果	扣分	得分	备注
3		控制阀联锁投用、复位；限位开关处于正常位置	15	未确认联锁投用扣10分				
				未确认限位开关扣5分				
4		打开蒸汽管线倒淋，手动稍开蒸汽阀暖管，排除凝液后关闭	15	阀操作不规范扣5分				
				未排凝液扣10分				
				倒淋阀未复位扣5分				
5		打开再沸器上的放空阀，排气正常后关闭	15	未排气扣15分				
				放空阀未关扣5分				
6		投用疏水器，手动慢慢打开调节阀，使物料受热循环，回收凝液	20	阀门操作不规范扣10分				
				疏水器投用不规范扣10分				
				凝液未回收扣5分				
7		自动控制加热蒸汽量，满足工艺要求	10	加热蒸汽控制不稳扣5分				
				自动控制不投用扣5分				
8	使用工具	正确使用工具	2	工具使用不正确扣2分				
		正确维护工具	3	工具乱摆乱放扣3分				
9	安全及其他	按国家法规或企业规定		违规一次总分扣5分；严重违规停止操作			—	
		在规定时间内完成操作		每超时1min总分扣5分，超时3min停止操作			—	
合计			100					

试题53：环氧乙烷精制塔塔釜泵交出检修处理

（考核时间：15min）

序号	考核内容	考核要点	配分	评分标准	检测结果	扣分	得分	备注
1	准备工作	穿戴劳保用品	3	未穿戴整齐扣3分				
		工具、用具准备	2	工具选择不正确扣2分				
2	操作程序	按操作法停塔釜泵	20	未按操作法扣20分				
3		打开倒淋，充入少量氮气，排尽残液到废水槽，并用水冲洗干净	30	未排液扣30分				
				未用氮气吹扫扣20分				
				残液就地排放扣10分				
4		关闭冷却水阀，排尽液体	20	未停冷却水扣20分				
				未排尽液体扣10分				
5		切断电源，联系检修	20	未切断电源扣20分				
				未联系检修扣10分				
6	使用工具	正确使用工具	2	工具使用不正确扣2分				
		正确维护工具	3	工具乱摆乱放扣3分				

续表

序号	考核内容	考核要点	配分	评分标准	检测结果	扣分	得分	备注
7	安全及其他	按国家法规或企业规定		违规一次总分扣5分；严重违规停止操作			—	
		在规定时间内完成操作		每超时1min总分扣5分，超时3min停止操作			—	
		合　　计	100					

试题54：离心泵的维护内容

（考核时间：15min）

序号	考核内容	考核要点	配分	评分标准	检测结果	扣分	得分	备注
1	准备工作	穿戴劳保用品	3	未穿戴整齐扣3分				
		工具、用具准备	2	工具选择不正确扣2分				
2	操作程序	检查泵的压力、流量、电流等运行参数	20	未检查压力扣8分				
				未检查流量扣8分				
				未检查电流扣8分				
3		检查润滑油液位、冷却水温度是否正常	20	未检查润滑油液位扣10分				
				未检查冷却水温度扣10分				
4		检查泵是否有振动或异声	20	未检查振动扣10分				
				未辨别声音扣10分				
5		检查泵及辅助系统有无泄漏	10	未检查泵泄漏扣5分				
				未检查系统泄漏扣5分				
6	使用工具	正确使用工具	2	工具使用不正确扣2分				
		正确维护工具	3	工具乱摆乱放扣3分				
7	安全及其他	按国家法规或企业规定		违规一次总分扣5分；严重违规停止操作			—	
		在规定时间内完成操作		每超时1min总分扣5分，超时3min停止操作			—	
		合　　计	100					

试题55：检修结束后塔内件检查内容

（考核时间：15min）

序号	考核内容	考核要点	配分	评分标准	检测结果	扣分	得分	备注
1	准备工作	穿戴劳保用品	3	未穿戴整齐扣3分				
		工具、用具准备	2	工具选择不正确扣2分				
2	操作程序	检查塔板或填料是否安装齐全、平整、无变形	15	未检查安装齐全扣5分				
				未检查安装平整扣5分				
				未检查有无变形扣5分				

续表

序号	考核内容	考核要点	配分	评分标准	检测结果	扣分	得分	备注
3		检查内件如挡板、降液管、进料管、分配器或格栅、支撑板等是否完好、规范	25	未检查挡板扣5分				
				未检查降液管扣5分				
				未检查进料管扣5分				
				未检查分配器或格栅扣5分				
				未检查支撑板扣5分				
4		塔板或填料的紧固件无缺、拧紧，不变形	15	未检查有无缺损扣5分				
				未检查是否拧紧扣5分				
				未检查是否变形扣5分				
5		没有杂物遗留在塔板或填料上；塔内物料、仪表接口完好、无垃圾	20	未检查塔板或填料上遗留杂物扣10分				
				未检查物料接口扣5分				
				未检查仪表接口扣5分				
6		塔釜及釜出管、循环管检查干净	15	未检查塔釜是否干净扣5分				
				未检查釜出管干净扣5分				
				未检查循环管干净扣5分				
7	使用工具	正确使用工具	2	工具使用不正确扣2分				
		正确维护工具	3	工具乱摆乱放扣3分				
8	安全及其他	按国家法规或企业规定		违规一次总分扣5分；严重违规停止操作			—	
		在规定时间内完成操作		每超时1min总分扣5分，超时3min停止操作			—	
		合　　计	100					

试题56：环氧乙烷产品中二氧化碳含量高的原因

（考核时间：15min）

序号	考核内容	考核要点	配分	评分标准	检测结果	扣分	得分	备注
1	准备工作	穿戴劳保用品	3	未穿戴整齐扣3分				
		工具、用具准备	2	工具选择不正确扣2分				
2	操作程序	氧化反应副产二氧化碳多、脱除二氧化碳不足	25	未分析副产多扣15分				
				未分析脱除不足扣10分				
3		洗涤塔吸收温度低，二氧化碳在吸收水中溶解度增加	20	未分析吸收温度低扣20分				
4		汽提塔汽提量不足或釜温低，进料中仍溶解有二氧化碳	30	未分析汽提量不足扣20分				
				未分析釜温低扣10分				
5		精制塔操作压力偏高，二氧化碳溶解在产品中	15	未分析可能塔压力偏高扣15分				

续表

序号	考核内容	考核要点	配分	评分标准	检测结果	扣分	得分	备注
6	使用工具	正确使用工具	2	工具使用不正确扣2分				
		正确维护工具	3	工具乱摆乱放扣3分				
7	安全及其他	按国家法规或企业规定		违规一次总分扣5分；严重违规停止操作			—	
		在规定时间内完成操作		每超时1min总分扣5分，超时3min停止操作			—	
		合　计	100					

试题57：环氧乙烷精制塔塔釜环氧乙烷含量高的原因

（考核时间：15min）

序号	考核内容	考核要点	配分	评分标准	检测结果	扣分	得分	备注
1	准备工作	穿戴劳保用品	3	未穿戴整齐扣3分				
		工具、用具准备	2	工具选择不正确扣2分				
2	操作程序	进料量突然增加或环氧乙烷浓度增加或进料温度下降	15	未分析进料量增加扣5分				
				未分析进料浓度增加扣5分				
				未分析进料温度下降扣5分				
3		塔釜或侧线加热再沸器或疏水器工作异常，造成塔釜温度低	20	未分析再沸器工作异常扣8分				
				未分析侧线再沸器工作异常扣8分				
				未分析疏水器工作异常扣8分				
4		加热蒸汽压力低	15	未分析蒸汽压力低扣15分				
5		脱醛量或成品采出量少	20	未分析脱醛量不够扣10分				
				未分析成品采出不够扣10分				
6		回流量突然上升	10	未分析回流上升扣10分				
7		塔压发生剧烈波动	10	未分析塔压波动扣10分				
8	使用工具	正确使用工具	2	工具使用不正确扣2分				
		正确维护工具	3	工具乱摆乱放扣3分				
9	安全及其他	按国家法规或企业规定		违规一次总分扣5分；严重违规停止操作			—	
		在规定时间内完成操作		每超时1min总分扣5分，超时3min停止操作			—	
		合　计	100					

试题58：汽提塔塔釜pH值低的原因

（考核时间：15min）

序号	考核内容	考核要点	配分	评分标准	检测结果	扣分	得分	备注
1	准备工作	穿戴劳保用品	3	未穿戴整齐扣3分				
		工具、用具准备	2	工具选择不正确扣2分				

续表

序号	考核内容	考核要点	配分	评分标准	检测结果	扣分	得分	备注
2	操作程序	氧化反应负荷高或选择性低；脱除二氧化碳单元处理能力低	25	未分析反应负荷高扣8分				
				未分析选择性低扣10分				
				未分析脱碳能力低扣10分				
3		贫吸收水温度低	10	未分析吸收水温低扣10分				
4		工艺循环水处理能力不够或树脂再生效果差	25	未分析处理量不够扣15分				
				未分析再生效果差扣10分				
5		汽提塔釜温低或汽提流量不够	30	未分析汽提塔釜温低扣15分				
				未分析汽提流量不够扣15分				
6	使用工具	正确使用工具	2	工具使用不正确扣2分				
		正确维护工具	3	工具乱摆乱放扣3分				
7	安全及其他	按国家法规或企业规定		违规一次总分扣5分；严重违规停止操作			—	
		在规定时间内完成操作		每超时1min总分扣5分，超时3min停止操作			—	
合计			100					

试题59：乙二醇脱水塔塔压高的原因

（考核时间：15min）

序号	考核内容	考核要点	配分	评分标准	检测结果	扣分	得分	备注
1	准备工作	穿戴劳保用品	3	未穿戴整齐扣3分				
		工具、用具准备	2	工具选择不正确扣2分				
2	操作程序	外供冷却水压力低或温度高	10	未分析冷却水压力扣5分				
				未分析冷却水温度扣5分				
3		加热蒸汽过多，上升汽量大	10	未分析蒸汽过多扣15分				
4		回流减少，上升汽量大	10	未分析回流少扣10分				
5		进料中水分多，上升汽量大	10	未分析进料水多扣10分				
6		真空泵故障(蒸汽压力低或带凝液、喷嘴堵、泄漏等）	25	未分析真空泵故障扣25分				
				未分析蒸汽压力扣5分				
				未分析蒸汽带凝水扣5分				
				未分析喷嘴堵扣10分				
				未分析真空泵泄漏扣5分				
7		塔、换热器及相关设备泄漏，真空泵冷凝器、换热器堵塞严重，换热效果差	15	未分析塔泄漏扣5分				
				未分析换热器泄漏扣5分				
				未分析换真空泵冷凝器、换热器堵塞扣5分				
				未分析管线泄漏扣5分				

续表

序号	考核内容	考核要点	配分	评分标准	检测结果	扣分	得分	备注
8		仪表显示或压力控制阀故障	10	未分析显示不准扣5分				
				未分析控制阀故障扣5分				
9	使用工具	正确使用工具	2	工具使用不正确扣2分				
		正确维护工具	3	工具乱摆乱放扣3分				
10	安全及其他	按国家法规或企业规定		违规一次总分扣5分；严重违规停止操作			—	
		在规定时间内完成操作		每超时1min总分扣5分，超时3min停止操作			—	
		合　计	100					

试题60：环氧乙烷回流罐中水含量高的处理

（考核时间：15min）

序号	考核内容	考核要点	配分	评分标准	检测结果	扣分	得分	备注
1	准备工作	穿戴劳保用品	3	未穿戴整齐扣3分				
		工具、用具准备	2	工具选择不正确扣2分				
2	操作程序	看分析数据，考虑切换成品至汽提塔，及时调整相关岗位的参数	15	未考虑切换成品扣15分				
				未通知相关岗位扣10分				
3		适当增加回流量，减少采出	20	未考虑增加回流扣20分				
4		适当降低加热蒸汽量	20	未考虑降蒸汽扣20分				
5		优化操作，调整塔内温度分布更加合理，调整塔压	15	未考虑调整温度分布扣10分				
				未考虑调整塔压扣5分				
6		检查冷凝器是否泄漏	10	未分析可能泄漏扣10分				
7		检查进料环氧乙烷水合比	10	未分析水合比不合理扣10分				
8	使用工具	正确使用工具	2	工具使用不正确扣2分				
		正确维护工具	3	工具乱摆乱放扣3分				
9	安全及其他	按国家法规或企业规定		违规一次总分扣5分；严重违规停止操作			—	
		在规定时间内完成操作		每超时1min总分扣5分，超时3min停止操作			—	
		合　计	100					

试题61：环氧乙烷回流泵故障环氧乙烷精制岗位的处理

（考核时间：15min）

序号	考核内容	考核要点	配分	评分标准	检测结果	扣分	得分	备注
1	准备工作	穿戴劳保用品	3	未穿戴整齐扣3分				
		工具、用具准备	2	工具选择不正确扣2分				

续表

序号	考核内容	考核要点	配分	评分标准	检测结果	扣分	得分	备注
2	操作程序	一旦运行的回流泵故障，立即切换备用泵，保证回流，原泵检查或切出检修	20	未切换备用泵扣 20 分				
				切换不及时扣 10 分				
				切换泵不规范扣 5 分				
				未及时抢修泵扣 10 分				
3		若两台回流泵同时故障，则立即停进料和加热蒸汽，立即停塔釜泵，注意塔的压力，及时调整蒸发岗位、精制岗位	15	未及时判断扣 15 分				
				进料停止不及时扣 10 分				
				加热停止不及时扣 10 分				
				未停塔釜泵扣 10 分				
				未及时调整压力扣 10 分				
4		通知氧化岗位做相应的调整，增加到再吸收塔的吸收水量	15	未通知氧化扣 10 分				
				未调整吸收水量扣 10 分				
5		成品采出慢慢返到汽提塔	10	成品未返汽提塔扣 10 分				
6		向塔内充入氮气，保持一定的正压	10	未充入氮气扣 5 分				
				压力失控扣 5 分				
7		回流罐满，通过气相管排液到再吸收塔，防止塔压力高压报警	10	未及时打开气相管线扣 10 分				
				产生高压报警扣 5 分				
8		若不能立即恢复，考虑将塔内物料返回再吸收塔处理	10	未考虑返料扣 10 分				
				返料不通知相关岗位扣 5 分				
9	使用工具	正确使用工具	2	工具使用不正确扣 2 分				
		正确维护工具	3	工具乱摆乱放扣 3 分				
10	安全及其他	按国家法规或企业规定		违规一次总分扣 5 分；严重违规停止操作			—	
		在规定时间内完成操作		每超时 1min 总分扣 5 分，超时 3min 停止操作			—	
合计			100					

试题 62：蒸发岗位停冷却水的处理

（考核时间：15min）

序号	考核内容	考核要点	配分	评分标准	检测结果	扣分	得分	备注
1	准备工作	穿戴劳保用品	3	未穿戴整齐扣 3 分				
		工具、用具准备	2	工具选择不正确扣 2 分				
2	操作程序	一旦停冷却水，真空破坏，末效蒸发能力下降，通知氧化岗位紧急降负荷，其他岗位作调整	20	未迅速判断扣 10 分				
				未通知其他岗位扣 10 分				
3		立即停真空泵，切出釜液到中间槽	15	未立即停真空泵扣 10 分				
				釜液未切出扣 10 分				

续表

序号	考核内容	考核要点	配分	评分标准	检测结果	扣分	得分	备注
4		调整蒸发岗位处理负荷：降低加入蒸汽量，调整回流水量	20	未立即调整负荷扣10分				
				未调整其他参数扣10分				
5		联系恢复冷却水供应	10	未联系调度供水扣10分				
6		若不能及时恢复，考虑停OMS处理，蒸发岗位停车处理	25	未考虑停OMS扣20分				
				未考虑蒸发岗位停车扣25分				
7	使用工具	正确使用工具	2	工具使用不正确扣2分				
		正确维护工具	3	工具乱摆乱放扣3分				
8	安全及其他	按国家法规或企业规定		违规一次总分扣5分；严重违规停止操作			—	
		在规定时间内完成操作		每超时1min总分扣5分，超时3min停止操作			—	
		合　计	100					

试题63：末效真空泵故障的处理

（考核时间：15min）

序号	考核内容	考核要点	配分	评分标准	检测结果	扣分	得分	备注
1	准备工作	穿戴劳保用品	3	未穿戴整齐扣3分				
		工具、用具准备	2	工具选择不正确扣2分				
2	操作程序	一旦真空泵故障，真空破坏，末效蒸发能力下降，及时通知氧化岗位紧急降负荷，其他岗位作调整	15	未能正确判断故障扣15分				
				未能及时通知相关岗位扣10分				
3		及时调整蒸发岗位处理负荷，调整回流、蒸汽	20	不及时调整负荷扣10分				
				不及时调整其他参数扣10分				
4		关连塔阀，切断喷射蒸汽，真空泵系统泄压，切出釜液到中间槽	20	未切断真空泵蒸汽扣10分				
				未泄压排汽扣5分				
				釜液不切换扣10分				
				连塔阀未关扣5分				
5		联系检修真空泵（拆喷嘴、查液封、查泄漏、检查蒸汽压力，冷却水压力、温度等）	25	未联系检修真空泵扣15分				
				未拆喷嘴扣10分				
				未检查液封扣5分				
				未检查泄漏扣5分				
				未检查蒸汽扣5分				
6		若不能及时恢复，考虑停OMS，停蒸发岗位处理	10	未考虑停蒸发岗位扣10分				
				未考虑OMS停车扣5分				
7	使用工具	正确使用工具	2	工具使用不正确扣2分				
		正确维护工具	3	工具乱摆乱放扣3分				

续表

序号	考核内容	考核要点	配分	评分标准	检测结果	扣分	得分	备注
8	安全及其他	按国家法规或企业规定		违规一次总分扣5分；严重违规停止操作			—	
		在规定时间内完成操作		每超时1min总分扣5分，超时3min停止操作			—	
合　计			100					

试题64：水合蒸发系统塔压高的处理

（考核时间：15min）

序号	考核内容	考核要点	配分	评分标准	检测结果	扣分	得分	备注
1	准备工作	穿戴劳保用品	3	未穿戴整齐扣3分				
		工具、用具准备	2	工具选择不正确扣2分				
2	操作程序	控制水合反应器出口温度	10	未观察反应温度扣5分				
				未调整反应温度扣5分				
3		调节反应水合比，适当加大回流水量	20	未调整水合比扣15分				
				未调整回流水扣5分				
4		在再沸器侧向和凝液罐上部排不凝气	20	未在再沸器排气扣10分				
				未在凝液罐上排气扣10分				
5		检查凝液罐液位和控制阀是否正常	10	未检查凝液罐液位扣5分				
				未检查液位控制阀扣5分				
6		适当降低蒸发负荷，减少加热蒸汽	10	未调整负荷扣5分				
				未减少蒸汽扣5分				
7		增加釜出量，降低物料累积	20	未增加釜出量扣20分				
8	使用工具	正确使用工具	2	工具使用不正确扣2分				
		正确维护工具	3	工具乱摆乱放扣3分				
9	安全及其他	按国家法规或企业规定		违规一次总分扣5分；严重违规停止操作			—	
		在规定时间内完成操作		每超时1min总分扣5分，超时3min停止操作			—	
合　计			100					

第三部分

高 级 工

一、国家职业标准(高级工工作要求)

职业功能	工作内容	技能要求	相关知识
工艺操作	(一)开车准备	能按岗位操作法、工艺方案做好本装置开车各项准备工作： 1. 能将各种原辅料引入装置 2. 能完成装置的各项试压、试漏、吹扫、置换等工作 3. 能完成装置开车前的各项综合检查工作 4. 能完成装置开车流程的确认	开车条件确认相关知识
	(二)开车操作	能完成装置开车工作： 1. 能打通装置流程 2. 能完成装置开车的各步操作 3. 能处理装置开车过程的疑难问题 4. 能平衡装置开车过程的物料、蒸汽 5. 能完成岗位间开车过程的工序衔接 6. 能完成乙烯氧化反应、环氧乙烷水合反应、二氧化碳及环氧乙烷吸收与解吸等各生产工序的开车投料操作 7. 能完成乙烯氧化反应、环氧乙烷水合反应等关键工序的开车 8. 能完成大机组从检修完毕到正常开车的各步操作	1. 开停车方案及注意事项 2. 装置开车要点及装置联锁知识 3. 装置倒空、置换相关知识
	(三)正常操作	1. 能调节装置各工艺参数 2. 能判断和处理装置的各种工艺波动 3. 能协调各岗位的操作 4. 能根据原料和组成的变化对装置运行及时调整 5. 能调节氧气、乙烯浓度，完成闭环操作 6. 能完成二氧化碳浓度的调整操作 7. 能完成水处理树脂的再生操作 8. 能根据分析结果和工艺参数判断在线分析仪表故障 9. 能依据脱醛量控制环氧乙烷质量	1. 工艺技术规程 2. 装置工艺流程及DCS知识 3. HSE管理标准基本知识 4. 闭环操作方法 5. 二氧化碳浓度调整控制要求 6. 水处理树脂的再生原理
	(四)停车操作	能按岗位操作法及工艺方案完成装置的停车操作 1. 能完成装置工艺系统的各部停车操作 2. 能完成与本装置互连的外围管线的物料停送后的工艺处理 3. 能停装置的水、电、气、风等公用介质 4. 能根据工艺要求完成设备、管线的安全交付检修工作 5. 能根据工艺方案对反应器、过热炉、罐区等完成停车操作 6. 能完成从乙烯氧化、环氧乙烷水合反应停料到安全交出检修的各步操作	1. 装置倒空置换程序 2. 本装置停车方案及注意事项 3. 装置的水、电、气、风等公用介质的停用条件 4. 设备、管线的安全交付检修工作内容及处理要求 5. 反应器、过热炉降温注意事项 6. 罐区储罐倒罐、清罐、置换、水洗、交出确认知识 7. 乙二醇装置停车排放要求

续表

职业功能	工作内容	技能要求	相关知识
设备使用与维护	(一)使用设备	能操作本装置各种化工设备如：气化炉、固定床反应器、反应釜、精馏塔、冷冻机、分离器、干燥气等	1. 设备结构原理 2. 设备的操作知识 3. 设备运行参数
	(二)维护设备	1. 能根据设备运行情况组织防腐检查、提出防腐建议 2. 能根据设备运行情况，提出改进建议 3. 能参与仪表参数的整定，并协助处理仪表、电气故障 4. 能验收设备	1. 设备完好标准 2. 设备运行条件 3. 设备防腐知识 4. 仪表各种调节方案 5. 设备验收知识
事故判断与处理	(一)判断事故	1. 能判断较复杂的产品质量、换热设备内漏、催化剂污染等事故 2. 能发现和消除事故隐患	1. 故障产生原因及处理方法 2. 分析项目有关知识
	(二)处理事故	1. 能处理装置各种事故 2. 能针对装置运行情况提出开、停等建议 3. 能协调处理火雨事故 4. 能协调处理装置重大着火及大面积停车事故 5. 能处理乙二醇、环氧乙烷等产品和中间产品的质量事故 6. 能根据生产经验和理论数据判断催化剂是否中毒，并能提出处理措施 7. 能处理因碳酸钾引起的装置停车事故 8. 能处理环氧乙烷聚合导致的停车事故	1. 各种事故的处理方法 2. 紧急停车步骤 3. 仪表联锁的有关知识，火雨事故的预防措施 4. 装置重大着火及大面积停车事故处理预案 5. 乙二醇、环氧乙烷产品质量事故的原因分析
绘图与计算	(一)绘图	1. 能识读仪表联锁图 2. 能绘制设备结构简图 3. 能绘制工艺配管单线图	1. 仪表联锁图知识 2. 工艺配管单线图知识
	(二)计算	能进行简单的热量衡算	热量计算的有关知识
培训与指导	培训与指导	1. 协助培训初、中级操作人员 2. 能指导他人进行工作	培训基本知识

二、理论知识鉴定要素细目表

行业通用理论知识鉴定要素细目表

鉴定范围						鉴定点		
一级		二级		三级		代码	名称	重要程度
代码	名称	代码	名称	代码	名称			
A	基本要求	B	基础知识	A	记录填写基础知识	001	班组交接记录的填写要求	X
						002	班组安全活动记录填写要求	X
				B	识图基础知识	001	剖视图知识	X
						002	断面图知识	X
						003	化工设备图表示方法	X
						004	零件图的内容	X

续表

鉴定范围						鉴定点		
一级		二级		三级		代码	名　称	重要程度
代码	名　称	代码	名　称	代码	名　称			
				C	安全环保基础知识	001	清洁生产审计的程序	X
						002	HSE 管理体系文件架构	X
						003	ISO 14001 环境管理体系的组成要素	X
						004	ISO 14000 系列标准的指导思想	X
						005	ISO 14001 环境管理体系的运行模式	X
						006	防尘防毒的技术措施	X
						007	防尘防毒的管理措施	X
						008	国家劳动安全卫生管理体制职责划分的内容	X
						009	ISO 14001 环境管理体系建立的步骤	X
						010	HSE 危害辨识	X
						011	HSE 风险评价的概念	X
						012	HSE 风险评价的目的	X
				D	质量基础知识	001	不合格品的处置途径	X
						002	ISO 9001 族标准质量管理审核的特点	X
						003	ISO 9000 族标准第一、第二、第三方审核的区别	X
						004	质量统计直方图	X
						005	质量统计排列图	X
						006	质量统计因果图	X
						007	质量统计控制图	X
						008	不良产品的分级	X
				E	计算机基础知识	001	Word 绘图	X
						002	Excel 公式与函数的运用	X
						003	Excel 数据的简单分析与管理	X
						004	Excel 简单的图表处理	X
B	相关知识	E	管理知识	A	生产管理	001	班组的管理	X
						002	班组的成本核算	X
				B	编写技术文件	001	总结的格式	X
						002	报告的格式	X
						003	请示的格式	X

职业通用理论知识鉴定要素细目表(《烃类衍生物生产工》)

鉴定范围						鉴定点		
一级		二级		三级		代码	名称	重要程度
代码	名称	代码	名称	代码	名称			
A	基本要求	B	基础知识	A	无机化学基础知识	001	混合气体的分压定律	X
						002	混合气体的分压定律的应用	Y
						003	可逆反应的基本概念	X
						004	化学反应速率的表示方法	X
						005	影响化学反应速率的因素	Y
						006	化学平衡的概念	X
				B	有机化学基础知识	001	饱和烃的同分异构	X
						002	烯烃加成反应的概念	X
						003	烯烃聚合反应的概念	Y
						004	烯烃氧化反应的概念	X
						005	二烯烃加成反应的概念	X
						006	炔烃的加成反应的概念	X
						007	炔烃的聚合反应的概念	Y
						008	炔烃的氧化反应的概念	X
				C	化工单元操作知识	001	稳定流动下的物料衡算	X
						002	稳定流动下的能量衡算	X
						003	稳定流动下直管流体阻力的计算	Y
						004	离心泵的特性曲线参数识别	X
						005	离心泵的功率计算	X
						006	离心泵的扬程计算	X
						007	往复式压缩机的工作原理	Y
						008	离心式压缩机的工作原理	X
						009	间壁两侧流体的热交换计算	X
						010	强化传热的途径	X
						011	气体吸收的物料衡算	X
						012	连续精馏的操作线方程	Z
						013	精馏塔汽液相负荷调节知识	X
						014	相图的基本概念	X
						015	自由度的概念	Y
				D	化工设备基础知识	001	常见防腐蚀的方法	X
						002	齿轮传动知识	X
						003	滑动轴承的原理	X

续表

鉴定范围						鉴定点		
一级		二级		三级		代码	名称	重要程度
代码	名称	代码	名称	代码	名称			
				E	电工基础及安全用电知识	001	三相异步电动机的结构	X
						002	静电及静电危害知识	X
				F	化工仪表及自动化	001	速度式流量计的测量原理	X
						002	气动执行器的选择原则	X
						003	容积式流量计的测量原理	X
						004	质量流量计基础知识	X
						005	串级调节系统原理	X
						006	分程调节系统原理	X
						007	比值控制系统原理	X
						008	选择性控制系统原理	X
				G	计量及化工分析基础知识	001	容量分析的种类	Y
						002	常用分析仪器的种类	Y

工种理论知识鉴定要素细目表

鉴定范围						鉴定点		
一级		二级		三级		代码	名称	重要程度
代码	名称	代码	名称	代码	名称			
B	相关知识	A	工艺操作	A	开车准备	001	装置所用动力电源种类	X
						002	装置所用仪表电源种类	Y
						003	压力容器气密的作用	X
						004	设定装置吹扫流程的原则	X
						005	“三查四定”的内容	X
						006	紧急停车系统的概念	X
						007	阀门定位器的作用	Y
						008	联锁调校方式	Z
						009	联锁管理规定主要内容	X
						010	装置开车前仪表确认内容	X
						011	装置开车前电气确认内容	X
						012	化学清洗的要求	X
						013	清洁生产基本知识	Y
						014	反应器喷砂的程序	Y
						015	反应器喷砂的要求	Y
						016	催化剂装填的步骤	X

续表

鉴定范围						鉴定点		
一级		二级		三级		代码	名　称	重要程度
代码	名　称	代码	名　称	代码	名　称			
						017	催化剂装填的注意事项	X
						018	装置开车准备程序	X
						019	装置开车前分析具备的条件	X
						020	原料气的引进要点	X
						021	氧气管路处理的特殊要求	X
						022	干气密封投用前的准备工作	X
						023	设置装置吹扫流程的原则	X
				B	开车操作	001	装置投料前确认内容	X
						002	装置开车程序	X
						003	初次开车投料量确定的依据	Z
						004	初始开车与紧急停车后开车区别	X
						005	氧化开车过程中的装置水汽平衡注意事项	X
						006	环氧乙烷的性质对装置特殊安全要求	X
						007	串级调节的特点	X
						008	分程调节的原理	Y
						009	再吸收塔塔顶尾气回收应具备的条件	Y
						010	放空气吸收塔吸收放空气应具备的条件	Y
				C	正常操作	001	装置排放污染物的种类	X
						002	衡量银催化剂的主要性能参数	Y
						003	三冲量原理	Z
						004	三冲量串级调节投用方法	X
						005	氧化反应器的优化程序	Y
						006	催化剂物理性能指标	X
						007	反应器热点产生原因	X
						008	反应器尾烧的原因	X
						009	爆炸极限的概念	Y
						010	影响爆炸极限的因素	Y
						011	引起二氧化碳脱除系统发泡的原因	X
						012	引起环氧乙烷吸收系统发泡的原因	X
						013	二氧化碳吸收系统水的平衡	X
						014	发泡与液泛的区别	X
						015	循环气自动放空的目的	X
						016	引起循环气自动放空的原因	X
						017	环氧乙烷吸收水 pH 值过高、过低的利弊	X

续表

鉴定范围						鉴定点		
一级		二级		三级		代码	名称	重要程度
代码	名称	代码	名称	代码	名称			
						018	影响催化剂寿命的因素	X
						019	环氧乙烷吸收循环水中乙二醇浓度高的原因	X
						020	环氧乙烷吸收效果差的危害	X
						021	热虹吸的原理	X
						022	负压操作的优点	X
						023	相平衡的概念	Y
						024	温度对精制操作的影响	X
						025	真空度对精制操作的影响	X
						026	甲烷致稳与氮气致稳工艺参数及联锁的区别	X
				D	停车操作	001	停车后催化剂的保护方法	X
						002	设备检修交出要求	X
						003	管线检修交出要求	X
						004	装置停车后加盲板的要求	X
						005	停车后脱醛树脂的保护方法	X
						006	装置停车排放要求	Y
						007	减少废气排放的方法	X
						008	全装置的停车程序	Y
		B	设备使用与维护	A	使用设备	001	安全阀的型式	X
						002	安全阀的特点	Y
						003	离心泵不上量原因	X
						004	离心泵汽蚀的原因	X
						005	影响离心泵性能的因素	X
						006	离心泵气缚的原因	X
						007	往复泵的流量调节方法	X
						008	往复式压缩机段间温度高的原因	X
						009	离心压缩机的工作原理	Y
						010	离心压缩机的基本结构	Y
						011	离心压缩机喘振的原因	X
						012	离心压缩机临界转速的概念	Y
						013	离心压缩机的工作原理	X
						014	离心式压缩机的优缺点	X
						015	转子流量计的工作原理	X
						016	差压式液位计工作原理	X

续表

鉴定范围						鉴定点		
一级		二级		三级		代码	名称	重要程度
代码	名称	代码	名称	代码	名称			
						017	孔板的特性	Y
						018	磁氧分析仪的工作原理	X
						019	调节阀的正反作用	X
						020	双金属温度计原理	Z
						021	氧化反应器汽包的结构	Z
						022	氧化反应器结构	Y
						023	调节阀 PID 参数的意义	Y
						024	蒸汽喷射泵的工作原理	Y
						025	气开、气关阀的选择依据	Y
						026	蒸汽投平的结构	X
						027	干气密封的投用	Y
						028	布置工艺管线注意事项	Y
				B	维护设备	001	法兰的选型原则	X
						002	设备腐蚀常见类型	Y
						003	常见防腐措施	Y
						004	设备保温基本要求	Y
						005	压力容器常见检验方法	X
						006	垫片的选型原则	Z
						007	压力管道的连接方式	Y
						008	防静电措施	Y
						009	高速离心泵的验收标准	Y
						010	设备事故的分类	X
		C	事故判断与处理	A	判断事故	001	液位假指示的判断方法	X
						002	压力假指示的判断方法	X
						003	流量假指示的判断方法	X
						004	温度假指示的判断方法	X
						005	催化剂中毒的判断	X
						006	催化剂尾烧的判断	X
						007	引起可逆中毒的原因	X
						008	引起不可逆中毒的原因	X
						009	环氧乙烷罐区管线聚合的原因	X
						010	冰机运行异常现象	Y
						011	精制塔釜温度低的原因	X
						012	泵内有杂音的原因	X

续表

鉴定范围						鉴定点		
一级		二级		三级		代码	名称	重要程度
代码	名称	代码	名称	代码	名称			
						013	泵盘车盘不动的原因	X
						014	造成液泛的原因	Y
						015	造成雾沫夹带的原因	Y
						016	造成漏液的原因	Z
						017	分析乙二醇产品 UV 值低的原因	X
						018	洗涤塔压差大的原因	Y
						019	碳酸盐溶液中乙二醇浓度高的原因	X
						020	影响换热器传热速度的因素	Y
						021	高速离心泵运转时电机过负荷的原因	X
				B	处理事故	001	装置停冷却水的处理原则	X
						002	装置停 6000V 电的处理原则	X
						003	装置停 380V 电的处理原则	X
						004	换热器泄漏的处理方法	X
						005	反应器汽包液位下降的处理	X
						006	装置停仪表风的处理原则	X
						007	装置停高压蒸汽处理原则	X
						008	环氧乙烷产品醛含量高的处理原则	X
						009	循环气泄漏的处理原则	X
						010	液体环氧乙烷泄漏的处理	X
						011	氧化反应器尾烧处理原则	X
						012	环氧乙烷再吸收塔压差大的原因处理	X
						013	循环气压缩机紧急停车处理原则	X
						014	环氧乙烷吸收水泵故障的处理方法	X
						015	BFW 泵故障处理方法	X
						016	环保事故的处理原则	X
						017	装置停原料气处理方法	X
						018	反应器防爆膜破裂的处理方法	X
		D	绘图与计算	A	绘图	001	设备制图的知识	X
						002	工艺配管单线图的知识	X
						003	P&ID 图的作用	X
				B	计算	001	回流比的计算	X
						002	空速的计算	Y
						003	压缩比的计算	X
						004	环氧乙烷水合比计算	X

续表

鉴定范围						鉴定点		
一级		二级		三级		代码	名称	重要程度
代码	名称	代码	名称	代码	名称			
						005	乙烯单耗的计算	X
						006	装置投入产出计算	X
						007	伯努利方程的计算	Y
						008	泵性能参数的计算	Y
						009	时空产率的计算	Y

三、理论知识试题

行业通用理论知识试题

判断题

1. 班组交接班记录必须凭旧换新。（√）

2. 车间主要领导参加班组安全日活动每月不少于2次。（×）

正确答案：车间主要领导参加班组安全日活动每月不少于3次。

3. 在剖视图中，零件后部看不见的轮廓线、虚线一律省略不画。（×）

正确答案：在剖视图中，零件后部看不见的轮廓线、虚线一般省略不画，只有对尚未表达清楚的结构，才用虚线画出。

4. 剖面图是剖视图的一种特殊视图。（×）

正确答案：剖面图是零件上剖切处断面的投影，而剖视图是剖切后零件的投影。

5. 化工设备图的视图布置灵活，俯(左)视图可以配置在图面任何地方，但必须注明“俯(左)视图”的字样。（√）

6. 化工设备图中的零件图与装配图一定分别画在不同的图纸上。（×）

正确答案：化工设备图中的零件图可与装配图画在同张图纸上。

7. 零件图不需要技术要求，在装配图表述。（×）

正确答案：零件图一般需要技术要求。

8. 零件图用视图、剖视图、剖面图及其他各种表达方法，正确、完整、清晰地表达零件的各部分形状和结构。（√）

9. ISO 14000系列标准对管理标准的一个重大改进，就是建立了一套对组织环境行为的评价体系，这便是环境行为评价标准。（√）

10. 环境管理体系的运行模式，遵守由查理斯·德明提供的规划策划(PLAN)、实施(DO)、验证(CHECK)和改进(ACTION)运行模式可简称PDCA模式。（√）

11. 环境管理体系的运行模式与其他管理的运行模式相似，共同遵循PDCA运行模式，没有区别。（×）

正确答案：环境管理体系的运行模式与其他管理的运行模式相似，除了共同遵循PDCA运行模式外，它还有自身的特点，那就是持续改进，也就是说它的环线是永远不能闭合的。

12. 采取隔离操作，实现微机控制，不属于防尘防毒的技术措施。（×）

正确答案： 采取隔离操作，实现微机控制是防尘防毒的技术措施之一。

13. 严格执行设备维护检修责任制，消除“跑冒滴漏”是防尘防毒的技术措施。（×）

正确答案： 严格执行设备维护检修责任制，消除“跑冒滴漏”是防尘防毒的管理措施。

14. 在 ISO 14001 环境管理体系中，初始环境评审是建立环境管理体系的基础。（√）

15. 在 HSE 管理体系中，定量评价指不对风险进行量化处理，只用发生的可能性等级和后果的严重度等级进行相对比较。（×）

正确答案： 在 HSE 管理体系中，定性评价指不对风险进行量化处理，只用发生的可能性等级和后果的严重度等级进行相对比较。

16. HSE 管理体系规定，在生产日常运行中各种操作、开停工、检维修作业、进行基建及变更等活动前，均应进行风险评价。（√）

17. 对某项产品返工后仍需重新进行检查。（√）

18. ISO 9000 族标准中，质量审核是保证各部门持续改进工作的一项重要活动。（√）

19. ISO 9000 族标准的三种审核类型中，第三方审核的客观程度最高，具有更强的可信度。（√）

20. 平顶形直方图的形成由单向公差要求或加工习惯等引起。（×）

正确答案： 平顶形直方图的形成往往因生产过程有缓慢因素作用引起。

21. 质量统计排列图分析是质量成本分析的方法之一。（√）

22. 质量统计因果图的作用是为了确定“关键的少数”。（×）

正确答案： 质量统计排列图的作用是为了确定“关键的少数”。

23. 质量统计控制图上出现异常点时，才表示有不良品发生。（×）

正确答案： 不一定。在质量统计控制图上，即使点子都在控制线内，但排列有缺陷，也要判做异常。

24. 国际上通用的产品不良项分级共分三级。（×）

正确答案： 国际上通用的产品不良项分级共分四级。

25. 在计算机应用软件 Word 中插入的文本框不允许在文字的上方或下方。（×）

正确答案： Word 中插入的文本框通过设置文本框格式当中的版式允许在文字的上方或下方。

26. 在计算机应用软件 Word 中绘制图形要求两个图形能准确对齐可通过调整绘图网格的水平、垂直间距来实现。（√）

27. 在计算机应用软件 Excel 中“COUNTIF(　　)”函数的作用是计算某区域满足条件的单元格数。（√）

28. Excel 数据表中汉字排序一般是按拼音顺序排序，但也可以按笔画排序。（√）

29. Excel 数据表中分类汇总的选项包括分类字段、汇总方式两方面的内容。（×）

正确答案： Excel 数据表中分类汇总的选项包括分类字段、汇总方式多方面的内容。

30. Excel 数据表中修改图表中的数据标志是通过图表区格式选项中的数据标志选项实现的。（×）

正确答案： Excel 数据表中修改图表中的数据标志是通过数据系列格式选项中的数据标志选项实现的。

31. 班组建设不同于班组管理，班组建设是一个大概念，班组管理从属于班组建设。（√）

32. 一般来说，班组的成本核算是全面的统计核算、业务核算和会计核算。（×）

正确答案： 一般来说，班组的成本核算是局部核算和群众核算。

33. 总结的基本特点是汇报性和陈述性。（×）

正确答案： 总结的基本特点是回顾过去，评估得失，指导将来。

34. 报告的目的在于把已经实践过的事情上升到理论认识，指导以后的实践，或用来交流，加以推广。（×）

正确答案： 报告的主要目的是下情上达，向上级汇报工作、反映情况、提出意见和建议。

35. 为了减少发文，可以把若干问题归纳起来向上级写综合请示，但不能多方请示。（×）

正确答案： 要坚持“一文一事”的原则，切忌“一文数事”使上级机关无法审批。

单选题

1. 班组交接班记录填写时，一般要求使用的字体是（ B ）。

A. 宋体　B. 仿宋　C. 正楷　D. 隶书

2. 下列选项中不属于班组安全活动的内容是（ A ）。

A. 对外来施工人员进行安全教育

B. 学习安全文件、安全通报

C. 安全讲座、分析典型事故，吸取事故教训

D. 开展安全技术座谈、消防、气防实地救护训练

3. 安全日活动常白班每周不少于（ D ）次，每次不少于 1h。

A.4　B.3　C.2　D.1

4. 物体结构形状愈复杂，虚线就愈多，为此，对物体上不可见的内部结构形状采用（ C ）来表示。

A. 旋转视图　B. 局部视图　C. 全剖视图　D. 端面图

5. 单独将一部分的结构形状向基本投影面投影需要用（ B ）来表示。

A. 旋转视图　B. 局部视图　C. 全剖视图　D. 端面图

6. 用剖切平面把物体完全剖开后所得到的剖视图称为（ D ）。

A. 局部剖视图　B. 局部视图　C. 半剖视图　D. 全剖视图

7. 画在视图外的剖面图称为（ A ）剖面图。

A. 移出　B. 重合　C. 局部放大　D. 局部

8. 重合在视图内的剖面图称为（ B ）剖面图。

A. 移出　B. 重合　C. 局部放大　D. 局部

9. 化工设备图中，表示点焊的焊接焊缝是（ A ）。

A.○　B.∪　C.△　D.◿

10. 下列选项中，不属于零件图内容的是（ D ）。

A. 零件尺寸　B. 技术要求　C. 标题栏　D. 零件序号表

11. 在 HSE 管理体系中，（ C ）是管理手册的支持性文件，上接管理手册，是管理手册规定的具体展开。

A. 作业文件　　B. 作业指导书　　C. 程序文件　　D. 管理规定

12. ISO 14001 环境管理体系共由(B)个要素所组成。

A.18　　B.17　　C.16　　D.15

13. ISO 14000 系列标准的指导思想是(D)。

A. 污染预防　　B. 持续改进

C. 末端治理　　D. 污染预防，持续改进

14. 不属于防尘防毒技术措施的是(C)。

A. 改革工艺　　B. 湿法除尘

C. 安全技术教育　　D. 通风净化

15. 防尘防毒治理设施要与主体工程(A)、同时施工、同时投产。

A. 同时设计　　B. 同时引进　　C. 同时检修　　D. 同时受益

16. 在 HSE 管理体系中，物的不安全状态是指使事故(B)发生的不安全条件或物质条件。

A. 不可能　　B. 可能　　C. 必然　　D. 必要

17. 在 HSE 管理体系中，风险指发生特定危害事件的(C)性以及发生事件结果严重性的结合。

A. 必要　　B. 严重　　C. 可能　　D. 必然

18. 在(B)情况下不能对不合格品采取让步或放行。

A. 有关的授权人员批准　　B. 法律不允许

C. 顾客批准　　D. 企业批准

19. 不合格品控制的目的是(C)。

A. 让顾客满意　　B. 减少质量损失

C. 防止不合格品的非预期使用　　D. 提高产品质量

20. 在 ISO 9001 族标准中，内部审核是(D)。

A. 内部质量管理体系审核

B. 内部产品质量审核

C. 内部过程质量审核

D. 内部质量管理体系、产品质量、过程质量的审核

21. 在 ISO 9001 族标准中，第三方质量管理体系审核的目的是(C)。

A. 发现尽可能多的不符合项

B. 建立互利的供方关系

C. 证实组织的质量管理体系符合已确定准则的要求

D. 评估产品质量的符合性

22. ISO 9000 族标准规定，(C)属于第三方审核。

A. 顾客进行的审核　　B. 总公司对其下属公司组织的审核

C. 认证机构进行的审核　　D. 对协作厂进行的审核

23. 在 ISO 9000 族标准中，组织对供方的审核是(D)。

A. 第一方审核　　B. 第一、第二、第三方审核

C. 第三方审核　　D. 第二方审核

24. 数据分组过多或测量读数错误而形成的质量统计直方图形状为(A)形。

A. 锯齿　B. 平顶　C. 孤岛　D. 偏峰

25. 把不同材料、不同加工者、不同操作方法、不同设备生产的两批产品混在一起时，质量统计直方图形状为(D)形。

A. 偏向　B. 孤岛　C. 对称　D. 双峰

26. 在质量管理过程中，以下哪个常用工具可用于明确“关键的少数”(A)。

A. 排列图　B. 因果图　C. 直方图　D. 调查表

27. 质量统计图中，图形形状像“鱼刺”的图是(D)图。

A. 排列　B. 控制　C. 直方　D. 因果

28. 在质量统计控制图中，若某个点超出了控制界限，就说明工序处于(D)。

A. 波动状态　B. 异常状态
C. 正常状态　D. 异常状态的可能性大

29. 质量统计控制图的上、下控制限可以用来(B)。

A. 判断产品是否合格　B. 判断过程是否稳定
C. 判断过程能力是否满足技术要求　D. 判断过程中心与技术中心是否发生偏移

30. 产品的不良项分级分为 A、B、C、D 四级，A 级不良项是指产品的(C)不良项。

A. 轻微　B. 一般　C. 致命　D. 严重

31. 产品的不良项分级分为 A、B、C、D 四级，C 级不良项是指产品的(B)不良项。

A. 轻微　B. 一般　C. 致命　D. 严重

32. 在计算机应用软件 Word 中插入的图片(A)。

A. 可以嵌入到文本段落中
B. 图片的位置可以改变，但大小不能改变
C. 文档中的图片只能显示，无法用打印机打印输出
D. 不能自行绘制，只能从 Office 的剪辑库中插入

33. 在 Excel97 工作表中，单元格 C4 中有公式“= A3 + $ C $ 5”，在第 3 行之前插入一行之后，单元格 C5 中的公式为(A)。

A. = A4 + $ C $ 6　B. = A4 + $ C $ 5
C. = A3 + $ C $ 6　D. = A3 + $ C $ 5

34. 图中所指的按钮是(B)。

A. 降序按钮　B. 升序按钮　C. 插入字母表　D. 删除字母表

35. 建立图表的方法是从(C)菜单里点击图表。

A. 编辑　B. 视图　C. 插入　D. 工具

36. 班组管理是在企业整个生产活动中，由(D)进行的管理活动。

A. 职工自我　B. 企业　C. 车间　D. 班组自身

37. 属于班组经济核算主要项目的是(C)。

A. 设备完好率　B. 安全生产　C. 能耗　D. 环保中的三废处理

多选题

1. 属于班组交接班记录的内容是(A，B，C)。

A. 生产运行　B. 设备运行　C. 出勤情况　D. 安全学习

2. 下列属于班组安全活动的内容是(B，C，D)。

A. 对外来施工人员进行安全教育

B. 学习安全文件、安全通报

C. 安全讲座、分析典型事故，吸取事故教训

D. 开展安全技术座谈，消防、气防实地救护训练

3. 化工设备装配图中，螺栓连接可简化画图，其中所用的符号可以是(C，D)。

A. 细实线 +　　B. 细实线 ×　　C. 粗实线 +　　D. 粗实线 ×

4. 下列选项中，属于零件图内容的是(A，C)。

A. 零件尺寸　　B. 零件的明细栏　　C. 技术要求　　D. 零件序号表

5. 清洁生产审计有一套完整的程序，是企业实行清洁生产的核心，其中包括以下(B，C，D)阶段。

A. 确定实施方案　　B. 方案产生和筛选　　C. 可行性分析　　D. 方案实施

6. HSE 体系文件主要包括(A，B，C)。

A. 管理手册　　B. 程序文件　　C. 作业文件　　D. 法律法规

7. 下列叙述中，属于生产中防尘防毒技术措施的是(A，B，C，D)。

A. 改革生产工艺　　B. 采用新材料新设备

C. 车间内通风净化　　D. 湿法除尘

8. 下列叙述中，不属于生产中防尘防毒的管理措施的有(A，B)。

A. 采取隔离法操作,实现生产的微机控制　　B. 湿法除尘

C. 严格执行安全生产责任制　　D. 严格执行安全技术教育制度

9. 我国在劳动安全卫生管理上实行“(A，B，C，D)”的体制。

A. 企业负责　　B. 行业管理　　C. 国家监察　　D. 群众监督

10. 在 HSE 管理体系中，危害识别的状态是(A，B，C)。

A. 正常状态　　B. 异常状态　　C. 紧急状态　　D. 事故状态

11. 在 HSE 管理体系中，可承受风险是根据企业的(A，B)，企业可接受的风险。

A. 法律义务　　B.HSE 方针　　C. 承受能力　　D. 心理状态

12. 在 HSE 管理体系中，风险控制措施选择的原则是(A，B)。

A. 可行性　　B. 先进性、安全性

C. 经济合理　　D. 技术保证和服务

13. 对于在产品交付给顾客及产品投入使用时才发现不合格产品，可采用以下方法处置(B，D)。

A. 一等品降为二等品　　B. 调换

C. 向使用者或顾客道歉　　D. 修理

14. 在 ISO 9000 族标准中，关于第一方审核说法正确的是(A，B，D)。

A. 第一方审核又称为内部审核

B. 第一方审核为组织提供了一种自我检查、自我完善的机制

C. 第一方审核也要由外部专业机构进行的审核

D. 第一方审核的目的是确保质量管理体系得到有效地实施

15. 质量统计排列图的作用是(A，B)。

A. 找出关键的少数　B. 识别进行质量改进的机会
C. 判断工序状态　D. 度量过程的稳定性

16. 质量统计因果图具有(C，D)特点。
A. 寻找原因时按照从小到大的顺序　B. 用于找到关键的少数
C. 是一种简单易行的科学分析方法　D. 集思广益，集中群众智慧

17. 质量统计控制图包括(B，C，D)。
A. 一个坐标系　B. 两条虚线　C. 一条中心实线　D. 两个坐标系

18. 产品不良项的内容包括(A，C，D)。
A. 对产品功能的影响　B. 对质量合格率的影响
C. 对外观的影响　D. 对包装质量的影响

19. 在计算机应用软件 Word 中页眉设置中可以实现的操作是(A，B，D)。
A. 在页眉中插入剪贴画　B. 建立奇偶页内容不同的页眉
C. 在页眉中插入分隔符　D. 在页眉中插入日期

20. 在计算机应用软件 Excel 中单元格中的格式可以进行(A，B，C)等操作。
A. 复制　B. 粘贴　C. 删除　D. 链接

21. 自动筛选可以实现的条件是(A，C，D)。
A. 自定义　B. 数值　C. 前 10 个　D. 全部

22. 对于已生成的图表，说法正确的是(A，B，D)。
A. 可以改变图表格式　B. 可以更新数据
C. 不能改变图表类型　D. 可以移动位置

23. 班组的劳动管理包括(A，B，D)。
A. 班组的劳动纪律　B. 班组的劳动保护管理
C. 对新工人进行“三级教育”　D. 班组的考勤、考核管理

24. 班组生产技术管理的主要内容有(A，C，D)。
A. 定时查看各岗位的原始记录，分析判断生产是否处于正常状态
B. 对计划完成情况进行统计公布并进行分析讲评
C. 指挥岗位或系统的开停车
D. 建立指标管理账

25. 在班组经济核算中，从项目的主次关系上看，属于主要项目的有(A，C，D)指标。
A. 产量　B. 安全生产　C. 质量　D. 工时

26. 总结与报告的主要区别是(A，C，D)不同。
A. 人称　B. 文体　C. 目的　D. 要求

27. 报告与请示的区别在于(A，B，C，D)不同。
A. 行文目的　B. 行文时限　C. 内容　D. 结构

28. 请示的种类可分为(A，B，C，D)的请示。
A. 请求批准　B. 请求指示　C. 请求批转　D. 请求裁决

简答题

1. 清洁生产审计有哪几个阶段?

答: ①筹划与组织；②预评估；③评估；④方案产生和筛选；⑤可行性分析；⑥方案实

施；⑦持续清洁生产。

2. ISO 14001环境管理体系由哪些基本要素构成？

答：ISO 14001环境管理体系由环境方针、规划、实施、测量和评价、评审和改进等五个基本要素构成。

3. 防尘防毒的主要措施是什么？

答：我国石化工业多年来治理尘毒的实践证明，在大多数情况下，靠单一的方法防尘治毒是行不通的，必须采取综合治理措施。即首先改革工艺设备和工艺操作方法，从根本上杜绝和减少有害物质的产生，在此基础上采取合理的通风措施，建立严格的检查管理制度，这样才能有效防止石化行业尘毒的危害。

4. 什么叫消除二次尘毒源？

答：对于因"跑冒滴漏"而散落地面的粉尘、固、液体有害物质要加强管理，及时清扫、冲洗地面，实现文明生产，叫消除二次尘毒源。

5. 什么是劳动安全卫生管理体制中的"行业管理"？

答：劳动安全卫生管理体制中的"行业管理"就是行业主管部门根据本行业的实际和特点切实提出本行业的劳动安全卫生管理的各项规章制度，并监督检查各企业的贯彻执行情况。

6. 简述ISO 14001环境管理体系建立的步骤。

答：一般而言，建立环境管理体系过程包括以下六大阶段：①领导决策与准备；②初始环境评审；③体系策划与设计；④环境管理体系文件编制；⑤体系运行；⑥内部审核及管理评审。

7. HSE管理体系中危害识别的思路是什么？

答：①存在什么危害(伤害源)？②谁(什么)会受到伤害？③伤害怎样发生？

8. 什么是第一方审核？第二方审核？第三方审核？

答：第一方审核又称为内部审核，第二方审核和第三方审核统称为外部审核。①第一方审核指由组织的成员或其他人员以组织的名义进行的审核。这种审核为组织提供了一种自我检查、自我完善的机制。②第二方审核是在某种合同要求的情况下，由与组织有某种利益关系的相关方或由其他人员以相关方的名义实施的审核。这种审核旨在为组织的相关方提供信任的证据。③第三方审核是由独立于受审核方且不受其经济利益制约的第三方机构依据特定的审核准则，按规定的程序和方法对受审核方进行的审核。

9. 什么是排列图？

答：排列图又叫帕累托图，在质量管理中，排列图是用来寻找影响产品质量的主要问题，确定质量改进关键项目的图。

10. 控制图的主要用途是什么？

答：①分析用的控制图主要用于分析工艺过程的状态，看工序是否处于稳定状态；②管理用的控制图主要用于预防不合格品的产生。

11. 国际上通用的产品不良项分级分为几级？

答：国际上通用的产品不良项分级共分为：致命(A级)、严重(B级)、一般(C级)、轻微(D级)四级。

12. 班组在企业生产中的地位如何？

答：①班组是企业组织生产活动的基本单位；②班组是企业管理的基础和一切工作的立脚点；③班组是培养职工队伍，提高工人技能的课堂；④班组是社会主义精神文明建设的重要阵地。

13. 班组管理有哪些基本内容？

答：①建立和健全班组的各项管理制度；②编制和执行生产作业计划，开展班组核算；③班组的生产技术管理；④班组的质量管理；⑤班组的劳动管理；⑥班组的安全管理；⑦班组的环境卫生管理；⑧班组的思想政治工作。

14. 班组经济核算的基本原则和注意事项是什么？

答：班组经济核算应遵循"干什么、管什么、算什么"的原则，力求注意三个问题：①计算内容少而精；②分清主次；③方法简洁。

15. 总结的写作要求是什么？

答：①要新颖独特，不能报流水账；②要重点突出，找出规律，避免事无巨细面面俱到；③要实事求是，全面分析问题，从中找出经验教训；④要材料取舍得当；⑤要先叙后议或夹叙夹议。

16. 什么是报告？

答：报告是下级机关向上级机关汇报工作、反映情况、提出意见或建议，答复上级机关的询问时使用的行文。

17. 请示的特点是什么？

答：请示的最大特点是请求性。指本机关、本部门打算办理某件事情，而碍于无权自行决定，或者无力去做，或不知该不该办，必须请求上级机关批准、同意后方可办理。

职业通用理论知识试题(《烃类衍生物生产工》)

判断题

1. 依据气体分压定律可以计算混合气、液的分压，也可以根据总压、摩尔数计算组分的分压。 (×)

正确答案：依据分压定律可以计算混合气体的总压，也可以根据总压、摩尔数计算混合气体的分压。

2. 按反应方程式，自右向左进行的反应为正反应，自左向右为逆反应。 (×)

正确答案：按反应方程式自左向右进行的反应为正反应，自右向左为逆反应。

3. 在催化剂存在情况下，烯烃直接加成生成醇的反应叫做烯烃间接水合法。 (×)

正确答案：在催化剂存在情况下，烯烃直接加成生成醇的反应叫做烯烃直接水合法。

4. 炔烃三键上的氢具有弱碱性。 (×)

正确答案：炔烃三键上的氢具有弱酸性。

5. 乙炔在高温下(400～500℃)，可发生三聚合反应生成苯。 (√)

6. 炔烃被氧化剂氧化时，不能被完全氧化，只能形成烯烃。 (×)

正确答案：炔烃被氧化剂氧化时，三键断裂，最后得到完全氧化的产物。

7. 泵的扬程与输送液体的密度无关。 (√)

8. 可以独立改变的变量数目叫自由度数。 (√)

9. 航行于海上的船舶，为了免受海水的腐蚀，常采用的一种防腐蚀方法是阳极

保护。 （×）

正确答案： 航行于海上的船舶，为了免受海水的腐蚀，常采用的一种防腐蚀方法是阴极保护。

10. 鼠笼式电动机具有构造简单、价格低廉、工作可靠、使用方便等优点。 （√）

11. 加强企业管理，改变作业环境，减少易燃易爆物质的泄漏、爆炸，改善环境卫生条件，是防止静电危害的根本措施。 （√）

12. 节流装置中有孔板、喷嘴、弹簧管等。 （×）

正确答案： 节流装置中有孔板、喷嘴等，没有弹簧管。

13. 在选用控制阀的流量特性时，一般先按控制系统的特点来选择阀的希望流量特性，然后再考虑工艺配管情况来选择相应的理想流量特性。 （√）

14. 椭圆齿轮流量计对被测介质的黏度变化敏感，不适合用于测量高黏度的流体。（×）

正确答案： 椭圆齿轮流量计对被测介质的黏度变化不敏感，适合用于测量高黏度的流体。

15. 在分程控制系统中，一台控制器的输出最多可以同时控制两台控制阀。 （×）

正确答案： 在分程控制系统中，一台控制器的输出可以同时控制两台（含两台）以上的控制阀。

16. 比值控制器要求从动物料迅速跟上主动物料量的变化，且越快越好，一般不希望发生振荡。 （√）

17. 选择性控制系统在结构上的特点是使用了选择器，选择器只能接在调节器的输出端。 （×）

正确答案： 选择性控制系统在结构上的特点是使用了选择器，选择器可以接在调节器的输出端，也可以接在几个变送器的输出端。

18. 化学分析法包括重量分析法、容量分析法和电化学分析法。 （×）

正确答案： 化学分析法包括重量分析法、容量分析法。

单选题

1. 混合气体的总压等于各组分气体（ A ）之和。

A. 分压　　B. 分体积　　C. 摩尔分数　　D. 相对分子质量

2. $P = P_1 + P_2 + \cdots\cdots + P_i$ 和 $P_i = X_i \cdot P$ 两式是（ C ）数学表达式。

A. 盖斯定律　　B. 亨利定律

C. 道尔顿分压定律　　D. 波马定律

3. 气体分压是指各组分气体单独占有（ C ）体积时的压强。

A. 部分　　B. 一半　　C. 整个　　D. 任意

4. 在一定条件下，既能向正反应方向进行，同时又能向逆反应方向进行的反应叫（ D ）。

A. 正反应　　B. 副反应　　C. 不可逆反应　　D. 可逆反应

5. 下列属于化学反应速率的单位是（ D ）。

A. s　　B. mol　　C. mol/s　　D. mol/(L·s)

6. 在其他条件不变的情况下，增大反应物浓度，反应速率（ D ）。

A. 不变　　B. 减慢　　C. 为零　　D. 加快

7. 反应中有气体物质参与，增大压强会使反应速率（ A ）。

A. 加快　　B. 不变　　C. 减慢　　D. 时快时慢

8. 建立化学平衡的前提是(A)。

A. 一定温度下，在密闭容器中进行的可逆反应

B. 一定压力下的可逆反应

C. 一定状态下的可逆反应

D. 一定催化剂的可逆反应

9. 分子组成相同而分子结构不同的化合物叫做(A)。

A. 同分异构体　　B. 多变体　　C. 相似体　　D. 异构体

10. 已烷共有(C)个不同碳架的异构体。

A. 3　　B. 4　　C. 5　　D. 2

11. 烯烃由(B)进攻而进行的加成反应称为亲电加成。

A. 格氏试剂　　B. 亲电试剂　　C. 马氏试剂　　D. 金属

12. 能进行聚合反应的低相对分子质量的化合物称为(D)。

A. 生成物　　B. 引发剂　　C. 聚合体　　D. 单体

13. 用银或氧化银作催化剂，(B)被空气中的氧直接氧化，可以生成环氧乙烷，如果温度超过300℃则生成 CO_2 和水。

A. 乙烷　　B. 丙烯　　C. 乙烯　　D. 乙二烯

14. 通过双烯合成反应可以将链状化合物变为(D)。

A. 异戊二烯　　B. 1，3－丁二烯

C. 顺－1，4－聚丁二烯　　D. 六元环状化合物

15. 当分子中兼有双键和三键时，与卤素的加成反应(D)。

A. 不能发生　　B. 双键和三键不分先后

C. 首先发生在三键上　　D. 首先发生在双键上

16. 三键的亲电加成反应与双键相比进行程度(B)。

A. 容易　　B. 很难　　C. 很难说　　D. 都一样

17. 已知某一分子炔烃被高锰酸钾溶液氧化后的产物为二分子的乙酸，由此推出该炔烃是(A)。

A. $H_3C—C≡C—CH_3$　　B. $HC≡C—CH_2—CH_3$

C. $HC≡C—CH_3$　　D. $HC≡CH$

18. 在稳定流动时，流体的流速与导管的截面积(D)。

A. 数值相等　　B. 数值相反　　C. 成正比　　D. 成反比

19. 理想气体在流动时的内摩擦力(D)。

A. 随流速增大而增大　　B. 随流速增大而减小

C. 零　　D. 无法确定

20. 制造厂铭牌标出的 Q、H、N 值都是在(B)最高时测量的数值。

A. 功率　　B. 效率　　C. 温度　　D. 流量

21. 电动机传给泵的功率称为轴功率用符号(A)表示。

A. $N_{轴}$　　B. Q　　C. $W_{轴}$　　D. $N_{有}$

22. 某离心泵当转速为2900r/min时，功率为7kW，若转速提高一倍，则功率为(D)kW。

A. 7　　B. 14　　C. 28　　D. 56

23. 某离心泵当转速为 2900r/min 时，扬程为 20m，若转速提高一倍，则扬程为(C)m。

A. 20　　B. 40　　C. 80　　D. 160

24. 单位重量的液体由泵的入口被输送至出口所获得的能量增量叫泵的(A)。

A. 扬程　　B. 效率　　C. 功率　　D. 升扬高度

25. 往复式压缩机的实际工作循环是由(C)阶段组成。

A. 二个　　B. 三个　　C. 四个　　D. 五个

26. 压缩机在膨胀阶段里，吸入阀处于(A)状态。

A. 开启　　B. 半开　　C. 关闭　　D. 开关不确定状态

27. 离心式压缩机是产生(B)的机械，是透平压缩机的一种。

A. 动力　　B. 压力　　C. 热量　　D. 变化

28. 在某冷凝器内，以 300K 的冷却水来冷凝某精馏塔内上升的有机物的饱和蒸气，已知有机物蒸气的温度为 348K，冷却水的出口温度为 313K，则冷、热流体的平均温度差为(A)K。

A. 41　　B. 50　　C. 30　　D. 35

29. 同一种流体，流速愈大，对流传热系数(D)。

A. 不变　　B. 愈小　　C. 大小不定　　D. 愈大

30. 在间壁式换热中要提高传热总系数 K 值，必须设法(A)。

A. 提高对流传热较小一侧的系数 α_1　　B. 降低对流传热较小一侧的系数 α_2

C. 增大液膜厚度 δ　　D. 提高摩擦阻力系数 λ

31. 吸收过程就是利用不同气体在液体中的(C)差异，来完成分离气体混合物的单元操作。

A. 温度　　B. 挥发度　　C. 溶解度　　D. 黏度

32. 在精馏塔生产中，当 $0<q<1$ 时，进料热状况为(D)。

A. 低于沸点的冷液体　　B. 饱和液体

C. 过热蒸气　　D. 气液混合物

33. 气相负荷过大的危害易形成塔(C)。

A. 干板　　B. 回流量太大　　C. 液泛　　D. 底泵抽空

34. 在一定的压力下，部分互溶的两层共轭溶液同时沸腾的温度叫(D)。

A. 沸点　　B. 熔点　　C. 露点　　D. 共沸点

35. 能够维持系统原有(A)而可以独立改变的变量叫自由度。

A. 相数　　B. 压力　　C. 温度　　D. 化学性质

36. 通过改变金属电解质溶液的电极电位从而控制金属腐蚀的方法称为(B)。

A. 覆盖层保护　　B. 电化学保护　　C. 缓蚀剂保护　　D. 阴极保护

37. 下列齿轮传动中按轴线相互位置分不是(D)。

A. 平行轴传动　　B. 相交轴传动　　C. 交错轴传动　　D. 斜齿圆柱传动

38. 巴氏合金通常被用来制作滑动轴承的(B)。

A. 轴套　　B. 轴承衬　　C. 含油轴瓦　　D. 轴承座

39. 三相异步电动机分为定子和(A)两个基本部分。

A. 转子　　B. 轴承　　C. 机座　　D. 风扇

40. “静电”是在一定物体中或其表面上存在电荷集团，一定带电区的电荷量值是在该带电区内(C)的代数和。

A. 正电荷　　B. 负电荷　　C. 正负电荷　　D. 自由电子

41. 控制阀的气开、气关型式的选择主要从工艺生产的(B)要求考虑。

A. 方便　　B. 安全　　C. 节省　　D. 稳定

42. 控制阀的气开、气关形式的选择原则是(C)。

A. 优先保证生产的稳定　　B. 优先考虑流程的优化

C. 优先考虑保证设备和操作人员的安全　　D. 优先考虑经济效益

43. 质量流量计是一种以测量流体流过的(A)为依据的流量计。

A. 质量　　B. 速度　　C. 容积　　D. 压差

44. 在串级调节系统中有(B)个控制器。

A. 1　　B. 2　　C. 3　　D. 4

45. 从系统结构来看，串级调节系统有(B)个闭合回路。

A. 1　　B. 2　　C. 3　　D. 4

46. 把控制器的输出信号分割成若干个信号范围段，由每一段信号去控制一台控制阀，这样的控制系统是(C)。

A. 简单控制系统　　B. 串级控制系统　　C. 分程控制系统　　D. 多冲量控制系统

47. 在生产过程中，要求物料调节有较大范围的，应选用两台控制阀(C)的分程控制方案。

A. 串联　　B. 交替　　C. 并联　　D. 交叉

48. 实现两个或两个以上物料流量符合一定比例关系的调节系统，是(B)调节系统。

A. 串级　　B. 比值　　C. 分程　　D. 均匀

49. 若以 Q_1 表示主物料流量(主流量)，Q_2 表示副物料流量(副流量)，K 表示副流量与主流量的流量比值系数，则下列表达式中正确的是(C)。

A. $K = Q_1 + Q_2$　　B. $K = Q_1 \times Q_2$　　C. $K = Q_2/Q_1$　　D. $K = Q_1/Q_2$

50. 能实现(B)控制的控制系统称为选择性控制系统。

A. 硬限　　B. 软限　　C. 自动　　D. 手动

51. 将已知浓度的试剂溶液滴加到待测物质溶液中，使其与待测组分发生反应，而加入的试剂量又恰好为完成反应所必需的，根据加入试剂的准确体积计算出待测组分的含量，这样的分析方法称为滴定分析法，又称(A)。

A. 容量分析法　　B. 仪器分析法　　C. 重量分析法　　D. 化学分析法

52. 化工分析一般分为(B)与仪器分析方法两类。

A. 物理分析法　　B. 化学分析法　　C. 重量分析法　　D. 容量分析法

多选题

1. 当温度为25℃时，把17g NH_3，48g O_2 和 14g N_2，装放在一体积为5L的密闭容器中，则求得三种气体物质的量为(A，B，D)

A. 温度　　B. 压强　　C. 浓度　　D. 催化剂

2. 反应式 $N_2O_4 \rightleftharpoons 2NO_2$ 中，“$\rightleftharpoons$”表示(A，B，D)。

A. 可逆反应　　B. 其中“$\rightharpoonup$”为 N_2O_4 分解生成 NO_2

C. 不可逆反应

D. 其中"←"表示为 NO_2 结合生成 N_2O_4 的逆反应

3. 常见的亲电试剂有(B，D)。

A. 金属　　B. 无机酸　　C. 碱　　D. 卤素

4. 对于固体物质，影响化学反应速率的因素主要有(A，D)。

A. $n(NH_3)$为 1mol　　B. $n(O_2)$为 1.5mol

C. $n(O_2)$为 3mol　　D. $n(N_2)$为 0.5mol

5. 1，3－丁二烯发生加成反应可以是(A，D)。

A. 1，2 加成　　B. 2，4 加成　　C. 2，3 加成　　D. 1，4 加成

6. 下列属于炔烃的加成反应的是(A，B，C)。

A. $CH \equiv CH + HCl \xrightarrow[150 \sim 160℃]{HgCl_2} CH = CHCl$

B. $HC \equiv CH + HX \rightarrow CH_2 = CHX \xrightarrow{HX} CH_3 - CHX_2$

C. $HC \equiv CH + CH_3OH \xrightarrow[160℃]{20\% KOH} CH_2 = CH—O—CH_3$

D. $HC \equiv CH + 2Ag(NH_3)_2NO_2 \rightarrow AgC \equiv CAg\downarrow + 2H_4NO_3 + 2NH_3$

7. 炔烃与高锰酸钾溶液发生反应，根据颜色的变化和氧化后的产物，可以判断(A，B，D)。

A. 三键是否存在　　B. 三键的位置　　C. 生成物结构　　D. 炔烃的结构

8. 在稳定流动时，对于圆形截面的导管流速与截面积关系表示正确的是(C，D)。

A. $\frac{u_2}{u_1} = \left(\frac{d_2}{d_1}\right)^2$　　B. $\frac{u_1}{u_2} = \left(\frac{d_1}{d_2}\right)^2$　　C. $\frac{u_1}{u_2} = \left(\frac{d_2}{d_1}\right)^2$　　D. $\frac{u_2}{u_1} = \left(\frac{d_1}{d_2}\right)^2$

9. 流体流动时，所具有的机械能包括(A，C，D)。

A. 位能　　B. 热能　　C. 静压能　　D. 动能

10. 减小流体阻力的途径有(A，B，D)。

A. 管路尽可能短些　　B. 尽量走直线少拐弯

C. 采用不锈钢材质的管子　　D. 适当放大管径

11. 为了计算简便，在吸收操作的计算中，采用了(A，B)的概念。

A. 比质量分率　　B. 比摩尔分率　　C. 体积分率　　D. 质量分率

12. 实现稳定的精馏操作必须保持的两个基本条件是(C，D)。

A. 进料量不变　　B. 回流量不变　　C. 全塔物料平衡　　D. 全塔热量平衡

13. 自由度中可以独立改变的变量是(B，C，D)。

A. 状态　　B. 温度　　C. 组成　　D. 压力

14. 下面是平行轴传动的是(B，C，D)。

A. 蜗杆　　B. 斜齿圆柱　　C. 人字齿圆柱　　D. 直齿圆柱

15. 滑动轴承主要失效形式为(A，C，D)。

A. 磨损　　B. 胶合　　C. 挤压变形　　D. 疲劳破坏

16. 三相异步电动机的转子根据构造上的不同分为(B，C)。

A. 调速式　　B. 鼠笼式　　C. 绕线式　　D. 固定式

17. 静电造成的危害有(A，C，D)。

A. 爆炸　B. 地震　C. 人身伤害　D. 火灾

18. 控制阀的结构形式主要根据(A，B，C，D)来选择。

A. 介质温度　B. 介质压力

C. 介质的物理性质　D. 介质的化学性质

19. 按测量方式分质量流量计分为(A，C)两类。

A. 直接式　B. 陀螺式　C. 间接式　D. 量热式

20. 分程控制系统就两个控制阀的开关形式可以分为(A，B)。

A. 同向　B. 异向　C. 气开　D. 气关

21. 选择性控制系统常用的防积分饱和方法有(A，B，C)。

A. 限幅法　B. 积分切除法　C. 积分外反馈法　D. 限时法

22. 气相色谱分为(A，C)。

A. 气固色谱　B. 液固色谱　C. 气液色谱　D. 液液色谱

简答题

1. 什么是混合气体的分压定律?

答：混合气体的总压等于各组分气体分压之和，或者是某组分气体分压的大小和它在气体混合物中摩尔分数成正比。

2. 什么叫化学平衡?

答：在可逆反应中，当正反应速率和逆反应速率相等时，反应物和生成物浓度不再随时间而改变的状态，叫做化学平衡。

3. 写出丙烯的氨氧化反应方程式。

答：$CH_2{=}CHCH_3 + NH_3 + \frac{3}{2}O_2 \xrightarrow[470℃]{\text{磷钼酸铋}} CH_2{=}CH{-}CN + 3H_2O$

4. 为什么液体的黏度随温度的升高而减小，气体的黏度随温度的升高而增加?

答：液体的黏度随温度升高而减小，黏度越大的液体越明显，这是因为：温度升高液体分子之间的距离增大，造成分子间引力减小的缘故。而气体分子之间的吸引力本来就不大，虽然温度升高也引起体积膨胀，但对分子间引力的影响不大，而分子运动速度增加了，气体层与层之间相对运动所产生的摩擦力增加了，从而造成气体的黏度随温度升高而增加。

5. 简述离心式压缩机的工作原理。

答：工作轮在高速旋转的过程中，由于旋转离心力的作用及工作轮中的扩大流动，使气体的压力得到提高，速度也随之提高。随后在扩压器中进一步把速度能转化为压力能，以提高气体的输出压力。

6. 说出双膜理论的基本要点。

答：①流体在相界面两侧有一个稳定的薄膜；②在相界面处，气液两相处于平衡；③传质阻力主要集中在双膜内。

7. 液相负荷的大小对精馏塔的影响有哪些?

答：液相负荷过大或过小都会影响塔的正常操作。液相负荷过小，塔板上不能建立足够高的液层，气液相之间的接触时间减少，会影响塔板的效率，严重时会出现干板现象；液相负荷过大，会造成降液管内的流量超过限度，严重时以至整个塔盘空间里充满了液体，亦即出现液泛现象，使操作无法进行。另外，液相负荷过大，还可能使精馏釜的温度降低，影响到气相负荷的大小。

8. 什么是牺牲阳极保护法？

答： 依靠电位较负的金属（例如锌）的溶解来提供保护所需的电流，在保护过程中，这种电位较负的阳极金属逐渐溶解牺牲掉，这种保护方法叫牺牲阳极保护法。

9. 简述椭圆齿轮流量计的工作原理。

答： 椭圆齿轮流量计的测量部分是由两个相互啮合的椭圆形齿轮 A 和 B、轴及壳体组成，椭圆齿轮与壳体之间形成测量室。如图所示：

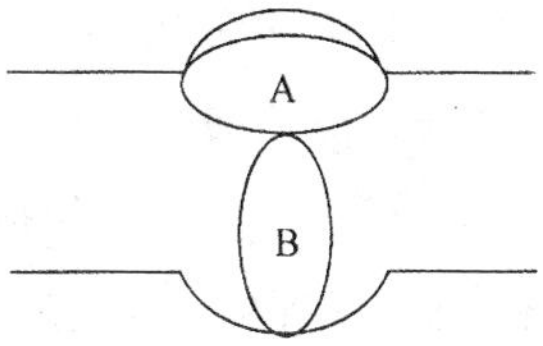

当流体流过椭圆齿轮流量计时，由于要克服阻力，将会引起阻力损失，从而使进口侧压力大于出口侧压力，在此压力差的作用下，产生作用力矩使椭圆齿轮连续转动，椭圆齿轮每转动一圈所排除的被测介质量为测量室容积的 4 倍，因此，只要知道椭圆齿轮转速 n 和测量室容积 V 就能算出被测介质的流量：$Q = 4nv$。

10. 请画出串级控制系统典型方块图。

答：

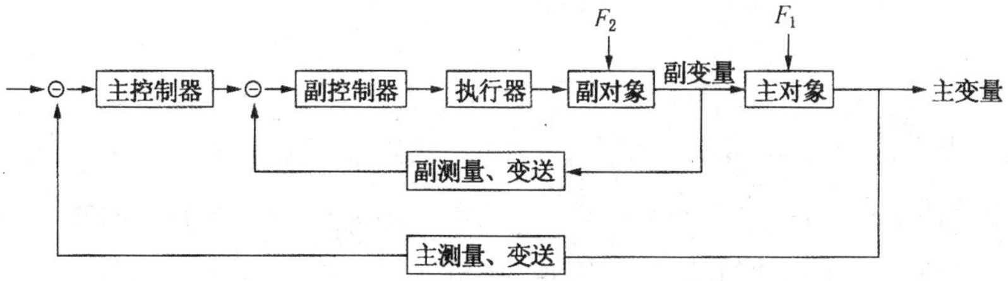

11. 容量分析有哪几种方法？

答： ①酸碱滴定法（中和法）；②沉淀滴定法（容量沉淀法）；③络合滴定法；④氧化还原滴定法。

计算题

1. 在 20℃，760mmHg 用排水取气法收集 0.362L 氧气，求经干燥后在同样条件下氧气的体积（20℃时，$P_{水} = 17.5$mmHg）。

解： $P_i = X_i \cdot P$，$X_i = V_i / V$ 据，得

$$P_{O_2}/P = V_{O_2}/V$$

$$V_{O_2} = P_{O_2} V/P = (760 - 17.5) \times 0.362/760 = 0.354\text{L}$$

答： 经干燥后氧气的体积为 0.354L。

2. 某离心泵的总效率为 70%，实测的流量为 $70.37\text{m}^3/\text{h}$，扬程为 50.5m，介质的密度为 998.2kg/m^3，试确定电动机的功率。（$g = 9.81\text{m/s}^2$。按 1.2 倍轴功率配备）

解： 已知　$Q = 70.37\text{m}^3/\text{h} = 0.0196\text{m}^3/\text{s}$　$H = 50.5\text{m}$　$\rho = 998.2\text{kg/m}^3$

① 由 $N_{效} = QH\rho g$，得

$N_{效} = 0.0196 \times 50.5 \times 998.2 \times 9.81/1000 = 9.69\text{kW}$

② 又知泵的总效率 $\eta = 0.7$，根据 $\eta = N_{效}/N_{轴} \times 100\%$

则 $N_{轴} = N_{效}/\eta = 9.69/0.7 = 13.84\text{kW}$

电动机的功率为 $N_{电} = 1.2 \times 13.84 = 16.6\text{kW}$

答：电动机的功率为 16.6kW。

3. 在某换热器内，用热水加热某种溶液，已知热水的进口温度为 360K，出口温度为 340K，冷溶液则从 290K 被加热到 330K，试分别计算并流和逆流下的平均传热温度差。

解：并流时　　热流体从　　360→340K

　　　　　　　　冷流体从　　290→330K

$\Delta t_{大} = 70\text{K}$　　$\Delta t_{小} = 10\text{K}$

① $\Delta t = \dfrac{\Delta t_{大} - \Delta t_{小}}{\ln \dfrac{\Delta t_{大}}{\Delta t_{小}}} = \dfrac{70 - 10}{\ln \dfrac{70}{10}} = 30.8\text{K}$

逆流时　　热流体从　　360→340K

　　　　　冷流体从　　330←290K

　　　　　$\Delta t_{大} = 50\text{K}$　　$\Delta t_{小} = 30\text{K}$

② $\Delta t = \dfrac{\Delta t_{大} - \Delta t_{小}}{\ln \dfrac{\Delta t_{大}}{\Delta t_{小}}} = \dfrac{50 - 30}{\ln \dfrac{50}{30}} = 39.2\text{K}$

或者：因为，$\Delta t_{大}/\Delta t_{小} = 50/30 = 1.7 < 2$，所以 $\Delta t_{均} = (50 + 30)/2 = 40\text{K}$

答：并流和逆流下的平均温度差分别是 30.8K、39.2K。

4. 有一厚度为 2mm 的金属平面壁，导热系数为 46.5W/(m·K)，内侧通冷水，$\alpha_1 = 1330\text{W}/(\text{m}^2 \cdot \text{K})$，外侧为饱和水蒸气冷凝，$\alpha_2 = 4600\text{W}/(\text{m}^2 \cdot \text{K})$，试求无垢层时的传热系数。

解：

根据 $K = \dfrac{1}{\dfrac{1}{\alpha_1} + \sum \dfrac{\delta}{\lambda} + \dfrac{1}{\alpha_2}}$ 计算无垢的传热系数。

已知：$\alpha_1 = 1330\text{W}/(\text{m}^2 \cdot \text{K})$，$\alpha_2 = 4600\text{W}/(\text{m}^2 \cdot \text{K})$，$\delta = 2\text{mm} = 0.002\text{m}$，$\lambda = 46.5\text{W}/(\text{m} \cdot \text{K})$

$$K = \frac{1}{\dfrac{1}{1300} + \dfrac{0.002}{46.5} + \dfrac{1}{4600}} = 985\text{W}/(\text{m}^2 \cdot \text{K})$$

答：无垢层时的传热系数为 $985\text{W}/(\text{m}^2 \cdot \text{K})$。

5. 在某换热器中，采用 $\Phi 25\text{mm} \times 2.5\text{mm}$ 无缝钢管为管束，管内外流体的传热膜系数分别为 $400\text{W}/(\text{m}^2 \cdot \text{K})$ 和 $2500\text{W}/(\text{m}^2 \cdot \text{K})$，不考虑垢层影响，试求：

① 在该条件下的传热系数；② 将 α_1 提高一倍时的 K 值；③ 将 α_2 提高一倍时的 K 值；④ 比较计算结果，你有何体会？[钢的 $\lambda = 46.5\text{W}/(\text{m} \cdot \text{K})$]。

解：

① 已知：$d_{外}=0.025\text{m}$，$d_{内}=0.02\text{m}$，$\alpha_1=400\text{W}/(\text{m}^2\cdot\text{K})$

$\alpha_2=2500\text{W}/(\text{m}^2\cdot\text{K})$，$\delta=0.0025\text{m}$，$R_{垢内}=R_{垢外}=0$

$\dfrac{d_{外}}{d_{内}}=0.025/0.02=1.25<2$，故可以用平壁计算：

$$K=\frac{1}{\dfrac{1}{\alpha_1}+\sum\dfrac{\delta}{\lambda}+\dfrac{1}{\alpha_2}+R_{垢内}+R_{垢外}}\text{，代入数据得}$$

$$K=\frac{1}{\dfrac{1}{400}+\dfrac{0.0025}{46.5}+\dfrac{1}{2500}}\approx 338.52\text{W}/(\text{m}^2\cdot\text{K})$$

② 将 α_1 提高一倍 $\alpha_1=2\times400=800\text{W}/(\text{m}^2\cdot\text{K})$，则

$$K=\frac{1}{\dfrac{1}{800}+\dfrac{0.0025}{46.5}+\dfrac{1}{2500}}\approx 586.85\text{W}/(\text{m}^2\cdot\text{K})$$

③ 将 α_2 提高一倍 $\alpha_2=2\times2500=5000\text{W}/(\text{m}^2\cdot\text{K})$，则

$$K=\frac{1}{\dfrac{1}{400}+\dfrac{0.0025}{46.5}+\dfrac{1}{5000}}\approx 363.1\text{W}/(\text{m}^2\cdot\text{K})$$

④ 通过计算结果得知：要想提高传热系数 K 值，关键在于提高数值较小一方的 α 值，但是两方的比值比较接近时，则应该同时予以提高。

6. 在一填料塔中用净油来吸收混合气体中的苯，已知混合气体的总量为 $1000\text{m}^3/\text{h}$，其中苯的体积分率为 4%，操作压强为 101.3kPa，温度为 293K，吸收剂的用量为 103kmol/h，要求吸收率为 80%，试求塔底溶液出口的浓度。

解：

① 求塔底液相浓度可通过式：$X_1=\dfrac{V}{L}(Y_1-Y_2)+X_2$ 算得。

已知：$Y_1=0.04$

$Y_1=Y_1/(1-y_1)=0.04/(1-0.04)=0.0417$

则：$Y_2=Y_1(1-y_{吸})=0.0417\times(1-0.8)=0.00834$

② 已知塔顶为净油，即 $X_2=0$

混合气体中的惰性气体量 $V=1000\times(1-0.04)=960\text{m}^3/\text{h}$

惰性气体量 $V=\dfrac{960}{22.4}\times\dfrac{273}{293}=39.93\text{kmol/h}$

已知吸收剂用量：$V=103\text{kmol/h}$，将以上各值代入得：

$$X_1=\frac{39.93}{103}\times(0.0417-0.00834)+0=0.013\text{kmol}_{苯}/\text{kmol}_{油}$$

答： 塔底溶液出口的浓度为 $0.013\text{kmol}_{苯}/\text{kmol}_{油}$。

工种理论知识试题

判断题

1. 压力容器气密性试验与水压试验是目的和概念不同的两种试验，气密试验应在水压

试验前进行。（×）

正确答案：压力容器气密性试验与水压试验是目的和概念不同的两种试验，气密试验应在水压试验合格后进行。

2. 单机设备或单元系统检修后投用时不需要对有关的联锁回路进行全面的检查和试验。（×）

正确答案：单机设备或单元系统检修后投用时必须对有关的联锁回路进行全面的检查和试验。

3. 装置开车前，电气的事故发电机可以不在备用状态。（×）

正确答案：装置开车前，电气的事故发电机需处于良好备用状态。

4. 酸洗用钝化剂种类很多，常用的有亚硝酸钠、磷酸钠、联胺等。（√）

5. 清洁生产是指将综合预防的环境保护策略持续应用于生产过程和产品中，以期减少对人类和环境的风险。（√）

6. 反应器喷砂用的气源要求是干燥、无油的氮气，压力保持在0.65～0.70MPa。（×）

正确答案：反应器喷砂用的气源要求是干燥、无油的压缩空气，压力保持在0.65～0.70MPa。

7. 测压差前，需用干燥压缩空气吹扫每根反应器列管，吹去粉尘，此步也可和测压力降同时进行。（√）

8. 催化剂装填过快易造成催化剂在反应管内架桥，压差会偏高。（×）

正确答案：催化剂装填过快易造成催化剂在反应管内架桥，压差会偏低。

9. 因氧化反应器循环气的组分分析仪中有在线分析仪，所以装置开车前分析不一定具备分析循环气组分的条件。（×）

正确答案：虽然氧化反应器循环气的组分分析仪中有在线分析仪，但装置开车前分析必须具备分析循环气组分的条件。

10. 原料氧气管线必须禁油，但氧气管线上的阀门不需要禁油。（×）

正确答案：原料氧气管线以及管线上的阀门都必须禁油。

11. 管道吹扫或冲洗经过调节阀时应关闭调节阀旁路。（×）

正确答案：管道吹扫或冲洗经过调节阀时应打开调节阀旁路。

12. 初始投氧时，环氧反应器的反应温度主要由高压汽包的压力来控制。（×）

正确答案：初始投氧时，环氧反应器的反应温度主要由循环气量和氧量控制。

13. 初次开车时，投料(氧)量确定的主要依据是参考环氧乙烷生成量的多少。（×）

正确答案：初次开车时，投料(氧)量确定的主要依据是参考反应温度的变化及分布情况及反应转化率。

14. 开车过程中随着氧化反应器负荷的提高，装置所用界外蒸汽量会增加。（×）

正确答案：开车过程中随着氧化反应器负荷的提高，装置所用界外蒸汽量会减少。

15. 环氧乙烷精制系统管道法兰应该使用石棉垫片。（×）

正确答案：环氧乙烷精制系统管道法兰应该使用聚四氟乙烯缠绕垫片。

16. 串级调节系统由于增加了副回路，因此具有一定的自适应能力，可用于负荷和操作条件有较大变化的场合。（√）

17. 分程调节系统中一个调节器只能控制两个调节阀。 （×）

正确答案： 分程调节系统指由一个调节器控制两个或两个以上的调节阀。

18. 催化剂活性可以用给定转化率所需空速表达，空速越低活性越好。 （×）

正确答案： 催化剂活性可以用给定转化率所需空速表达，空速越高活性越好。

19. 在反应器汽包液位与锅炉给水的串级调节中，串级副回路克服反应器放热变化等诸因素带来的干扰，主回路克服锅炉给水量带来的干扰。 （×）

正确答案： 在反应器汽包液位与锅炉给水的串级调节中，串级副回路克服锅炉给水量带来的干扰，主回路克服反应器放热变化等诸因素带来的干扰。

20. 如果尾气回收压缩机不投入使用，在相同负荷下，抑制剂加入量将减少。 （×）

正确答案： 如果尾气回收压缩机不投入使用，在相同负荷下，抑制剂加入量将增加。

21. 催化剂的孔容积与比表面积的比值称为该催化剂的孔隙率。 （×）

正确答案： 催化剂的孔容积与比表面积的比值称为该催化剂的平均孔半径。

22. 通常一种物质的爆炸极限是一个固定值。 （×）

正确答案： 物质的爆炸极限不是一个固定值，它受原始温度、原始压力、容器的尺寸和材质、能源等因素影响。

23. 当二氧化碳脱除系统发泡时，为了尽快消泡应当向系统多加一点消泡剂。 （×）

正确答案： 消泡剂加入过量也会引起发泡，所以向二氧化碳脱除系统加消泡剂时应该适量。

24. 循环气自动放空主要为了防止富氧气团进入反应器。 （×）

正确答案： 循环气自动放空主要为了防止富氧气团进入气气换热器。

25. 催化剂的热稳定性好有利于防止催化剂中银粒烧结而失活，从而延长了催化剂的使用寿命。 （√）

26. 循环水抽出一部分到水处理系统主要是为了脱除循环水中的 MEG。 （×）

正确答案： 循环水抽出一部分到水处理系统主要是为脱除循环水中的杂质离子，回收乙二醇。

27. 有的限流孔板是可以调节流量的。 （√）

28. 氧气的磁化率随温度的升高而升高。 （×）

正确答案： 氧气的磁化率随温度的升高而下降得很快。

29. 正作用时，正偏差越大则调节器的输出越小。 （×）

正确答案： 正作用时，正偏差越大则调节器的输出越大。

30. 双金属温度计的工作原理是根据不同金属的热膨胀的系数不同的原理制成的。 （√）

31. 反应器正常操作期间，反应器中的水－汽两相混合物由反应器顶部直接进入汽包的主室。 （×）

正确答案： 反应器正常操作期间，反应器中的水－汽两相混合物由反应器顶部进入汽包内部的弯头箱内，并溢流进入汽包的主室。

32. 调节阀的比例调节不能消除余差，调节精度也不高。 （√）

33. 蒸汽喷射泵的工作原理是蒸汽的绝热膨胀，形成低压区。 （√）

34. 用于管道连接的法兰中最常见的类型是孔板型。 （×）

正确答案： 用于管道连接的法兰中最常见的类型是颈焊接型。

35. 按照腐蚀的形态分类，腐蚀可分为全面腐蚀和局部腐蚀，局部腐蚀又称为均匀腐蚀。（×）

正确答案： 按照腐蚀的形态分类，腐蚀可分为全面腐蚀和局部腐蚀，全面腐蚀又称为均匀腐蚀。

36. 化工生产中控制腐蚀最有效的方法是正确选用耐腐蚀材料。（√）

37. 化工装置内的设备管道都必须进行保温。（×）

正确答案： 化工装置内的高温和低温设备管道都必须进行保温。

38. 压力容器检验方法仅宏观检查、壁厚测定、表面无损检测三种。（×）

正确答案： 压力容器主要的检验方法是宏观检查、壁厚测定、表面无损检测三种。

39. 化工装置中垫片一般用于两片法兰间的连接。（×）

正确答案： 化工装置中垫片一般用于两片法兰间的密封。

40. 易燃易爆物在管道内输送时流速不能太高。（√）

41. 室内液位指示超出了量程范围，说明液位指示一定是假液位。（×）

正确答案： 室内液位指示超出了量程范围，液位指示不一定是假液位。

42. 室内压力指示超出了量程范围，说明压力指示一定是假指示。（×）

正确答案： 室内压力指示超出了量程范围，压力指示不一定是假指示。

43. 温度没有指示，说明温度一定是假指示。（×）

正确答案： 温度没有指示，温度不一定是假指示。

44. 在氧化反应器正常运行时，突然反应器进、出口氧差变的很小，不得不降负荷维持运行，说明催化剂发生了中毒。（√）

45. 当反应器小汽包压力上升较快时可判断反应器发生了尾烧。（×）

正确答案： 当反应器小汽包压力上升较快时反应器不一定发生了尾烧，有可能调节阀发生了故障。

46. 氧化反应器循环气中水含量过高能引起催化剂中毒，是不可逆中毒。（×）

正确答案： 氧化反应器循环气中水含量过高能引起催化剂可逆中毒。

47. 环氧乙烷罐区管线聚合的原因是由于管线中有铁离子的存在或管线中环氧乙烷长时间停留。（√）

48. 冰机加入的制冷剂量少会引起冰机吸气压力降低。（√）

49. 精制塔釜温度低一定是再沸器的蒸汽加入量少。（×）

正确答案： 精制塔釜温度低不一定是再沸器的蒸汽加入量少。

50. 当泵内进入空气后会引起泵内有杂音。（√）

51. 液体负荷太大，使溢流管内液面慢慢上升，以至上、下塔板的液体连在一起，造成塔液泛。（√）

52. 雾沫夹带量主要随空塔速度的增加而增加。（√）

53. 上升气体所具有的能量不足以穿过塔板上的液层，甚至低于液层所具有的位能，托不住液体而产生漏液。（√）

54. 当进接触塔的循环气量过大时会造成洗涤塔压差增大。（√）

55. 进二氧化碳吸收塔的循环气中环氧乙烷含量高时，不会引起碳酸盐溶液中乙二醇浓度高。（×）

正确答案：进二氧化碳吸收塔的循环气中环氧乙烷含量高时，会引起碳酸盐溶液中乙二醇浓度高。

56. 降低传热系数可以提高换热器传热效率。 （×）

正确答案：提高传热系数可以提高换热器传热效率。

57. 停冷却水后整个装置必须按紧急停车处理。 （√）

58. 停冷却水时，循环气压缩机必须马上停。 （×）

正确答案：注意观察其轴承的温度，如可能尽量让其运转一段时间，以便将氧气全部消耗掉，如不行立即停。

59. 装置6000V电停一条线，经过及时处理有可能立即恢复，因此整个装置可以正常运行。 （√）

60. 装置380V电停一条线，经过及时处理可以立即恢复，因此整个装置可以正常运行。 （√）

61. 反应器出现“热点”和“飞温”时，反应器汽包液位迅速下降。 （√）

62. 高压蒸汽停时，装置不一定停。 （√）

63. 优化氧化反应器的反应，减少副反应的发生，不能减少环氧乙烷产品中的醛含量。 （×）

正确答案：优化氧化反应器的反应，减少副反应的发生，可以减少环氧乙烷产品中的醛含量。

64. 装置循环气出现大量泄漏后，氧化反应岗位可以不停车，带压堵漏。 （×）

正确答案：装置循环气出现大量泄漏后，氧化反应岗位必须立即停车，不能带压堵漏，系统必须要用氮气置换合格才能消漏。

65. 液体环氧乙烷泄漏后，应立即切断相关的阀门，再打开消防炮和喷淋装置。 （×）

正确答案：当液体环氧乙烷泄漏后，应立即打开消防炮和喷淋装置，再切断相关的阀门。

66. 当发现环氧乙烷泄漏时开喷淋水的目的是使环氧乙烷与空气之间产生一层隔层。 （√）

67. 循环压缩机停运转时，解吸塔不再需要热量，应及时关闭解吸塔蒸汽截止阀，为完全解吸出环氧乙烷，要及时向解吸塔充N_2。 （×）

正确答案：循环压缩机停运转时，解吸塔视情况调整蒸汽加入量，对环氧乙烷解吸塔进行保温。

68. 环氧乙烷吸收水釜液泵都故障且短时无法恢复时，应立即停氧气混合站，但不需要停循环压缩机。 （×）

正确答案：环氧乙烷吸收水釜液泵都故障且短时无法恢复时，应立即停氧气混合站，循环压缩机必须在几分钟内停车，以免系统过热。

69. BFW供水调节阀压差低，会引发氧化岗位联锁停车。 （×）

正确答案：BFW供水调节阀压差低，BFW备用泵会自动启动。

70. 装置内的固体污染物应包装后存放，有毒化学品和残液泄漏后应回收装桶，经环保部门同意后再作处理。 （√）

71. 如果乙烯故障短时间内能恢复，氧气混合站可以不停车，只须降氧气进料、调整反应状态，待乙烯恢复时恢复负荷。 （√）

72. 画三视图时，表示投影的线框不画，视图的名称也不写，其相对位置可以按需进行变动。 （×）

正确答案： 画三视图时，表示投影的线框不画，视图的名称也不写，但相对位置不得随意进行变动。

73. 绘制管道轴测图可以不按比例，但要布置均匀、整齐、美观、合理，使各种阀门、管件的大小及在管段中的位置要协调。 （√）

74. 在 PID 图上，要画出所有与工艺有关的检测仪表、调节系统、分析取样点和取样阀，这些仪表控制点用粗实线在管道的相应的位置上，用规定的符号画出。 （×）

正确答案： 在 PID 图上，要画出所有与工艺有关的检测仪表、调节系统、分析取样点和取样阀，这些仪表控制点用细实线在管道的相应的位置上，用规定的符号画出。

75. 在检测系统中，构成一个回路的每个仪表都有自己的仪表号，其中第一字母表示被测变量，后继字母表示仪表的功能。 （√）

76. 硫浓度过高能引起催化剂不可逆中毒。 （√）

单选题

1. EO/EG 装置使用主要动力电源的种类有（ B ）。

A. 110V 和 380V　　B. 380V 和 6000V　　C. 220V 和 6000V　　D. 220V、380V

2. EO/EG 装置仪表用电的种类有（ A ）。

A. 24V、110V、220V　　B. 110V、220V

C. 24V、220V　　D. 220V、380V

3. 在用压力容器的气密性试验的压力应（C ）设计压力。

A. 大于　　B. 等于

C. 小于　　D. 大于或等于核定最高压力

4. 装置的“三查四定”中的“三查”是指（ D ）。

A. 查设计漏项，查施工质量隐患，查流程

B. 查设计漏项，查费用，查未完工程

C. 查施工质量隐患，查流程，查已完工程

D. 查设计漏项，查施工质量隐患，查未完工程

5. 装置的“三查四定”中的“四定”是指对检查出的问题（ B ）。

A. 定责任，定人员，定措施，定时间限期整改

B. 定任务，定人员，定措施，定时间限期整改

C. 定任务，定人员，定责任，定时间限期整改

D. 定任务，定责任，定人员，定措施

6. 装置开车前仪表必须具备的条件，下列说法错误的是（ D ）。

A. 在线分析仪表具备使用条件　　B. 调节阀调校完毕

C. DCS 具备使用条件　　D. 各联锁处于旁路状态

7. 化学清洗中酸洗的主要目的是（ C ）。

A. 除油脂　　B. 除泥沙和灰尘

C. 除氧化鳞皮和锈垢

D. 在设备表面形成一层保护膜，避免生锈

8. 化学清洗中碱洗的主要目的是(B)。

A. 除泥沙和灰尘　　B. 除油脂和碱溶物

C. 除氧化鳞皮和锈垢

D. 在设备表面形成一层保护膜，避免生锈

9. 下列关于清洁生产的方法，说法错误的是(B)。

A. 尽量减少有害物的体积和毒性

B. 对排放物用水冲洗，降低排放物的浓度

C. 减少污染物的产生　　D. 对排放物现场循环回收利用

10. 下列关于反应器的喷砂程序要求，说法正确的是(D)。

A. 先对反应器上下封头及花板进行喷砂，再喷反应器列管

B. 喷砂前先用海绵球清理反应器列管

C. 喷砂时不需要对反应器保温

D. 喷砂前需做喷砂试验

11. 下列关于反应器喷砂的要求，说法正确的是(A)。

A. 喷砂前反应器应与其他设备隔离，以免串气、串液，确保安全

B. 喷砂用气源的压力必须符合要求，对气源的品质无要求

C. 喷过的砂可以重复使用

D. 喷砂过程中不需要保温

12. 下列关于催化剂装填的步骤的描述，不正确的是(D)。

A. 下部弹簧安装→下部惰性球安装→装催化剂→测压差→装上部惰性球→上部弹簧安装

B. 下部弹簧安装→下部惰性球安装→装催化剂→装上部惰性球→上部弹簧安装→测压差

C. 下部弹簧安装→下部惰性球安装→装催化剂→装上部惰性球→测压差→上部弹簧安装

D. 上部弹簧安装→上部惰性球安装→装催化剂→测压差→装下部惰性球→下部弹簧安装

13. 关于催化剂装填的注意事项，说法错误的是(C)。

A. 装填使用的工具必须保证无油、无锈、无灰尘

B. 严禁穿着沾有油污的作业服进入反应器，要求穿干净拖鞋

C. 因催化剂出厂时已过筛，所以装填前不需要过筛

D. 手工装填催化剂要求戴干净白纱手套

14. 关于装置开车准备程序，说法正确的是(B)。

A. 循环气系统的置换在系统气密前进行

B. 装置水运前公用工程应运转正常

C. 装置水运时仪表联锁不需要投用

D. 系统水运时对仪表、电气没有要求

15. 原料气氧气管线脱脂的目的是(B)。

A. 除去系统中的铁锈

B. 除去系统中的油脂，避免氧气高速流过时油脂燃烧

C. 洗掉管线中的灰尘

D. 除去系统中的杂质，避免氧气高速流过时氧气燃烧

16. 环压缩机干气密封所用的干燥密封气体为(C)。

A. 工厂风　B. 仪表风　C. 中压氮气　D. 低压氮气

17. 下列关于装置投料前必须具备的条件，说法正确的是(B)。

A. 二氧化碳脱除系统循环气处理量达到设计值

B. 水合反应系统热运正常

C. 环氧乙烷洗涤塔吸收水流量达到设计值

D. 尾气回收压缩机运转正常

18. 关于装置的开车程序，说法正确的是(D)。

A. 氧气混合站投氧前，环氧乙烷精制系统必须水运正常

B. 反应器开始升温前循环压缩机必须运转正常

C. 循环压缩机开车后建立干气密封系统

D. 氧气混合站投氧前环氧乙烷吸收解吸系统必须水运正常

19. 氧化反应器初始开车与仪表引起的紧急停车后开车相比，提负荷的速度(D)。

A. 两者一样快　B. 初始开车快

C. 紧急停车后再开车快　D. 不做要求

20. 国标中，环氧乙烷在空气中的允许浓度为(B)ppm。

A. $\leqslant 1$　B. $\leqslant 5$　C. $\leqslant 10$　D. $\leqslant 100$

21. 下列关于串级调节系统的说法，正确的是(C)。

A. 有两个调节器、一个测量变送器

B. 与简单调节相比，调节过程慢

C. 副调节器的输出控制调节阀的动作

D. 主、副调节器是并联工作的

22. 再吸收塔塔顶尾气回收时尾气中环氧乙烷浓度不能高于(B)。

A. 1ppm　B. 100ppm　C. 1000 ppm　D. 1%

23. 工业上的“三废”主要是指(C)。

A. 废气、废油、废水　B. 废水、废油、废渣

C. 废气、废水、废渣　D. 废品、废水、废气

24. 催化剂能改变反应速度，原因是(C)。

A. 改变了反应物的性质

B. 由于催化剂存在，降低了生成物浓度

C. 改变反应途径及反应的活化能　D. 增加了反应物的浓度

25. 催化剂主要作用是(C)。

A. 参加反应，但不改变反应速度　B. 不参加反应，但改变反应速度

C. 参加反应，改变反应速度　D. 不参加反应，不改变反应速度

26. 氧化反应器汽包三冲量调节是指(B)。

A. 锅炉给水量、汽包压力、汽包液位

B. 锅炉给水量、汽包液位、汽包产汽量

C. 汽包温度、压力、液位

D. 汽包产汽量、汽包压力、汽包液位

27. 三冲量调节系统是一个(B)的调节系统。

A. 前馈 + 自动　　B. 前馈 + 串级　　C. 后馈 + 串级　　D. 后馈 + 自动

28. 氧化反应器最佳化操作包括(A)。

A. 温度和反应选择性最佳化　　B. 温度和抑制剂最佳化

C. 抑制剂和反应选择性最佳化　　D. 转化率和选择性最佳化

29. 原料乙烯在空气中爆炸极限范围为(C)。

A. 3% ~ 100%　　B. 3% ~ 50%　　C. 3% ~ 28%　　D. 28% ~ 100%

30. 环氧乙烷在空气中爆炸极限范围为(C)。

A. 3% ~ 28%　　B. 3% ~ 50%　　C. 3% ~ 100%　　D. 28% ~ 100%

31. 活性碳酸钾溶液总浓度在(C)范围之间容易引起发泡。

A. 6% ~ 15%　　B. 17% ~ 24%　　C. 24% ~ 27%　　D. 30% ~ 35%

32. 下列选项中，会引起环氧乙烷吸收系统发泡的是(C)。

A. 循环气温度高　　B. 循环气压力高　　C. 吸收水温度过低　　D. 吸收水温度高

33. 环氧乙烷精馏塔发生雾沫夹带的原因是(D)。

A. 塔釜蒸汽量低　　B. 塔压高　　C. 采出量偏大　　D. 蒸汽用量大

34. 循环气自动放空主要为了(C)。

A. 促进循环气流动　　B. 除去富乙烯团

C. 除去富氧气团　　D. 降低循环气压力

35. 下列选项中，会引起循环气自动放空的是(B)。

A. 氧气流量跟踪差高联锁　　B. 循环气流量跟踪差低联锁

C. 氧气出口浓度高联锁　　D. 循环气流量低

36. 环氧乙烷吸收水 pH 值过高会(B)。

A. 影响环氧乙烷吸收　　B. 提高发泡机率

C. 影响环氧乙烷解吸　　D. 对后系统腐蚀

37. 下列选项中，有助于延长催化剂寿命的是(C)。

A. 抑制剂加入过少　　B. 提高反应温度

C. 适当降低反应器的空速　　D. 增加开停工次数

38. 转子流量计是利用(B)的变化来反应流量大小的仪表。

A. 压差　　B. 节流面积　　C. 静压差　　D. 动能

39. 流体流经孔板，随着流量的增加，孔板前后的压力降的变化情况为(A)。

A. 逐渐增大　　B. 逐渐减小　　C. 不变　　D. 不能确定

40. 磁氧分析仪是根据氧气的(B)来测定的。

A. 体积磁化率与其他气体相差不大　　B. 体积磁化率比其他气体大得多

C. 体积磁化率比其他气体小得多　　D. 体积磁化率为 0

41. 关于氧化反应器汽包的说法，错误的是(A)。

A. 汽包是一个独立的单室结构　　B. 反应器汽包是复合的多室结构

C. 汽包的顶部设有充填床

D. 反应器的两个汽包之间装有一根液位平衡管线

42. 本装置氧化反应器属于(B)反应器。

A. 流化床　　B. 立式固定床的列管式

C. 塔式　　D. 釜式

43. 调节阀的PID参数各代码的意义是(C)。

A. "P"代表比例调节，"I"代表微分调节，"D"代表积分调节

B. "P"代表微分调节，"I"代表比例调节，"D"代表积分调节

C. "P"代表比例调节，"I"代表积分调节，"D"代表微分调节

D. "P"代表积分调节，"I"代表微分调节，"D"代表比例调节

44. 蒸汽喷射泵的特点是(C)。

A. 构造复杂　　B. 效率高

C. 没有活动部分　　D. 输送流体与工作流体分开

45. 发生故障时关闭，正常生产时随气源压力的增大而开度增大的调节阀是(B)。

A. 气关式调节阀　　B. 气开式调节阀

C. 气容　　D. 气阻

46. 蒸汽透平定子包括(C)。

A. 叶轮　　B. 动叶片　　C. 喷嘴　　D. 半联轴节

47. 投用干气密封时，干气密封的压力根据(B)作为参考气。

A. 机体压力　　B. 迷宫密封气体的压力

C. 大气压力　　D. 干气密封气总管的压力

48. 布置垂直排列的工艺管线应(C)。

A. 热介质管线在下，冷介质管线在上　　B. 高压管线在下，低压管线在上

C. 易腐蚀管线在下，无腐蚀管线在上　　D. 检修频繁的在内，不常检修的在外

49. 一般用于安装孔板的法兰是(C)。

A. 颈焊接型　　B. 承口焊接型　　C. 孔板型　　D. 盲法兰型

50. 金属的(A)腐蚀系数是指在金属整个暴露表面上或者是在大部分面积上产生程度基本相同的化学或电化学腐蚀。

A. 均匀　　B. 局部　　C. 晶间　　D. 断裂

51. 暴露在大气中的设备、仪表的腐蚀即大气腐蚀属于(B)腐蚀。

A. 化学　　B. 电化学　　C. 磨损　　D. 应力

52. 不锈钢中的含铬量一般均不低于(A)。

A. 12%　　B. 8%　　C. 6%　　D. 2%

53. 环氧乙烷物料系统保温材料必须(A)。

A. 不具有吸收性　　B. 导热性好　　C. 易燃　　D. 重量较重

54. 化工装置中油品管道法兰的垫片一般使用(B)。

A. 石棉垫　　B. 金属缠绕垫　　C. 橡胶垫　　D. 石墨垫

55. 下列关于易燃、可燃液体在管道运输时的防静电措施的说法，正确的是(C)。

A. 应尽可能保持较高的流速　　B. 金属管道应绝缘架空

C. 绝缘材料管道宜在内壁加衬铜丝网，外壁缠铜丝，并联合接地
D. 管壁应粗糙不应光滑

56. 高速离心泵带负荷试车的验收标准中的润滑油正常指的是(A)。
A. 油压　　B. 油温　　C. 泄漏率　　D. 油质

57. 假液位的一个典型特征是(B)。
A. 液位有规律的波动　　B. 液位长时间不变化
C. 液位上升较快　　D. 流量不变化

58. 下列选项中，能判断现场压力表是假指示的是(B)。
A. 现场压力波动较大　　B. 根部阀关闭压力表指针不能回到零
C. 压力指示超量程　　D. 压力表没指示

59. 下列选项中，能判断流量是假指示的是(A)。
A. 流量长时间没有波动，趋势成直线状　　B. 流量较大波动
C. 流量指示超量程　　D. 流量没指示

60. 下列选项中，能判断温度是假指示的是(B)。
A. 温度长时间没有变化　　B. 冷却水上水温度比下水温度高
C. 温度变化较大　　D. 温度没指示

61. 下列选项中，能判断催化剂尾烧的是(D)。
A. 汽包液位上升　　B. 反应器出口环氧乙烷浓度上升
C. 反应器进、出口氧差变小　　D. 反应器出口温差上升

62. 下列物质中，能引起催化剂不可逆中毒的是(C)。
A. 甲烷　　B. 乙烯　　C. 过量的丙烯　　D. 水

63. 引起塔釜泵盘车盘不动的原因是(B)。
A. 塔的液位过高　　B. 轴弯曲严重
C. 塔液位低　　D. 泵与电机未联

64. 下列关于造成雾沫夹带的原因的说法，正确的是(B)。
A. 蒸汽加入量过低　　B. 蒸汽加入量过大
C. 塔液位低　　D. 采出量大

65. 下列关于造成精馏塔漏液的原因的说法，正确的是(A)。
A. 操作负荷过低　　B. 蒸汽加入量过大
C. 塔液位低　　D. 采出量大

66. 下列关于造成碳酸盐溶液中乙二醇浓度高的说法，正确的是(D)。
A. 再生塔温度高　　B. 碳酸盐浓度低
C. 碳酸盐浓度高　　D. 脱除乙二醇管线堵

67. 高速离心泵运转时电机过负荷是因为(C)。
A. 油温高　　B. 冷却水不足
C. 出口流量大　　D. 润滑油量过多

68. 装置 6000V 电停两条线下列说法正确的是(B)。
A. 氧化反应系统正常运行　　B. 真空泵正常运行
C. 蒸发系统正常运行　　D. 环氧乙烷精制正常运行

69. 装置 380V 电短时停一条线，下列说法正确的是(B)。

A. 环氧乙烷精制系统停车　　B. 循环气压缩机不停

C. 现场泵长时间不能正常运行　　D. 乙二醇精制系统停车

70. 环氧乙烷精制塔塔顶冷却器中的冷却水(B)。

A. 走壳程　　B. 走管程　　C. 视情况而定　　D. 无要求

71. 下列关于反应器汽包液位下降的处理方法，错误的是(A)。

A. 提高汽包压力　　B. 加大锅炉给水量

C. 减少反应器排污　　D. 氧化降负荷

72. 装置界区短时停高压蒸汽的处理方法，下列处理方法正确的是(D)。

A. 停 OMS　　B. 停止尾气回收

C. 氧化降负荷运行　　D. 精制系统降负荷运行

73. 下列关于液体环氧乙烷泄漏的处理方法，错误的是(D)。

A. 打开消防炮及喷淋装置　　B. 用消防水冲洗稀释

C. 迅速切断相关物料的阀门　　D. 立即用特殊橡胶塞堵住泄漏处

74. 如果发现反应器发生尾烧应该注意(C)不要超压。

A. 高压蒸汽总管压力　　B. 中压蒸汽总管压力

C. 低压蒸汽总管压力　　D. 低低压蒸汽总管压力

75. 下列选项中，可能会降低环氧乙烷再吸收塔压差的是(B)。

A. 塔顶尾气全回收　　B. 清洗塔的填料

C. 增加吸收水量　　D. 提高塔顶压力

76. 环氧乙烷洗涤塔吸收水运行泵故障停车时应该立即(C)。

A. 停氧气混合站　　B. 停循环气压缩机

C. 启动备用泵　　D. 停尾气回收压缩机

77. 如果锅炉给水泵故障且两台都不能启动，当汽包液位低于(B)前应手动拉 OMS 停车。

A. 15%　　B. 18.5%　　C. 40%　　D. 50%

78. 排放高浓度污水或其他原因造成污水处理站停运(B)h 以上者为重大环保事故。

A. 15　　B. 24　　C. 30　　D. 48

79. 设备润滑油泄漏流入地沟内应(C)。

A. 加大水稀释冲入污水池　　B. 直接冲入污水池

C. 回收地沟废油后集中处理　　D. 回收集中倒在装置区外的荒地上

80. 工程上常采用三面视图，简称三视图共同表示一个物体。它们间的关系是以主视图为主，俯视图在主视图的(D)。

A. 正左方　　B. 正右方　　C. 正上方　　D. 正下方

81. 在管道布置图上，管道、阀门、设备的管口要注标高，标高以(A)为单位，数值取小数点后二位。

A. m　　B. dm　　C. cm　　D. mm

82. 在 PID 图中，表示仪表安装位置的有其特定的画法，下列图形符号表示就地安装仪表的是(C)。

A. 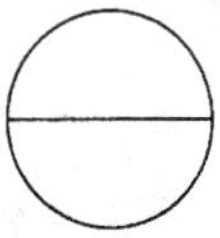 B. 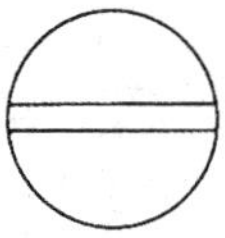 C. 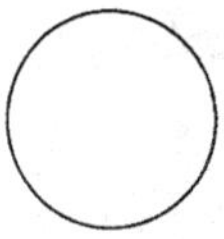 D. 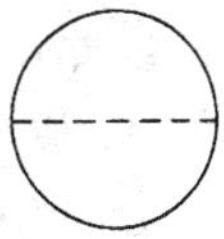

83. 一般精馏塔的回流比为(C)。

A. 回流与进料比　　B. 进料与回流比

C. 回流与塔顶采出比　　D. 回流与塔底采出比

84. 某精馏塔的回流量为25t/h，进料量为50t/h，塔顶采出量为19t/h，则回流比为(C)。

A. 2　　B. 0.5　　C. 1.32　　D. 0.76

85. 某乙二醇装置循环气流量为550000m^3/h，反应器内催化剂装填量为110m^3，则空速为(A)。

A. 5000h^{-1}　　B. 5000h　　C. 6050h^{-1}　　D. 6050h

86. 影响氧化反应器空速的因素是(B)。

A. 反应温度　　B. 循环气流量　　C. 乙烯进料量　　D. 反应压力

87. 某压缩机入口压力为2.8MPa(A)，出口压力为3.2 MPa(A)，则该压缩机的压缩比为(B)。

A. 0.875　　B. 1.143　　C. 0.915　　D. 1.148

88. 装置正常运行中，环氧乙烷再吸收塔塔釜水与环氧乙烷的摩尔比为22∶1，此时环氧乙烷在水中的质量百分比大约为(C)。

A. 2%　　B. 5%　　C. 10%　　D. 15%

89. 氧化反应器乙烯进料流量是19000m^3/h(N)，乙烯消耗为(C)t/天。

A. 456　　B. 425.6　　C. 570　　D. 252

90. 某精馏塔进料流量为50t/h，进料中轻组分含量为0.2%(质量分数)，塔顶产品流量为10 t/h，纯度为99.7%(质量分数)，则塔底产品中轻组分的含量为(B)%(质量分数)。

A. 0.00075　　B. 0.075　　C. 0.75　　D. 条件不足

多选题

1. 关于吹扫的原则，下列说法正确的是(B，C，D)。

A. 被吹扫管线上的流量计、孔板必须拆除，调节阀可以不拆除

B. 不允许脏物进入设备

C. 应分系统逐段吹扫

D. 不能留有死角

2. 实现报警、联锁保护系统的仪表，通常可采用(A，B，C，D)。

A. 可编程控制器(PLC)　　B. 紧急停车系统

C. 继电器组件

D. DCS 中的逻辑控制模块及数字量 I/O 组件

3. 下列选项中，必须对有关的联锁回路进行全面的检查和试验的是(A，B，C，D)。

A. 单机设备或单元系统检修后　　B. 装置大修开车前

C. 新建装置在单机或联动试车前　　D. 原联锁系统逻辑修改后

4. 装置开车前仪表必须具备的条件有(A，B，C，D)。

A. 仪表联锁调校完毕　　B. 调节阀调校完毕

C. 在线分析仪表具备使用条件　　D. DCS具备使用条件

5. 装置开车前电气需具备的条件是(A, B, C, D)。

A. 供电线路维护已经落实　　B. 事故发电机处于良好备用状态

C. 仪表电源稳定运行　　D. 已实现双电源、双回路供电

6. 装置开车前化验分析应具备的条件是(A, B, D)。

A. 分析仪器调试完毕　　B. 已建立正常的分析检验制度

C. 分析方法有待于确定　　D. 分析频率已确定

7. 可以对管道和阀件进行脱脂处理的物质有(A, B, C)。

A. 浓硝酸　　B. 四氯化碳　　C. 工业酒精　　D. 二氯乙烷

8. 装置更换催化剂后氧气混合站初次开车氧气投料量确定的依据是(A, C)。

A. 保证氧气投料后氧气混合站压差不联锁的最小流量

B. 保证氧气投料后氧气混合站压差不联锁的最大流量

C. 保证反应器入口氧气浓度达到要求值

D. 流量在氧气最大进料量的30%

9. 再吸收塔塔顶尾气回收应具备的条件是(A, D)。

A. 碳酸盐吸收系统已与100#系统联运

B. 氧化反应器已达到满负荷运行

C. 再吸收塔塔顶尾气中环氧乙烷浓度小于200ppm

D. 再吸收塔塔顶压力正常

10. 放空吸收塔吸收的气体有(A, B, C)。

A. 环氧乙烷球罐放空气　　B. EO/水溶液缓冲罐放空气

C. EO精制塔回流罐放空气　　D. EO解吸塔放空气

11. 固体催化剂通常是由(B, C, D)组成。

A. 选择性组分　　B. 活性组分　　C. 助催化剂　　D. 载体

12. 氧化反应器的操作中，操作不当会引起反应器产生热点的是(B, C, D)。

A. 进汽包水量的波动　　B. 蒸汽气包压力控制不当

C. 抑制剂加入量过少　　D. 有铁促使醛生成

13. 热点产生后的特点在于(B, C)的急速上升。

A. 反应器出口氧浓度　　B. 产生蒸汽量

C. 二氧化碳生成率　　D. 环氧乙烷生成率

14. 下列选项中，容易引起二氧化碳脱除系统发泡的是(C, D)。

A. 再生塔冲洗水流量大　　B. 再生塔釜温高

C. 来系统的循环气流量波动大　　D. 碳酸盐浓度不正常

15. 二氧化碳脱除系统损失的水有(A, B, C)。

A. 再生塔进料闪蒸罐闪蒸尾气带水　　B. 再生塔塔盘脱乙二醇带水

C. 再生塔排放二氧化碳气体带水　　D. 接触塔分离罐分离水

16. 当碳酸盐系统塔的液位下降时，下列操作正确的是(B, C)。

A. 降低直接蒸汽量　　B. 降低间接蒸汽量

C. 增加冲洗水流量　　D. 提高碳酸盐溶液循环量

17. 通常塔发泡的原因有(A，B)。

A. 塔吸收质或被吸收质的大幅波动　　B. 塔内杂质的污染
C. 塔液位波动　　D. 塔压下降

18. 联锁循环气自动放空后，延迟 6s 引起循环压缩机停车的联锁是(A，D)。

A. 干气密封压力高联锁　　B. 循环气流量跟踪差低联锁
C. 洗涤塔分离罐液位高联锁　　D. 润滑油压力低联锁

19. 差压式液位测量仪表包括(C，D)液位计。

A. 浮子式　　B. 浮筒式　　C. 压力式　　D. 压差式

20. 下列关于调节阀的正反作用的说法，正确的是(A，D)。

A. 正作用时，正偏差越大则调节器的输出越大
B. 反作用时，负偏差越大则调节器的输出越小
C. 正作用时，正偏差越大则调节器的输出越小
D. 反作用时，负偏差越大则调节器的输出越大

21. 透平本体结构可分为(A，B)两大部分。

A. 转动部分和固定部分　　B. 转子和定子
C. 缸体和转子　　D. 缸体和叶轮

22. 按照腐蚀的形态分类，腐蚀可分为(A，D)。

A. 局部腐蚀　　B. 化学腐蚀　　C. 电化学腐蚀　　D. 全面腐蚀

23. 化工设备的防腐措施从设备的结构考虑，应防止出现(A，B，C，D)。

A. 局部应力　　B. 介质停滞　　C. 局部过热　　D. 蒸汽的冷凝

24. 下列选项中，属于压力容器检测方法的是(A，B，C，D)。

A. 表面无损检测　　B. 射线检测　　C. 全相检测　　D. 光谱分析

25. 压力管道包括管件和焊缝表面不许存在(A，B，C，D)。

A. 裂纹　　B. 重皮　　C. 折叠　　D. 严重变形

26. 高速离心泵带负荷试车的验收标准是(A，B，C，D)。

A. 泵出口压力、流量正常　　B. 润滑油正常
C. 泵运行平稳无异音　　D. 电机电流正常

27. 设备事故按事故的性质可分为(A，B)。

A. 责任事故　　B. 质量事故
C. 操作责任事故　　D. 检修保养责任事故

28. 下列关于催化剂尾烧现象的说法，正确的是(A，C，D)。

A. 反应器出口温差突然上升　　B. 出口氧浓度上升
C. 反应器出口温度突然上升　　D. 反应器入口温度上升

29. 下列物质中，能引起催化剂可逆中毒的是(A，D)。

A. 二氯乙烷　　B. 过量氯　　C. 溴　　D. 水

30. 引起环氧乙烷聚合的原因是(B，C)。

A. 管线中环氧乙烷流速太快　　B. 管线中环氧乙烷没有倒空，长时间停留
C. 管线中有铁锈存在　　D. 管线中有水存在

31. 下列物质中，能引起环氧乙烷聚合的是(A，B，C)。
A. 铁　B. 石棉　C. 橡胶　D. 水

32. 下列参数中，能够反映冰机运行异常的参数有(A，B，D)。
A. 电机电流高　B. 冷冻盐水温度高
C. 冷却水温度低　D. 油气压差高

33. 下列选项中，会引起精制塔釜温度低的是(A，B，D)。
A. 塔釜轻组分高　B. 蒸汽加入量少
C. 塔釜液位低　D. 进料温度下降

34. 下列选项中，会引起泵内有杂音的是(A，B，C，D)。
A. 轴承无油　B. 部件损坏　C. 泵抽空　D. 出口阀开度小

35. 下列选项中，会引起泵盘车盘不动的是(A，B，C)。
A. 长期不盘车　B. 轴承润滑不好
C. 杂物进入卡住叶轮　D. 泵内无物料

36. 下列选项中，会造成塔液泛的是(A，B，D)。
A. 塔内件损坏或结构不合理　B. 操作负荷过高
C. 塔液位过低　D. 塔压力过高

37. 造成乙二醇产品 UV 值低的因素有(A，B，C)。
A. 氧化反应副反应多　B. 循环水 UV 值低
C. 精制系统密封不好有空气漏进　D. 产品中水含量高

38. 引起接触塔压差大的原因有(B，D)。
A. 贫循环水温度高　B. 塔液泛
C. 接触塔液位低　D. 循环气流量过大

39. 提高换热器的换热速率，可以(A，D)。
A. 增加流体在换热器中的流速　B. 降低流体在换热器中的流速
C. 增加加热蒸汽列管数量　D. 减少加热蒸汽列管数量

40. 换热器中安装折流档板的目的是(A，B，C)。
A. 增加壳程流体的速度　B. 提高壳程流体的对流传热系数
C. 提高换热器传热速率　D. 增大传热面积

41. 关于装置停冷却水的处理方法，正确的是(A，B，D)。
A. 氧化反应器停车　B. 循环压缩机停车
C. 产品仍然可以采出　D. 环氧乙烷精制岗位全回流

42. EO 水溶液缓冲罐冷凝器设计上可采用(C，D)。
A. 工业水　B. 脱盐水　C. 循环水　D. 消防水

43. 关于装置循环气泄漏的处理方法，正确的是(B，C，D)。
A. 装置正常运行　B. 在泄漏处用大量氮气稀释
C. OMS 停车　D. 压缩岗位正常运行

44. 当发现环氧乙烷液体泄漏时，环氧乙烷精制系统应该(A，B)。
A. 停止进料　B. 停加热蒸汽　C. 停塔顶采出　D. 停塔釜采出

45. 循环气压缩机紧急停车后，应该(B，D)。

A. 停洗涤塔的循环吸收水　　B. 切断与二氧化碳脱除系统的联系

C. 立即停干气密封系统　　D. 关闭解吸塔蒸汽时要及时向塔内充 N_2

46. 环氧乙烷洗涤塔吸收水泵发生故障，塔釜泵均无法及时恢复，环氧乙烷吸收解吸系统应(A，B)。

A. 现场切断洗涤塔与解吸塔之间的手阀，防止串料

B. 降低再吸收塔吸收水，调整再吸收塔操作

C. 停循环压缩机

D. 全关解吸塔加热蒸汽，解吸塔降温

47. 锅炉给水泵汽蚀会产生(B，C，D)。

A. 泵的流量上升　　B. 泵内有杂音

C. 泵振动大　　D. 泵出口压力下降且波动大

48.(A，B)会造成 BFW 备用泵无法自动启动。

A. 仪表故障　　B. 备泵现场选择开关置于“手动“位置

C. 备泵润滑油不足　　D. 泵出口压力过低

49. 当发现酸碱泄漏时应该(A，B，C)。

A. 切断酸碱阀　　B. 用水冲洗地面　　C. 中和污水　　D. 用土盖埋掉

50. 甲烷故障时关闭循环气放空阀主要是(A，D)。

A. 维持循环气压力　　B. 延迟氧气混合站停车

C. 减少原料气的浪费　　D. 维持甲烷浓度

51. 反应器防爆膜爆破，应该(A，C)。

A. 停尾气回收　　B. 加大甲烷补充

C. 用大量氮气置换　　D. 开反应器出口倒淋排液

52. 除了基本视图外，还有(A，B，D)用来表达机件上某些在基本视图上表达不清楚的部分结构和形状。

A. 局部视图　　B. 斜视图　　C. 正视图　　D. 旋转视图

53. 管道是管道布置图表达的主要内容，对其画法有一定的要求，对于(A，D)，则用中粗实线双线绘制。

A. 大直径　　B. 物料管线　　C. 蒸汽管线　　D. 高压管线

简答题

1. 实现报警、联锁保护系统的仪表，通常可采用什么？(写出三个)

答：①可编程控制器(PLC)；②紧急停车系统(ESD)；③DCS 中的逻辑控制模块及数字量 I/O 组件或继电器组件。

2. 阀门定位器的作用是什么？

答：阀门定位器的作用是根据阀门行程的大小将阀的开度定位在与仪表信号相对应的位置上。

3. 仪表联锁离线校验的方式有哪几种？

答：①单独对每个原因侧的仪表进行调校；②单独对实现联锁保护功能的组件进行调

校；③单独对执行器进行调校；④按照逻辑图，逐个对每个原因侧和动作侧进行调校。

4. 装置开车前，电气需具备什么条件？

答：①已实现双电源，双回路供电；②仪表电源稳定运行；③保安电源已落实，事故发电机处于良好备用状态；④供电线路维护已经落实，人员开始倒班巡检；⑤泵自启动试验已完成；⑥所有电机已送电。

5. 如何进行喷砂试验？

答：用20~40目石英砂、选用合适的喷嘴，随机选取10根反应管进行试喷，喷砂试验时间分别为6s、8s、10s和15s，用内窥镜观察管内壁的喷砂效果，以确定最佳的喷嘴和最佳喷砂时间，确保整个反应器列管除锈彻底，每喷100根列管抽样检查效果。

6. 喷砂过程中，对反应器温度和喷砂用气源有何要求？

答：①喷砂过程中，反应器内温度必须高于环境温度5℃以上，以免因潮气而生锈；②反应器喷砂用的气源要求是干燥、无油的压缩空气，压力保持在0.65~0.70MPa。

7. 催化剂装填后，如何调整反应器列管的压降？

答：①首先确定标准管；②对于压力降偏大的反应管，先用工厂风吹2~3min，吹去粉尘，如还偏大，卸出重装；③对于压力降过低的反应管，可先用工厂风吹，并在反应管入口补加少量整粒或碎粒催化剂，如仍达不到要求，必须卸下重装；④一般压力降控制在反应列管平均压力降的95%~105%之间，对超出的可适当补加点催化剂；⑤压力降偏离过大的反应管(如>±15%)，卸出催化剂重装。

8. 装置开车前分析须具备怎样的条件？

答：①中化室已建立正常分析检验制度；②化验分析项目、频率、方法已确定，仪器调试完毕，试剂已配齐，分析人员已上岗；③采样点已确定，采样器具、采样责任已落实；④模拟采样、模拟分析已进行。

9. 大检修后开车，如何把原料气乙烯从乙烯装置引到乙烯进料调节阀前？

答：①检查乙烯界区到乙烯进料调节阀前所有手阀关闭，拆除界区乙烯管线上的盲板；②打开乙烯过滤器前后手阀，脱硫床进出口手阀，界区阀；③接低压氮气对乙烯管线进行置换，至氧气浓度小于0.5%；④关闭乙烯过滤器前后手阀，脱硫床进出口手阀，界区阀，通知调度送乙烯；⑤依次缓慢打开界区手阀和脱硫床旁路手阀，使系统升压至要求压力；⑥缓慢打开脱硫床入口阀，注意床层温升，待脱硫床压力与外界乙烯供给压力平衡时，打开脱硫床出口阀，关闭脱硫床旁路手阀；⑦缓慢打开乙烯过滤器前后手阀；⑧氧气混合站吹扫完成后，打开乙烯进料调节阀前手阀。

10. 简述装置投料前需要确认的内容。

答：①确认公用工程系统、原料系统、循环压缩机、二氧化碳脱除系统、环氧乙烷吸收解吸系统、水合蒸发系统运转正常；②循环气流量低联锁处在旁路位置，循环气放空联锁处于"BY-PASS"位置；③氧化反应器温度为要求的反应温度；④氧气混合站各阀位处于正常停车状态；⑤仪表无联锁点旁路，氧气浓度报警值、联锁值按照致稳方式(氮气或甲烷)正确设定；⑥装置盲板已拆除完毕；⑦原料氧气、乙烯引至调节阀前。

11. 初次开车投料(氧)确定的依据。

答：①循环气压力应控制平稳；②通过投乙烯量，控制乙烯浓度正常；③反应器床层温度变化及分布情况；④反应器进料量应缓慢增加至正常；⑤及时投抑制剂量，维持正常I因子；⑥调整高压汽包压力，控制转化率正常；⑦根据 N_2 在循环气中的浓度，调整投料量，确保爆炸极限在允许范围。

12. 在开车过程中，装置使用凝液主要有哪些地方？

答：①作 EO 吸收系统的吸收液；②锅炉给水处理系统；③作三效回流或三效系统注水用；④作碳酸盐循环泵密封冲洗液；⑤蒸汽降温增湿器增湿用。

13. 环氧乙烷装车泵有哪些安全措施？

答：①泵带有轴温度高联锁，当泵轴温或出口液体达到 60℃时，联锁切断泵进料阀门，自动打开泵喷淋；②泵设有可燃气浓度高联锁，当泵机封处环氧乙烷浓度达到 50ppm 时，联锁切断泵进料阀门，自动打开泵喷淋；③泵进口设有自动控制汽缸阀，一旦环氧乙烷大量泄漏或着火，可在现场或控制室关闭此阀，隔离着火源；④泵出口有最小回流管线，防止泵的压力突然升高或者泵抽空。

14. 什么是分程调节系统？应用于什么场合？

答：①分程调节系统指由一个调节器控制两个或两个以上的调节阀；②分程调节系统可应用于一个被控变量需要两个以上的操纵变量来分阶段进行控制或者操纵变量需要大幅度改变的场合。

15. 放空气吸收塔吸收放空气具备什么条件？

答：①放空气吸收塔已引入贫吸收液；②放空气吸收塔塔釜泵已启动并已改通至富吸收液流程；③放空气吸收塔压力自动设定在设定值。

16. "COD"代表什么？

答：化学污水中的有机物一般被强氧化剂所氧化，消耗氧化剂的多少即可表明有机物的含量，以消耗氧的数量来计算有机物含量，称化学耗氧量，英文缩写为"COD"。

17. 装置的废气排放有哪些？

答：①CO_2 解吸塔放空气；②放空气吸收塔顶排放气；③工艺循环气排放气；④真空系统排放气；⑤产品中间罐放空气；⑥事故紧急放空气。

18. 衡量银催化剂的主要性能指标有哪些？

答：①活性，活性是指催化剂影响反应进程变化的程度，它表示催化剂加速反应能力的大小；②选择性，催化剂的选择性是指消耗的原料中转化为目的产物的分率，通常用产率来表示；③稳定性，稳定性指催化剂活性、选择性随时间的变化情况，工业催化剂的稳定性包括热稳定性、化学稳定性、机械强度稳定性三个方面。

19. 设置汽包三冲量调节系统的目的是什么？

答：设置汽包三冲量调节系统的目的是：克服由于干扰造成假液位而引起的锅炉给水量的急剧变化，使得锅炉给水的流量适合蒸汽产出量，维持汽包的液位不变。

20. 简述汽包三冲量调节系统的原理？

答：汽包三冲量调节系统实际上是根据蒸汽流量的大小，比例积分调节器很快进行粗调，然后再由比例调节器根据液位偏离给定值的情况再作细调，即加上校正量。最后使液位很快稳定到给定值上来。

21. 反应器的优化对装置效益有非常重要的影响，原因是什么？

答：①反应器的最佳化指在一定的负荷下，以最低的反应温度达到最高的选择性；②在反应器较高选择性时进行操作，可以把单位产量所消耗的乙烯降到最低限度，因此减少了单位产量成本；③在反应器最低温度下操作，可延长催化剂使用寿命，从而减少了催化剂的损耗。

22. 化工生产中使用固体催化剂的主要物理性质有哪些？

答：①催化剂的吸水性；②比表面积、孔容积、平均孔半径；③孔径分布、孔隙率；④相对密度；⑤粒度；⑥机械强度。

23. 反应器产生热点的原因有哪些？

答：(1) 操作原因：① 抑制剂加入不足或中断；②汽包压力控制阀控制不当；③在开车时，没调整选择性，氧浓度和反应温度变化太快；④O_2、C_2H_4 浓度急剧变化。(2) 装填原因：①某催化剂列管压差太大；②某一点银粉的堆积造成活性超强。(3) 设备原因：①反应器列管结垢；②喷砂效果不好，有铁锈促使醛生成。(4) 杂质影响：原料 CH_4、C_2H_4 中有杂质带入或碳酸盐等杂质污染。

24. 什么叫尾烧？

答：由于催化剂长期使用，大量银粉脱落被循环气带到反应器的下封头、反应器出口冷却器，或循环气气－气换热器等设备的死角，银粉的积累形成很强的催化反应活性，在某些条件下，它可能引发通过该设备的循环气发生深度氧化，反应热造成高温，更催化了反应，从而引起飞温或燃烧。

25. 尾烧产生的原因有哪些？

答：①催化剂银粉脱落，堆积在反应器下封头和出口管线死角；②催化剂从管子中脱落；③过量铁锈导致 EO 异构化；④抑制剂加入量过少；⑤O_2 进出口浓度的突然增加。

26. 爆炸极限的定义是什么？

答：可燃气体、粉尘或可燃液体的蒸汽与空气形成的混合物与火源发生爆炸的极限浓度称作爆炸极限。

27. 影响爆炸极限的主要因素有哪些？

答：①原始温度；②原始压力；③容器的尺寸和材质；④火源和能量；⑤热表面的面积、火源混合物的接触时间。

28. 洗涤塔发泡的原因有哪些？

答：①循环吸收水流量波动大；②循环吸收水温度低；③循环吸收水中杂质多；④循环吸收水 pH 值偏高；⑤循环气波动大；⑥添加消泡剂不当；⑦ K_2CO_3 被带入系统。

29. 引起环氧乙烷吸收系统发泡的原因有哪些？

答：①系统进气量过大；②系统进液量过大；③贫吸收液 pH 值酸性过强；④贫吸收液中 EG 及其他杂质含量过多；⑤消泡剂加入过量。

30. 液泛是怎样产生的？

答：①塔内上升蒸气速度过大，超过了最大允许速度，使得液体无法从溢流管内往下流；②液体负荷太大，使溢流管内液体不能及时流下，液面逐渐升高，以致上、下塔板的液体连在一起，传质效果变差；③塔内有自聚物或检修中有遗物落在塔里，被冲到溢流管，使该管中流体流动受阻，产生液泛。

31. 在开车过程中，循环气自动放空为何要设旁路？

答：①为了防止在氧气混合站投料开车过程中由于氧浓度误联锁或循环压缩机停车而引起的循环气不必要的放空；②设立在氧气快速切断阀打开之前循环气自动放空阀可以手动

旁路。

32. 影响催化剂寿命的因素有哪些?

答: ①原料杂质对催化剂的毒化作用，例如卤素、硫、碳三、甲醇等；②氧气混合站的停车次数；③催化剂本身的各种物理性能，例如机械硬度、热稳定性、抗热冲力等；④催化剂使用时的生产负荷。

33. 简述双金属温度计的工作原理。

答: ①双金属温度计的感温元件是用两片线膨胀系数不同的金属片叠焊在一起制成的；②双金属片受热后，由于两金属片的膨胀长度不同而产生弯曲；③温度越高产生的线膨胀长度差越大，因而产生弯曲的角度就越大，双金属温度计就是根据这一原理而制成的。

34. 为什么反应器壳程已设置了大管径的蒸汽产出管线后，还在顶部设置小管径的蒸汽产出管线?

答: ①由于机械设备中考虑到设备强度能力，大管径的蒸汽管线必须距顶部有一段距离；②大部分蒸汽自大管径的蒸汽管线产出，而在大管径的蒸汽管线与反应器接口之上的一段空间内仍有蒸汽产出，如果没有小管径的蒸汽管线，这段区间将充满蒸汽，大大降低催化剂床层撤热效率，为保证这一段催化剂床层的撤热良好，必须在顶部设置小管径的蒸汽产出管线；③反应器壳程顶部小管径的蒸汽产出管线可以排除开车加水期间的最上部的惰性气体。

35. 什么是调节阀的比例调节?

答: 比例调节就是调节阀的开度能与被调参数的偏差成比例，这种调节过程称为比例调节。

36. 调节阀积分调节的特点是什么?

答: ①积分调节的特点是能够消除偏差；②只要有偏差，它就不断地改变调节阀的开度，直到把被调参数调回到给定值时为止；③同时，积分调节器能把偏差随时间不断累积下来，积累的结果使调节器的输出不断增大或减小；④只要有偏差，积累就不断进行，调节作用就不停止。

37. 简述蒸汽喷射泵的工作原理。

答: ①当工作蒸汽进入喷射泵喷嘴后，作绝热膨胀；②以 1000~1400m/s 的高速喷出，在喷嘴口处形成低压将流体由吸入口吸入；③吸入的流体与工作蒸汽一起进入混合室，然后流经扩大管，在扩大管内混合流体的流速逐渐降低，压力增大，最后至排出口排出。

38. 按照腐蚀的机理、形态、腐蚀环境分类可分别分成哪几类?

答: ①腐蚀按照腐蚀机理可分为化学腐蚀和电化学腐蚀；②腐蚀按照腐蚀形态可分为全面腐蚀和局部腐蚀；③腐蚀按照腐蚀环境可分为高温腐蚀、大气腐蚀、海水腐蚀、土壤腐蚀、工业水腐蚀。

39. 对化工生产中的设备、管线等的腐蚀通常有哪几种控制方法?

答: ①提高金属材料的耐腐性能；②改善腐蚀环境；③采用耐腐蚀覆盖层；④电化学保护；⑤采用耐腐的非金属材料制造化工设备或管线。

40. 管道运输易燃、可燃液体的防静电措施有哪些?

答: ①根据管径、液体电导率、含杂质情况等因素限制流速；②金属管道必须按规定接地不得绝缘架空；③绝缘材料管道宜在内壁加衬铜丝网，外壁缠铜丝，并联合接地，管道出口处尤应注意接地良好；④管壁光滑不粗糙，无尖长突出物，对高危险性易燃易暴物，必要时应充以惰性气体。

41. 冰机膨胀阀坏会引起什么后果？

答：①冰机膨胀阀坏起不到节流的作用；②制冷剂不能从液相变为气相；③冰机的制冷效果下降。

42. 再沸器结焦后为什么会引起塔釜温度低？

答：①再沸器结焦后结焦物附在管壁上，传热系数大大减小；②再沸器传热效果下降，造成塔釜温度降低。

43. 碳酸盐溶液中乙二醇浓度高的原因是什么？

答：①洗涤塔盘内发生液泛；②发泡严重；③环氧乙烷吸收塔吸收效果不好；④洗涤水量少。

44. 正常生产时长时间停冷却水，装置如何处理？

答：①氧化岗位联锁停车，关各原料气调节阀及手阀；②开循环气系统放空阀并开高压氮气吹扫；③停有冷却水冷却的泵及机组，循环气压缩机除外；④关各加热器的蒸汽及手阀，停蒸汽管网并关界区手阀；⑤关真空系统连塔阀，停抽真空蒸汽；⑥各产品入不合格产品罐；⑦停 EO 精制塔，EO 水溶液储罐冷却器可改用消防水冷却或利用罐喷淋冷却；⑧高低压系统隔离；⑨其他泵继续运行，系统降温。

45. 如何将列管出现泄漏的乙二醇精制塔再沸器切出检修？

答：①乙二醇脱水塔釜液返回粗乙二醇储罐；②乙二醇精制塔再沸器停蒸汽，侧线采出切到粗乙二醇储罐；③乙二醇精制塔釜液泵出口物料返回粗乙二醇储罐；④乙二醇分离塔、二乙二醇精制塔停车保温；⑤停乙二醇精制塔真空泵，开乙二醇精制塔塔釜充 N_2；⑥乙二醇精制塔再沸器入口接临时管将物料返到粗乙二醇储罐；⑦乙二醇精制塔物料返回后加水洗涤冷却；⑧将洗涤水返粗乙二醇储罐；⑨乙二醇精制塔 N_2 置换合格、塔内降温合格后交检修单位消漏。

46. 高压蒸汽停的处理原则。

答：①如果高压停时，中压不停，尽量利用压力逐渐降低的过程，调整前后部负荷；②氧化岗位尽快提满负荷，后部适当降负荷，保证供、产、用汽的平衡，稳定蒸汽管网；③保证 CO_2 解吸塔、EO 汽提塔的加热和氧化反应正常；④如高压蒸汽、中压蒸汽均停，按总体停车处理。

47. 环氧乙烷产品醛含量高的处理原则是什么？

答：①加大脱醛量；②适当减少产品产出；③适当增加脱醛的补充水量；④优化氧化反应的操作，减少副反应的发生。

48. 当大量的环氧乙烷液体泄漏时如何处理？

答：①立即通知值班长、调度并转告消防队做好紧急准备；②打开消防炮及喷淋装置，投用一切可用的水稀释吸收泄漏的环氧乙烷；③找出泄漏点，迅速切断相关物料阀门；④环氧乙烷精制系统作紧急停车处理；⑤处理时应注意不要站在下风处；⑥防止无关人员进入事故现场，现场严禁动火。

49. 写出环氧乙烷再吸收塔压差大的原因和处理方法。

答：①原因：进料量过大，处理：降低进料量；②原因：吸收水量过大，处理：调节吸收水量至合理值；③原因：塔釜循环量过大，处理：降低塔釜循环量；④原因：填料被脏物堵，处理：观察确定后请示停车；⑤原因：仪表失灵，处理：检修仪表。

50. 简述碳酸盐泄漏环保事故的处理原则。

答：①尽快切断泄漏物；②向上级领导汇报；③回收泄漏物；④用水冲洗地面；⑤分析污水 pH 值和 COD；⑥为了保证水池中的 pH 值应加入一定量的酸中和；⑦消漏。

计算题

1. 已知某精馏塔回流量为 $40m^3/h$，塔顶产品量为 $28m^3/h$，求塔顶回流比。

解：

$$回流比\ R = \frac{回流量\ L}{塔顶产品量\ D} = 40/28 = 1.43$$

答：塔顶回流比为 1.43。

2. 已知：环氧乙烷精制塔回流量为 41100kg/h，乙醛清除流量为 900kg/h，甲醛清除流量为 700kg/h，采到成品罐区的环氧乙烷量为 6000kg/h，求：回流比为多少？

解：

$$系统的回流比\ R = \frac{回流量\ L}{塔顶产品量\ D} = 41100/(6000 + 700 + 90) = 5.87$$

答：环氧乙烷精制塔的回流比为 5.87。

3. 已知乙二醇精制塔塔顶成品采出为 $20m^3/h$，回流量为 38 m^3/h，计算乙二醇精制塔的回流比。

解：回流比 = 回流量/产出量 = 38/20 = 1.9

答：乙二醇精制塔的回流比为 1.9。

4. 设氧化反应器催化剂床层体积为 $100m^3$，循环气流量为 $600000Nm^3/h$，则该反应器的空速为多少？

解：反应器空速为 $600000/100 = 6000h^{-1}$

答：该反应器的空速为 $6000h^{-1}$。

5. 某压缩机进口压力 2.8MPa(G)，压缩机的压缩比为 1.2，求出口压力。

解：出口压力 = 压缩比 × 进口压力 = 1.2 × (2.8 + 0.1) − 0.1 = 3.38MPa

答：该压缩机的出口压力为 3.38 MPa(G)。

6. 设循环气流量为 $600000N \cdot m^3/h$，反应器出口 EO% 为 2.38%(体积)，T－320 的吸收水流量为 275t/h，则环氧乙烷再吸收塔釜环氧乙烷的水合比(摩尔比)为多少？(假定反应器入口 EO% 为 0，不计系统损失)

解：生成环氧乙烷量为：600000 × 2.38%/22.4 × 44 = 28.05t/h

环氧乙烷的水合比为 275/18/(28.05/44) = 24∶1

答：环氧乙烷的水合比为 24∶1。

7. 假定 T－115 塔釜的环氧乙烷水溶液质量分数为 2%，计算该溶液中环氧乙烷的摩尔分数是多少？

解：环氧乙烷水溶液总质量为 X，则其中环氧乙烷的质量为 $0.02X$，水的质量为 $0.98X$；环氧乙烷的摩尔分数 = $0.02X/44/(0.98X/18 + 0.02X/44) = 0.83\%$

答：该溶液中环氧乙烷的摩尔分数是 0.83%。

8. 某工厂用压缩空气将98%的浓硫酸压送到酸洗容器内，如图所示。每批压送量为$0.3m^3$，要求在10min内压送完。硫酸温度为20℃，密度为$1836kg/m^3$，管子规格为$\Phi 38\times 3mm$，硫酸储罐内液面至管路出口截面间的垂直距离为15m，设硫酸从储罐至管路出口的流动阻力损失为8J/kg。试求开始压送时压缩空气的表压力。

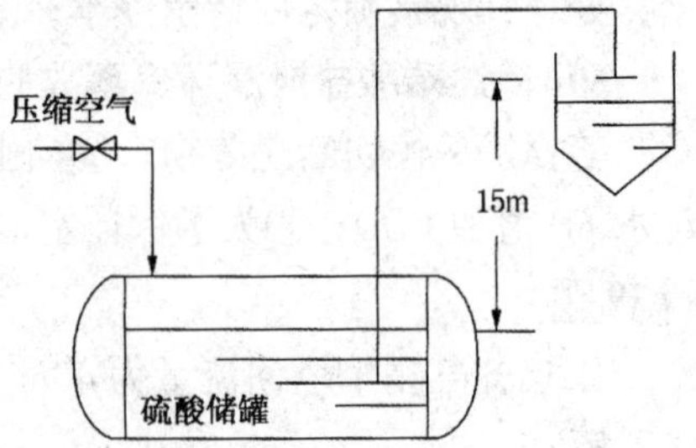

解：取硫酸储罐内液面为截面1－1′，管路出口处为截面2－2′，并以截面1－1′为基准水平面。列截面1－1′与截面2－2′间的伯努利方程式，即

$$gz_1 + u_1^2/2 + p_1/\rho = gz_2 + u_2^2/2 + p_2/\rho + \sum h_{f,1-2}$$

$$p_1 = g(z_2 - z_1)\rho + (u_2^2 - u_1^2)\rho/2 + p_2 + \rho\sum h_{f,1-2}$$

已知 $z_1 = 0, z_2 = 15m, \rho = 1836kg/m^3, p_2 = 0$ 表压

$$u_1 \approx 0, d = 0.038 - 2\times 0.003 = 0.032m$$

$$u_2 = \frac{V}{0.785d^2} = \frac{0.3}{0.785\times 0.032^2\times 10\times 60} = 0.622m/s$$

$$\sum h_{f,1-2} = 8J/kg$$

以上各数据代入上式，得

$$p_1 = 9.807\times(15-0)\times 1836 + \frac{0.622^2}{2}\times 1836 + 0 + 1836\times 8$$

$$= 2.85\times 10^5 Pa（表压）$$

答：开始压送时压缩空气的表压力为2.85×10^5Pa。

9. 设反应器进料乙烯流量为$12000Nm^3/h$，反应器出口EO%为1.7%(体积)，循环气流量为$600000Nm^3/h$，则装置单耗为多少t乙烯/t一乙二醇？(设环氧乙烷转化成一乙二醇转化系数为1.26，不计后系统损失)

解：生成环氧乙烷量为600000×1.7%/22.4×44＝20t/h

则生成一乙二醇量为：1.26×20＝25.2t/h

乙烯进料量为：12000×28/22.4＝15t/h

装置单耗为：15/25.2＝0.595(t乙烯/t一乙二醇)

答：装置单耗为0.595(t乙烯/t一乙二醇)。

10. 设氧化反应器进料乙烯流量为$18500Nm^3/h$，每小时乙二醇产量为19.85t，二乙二醇产量为1.87t，环氧乙烷产量为12.7t，三乙二醇产量为0.35t，则装置单耗为多少t乙烯/tEOE?

解：氧化反应器进料乙烯流量为18500/22.4×28/1000＝23.125t

EOE总量＝乙二醇产量/62×44＋二乙二醇产量/106×44×2＋环氧乙烷产量＋三乙二醇产量/150×44×3＝19.85/62×44＋1.87/106×44×2＋12.7＋0.35/150×44×3

＝14.09＋1.552＋12.7＋0.308＝28.65t/h

乙烯单耗＝23.125/28.65＝0.807(t乙烯/t EOE)

答：装置单耗为0.807(t乙烯/tEOE)。

11. 如反应器选择性为80%(S_2)，反应器出口EO%为1.5%(体积)，则反应器每小时生成多少吨水？(假定反应器入口EO%为0，设循环气流量为600000(N·m³/h)

解：$S_2 = 2\times\Delta EO/(2\times\Delta EO+\Delta CO_2)$

$0.8 = 2\times1.5/(2\times1.5+\Delta CO_2)$　　$\Delta CO_2 = 0.75\%$

由于 $\Delta CO_2 = \Delta H_2O$，所以 $\Delta H_2O = 0.75\%$

反应器生成 H_2O 量 = 0.75% × 600000 = 4500(N·m³/h) = 4500 × 18/22.4 = 3616(kg/h) = 3.616t/h

注：18为 H_2O 的相对分子质量

答：反应器每小时生成3.616t水。

12. 已知某月产量为MEG 16000t，DEG 1300t，TEG 100t，PEG(按四乙二醇算)80t和EO 1000t，求水合反应乙二醇的生成率。

解：乙二醇生成率 = 生成乙二醇的摩尔数/生成产物的摩尔数 = (16000/62)/(16000/62 + 2 × 1300/106 + 3 × 100/150 + 4 × 80/194) ≈90.16%

答：水合反应乙二醇的生成率是90.16%。

13. 如图所示的供水系统，水箱通大气，其内径 D 为3m，排水管规格为 $\Phi 48\times3.5$mm，水箱底至排水管出口间的垂直距离为7.5m。排水过程的流动阻力 $\sum h_f$ 为 $45u^2$J/kg(其中 u 为排水管中的流速)，水箱内的液面最高为2.5m。排水时不断向水箱内补充水，维持其最高液面，试求排水的体积流量。

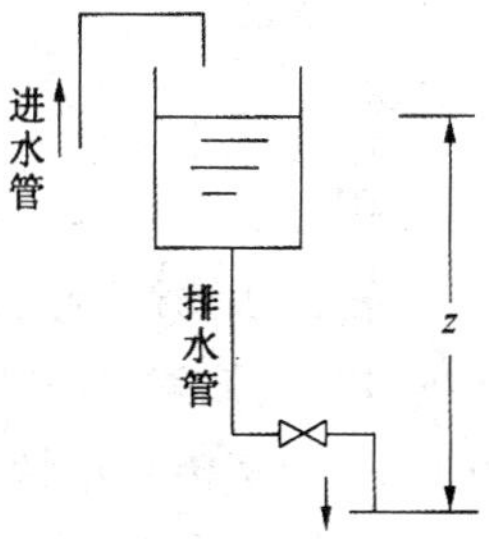

解：当水箱内液面1－1′恒定时，排水过程属于稳定流动。取排水管出口截面2－2′为基准水平面，列截面1－1′与截面2－2′间的伯努利方程式，即

$$gz_1 + u_1^2/2 + p_1/\rho = gz_2 + u_2^2/2 + p_2/\rho + \sum h_f$$

将 $z_1 = 10, z_2 = 0, u_1 \approx 0, u_2 = u, p_1 = p_2, \sum h_f = 45u^2$J/kg 代入上式，并整理得

$$u = \sqrt{\frac{gz_1}{0.5+45}} = \sqrt{\frac{9.807\times10}{45.5}} = 1.47\text{m/s}$$

则排水流量为

$$V = \frac{\pi}{4}d^2u\times3600 = 0.785\times0.041^2\times1.47\times3600 = 6.98\text{m}^3/\text{h} \approx 7\text{m}^3/\text{h}$$

答：排水的体积流量为7 m³/h。

14. 如图所示，离心泵出口流量为0.0125m/s，泵出口处压力表读数为255kPa，入口处真空表读数为26.7kPa，出口和入口的高度差为0.8m。实验液体选用4℃的水，泵出口入口管线直径相同，试计算泵的扬程。

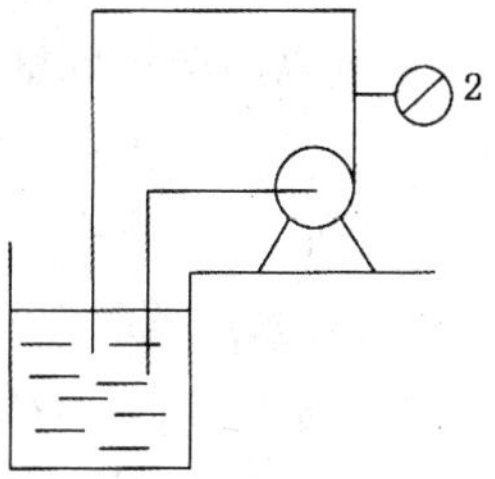

解：
$$H = Z + \frac{P_{表} + P_{真}}{\rho g} + \frac{u_1^2 - u_2^2}{2g}$$

已知：$Z = 0.8$m

$$P_{表} = 255kPa = 255000Pa$$

$$P_{真} = 26.7kPa = 26700Pa$$

$$\rho = 1000kg/m^3$$

$$u_1 = u_2$$

$$H = 0.8 + \frac{255000 + 26700}{1000 \times 9.81} = 29.5m$$

答：泵的扬程为29.5m。

15. 已知乙二醇的密度为$\delta = 1115.4kg/m^3$，测得流量为$10m^3/h$，扬程为17.78m，泵的轴功率为1.05kW，求泵的有效功率和泵的效率？

解：泵的有效功率 $N_e = 10 \times 1115.4 \times 9.81 \times 17.78/3600 = 540.4W$

泵的效率 = 540/1050 = 0.514 = 51.4%

答：泵的有效功率和泵的效率分别为540.4W、51.4%。

16. 某往复泵活塞的直径为160mm，行程为200mm，拟用此泵送液，要求流量为$0.43m^3/min$，容积效率0.85，求活塞运行的频率。

解：

$$Q_{理} = Asf = \pi/4 \times 0.16 \times 0.16 \times 0.2 \times f$$

$$Q_{实} = \eta_{容} \times Q_{理}$$

$$Q_{理} = Q_{实}/\eta_{容} = 0.43/(0.85 \times 60)$$

则

$$f = 0.43/(0.85 \times 60\pi)/(4 \times 0.16 \times 0.16 \times 0.2) = 2.1Hz$$

答：活塞运行的频率为2.1Hz。

17. 已知离心泵的转速为2900r/min，流量为$25m^3/h$，扬程为50m，允许气蚀余量为2.0m，此泵用来将敞口水池中50℃的水送出。已知吸入管路的总阻力损失为$2000mmH_2O$，当地大气压强为100kPa，求泵的允许安装高度？（50℃水的饱和蒸汽压为12.31kPa，水的密度为$998.1kg/m^3$）。

解：$Hg = p_0/\delta g - p_v/\delta g - \Delta h_{允} - H_{f(0-1)}$

$= 100 \times 10^3/998.1 \times 9.81 - 12.31 \times 10^3/998.1 \times 9.81 - 2.0 - 2.0 = 5.04m$

答：泵的允许安装高度为5.04m。

18. 设反应器出口环氧乙烷浓度为1.45%(体积)，循环气流量为$480000N \cdot m^3/h$，催化剂床层体积为$80m^3$，堆密度为$0.65 g/cm^3$，则时空产率为多少？(环氧乙烷相对分子质量为44)

解：催化剂质量为：80×0.65 = 52t

环氧乙烷生成量为：1.45%×480000/22.4×44 = 13671.429kg/h

时空产率为：13671.429/52 = 262.9kg 环氧乙烷/t 催化剂·h

答：时空产率为262.9kg 环氧乙烷/t 催化剂·h。

19. 反应器时空产率为245.8kg 环氧乙烷/t 催化剂·h，催化剂床层体积为$80m^3$，堆密度为$0.65 g/cm^3$，则每小时环氧乙烷的产量多少吨？

解：催化剂质量为：80×0.65 = 52t

环氧乙烷产量为：245.8×52/1000t/h = 12.78t/h

答：环氧乙烷的产量为12.78t/h。

四、技能操作鉴定要素细目表

鉴定范围						鉴定点	
一级		二级		三级		代码	名称
代码	名称	代码	名称	代码	名称		
A	技能要求	A	工艺操作	A	开车准备	001	原料气乙烯的引进操作
						002	抑制剂系统的建立操作
						003	装置投氧前的条件确认
				B	开车操作	001	脱醛床的投用操作
						002	二氧化碳脱除系统开车操作
						003	汽提塔和再吸收塔建立循环的操作
						004	汽提塔和轻组分脱除塔建立循环的操作
						005	环氧乙烷精制塔的开车操作
						006	氧化岗位的开车操作
				C	正常操作	001	氧化反应器的最佳化调整
						002	循环气中氩气浓度的调整操作
						003	循环气中二氧化碳浓度的调整操作
						004	贫循环气中环氧乙烷浓度高的调整操作
						005	环氧乙烷水合反应器乙二醇选择性的调整操作
				D	停车操作	001	氧化岗位正常停车操作
						002	环氧乙烷水合蒸发系统的停车操作
						003	乙二醇精制系统的停车操作
		B	设备使用与维护	A	使用设备	001	换热器的投用切换操作
						002	循环水泵的开车操作
						003	脱硫床的初次投用操作
						004	尾气压缩机的开车操作
						005	尾气压缩机的停车操作
						006	环氧乙烷制冷冰机的开车操作
						007	环氧乙烷制冷冰机的停车操作
						008	溴化锂制冷机的负荷调整
						009	环氧乙烷精制塔顶安全阀的切换
				B	维护设备	001	常压储罐的外部检查
						002	反应器的喷砂处理
						003	电机运行异常的判断
						004	离心泵故障的判断
						005	溴化锂冰机的结晶处理

续表

鉴定范围						鉴定点	
一级		二级		三级		代码	名称
代码	名称	代码	名称	代码	名称		
		C	事故判断与处理	A	判断事故	001	换热设备内漏的判断
						002	氟里昂冰机制冷效果差的原因
						003	氧化反应器催化剂发生尾烧的原因
						004	环氧乙烷解吸塔解吸效果差的原因
						005	脱水塔再沸器蒸汽加不进的原因
						006	乙二醇产品中二乙二醇含量高的原因
						007	环氧乙烷产品水含量高的原因
						008	环氧乙烷产品二氧化碳含量高的原因
						009	循环压缩机润滑油压力低的原因
						010	氧气混合站温差高的原因
				B	处理事故	001	装置停电事故处理
						002	装置紧急停车事故处理
						003	银催化剂甲醇中毒后的事故处理
						004	循环气在线分析仪故障的处理
						005	乙二醇精制塔塔体泄漏的事故处理
						006	循环气管线泄漏的处理
						007	乙二醇脱水塔压力高的处理
						008	锅炉给水泵气蚀时氧化系统的处理
						009	二乙二醇中乙二醇、三乙二醇含量高的处理
						010	二氧化碳脱除系统发泡，消泡剂加不进去的处理
		D	绘图与计算	A	绘图	001	绘制氧化反应器结构简图
						002	画出板式换热器的配管图

五、技能操作试题

试题1：大检修后开车原料气乙烯的引进操作

（考核时间：15min）

序号	考核内容	考核要点	配分	评分标准	检测结果	扣分	得分	备注
1	准备工作	穿戴劳保用品	3	未穿戴整齐扣3分				
		工具、用具准备	2	工具选择不正确扣2分				
2	操作程序	系统气密	10	按照要求对乙烯系统进行气密，泄漏率达到要求，否则扣10分				

续表

序号	考核内容	考核要点	配分	评分标准	检测结果	扣分	得分	备注
3		系统氮气置换	15	接 N_2 入乙烯管线置换至 $O_2\% <$ 0.5%；没有置换此题不得分，置换达不到要求扣 10 分				
				管线 N_2 充压 0.02MPa(G)，没冲压扣 5 分				
4		流程确认	30	未检查确认乙烯界区到乙烯进料调节阀前所有管线、设备完好，保温合格，具备引乙烯条件，扣 10 分				
				未确认检查乙烯界区到乙烯进料调节阀前所有手阀关闭，扣 10 分				
				没确认拆除界区乙烯盲板，扣 10 分				
5		引入操作	35	通知调度送乙烯，未通知扣 5 分				
				慢开界区阀至要求压力，未按要求扣 5 分				
				慢开进、出口硫床阀，充压至要求压力；未按要求扣 10 分				
				慢开一组乙烯过滤器前、后手阀至要求压力；未按要求做扣 10 分				
				OMS 吹扫完成后，慢开乙烯进料调节阀后手阀；未按要求做扣 5 分				
6	使用工具	正确使用工具	2	工具使用不正确扣 2 分				
		正确维护工具	3	工具乱摆乱放扣 3 分				
7	安全及其他	按国家法规或企业规定		违规一次总分扣 5 分；严重违规停止操作			—	
		在规定时间内完成操作		每超时 1min 总分扣 5 分，超时 3min 停止操作			—	
		合　计	100					

试题 2：抑制剂系统的建立操作

（考核时间：15min）

序号	考核内容	考核要点	配分	评分标准	检测结果	扣分	得分	备注
1	准备工作	穿戴劳保用品	3	未穿戴整齐扣 3 分				
		工具、用具准备	2	工具选择不正确扣 2 分				
2	操作程序	流程确认	15	未确认系统流程设定是否正确扣 10 分				
				抑制剂至循环气系统手阀未关闭扣 5 分				
3		氮气试漏、气密、置换	20	系统接低压氮气进行气密，未按照要求做扣 10 分				
				氮气将系统置换至氧含量小于 0.5%，未按照要求做扣 10 分				

续表

序号	考核内容	考核要点	配分	评分标准	检测结果	扣分	得分	备注
4		加抑制剂	40	开抑制剂加入罐放空阀、漏斗下液阀，加抑制剂至抑制剂加入罐，未按照要求做扣10分				
				关抑制剂加入罐放空阀，开平衡管线手阀，开抑制剂加入罐至抑制剂储罐手阀，抑制剂靠自重进抑制剂储罐；未按照要求完成扣20分				
				重复上述操作至抑制剂储罐达到要求，不做扣5分				
				不关平衡管线手阀扣5分				
5		开水浴保温	15	未开抑制剂储罐水浴加水阀至溢流扣5分				
				开抑制剂储罐加热器和搅拌器，未按照要求做扣10分				
6	使用工具	正确使用工具	2	工具使用不正确扣2分				
		正确维护工具	3	工具乱摆乱放扣3分				
7	安全及其他	按国家法规或企业规定		违规一次总分扣5分；严重违规停止操作			—	
		在规定时间内完成操作		每超时1min总分扣5分，超时3min停止操作			—	
		合　计	100					

试题3：装置投氧前应具备的条件确认

（考核时间：25min）

序号	考核内容	考核要点	配分	评分标准	检测结果	扣分	得分	备注
1	准备工作	穿戴劳保用品	3	未穿戴整齐扣3分				
		工具、用具准备	2	工具选择不正确扣2分				
2	操作程序	原料及公用工程系统确认	20	检查确认乙烯具备条件并引到调节阀前，未确认扣5分				
				未确认氧气具备条件并引到调节阀前扣5分				
				未确认氮气或甲烷系统具备条件扣5分				
				未确认蒸汽系统具备条件扣5分				
				未确认仪表风、脱盐水、冷却水、工厂风扣5分				
3		氧化系统确认	50	未确认循环气流量低联锁处于旁路状态扣5分				
				未确认循环气放空联锁处于旁路状态扣5分				
				未确认反应器温度达到要求扣5分				

续表

序号	考核内容	考核要点	配分	评分标准	检测结果	扣分	得分	备注
				未确认氧气混合站系统阀门处于停车状态扣5分				
				未确认常开常闭阀扣5分				
				未确认仪表工艺联锁点正常，无联锁点旁路扣5分				
				未确认反应器进出口氧浓度报警、联锁值扣5分				
				未确认抑制剂系统具备开车条件扣5分				
				未确认分析仪表具备条件扣5分				
				未确认甲烷压缩机或尾气回收压缩机中一台具备投运条件扣5分				
4		相关岗位确认	20	未确认全车间盲板全部拆除扣5分				
				未确认循环压缩机运转正常达到要求转速扣5分				
				未确认二氧化碳脱除系统热运正常扣5分				
				未确认环氧乙烷吸收解吸系统热运正常扣5分				
				未确认乙二醇水和蒸发系统水运正常扣5分				
5	使用工具	正确使用工具	2	工具使用不正确扣2分				
		正确维护工具	3	工具乱摆乱放扣3分				
6	安全及其他	按国家法规或企业规定		违规一次总分扣5分；严重违规停止操作			—	
		在规定时间内完成操作		每超时1min总分扣5分，超时3min停止操作			—	
		合　计	100					

试题4：脱醛床的投用操作

（考核时间：20min）

序号	考核内容	考核要点	配分	评分标准	检测结果	扣分	得分	备注
1	准备工作	穿戴劳保用品	3	未穿戴整齐扣3分				
		工具、用具准备	2	工具选择不正确扣2分				
2	操作程序	投用前系统确认	10	检查脱醛树脂装填完好，未检查扣5分				
				检查确认系统完好具备投用条件，未检查扣5分				
3		启动乙二醇精制塔侧线采出泵	20	流程设定不对扣10分，每错一处扣5分				

续表

序号	考核内容	考核要点	配分	评分标准	检测结果	扣分	得分	备注
				启动泵，未启动扣10分，操作不正确扣5分				
4		产品进脱醛床	20	打开进脱醛床的调节阀，未打开扣5分				
				脱醛床排气，未排气扣10分，排气方法不正确扣5分				
5		产品切到粗乙二醇储罐	15	设定去粗乙二醇储罐流程，设定不正确扣10分				
				未及时打开去粗乙二醇储罐手阀造成脱醛床超压扣5分				
6		产品切到乙二醇成品罐	20	分析脱醛床出口乙二醇切到乙二醇成品罐，未分析扣20分，分析不合格扣10分				
				未将脱醛床出口乙二醇切到乙二醇成品罐扣10分				
7		调整去脱醛床流量	5	未根据乙二醇采出成品中醛含量调整去脱醛床流量扣5分				
8	使用工具	正确使用工具	2	工具使用不正确扣2分				
		正确维护工具	3	工具乱摆乱放扣3分				
9	安全及其他	按国家法规或企业规定		违规一次总分扣5分；严重违规停止操作			—	
		在规定时间内完成操作		每超时1min总分扣5分，超时3min停止操作			—	
		合　计	100					

试题5：二氧化碳脱除系统开车操作

（考核时间：20min）

序号	考核内容	考核要点	配分	评分标准	检测结果	扣分	得分	备注
1	准备工作	穿戴劳保用品	3	未穿戴整齐扣3分				
		工具、用具准备	2	工具选择不正确扣2分				
2	操作程序	开车前确认	15	未确认碳酸盐溶液配置完好扣5分				
				未确认系统水洗完好具备开车条件扣10分				
				未确认消泡剂系统完好备用扣5分				
3		建立冲洗水系统	15	未用脱盐水建立冲洗水罐液位扣5分				
				启动冲洗水泵时不符合要求扣5分				
				泵、仪表冲洗水流程设定不对扣10分				
4		向系统加碳酸盐溶液	15	未按要求启动碳酸盐溶液输送泵扣5分				
				碳酸盐溶液加入流程设定不对扣10分				

续表

序号	考核内容	考核要点	配分	评分标准	检测结果	扣分	得分	备注
5		建立系统各塔、罐液位	20	未按要求启动碳酸盐溶液泵扣5分				
				未及时调节碳酸盐溶液流量扣5分				
				未及时建立碳酸盐溶液循环扣5分				
				未正确投用碳酸盐溶液过滤器扣5分				
				系统各塔、罐液位建立不平衡扣5分				
6		系统加热	15	未正确建立再生塔间接蒸汽升温扣5分				
				未正确建立再生塔直接蒸汽升温扣2分				
				未正确投用碳酸盐溶液闪蒸罐喷射泵扣5分				
				未正确投用再生塔塔顶冷凝器扣5分				
7		建立系统压力	10	未正确建立循环气到二氧化碳脱除系统的循环扣10分				
				未正确建立再生塔进料闪蒸罐压力扣5分				
8	使用工具	正确使用工具	2	工具使用不正确扣2分				
		正确维护工具	3	工具乱摆乱放扣3分				
9	安全及其他	按国家法规或企业规定		违规一次总分扣5分；严重违规停止操作			—	
		在规定时间内完成操作		每超时1min总分扣5分，超时3min停止操作			—	
		合　计	100					

试题6：汽提塔和再吸收塔建立循环的操作

（考核时间：20min）

序号	考核内容	考核要点	配分	评分标准	检测结果	扣分	得分	备注
1	准备工作	穿戴劳保用品	3	未穿戴整齐扣3分				
		工具、用具准备	2	工具选择不正确扣2分				
2	操作程序	开车前流程准备、检查、确认	30	确认系统清理干净并复位气密合格具备开车条件，未确认扣10分				
				确认所有调节阀及手阀处于停车状态，所有仪表联锁系统调校完毕，未确认扣5分				
				确认公用工程具备条件，未确认扣5分				
				检查系统各泵完好处于备用状态，未检查或检查不完整扣5分				
				投用系统各冷却器冷却水，未正确投用扣5分				

续表

序号	考核内容	考核要点	配分	评分标准	检测结果	扣分	得分	备注
3		向再吸收塔加水	25	启动循环水泵，未正确启动扣10分				
				向塔内加水，流程设定不正确扣10分				
				塔液位加入过高或过低扣5分				
4		建立再吸收塔自循环	20	启动再吸收塔釜液泵，未启动扣10分，未正确启动扣5分				
				未正确投用塔釜冷却器扣10分				
5		建立汽提塔液位	15	流程设定不正确扣10分				
				未重新调节再吸收塔吸收水量建立液位平衡扣5分				
6	使用工具	正确使用工具	2	工具使用不正确扣2分				
		正确维护工具	3	工具乱摆乱放扣3分				
7	安全及其他	按国家法规或企业规定		违规一次总分扣5分；严重违规停止操作			—	
		在规定时间内完成操作		每超时1min总分扣5分，超时3min停止操作			—	
		合　计	100					

试题7：环氧乙烷精制塔的开车操作

（考核时间：25min）

序号	考核内容	考核要点	配分	评分标准	检测结果	扣分	得分	备注
1	准备工作	穿戴劳保用品	3	未穿戴整齐扣3分				
		工具、用具准备	2	工具选择不正确扣2分				
2	操作程序	开车准备	20	未确认系统具备开车条件扣5分				
				未检查关闭系统各倒淋阀、放空阀、取样阀，扣5分				
				未正确建立塔顶安全阀氮气吹扫扣2分				
				未正确建立回流罐压力扣5分				
				未正确投用塔顶冷凝器冷却水扣5分				
				未确认侧线采出连塔手阀关闭扣3分				
3		加水升温	15	设定系统加水流程不正确扣5分				
				未正确投用塔釜再沸器扣5分				
				塔升温方法不正确扣3分				
				塔升温没达到要求扣3分				

续表

序号	考核内容	考核要点	配分	评分标准	检测结果	扣分	得分	备注
4		进料	15	未按要求启动进料泵扣5分				
				未按要求正确进料扣5分				
				未及时调整塔釜温度、液面、压力扣3分				
				未按要求及时正确启动釜液泵，扣5分				
5		建立回流	15	回流系统流程设定不正确扣5分				
				未正确启动回流泵扣10分				
6		产品采出	25	塔顶采出到汽提塔流程设定不正确扣5分				
				塔顶温度不符合要求扣5分				
				未通知罐区做好接料工作扣5分				
				未分析采出组成直接采入环氧乙烷储罐扣5分				
				未正确投用产品采出冷却器扣5分				
				未根据分析产品中醛、酸含量，调节脱醛量扣5分				
7	使用工具	正确使用工具	2	工具使用不正确扣2分				
		正确维护工具	3	工具乱摆乱放扣3分				
8	安全及其他	按国家法规或企业规定		违规一次总分扣5分；严重违规停止操作			—	
		在规定时间内完成操作		每超时1min总分扣5分，超时3min停止操作			—	
合计			100					

试题8：氧化岗位的开车操作(投氧开车)

（考核时间：25min）

序号	考核内容	考核要点	配分	评分标准	检测结果	扣分	得分	备注
1	准备工作	穿戴劳保用品	3	未穿戴整齐扣3分				
		工具、用具准备	2	工具选择不正确扣2分				
2	操作程序	投氧开车前条件确认	10	未确认投氧开车前条件扣10分				
3		增加循环气量	10	未全开反应器进出口阀扣5分				
				未按要求全关循环气小循环阀扣5分				
				未按要求调整去二氧化碳脱除系统的循环气量扣2分				
4		氧气混合站系统吹扫	20	未按顺序按停车钮、复位钮、开车钮扣10分				
				吹扫第5步没有打开氧气进料阀扣5分				

续表

序号	考核内容	考核要点	配分	评分标准	检测结果	扣分	得分	备注
				第一放空阀关闭后没及时关闭氧气进料阀扣5分				
				未确认乙烯进料调节阀关闭扣5分				
				未按复位钮使乙烯、甲烷进料调节阀可调，抑制剂系统调节阀打开，扣5分				
5		投料开车	30	未与调度联系准备投氧和乙烯扣5分				
				未打开乙烯、氧气等所有原料气进料手阀扣5分				
				未按要求投乙烯至浓度为3%扣5分				
				未用可燃气体检测仪检查现场扣5分				
				投氧气混合站小分布器不正确扣5分				
				没有及时适当向系统加入抑制剂扣5分				
				未正确开大分布器扣5分				
				开大分布器时操作不正确扣5分				
				未按要求提氧、乙烯浓度扣5分				
6		反应负荷调整	20	提负荷时没有及时注意反应器进出口温度、出口温差、床层温度、选择性、氧差、氧浓度等重要参数扣10分				
				没有及时调整循环气组成扣3分				
				没有按反应器最佳化调整扣5分				
				反应正常后没有停开车泵扣2分				
7	使用工具	正确使用工具	2	工具使用不正确扣2分				
		正确维护工具	3	工具乱摆乱放扣3分				
8	安全及其他	按国家法规或企业规定		违规一次总分扣5分；严重违规停止操作			—	
		在规定时间内完成操作		每超时1min总分扣5分，超时3min停止操作			—	
		合　计	100					

试题9：氧化反应器最佳化调整

（考核时间：25min）

序号	考核内容	考核要点	配分	评分标准	检测结果	扣分	得分	备注
1	准备工作	穿戴劳保用品	3	未穿戴整齐扣3分				
		工具、用具准备	2	工具选择不正确扣2分				

续表

序号	考核内容	考核要点	配分	评分标准	检测结果	扣分	得分	备注
2	操作程序	氧化反应器最佳化概念	10	不清楚扣 10 分				
				表述不准确扣 5 分				
3		调整反应温度	40	确认开始状态，未确认扣 5 分				
				第一步降低反应温度 0.5～1℃等待 4h，操作不正确扣 10 分				
				第二步 ΔEO 和需要值比较，提高则返回第一步，继续降低温度再调整，降低则进行第三步，操作不正确扣 10 分				
				第三步以较小的幅度减少抑制剂的加入量，以回升 ΔEO，等待 8h，操作不正确扣 10 分				
				第四步达到需要的 ΔEO 值时，计算选择性，如果高则返回第一步再降温；如果低则返回开始状态，稳定 8h 进入第五步。操作不正确扣 10 分				
4		调整抑制剂加入量	40	第五步增加抑制剂加入量 5%～10%，等待 8h，操作不正确扣 10 分				
				第六步 ΔEO 和需要值比较，如果高则返回第五步继续增加抑制剂加入量再调整；如果低则进行第七步。操作不正确扣 10 分				
				第七步判断选择性高低，如果降低返回开始状态等待 8h 终止调整；如果高提高反应温度以回升 ΔEO，等待 8h 进入第八步。操作不正确扣 10 分				
				第八步达到需要的 ΔEO 值时比较选择性。提高则返回第五步再继续操作；降低则返回开始状态，稳定 8h 终止操作。操作不正确扣 10 分				
5	使用工具	正确使用工具	2	工具使用不正确扣 2 分				
		正确维护工具	3	工具乱摆乱放扣 3 分				
6	安全及其他	按国家法规或企业规定		违规一次总分扣 5 分；严重违规停止操作			—	
		在规定时间内完成操作		每超时 1min 总分扣 5 分，超时 3min 停止操作			—	
		合　计	100					

试题 10：循环气中氩气浓度的调整操作

（考核时间：15min）

序号	考核内容	考核要点	配分	评分标准	检测结果	扣分	得分	备注
1	准备工作	穿戴劳保用品	3	未穿戴整齐扣 3 分				
		工具、用具准备	2	工具选择不正确扣 2 分				
2	操作程序	循环气中氩浓度的控制范围及意义	20	不清楚控制范围及意义不得分				
				表述不完整扣 5 分				
3		分析可能影响的原因	20	原料氧气中的氩含量，不清楚扣 10 分				
				循环气脱氩气排放量，不清楚扣 10 分				
4		检查系统的操作状况	20	未检查质谱仪或未分析循环气中氩含量扣 10 分				
				未检查循环气脱氩气排放量大小扣 10 分				
5		具体调整	30	未根据具体情况进行调整或调整错误扣 20 分				
6	使用工具	正确使用工具	2	工具使用不正确扣 2 分				
		正确维护工具	3	工具乱摆乱放扣 3 分				
7	安全及其他	按国家法规或企业规定		违规一次总分扣 5 分；严重违规停止操作			—	
		在规定时间内完成操作		每超时 1min 总分扣 5 分，超时 3min 停止操作			—	
		合　计	100					

试题 11：循环气中二氧化碳浓度高的调整操作

（考核时间：15min）

序号	考核内容	考核要点	配分	评分标准	检测结果	扣分	得分	备注
1	准备工作	穿戴劳保用品	3	未穿戴整齐扣 3 分				
		工具、用具准备	2	工具选择不正确扣 2 分				
2	操作程序	分析可能原因	20	未分析碳酸盐溶液流量偏低，扣 5 分				
				未分析再生塔再生不好造成贫碳酸钾溶液中碳酸氢钾偏高，扣 5 分				
				未分析系统发泡，扣 5 分				
				未分析到系统循环气量太大，扣 10 分				
				未分析碳酸盐溶液浓度低，扣 10 分				
3		检查系统的操作现状	30	未查看去接触塔碳酸盐溶液流量数值，未判断是否符合要求，扣 5 分				
				未查看再生塔釜温、液位、塔压、加热蒸汽量等情况，未判断是否符合要求，扣 10 分				

续表

序号	考核内容	考核要点	配分	评分标准	检测结果	扣分	得分	备注
				未根据系统状况判断系统是否发泡；扣10分				
				未检查循环气到二氧化碳脱除系统的流量，未判断是否符合要求，扣5分				
				未分析系统碳酸盐溶液浓度，未判断是否达到要求，扣10分				
4		根据查找的原因进行调整	20	未根据查找的原因进行调整扣10分				
				调整错误扣10分				
5		调整结果	20	调整后循环气中二氧化碳浓度未见好转扣20分				
6	使用工具	正确使用工具	2	工具使用不正确扣2分				
		正确维护工具	3	工具乱摆乱放扣3分				
7	安全及其他	按国家法规或企业规定		违规一次总分扣5分；严重违规停止操作			—	
		在规定时间内完成操作		每超时1min总分扣5分，超时3min停止操作			—	
		合　计	100					

试题12：贫循环气中环氧乙烷浓度高的调整操作

（考核时间：15min）

序号	考核内容	考核要点	配分	评分标准	检测结果	扣分	得分	备注
1	准备工作	穿戴劳保用品	3	未穿戴整齐扣3分				
		工具、用具准备	2	工具选择不正确扣2分				
2	操作程序	分析可能的原因	30	未分析洗涤水流量低扣10分				
				未分析洗涤水温度高扣10分				
				未分析洗涤水EO浓度高扣5分				
				未分析洗涤塔发泡扣5分				
				未分析反应器出口循环气EO高扣5分				
3		检查系统的操作现状况	40	未检查洗涤塔吸收水量并判断是否符合要求扣10分				
				未检查循环水冷却器出口循环水温度并判断是否符合要求扣10分				
				未检查解吸塔操作状况并判断是否符合解吸要求扣5分				
				未根据系统状况分析是否发泡扣10分				
				未检查反应器出口循环气EO浓度并判断是否正常扣5分				

续表

序号	考核内容	考核要点	配分	评分标准	检测结果	扣分	得分	备注
4		具体调整	20	未根据具体情况进行调整扣20分				
				调整错误扣10分				
5	使用工具	正确使用工具	2	工具使用不正确扣2分				
		正确维护工具	3	工具乱摆乱放扣3分				
6	安全及其他	按国家法规或企业规定		违规一次总分扣5分；严重违规停止操作			—	
		在规定时间内完成操作		每超时1min总分扣5分，超时3min停止操作			—	
		合　计	100					

试题13：环氧乙烷水合反应器乙二醇选择性的调整操作

（考核时间：20min）

序号	考核内容	考核要点	配分	评分标准	检测结果	扣分	得分	备注
1	准备工作	穿戴劳保用品	3	未穿戴整齐扣3分				
		工具、用具准备	2	工具选择不正确扣2分				
2	操作程序	分析可能的原因	15	未分析水合反应进料水合比原因扣5分				
				未分析水合反应进料流量原因扣5分				
				未分析反应进料乙二醇含量原因扣5分				
				未分析水合反应进料pH值原因扣5分				
3		检查系统的操作状况	35	未检查环氧乙烷再吸收塔吸收水量大小扣5分				
				未检查环氧乙烷精制系统返回脱醛量大小扣5分				
				未检查环氧乙烷罐区返回量大小扣5分				
				未检查氧化反应系统反应负荷高低扣5分				
				未检查环氧乙烷精制负荷高低扣5分				
				未检查工艺循环水中乙二醇浓度高低扣5分				
				未检查水合反应器进料温度高低扣5分				
				未检查水合反应进料pH值高低扣5分				
4		具体调整	20	未根据具体情况进行调整扣20分				
				调整方法不正确扣10分				

续表

序号	考核内容	考核要点	配分	评分标准	检测结果	扣分	得分	备注
5		调整结果	20	调整后水合反应器乙二醇选择性没有得到提高扣20分				
6	使用工具	正确使用工具	2	工具使用不正确扣2分				
		正确维护工具	3	工具乱摆乱放扣3分				
7	安全及其他	按国家法规或企业规定		违规一次总分扣5分；严重违规停止操作			—	
		在规定时间内完成操作		每超时1min总分扣5分，超时3min停止操作			—	
		合　计	100					

试题14：氧化岗位正常停车操作(长期)

（考核时间：15min）

序号	考核内容	考核要点	配分	评分标准	检测结果	扣分	得分	备注
1	准备工作	穿戴劳保用品	3	未穿戴整齐扣3分				
		工具、用具准备	2	工具选择不正确扣2分				
2	操作程序	停车前准备	30	未通知调度、及后岗位做好停车准备扣5分				
				未用氮气置换循环气扣5分				
				未及时将循环气放空切入大气扣5分				
				未按要求降负荷扣10分				
				未按要求停止抑制剂加入扣5分				
3		停氧气混合站	20	未检查氧气混合站系统阀门处于停车状态扣5分				
				未将循环气自动放空阀置于旁路扣5分				
				未手动关原料气、抑制剂系统、锅炉给水等调节阀扣5分				
				未关现场原料气过滤器前后手阀扣5分				
4		处理反应器蒸汽发生系统	20	未按要求速度降反应器温度扣5分				
				反应器产汽未按要求切入低压蒸汽扣5分				
				反应器降温至105℃未开低压氮气保护扣5分				
				未正确处理反应器出口气体冷却器扣5分				
5		处理循环气系统	10	反应器降温至160℃时未及时全开小循环阀，关闭进出反应器循环气阀建立小循环扣5分				

续表

序号	考核内容	考核要点	配分	评分标准	检测结果	扣分	得分	备注
6		停车后检查	10	未及时切断去二氧化碳脱除系统的循环气扣5分				
				未确认室内各调节阀处于手动停车状态扣5分				
				未确认现场各手阀、调节阀、开车泵等处于停车状态扣5分				
7	使用工具	正确使用工具	2	工具使用不正确扣2分				
		正确维护工具	3	工具乱摆乱放扣3分				
8	安全及其他	按国家法规或企业规定		违规一次总分扣5分；严重违规停止操作			—	
		在规定时间内完成操作		每超时1min总分扣5分，超时3min停止操作			—	
		合　计	100					

试题15：环氧乙烷水合蒸发系统停车操作

（考核时间：20min）

序号	考核内容	考核要点	配分	评分标准	检测结果	扣分	得分	备注
1	准备工作	穿戴劳保用品	3	未穿戴整齐扣3分				
		工具、用具准备	2	工具选择不正确扣2分				
2	操作程序	停车前确认	10	未确认氧化已停车扣5分				
				未确认环氧乙烷岗位返料已完扣5分				
3		系统降负荷停车	50	未及时停止汽提塔进料扣5分				
				未正确将末效采出切至粗乙二醇罐扣5分				
				未切断脱水塔热水收集槽至蒸发器的返料扣5分				
				未正确降末效釜温到要求温度扣5分				
				未正确降各效液位到要求液位扣5分				
				未及时分析末效塔釜MEG浓度扣10分				
				末效塔釜乙二醇浓度大于0.2%时处理不正确不得分				
				未及时停系统蒸汽扣5分				
				未正确停水合反应器扣5分				
				未正确停水合反应器进料泵扣5分				
				未正确停系统各泵扣5分				
				未正确停末效真空泵扣5分				
				未正确停水处理系统扣5分				

续表

序号	考核内容	考核要点	配分	评分标准	检测结果	扣分	得分	备注
4		系统倒空置换	30	未按末效塔釜 MEG 浓度小于 0.2%时就地倒空系统扣 10 分				
				未正确氮气、工厂风置换系统各扣 10 分				
				未分析系统氧含量扣 10 分				
5	使用工具	正确使用工具	2	工具使用不正确扣 2 分				
		正确维护工具	3	工具乱摆乱放扣 3 分				
6	安全及其他	按国家法规或企业规定		违规一次总分扣 5 分；严重违规停止操作			—	
		在规定时间内完成操作		每超时 1min 总分扣 5 分，超时 3min 停止操作			—	
		合　计	100					

试题 16：乙二醇精制系统的停车操作

（考核时间：20min）

序号	考核内容	考核要点	配分	评分标准	检测结果	扣分	得分	备注
1	准备工作	穿戴劳保用品	3	未穿戴整齐扣 3 分				
		工具、用具准备	2	工具选择不正确扣 2 分				
2	操作程序	停车操作过程	60	未及时正确停止进料扣 5 分				
				未正确停进料过滤器扣 5 分				
				未及时正确切出脱醛床扣 10 分				
				未正确操作塔釜返粗乙二醇罐扣 5 分				
				未正确操作侧线返粗乙二醇罐扣 5 分				
				未正确停塔釜再沸器蒸汽扣 5 分				
				未正确停系统各泵扣 10 分				
				未正确停真空泵扣 10 分				
				未正确操作塔釜返料至乙二醇分离塔扣 5 分				
3		倒空置换	30	未正确向系统充氮扣 5 分				
				未正确处理塔釜再沸器及泵等内部残液扣 5 分				
				未正确进行工厂风置换扣 5 分				
				未对系统分析氧含量扣 5 分				
				若长期停车未对系统进行加脱盐水蒸煮、倒空、干燥扣 10 分				
4	使用工具	正确使用工具	2	工具使用不正确扣 2 分				
		正确维护工具	3	工具乱摆乱放扣 3 分				

续表

序号	考核内容	考核要点	配分	评分标准	检测结果	扣分	得分	备注
5	安全及其他	按国家法规或企业规定		违规一次总分扣5分；严重违规停止操作			—	
		在规定时间内完成操作		每超时1min总分扣5分，超时3min停止操作			—	
		合　计	100					

试题17：换热器的投用切换操作

（考核时间：15min）

序号	考核内容	考核要点	配分	评分标准	检测结果	扣分	得分	备注
1	准备工作	穿戴劳保用品	3	未穿戴整齐扣3分				
		工具、用具准备	2	工具选择不正确扣2分				
2	操作程序	投用前系统确认	15	未检查确认备用冷却器完好，具备投用条件扣15分				
3		投用备用冷却器冷却水	25	未投用冷却水先投用工艺水不得分				
				未先开冷却水上水手阀扣10分				
				未打开高点回水排气阀排气扣10分				
				气排完后，未打开回水手阀扣5分				
4		投备用冷却器工艺水	25	未先稍开工艺水进口阀扣10分				
				未打开工艺水出口阀排气扣5分				
				排气方法不正确扣5分				
				排气完成后未全开工艺水入口阀扣5分				
5		切换换热器	25	未在开备用冷却器工艺水出口阀的同时同步关原冷却器工艺水的入口阀扣10分				
				未全开备用冷却器工艺水进出口阀扣5分				
				未全关原冷却器工艺水进出口阀扣5分				
				未对原冷却器进行处理扣5分				
6	使用工具	正确使用工具	2	工具使用不正确扣2分				
		正确维护工具	3	工具乱摆乱放扣3分				
7	安全及其他	按国家法规或企业规定		违规一次总分扣5分；严重违规停止操作			—	
		在规定时间内完成操作		每超时1min总分扣5分，超时3min停止操作			—	
		合　计	100					

试题 18：循环水泵的开车操作

（考核时间：15min）

序号	考核内容	考核要点	配分	评分标准	检测结果	扣分	得分	备注
1	准备工作	穿戴劳保用品	3	未穿戴整齐扣3分				
		工具、用具准备	2	工具选择不正确扣2分				
2	操作程序	开车前准备	20	未检查解吸塔液位具备开车条件扣5分				
				未检查机泵完好扣5分				
				未送电扣5分				
				未检查润滑油油位是否正常扣5分				
				未检查投用泵冷却水扣5分				
3		启动泵	35	未打开泵入口阀暖机扣5分				
				未打开排气阀排气扣10分				
				未盘车扣10分				
				启动泵后未慢慢打开出口阀扣10分				
4		开泵后检查	35	未检查泵出口压力是否正常扣10分				
				未检查泵及电机有无杂音扣5分				
				未检查电流是否正常扣5分				
				调节泵的出口流量，当流量超过其最低流量时，未复位关闭泵返回解吸塔调节阀扣10分				
				未检查机封有无泄漏扣5分				
5	使用工具	正确使用工具	2	工具使用不正确扣2分				
		正确维护工具	3	工具乱摆乱放扣3分				
6	安全及其他	按国家法规或企业规定		违规一次总分扣5分；严重违规停止操作			—	
		在规定时间内完成操作		每超时1min总分扣5分，超时3min停止操作			—	
		合　计	100					

试题 19：尾气压缩机的开车操作

（考核时间：20min）

序号	考核内容	考核要点	配分	评分标准	检测结果	扣分	得分	备注
1	准备工作	穿戴劳保用品	3	未穿戴整齐扣3分				
		工具、用具准备	2	工具选择不正确扣2分				
2	操作程序	开车前条件确认	35	未检查确认尾气压缩机系统完好具备投用条件扣5分				
				未确认电气系统正常，所有电源已经送上扣5分				

续表

序号	考核内容	考核要点	配分	评分标准	检测结果	扣分	得分	备注
				未确认所有仪表、联锁校验完毕并投入使用，扣5分				
				检查投用冷却水系统，未投用扣5分				
				未确认仪表风供给正常扣5分				
				未打开低压氮气手阀建立密封氮气扣5分				
				未打开氮气手阀对机体吹扫进行氮气置换至合格扣5分				
				未确认打开所有倒淋及放空扣5分				
				未确认所有阀门均处于正常位置，一段及末段旁路均打开扣5分				
3		正常开车	45	未先启动辅助润滑油泵预润滑不得分				
				未正确开、停车、盘车系统扣10分，盘车时间不够扣5分				
				未正确在零负荷下起动电机扣5分				
				启动后未观察油压是否符合要求扣5分				
				关闭所有倒淋阀及放空阀，未关闭扣5分				
				投用各级分离罐，未投用扣10分，投用不正确或液位设定不正确扣5分				
				开吸入阀，将卸荷阀设定在要求值上，未按要求做扣5分				
				逐渐关闭一段旁通阀、末段旁通阀直到规定压力，少关一道旁通阀扣5分，压力不合格扣5分				
				逐渐打开压缩机出口阀，未打开此题不得分，压力未到打开扣10分，打开不及时造成超压扣10分				
4		开车后调整及检查	10	调节入口压力及末段旁路，调整各段压缩比，使其流量达到操作值，操作不正确扣10分				
				检查各段出口温度，未检查扣5分				
				检验压缩比是否合格并及时调节，未检验扣5分				
5	使用工具	正确使用工具	2	工具使用不正确扣2分				
		正确维护工具	3	工具乱摆乱放扣3分				

续表

序号	考核内容	考核要点	配分	评分标准	检测结果	扣分	得分	备注
6	安全及其他	按国家法规或企业规定		违规一次总分扣5分；严重违规停止操作			—	
		在规定时间内完成操作		每超时1min总分扣5分，超时3min停止操作			—	
合计			100					

试题20：尾气压缩机的停车操作

（考核时间：20min）

序号	考核内容	考核要点	配分	评分标准	检测结果	扣分	得分	备注
1	准备工作	穿戴劳保用品	3	未穿戴整齐扣3分				
		工具、用具准备	2	工具选择不正确扣2分				
2	操作程序	逐渐关闭进气阀	10	未关闭进气阀扣10分				
3		将卸荷阀置到零负荷位置	10	未正确操作扣10分				
4		逐渐打开一段旁路	10	未打开扣10分				
5		缓慢打开末段旁路，注意防止系统超压，造成安全阀跳	15	未打开扣10分				
				造成安全阀跳扣5分				
6		关闭出口阀	10	未关闭出口阀不得分				
7		打开所有倒淋阀及放空阀	10	少开一个倒淋阀扣5分				
				少开一个放空阀扣5分				
8		停电机，启动辅助油泵	15	未正确停电机扣5分				
				未启动辅助油泵扣5分				
				未及时停辅助油泵扣5分				
9		氮气置换	10	未打开氮气置换机体扣10分				
				未达置换要求扣5分				
10	使用工具	正确使用工具	2	工具使用不正确扣2分				
		正确维护工具	3	工具乱摆乱放扣3分				
11	安全及其他	按国家法规或企业规定		违规一次总分扣5分；严重违规停止操作			—	
		在规定时间内完成操作		每超时1min总分扣5分，超时3min停止操作			—	
合计			100					

试题21：环氧乙烷制冷冰机的开车操作

（考核时间：20min）

序号	考核内容	考核要点	配分	评分标准	检测结果	扣分	得分	备注
1	准备工作	穿戴劳保用品	3	未穿戴整齐扣3分				
		工具、用具准备	2	工具选择不正确扣2分				
2	操作程序	冰机运行前的准备	45	系统气密试验及真空试验合格，未检查确认扣10分，少一项扣5分				
				首次加油和氟里昂充填完成，未检查确认扣10分，少一项扣5分				
				检查确认电机单试合格并且压缩机和油泵转向正确，每少一项扣5分				
				检查确认所有的传感器检查都完好，未检查扣10分，少一项扣5分				
				检查确认冷却水、冷冻盐水畅通，未检查扣10分，少一项扣5分				
				参数设定控制程序已编制完成并已输入控制系统，未确认扣5分				
				滑阀处于最小位置，未确认扣5分				
				所有阀门的开、闭已得到确认，未做扣5分				
				电源已接通，未确认扣5分				
3		冰机启动	45	设定好冷冻盐水温度，设定不正确扣5分				
				在硬按钮盘面上把切换开关打成手动位置，操作不正确扣5分				
				启动加热器使油加热，操作不正确扣5分				
				启动油泵使油压达到设定压力，操作不正确扣10分，没有达到设定压力扣5分				
				允许压缩机运行灯亮、按压缩机启动钮启动压缩机，操作不正确扣5分				
				操作软按钮控制盘使能量调节处于自动位置，操作不正确扣10分				
				机组稳定运行后，观察各部分运行情况并做好记录，没有检查扣5分				
4	使用工具	正确使用工具	2	工具使用不正确扣2分				
		正确维护工具	3	工具乱摆乱放扣3分				
5	安全及其他	按国家法规或企业规定		违规一次总分扣5分；严重违规停止操作				—
		在规定时间内完成操作		每超时1min总分扣5分、超时3min停止操作				—
		合　计	100					

试题22：环氧乙烷制冷冰机的停车操作

（考核时间：15min）

序号	考核内容	考核要点	配分	评分标准	检测结果	扣分	得分	备注
1	准备工作	穿戴劳保用品	3	未穿戴整齐扣3分				
		工具、用具准备	2	工具选择不正确扣2分				
2	操作程序	停环氧乙烷制冷冰机	50	关闭冷凝器供液截止阀，停止向蒸发器供液，当蒸发压力降至0MPa时将能量调至0位，未按规定操作扣10分，每少一项扣5分				
				关闭压缩机吸气截止阀，未关扣10分				
				停压缩机，前后顺序错误扣10分				
				关闭排气阀，未关扣10分				
				停油泵，未停扣5分				
				冷冻剂及冷却水循环30min后再停止，未按规定操作扣10分，每少停一项扣5分				
				切断电源，未停扣5分				
3		长期停车处理	40	将氟里昂抽回钢瓶，未做扣10分，操作不符合要求扣5分				
				冷却机油抽出贮存，未做扣10分，操作不符合要求扣5分				
				关闭冷却水阀，未关扣5分				
				关闭冷冻剂阀，未关扣5分				
				卸开蒸发器、冷凝器、油冷却器的放水螺塞将水放净，未做扣10分，每少一项扣5分				
4	使用工具	正确使用工具	2	工具使用不正确扣2分				
		正确维护工具	3	工具乱摆乱放扣3分				
5	安全及其他	按国家法规或企业规定		违规一次总分扣5分；严重违规停止操作			—	
		在规定时间内完成操作		每超时1min总分扣5分，超时3min停止操作			—	
合计			100					

试题23：常压储罐的外部检查

（考核时间：20min）

序号	考核内容	考核要点	配分	评分标准	检测结果	扣分	得分	备注
1	准备工作	穿戴劳保用品	3	未穿戴整齐扣3分				
		工具、用具准备	2	工具选择不正确扣2分				

续表

序号	考核内容	考核要点	配分	评分标准	检测结果	扣分	得分	备注
2	操作程序	罐顶、罐壁的检查	30	检查罐顶是否变形、有无严重鼓包、凹陷，未检查扣10分				
				检查罐壁是否变形，有无渗漏等，未检查扣15分				
				对有保温层的储罐，如罐壁有明显渗漏，须拆保温层检查，否则扣10分				
3		罐体焊缝的检查	30	用5~10倍放大镜目测罐体焊缝，不按规定扣10分				
				未检查罐底与罐壁角焊缝扣10分				
				未检查罐壁纵横焊缝扣10分				
4		罐体附件的检查	10	未检查进出口阀门的紧固件是否牢靠扣5分				
				未检查人孔、清扫孔的紧固件是否牢靠扣5分				
5		防腐层、保温层的检查	10	未检查防腐层扣5分				
				未检查保温层扣5分				
6		检查储罐基础	10	检查基础是否下沉，未检查扣5分				
				检查罐体是否倾斜，未检查扣5分				
7	使用工具	正确使用工具	2	工具使用不正确扣2分				
		正确维护工具	3	工具乱摆乱放扣3分				
8	安全及其他	按国家法规或企业规定		违规一次总分扣5分；严重违规停止操作			—	
		在规定时间内完成操作		每超时1min总分扣5分，超时3min停止操作			—	
		合　计	100					

试题24：换热设备内漏的判断

（考核时间：15min）

序号	考核内容	考核要点	配分	评分标准	检测结果	扣分	得分	备注
1	准备工作	穿戴劳保用品	3	未穿戴整齐扣3分				
		工具、用具准备	2	工具选择不正确扣2分				
2	操作程序	检查乙二醇精制塔的操作情况	30	未检查塔釜加热量扣10分				
				未检查塔釜温度扣10分				
				未检查塔压等其他参数扣10分				
3		检查乙二醇精制塔塔顶冷却器的情况	15	未检查塔顶冷却器的换热情况扣10分				
				未分析回流的组成扣10分				

续表

序号	考核内容	考核要点	配分	评分标准	检测结果	扣分	得分	备注
4		检查乙二醇精制塔的进料以及产品情况	25	未分析乙二醇精制塔的进料组成扣15分				
				未分析乙二醇精制塔的产品组成扣15分				
5		得出结论	20	未根据分析得出结果扣10分				
				结论不正确扣10分				
6	使用工具	正确使用工具	2	工具使用不正确扣2分				
		正确维护工具	3	工具乱摆乱放扣3分				
7	安全及其他	按国家法规或企业规定		违规一次总分扣5分；严重违规停止操作			—	
		在规定时间内完成操作		每超时1min总分扣5分，超时3min停止操作			—	
		合　计	100					

试题25：氧化反应器催化剂发生尾烧的原因

（考核时间：15min）

序号	考核内容	考核要点	配分	评分标准	检测结果	扣分	得分	备注
1	准备工作	穿戴劳保用品	3	未穿戴整齐扣3分				
		工具、用具准备	2	工具选择不正确扣2分				
2	操作程序	检查EDC加入量	15	未检查EDC加入量扣15分				
3		检查氧化反应器	15	未检查氧化反应器温度是否波动扣15分				
4		检查大汽包液位	15	未检查大汽包液位是否空或太低扣15分				
5		检查氧气、乙烯浓度	15	未检查氧气、乙烯浓度是否发生大幅度波动扣15分				
6		检查氧化反应原料	15	未检查反应器进料是否存在杂质扣15分				
7		检查循环气流量	15	未检查循环气流量是否太低扣15分				
8	使用工具	正确使用工具	2	工具使用不正确扣2分				
		正确维护工具	3	工具乱摆乱放扣3分				
9	安全及其他	按国家法规或企业规定		违规一次总分扣5分；严重违规停止操作			—	
		在规定时间内完成操作		每超时1min总分扣5分，超时3min停止操作			—	
		合　计	100					

试题 26：环氧乙烷解吸塔解吸效果差的原因

（考核时间：15min）

序号	考核内容	考核要点	配分	评分标准	检测结果	扣分	得分	备注
1	准备工作	穿戴劳保用品	3	未穿戴整齐扣3分				
		工具、用具准备	2	工具选择不正确扣2分				
2	操作程序	检查解吸塔塔釜温度	40	未检查塔釜温度扣10分				
				未检查塔釜再沸器蒸汽加入量扣10分				
				未检查乙二醇精制塔塔顶冷凝器至环氧乙烷解吸塔的蒸汽量扣10分				
				未检查解吸塔塔釜液位扣5分				
				未检查水处理再生系统是否正常扣5分				
3		检查解吸塔压差、压力	30	未检查解吸塔压差并判断塔是否发泡扣10分				
				未检查解吸塔压力扣10分				
				未检查再吸收塔压力扣10分				
4		检查解吸塔塔顶风冷器出口温度	10	未检查解吸塔塔顶空冷器出口温度扣10分				
5		检查解吸塔塔顶出口管线	10	未检查解吸塔塔顶出口管线是否通畅扣10分				
6	使用工具	正确使用工具	2	工具使用不正确扣2分				
		正确维护工具	3	工具乱摆乱放扣3分				
7	安全及其他	按国家法规或企业规定		违规一次总分扣5分；严重违规停止操作			—	
		在规定时间内完成操作		每超时1min总分扣5分，超时3min停止操作			—	
		合　计	100					

试题 27：乙二醇产品中二乙二醇含量高的原因

（考核时间：15min）

序号	考核内容	考核要点	配分	评分标准	检测结果	扣分	得分	备注
1	准备工作	穿戴劳保用品	3	未穿戴整齐扣3分				
		工具、用具准备	2	工具选择不正确扣2分				
2	操作程序	检查乙二醇精制塔各工艺操作参数	60	未检查乙二醇精制塔塔釜扣20分				
3				未检查乙二醇精制塔塔顶压力扣15分				
4				未检查乙二醇精制塔回流量扣15分				
5				未检查乙二醇精制塔塔顶侧线采出量扣10分				

续表

序号	考核内容	考核要点	配分	评分标准	检测结果	扣分	得分	备注
				未检查乙二醇精制塔塔釜采出量扣5分				
6		检查进料组成	15	未检查乙二醇精制塔进料组成扣15分				
7		检查塔板内件	15	未检查塔板内件是否损坏扣15分				
8	使用工具	正确使用工具	2	工具使用不正确扣2分				
		正确维护工具	3	工具乱摆乱放扣3分				
9	安全及其他	按国家法规或企业规定		违规一次总分扣5分；严重违规停止操作			—	
		在规定时间内完成操作		每超时1min总分扣5分，超时3min停止操作			—	
合　计			100					

试题28：环氧乙烷产品中水含量高的原因

（考核时间：15min）

序号	考核内容	考核要点	配分	评分标准	检测结果	扣分	得分	备注
1	准备工作	穿戴劳保用品	3	未穿戴整齐扣3分				
		工具、用具准备	2	工具选择不正确扣2分				
2	操作程序	检查环氧乙烷精制塔各工艺操作参数	70	未检查环氧乙烷精制塔塔釜扣10分				
				未检查环氧乙烷精制塔塔顶温度扣15分				
				未检查环氧乙烷精制塔塔顶压力扣10分				
				未检查环氧乙烷精制塔回流量扣15分				
				未检查环氧乙烷精制塔灵敏板温度扣10分				
				未检查环氧乙烷精制塔产品采出量扣10分				
				未检查环氧乙烷精制塔回流温度扣5分				
3		检查环氧乙烷精制塔塔顶冷却器	10	未检查环氧乙烷精制塔塔顶冷却器是否内漏扣10分				
4		检查塔板内件	10	未检查塔板内件是否损坏扣10分				
5	使用工具	正确使用工具	2	工具使用不正确扣2分				
		正确维护工具	3	工具乱摆乱放扣3分				
6	安全及其他	按国家法规或企业规定		违规一次总分扣5分；严重违规停止操作			—	
		在规定时间内完成操作		每超时1min总分扣5分，超时3min停止操作			—	
合　计			100					

试题29：环氧乙烷产品中二氧化碳含量高的原因

（考核时间：15min）

序号	考核内容	考核要点	配分	评分标准	检测结果	扣分	得分	备注
1	准备工作	穿戴劳保用品	3	未穿戴整齐扣3分				
		工具、用具准备	2	工具选择不正确扣2分				
2	操作程序	检查环氧乙烷精制塔各工艺操作参数	40	未检查环氧乙烷精制塔塔釜扣10分				
				未检查环氧乙烷精制塔塔顶温度扣15分				
				未检查环氧乙烷精制塔塔顶压力扣10分				
3		检查是否由于分析原因引起	10	未检查分析过程中环氧乙烷是否吸收了空气中的二氧化碳扣10分				
4		检查环氧乙烷精制塔进料中二氧化碳浓度	10	未检查分析进料中二氧化碳浓度扣10分				
5		检查二氧化碳汽提塔各工艺操作参数	30	未检查二氧化碳汽提塔塔釜温度扣15分				
				未检查二氧化碳汽提塔汽提量扣15分				
6	使用工具	正确使用工具	2	工具使用不正确扣2分				
		正确维护工具	3	工具乱摆乱放扣3分				
7	安全及其他	按国家法规或企业规定		违规一次总分扣5分；严重违规停止操作			—	
		在规定时间内完成操作		每超时1min总分扣5分，超时3min停止操作			—	
	合　计		100					

试题30：循环压缩机紧急停车氧化岗位事故处理

（考核时间：15min）

序号	考核内容	考核要点	配分	评分标准	检测结果	扣分	得分	备注
1	准备工作	穿戴劳保用品	3	未穿戴整齐扣3分				
		工具、用具准备	2	工具选择不正确扣2分				
2	操作程序	检查反应器出口温差决定是否需要手动放空	20	未检查反应器出口温差，根据温差决定是否需要手动放空扣20分				
3		关闭原料气、抑制剂阀门	25	未手动关闭氧气、乙烯阀门扣15分				
				未手动关闭抑制剂阀门扣10分				
4		氧化反应器保温	20	未根据反应器出口氧气浓度关闭汽包产汽阀门扣10分				
				未启动开车泵扣10分				
5		调整大小汽包液位	10	未调整大小汽包液位扣10分				

续表

序号	考核内容	考核要点	配分	评分标准	检测结果	扣分	得分	备注
6		调整循环气压力	15	未关闭循环气氩气放空阀扣5分				
				循环气系统未补充甲烷或氮气扣10分				
7	使用工具	正确使用工具	2	工具使用不正确扣2分				
		正确维护工具	3	工具乱摆乱放扣3分				
8	安全及其他	按国家法规或企业规定		违规一次总分扣5分；严重违规停止操作			—	
		在规定时间内完成操作		每超时1min总分扣5分，超时3min停止操作			—	
合计			100					

试题31：银催化剂甲醇中毒后的事故处理

（考核时间：15min）

序号	考核内容	考核要点	配分	评分标准	检测结果	扣分	得分	备注
1	准备工作	穿戴劳保用品	3	未穿戴整齐扣3分				
		工具、用具准备	2	工具选择不正确扣2分				
2	操作程序	氮气置换循环气	30	未用氮气对循环气置换24h以上扣30分				
3		置换环氧乙烷吸收系统吸收水	20	未置换环氧乙烷吸收系统吸收水扣20分				
4		再次开车的要求及步骤	40	反应器保持停车前的温度，未按要求扣5分				
				开车后提负荷速度要慢，未按要求扣10分				
				提循环气中氧气、乙烯浓度必须按照要求，否则扣10分				
				反应器进出口氧差符合要求，否则扣10分				
				提负荷过程中未计算反应选择性和转化率扣5分				
5	使用工具	正确使用工具	2	工具使用不正确扣2分				
		正确维护工具	3	工具乱摆乱放扣3分				
6	安全及其他	按国家法规或企业规定		违规一次总分扣5分；严重违规停止操作			—	
		在规定时间内完成操作		每超时1min总分扣5分，超时3min停止操作			—	
合计			100					

试题32：循环气在线分析仪故障的处理程序

（考核时间：20min）

序号	考核内容	考核要点	配分	评分标准	检测结果	扣分	得分	备注
1	准备工作	穿戴劳保用品	3	未穿戴整齐扣3分				
		工具、用具准备	2	工具选择不正确扣2分				
2	操作程序	质谱分析仪故障	30	岗位操作以磁氧和红外分析仪分析结果为准，不按要求扣15分				
				每班根据中化室分析结果、计算选择性，及时调整反应器的运行状况，不按要求扣10分				
				必要时对反应器进出口循环气组分加样分析，不按要求扣5分				
3		磁氧分析仪故障	40	当反应器进、出口中的一个磁氧分析仪故障时，将另一个打至旁路，并请仪表人员调校，不按要求扣20分				
				当磁氧分析仪出现故障旁路时，岗位人员要对照质谱分析仪数据及时调整反应状况，不按要求扣10分				
				注意循环气中各组分的变化，必要时对循环气组分加样分析，不按要求扣10分				
4		红外线分析仪故障	20	根据质谱分析仪进行操作及时调整反应状况，不按要求扣10分				
				注意循环气中各组分的变化，必要时对循环气组分加样分析，不按要求扣10分				
5	使用工具	正确使用工具	2	工具使用不正确扣2分				
		正确维护工具	3	工具乱摆乱放扣3分				
6	安全及其他	按国家法规或企业规定		违规一次总分扣5分；严重违规停止操作			—	
		在规定时间内完成操作		每超时1min总分扣5分，超时3min停止操作			—	
		合　计	100					

试题33：乙二醇精制塔塔体泄漏的事故处理

（考核时间：15min）

序号	考核内容	考核要点	配分	评分标准	检测结果	扣分	得分	备注
1	准备工作	穿戴劳保用品	3	未穿戴整齐扣3分				
		工具、用具准备	2	工具选择不正确扣2分				
2	操作程序	出现泄漏时的正确判断	15	不存在工艺原因当塔的压力迅速上升时可能出现泄漏，判断不出来扣15分				

续表

序号	考核内容	考核要点	配分	评分标准	检测结果	扣分	得分	备注
3		乙二醇精制塔停车	15	未停止乙二醇精制塔的进料扣15分				
			10	未停止加热蒸汽扣10分				
			15	未停运真空泵扣15分				
4		乙二醇精制塔返料倒空	15	未对乙二醇精制塔返料倒空扣15分				
5		查出漏点消漏	20	乙二醇精制塔充压检查漏点，不按要求扣10分				
				乙二醇精制塔未按照要求消漏扣10分				
6	使用工具	正确使用工具	2	工具使用不正确扣2分				
		正确维护工具	3	工具乱摆乱放扣3分				
7	安全及其他	按国家法规或企业规定		违规一次总分扣5分；严重违规停止操作			—	
		在规定时间内完成操作		每超时1min总分扣5分，超时3min停止操作			—	
		合　计	100					

试题34：循环气管线泄漏的事故处理

（考核时间：15min）

序号	考核内容	考核要点	配分	评分标准	检测结果	扣分	得分	备注
1	准备工作	穿戴劳保用品	3	未穿戴整齐扣3分				
		工具、用具准备	2	工具选择不正确扣2分				
2	操作程序	氧气混合站停车	20	氧气混合站紧急停车，不符合停车要求扣20分				
3		决定是否停循环压缩机	15	如果循环气管线泄漏量大则停循环压缩机，不按要求扣10分				
				氧化岗位未按循环压缩机紧急停车处理，不按要求扣5分				
4		切断循环气系统，尽量减少放空量	25	未切断循环气系统与二氧化碳脱除系统的联系扣15分				
				未切断反应器与循环气系统的联系扣10分				
5		循环气系统用中压氮气进行置换	20	未对循环气系统用中压氮气进行置换扣20分				
6		反应器降温	10	未对反应器降温至200℃扣10分				
7	使用工具	正确使用工具	2	工具使用不正确扣2分				
		正确维护工具	3	工具乱摆乱放扣3分				

续表

序号	考核内容	考核要点	配分	评分标准	检测结果	扣分	得分	备注
8	安全及其他	按国家法规或企业规定		违规一次总分扣5分；严重违规停止操作			—	
		在规定时间内完成操作		每超时1min总分扣5分，超时3min停止操作			—	
		合　计	100					

试题35：乙二醇脱水塔压力高的处理

（考核时间：15min）

序号	考核内容	考核要点	配分	评分标准	检测结果	扣分	得分	备注
1	准备工作	穿戴劳保用品	3	未穿戴整齐扣3分				
		工具、用具准备	2	工具选择不正确扣2分				
2	操作程序	检查乙二醇脱水塔真空系统	35	未检查真空泵工作是否正常扣20分				
				确认塔顶压力调节阀是否失灵，如失灵用旁路调节，未确认扣15分				
3		增加塔回流量	15	如回流量小，未加大回流量扣15分				
4		调整进料	25	未调整进料量扣10分				
				进料中水含量高，未调整水合蒸发系统操作扣15分				
5		确认塔系统是否泄漏	15	如塔系统存在泄漏，未按照要求处理扣15分				
6	使用工具	正确使用工具	2	工具使用不正确扣2分				
		正确维护工具	3	工具乱摆乱放扣3分				
7	安全及其他	按国家法规或企业规定		违规一次总分扣5分；严重违规停止操作			—	
		在规定时间内完成操作		每超时1min总分扣5分，超时3min停止操作			—	
		合　计	100					

试题36：锅炉给水泵气蚀时氧化系统的处理

（考核时间：15min）

序号	考核内容	考核要点	配分	评分标准	检测结果	扣分	得分	备注
1	准备工作	穿戴劳保用品	3	未穿戴整齐扣3分				
		工具、用具准备	2	工具选择不正确扣2分				
2	操作程序	氧化岗位室外的处理	35	未对锅炉给水泵排气使泵迅速恢复正常扣20分				
				如锅炉给水泵气蚀不能消除及时启动备用泵，未按要求扣15分				

续表

序号	考核内容	考核要点	配分	评分标准	检测结果	扣分	得分	备注
3		氧化岗位的室内处理	45	未降低氧化反应器负荷扣 15 分				
				未适当提高锅炉给水罐压力、液位扣 10 分				
				未检查锅炉给水调节阀开度扣 5 分				
				未根据反应器汽包液位确定是否需要紧急停车扣 15 分				
4		吸收系统的处理	10	未作装置降负荷处理扣 10 分				
5	使用工具	正确使用工具	2	工具使用不正确扣 2 分				
		正确维护工具	3	工具乱摆乱放扣 3 分				
6	安全及其他	按国家法规或企业规定		违规一次总分扣 5 分；严重违规停止操作			—	
		在规定时间内完成操作		每超时 1min 总分扣 5 分，超时 3min 停止操作			—	
合计			100					

试题 37：二乙二醇产品中三乙二醇含量高的处理试题名称

（考核时间：15min）

序号	考核内容	考核要点	配分	评分标准	检测结果	扣分	得分	备注
1	准备工作	穿戴劳保用品	3	未穿戴整齐扣 3 分				
		工具、用具准备	2	工具选择不正确扣 2 分				
2	操作程序	调整二乙二醇精制塔各温度	45	如塔釜温度高未降低蒸汽流量扣 25 分				
				未调整灵敏板温度扣 20 分				
3		增加回流量	25	如回流量偏低未通过降低塔顶采出量增加回流量扣 25 分				
4		进料组成中三乙二醇含量高	20	未增加回流量扣 10 分				
				未调整乙二醇脱水塔的进料组成扣 10 分				
5	使用工具	正确使用工具	2	工具使用不正确扣 2 分				
		正确维护工具	3	工具乱摆乱放扣 3 分				
6	安全及其他	按国家法规或企业规定		违规一次总分扣 5 分；严重违规停止操作			—	
		在规定时间内完成操作		每超时 1min 总分扣 5 分，超时 3min 停止操作			—	
合计			100					

试题38：二氧化碳脱除系统发泡，消泡剂加不进去的处理

（考核时间：15min）

序号	考核内容	考核要点	配分	评分标准	检测结果	扣分	得分	备注
1	准备工作	穿戴劳保用品	3	未穿戴整齐扣3分				
		工具、用具准备	2	工具选择不正确扣2分				
2	操作程序	系统发泡及消泡剂加不进的危害	10	不清楚扣10分				
				表述不完整扣5分				
3		确定消泡剂加不进去相应处理	35	如果接触塔分离罐液面上升很快，应打开液位控制阀及其旁路阀，操作不正确扣10分				
				当接触塔分离罐液位显示偏高时应手动切断进出系统的循环气阀，同时开接触塔分离罐塔釜倒淋排液，操作不正确扣20分				
				氧化系统应根据循环气中二氧化碳浓度降负荷甚至停车，操作不正确此题不得分				
4		从碳酸盐溶液配置罐向系统加消泡剂	25	把消泡剂和水按一定比例倒入碳酸盐溶液配置罐中，操作不正确扣10分				
				启动碳酸盐溶液输送泵，操作不正确扣5分				
				把消泡剂加入到再生塔，直到系统消泡为止，操作不正确扣10分				
5		查找消泡剂加不进去的原因并处理	20	未查原因扣10分				
				未处理扣10分				
6	使用工具	正确使用工具	2	工具使用不正确扣2分				
		正确维护工具	3	工具乱摆乱放扣3分				
7	安全及其他	按国家法规或企业规定		违规一次总分扣5分；严重违规停止操作			—	
		在规定时间内完成操作		每超时1min总分扣5分，超时3min停止操作			—	
		合　计	100					

试题39：氧化反应器的最佳化调整

（考核时间：30min）

序号	考核内容	考核要点	配分	评分标准	检测结果	扣分	得分	备注
1	准备工作	穿戴劳保用品	3	未穿戴整齐扣3分				
		工具、用具准备	2	工具选择不正确扣2分				
2	调整方向	调整E－101的旁落，控制反应器入口循环气的温度稳定在148～152℃之间	15	回答不完全不给分				

续表

序号	考核内容	考核要点	配分	评分标准	检测结果	扣分	得分	备注
3		保证通过反应器的循环气流量稳定，使空速最大	15	缺一项扣8分				
4		使高压汽包的液位控制实现三冲量调节，保证液位控制稳定	15	回答不完全不给分				
5		控制高压汽包补水系统的温度，保持稳定，以免引起反应波动	15	回答不完全不给分				
6		稳定循环气中的各组分含量，氧气浓度在8%以上，乙烯浓度28%；尽量减少CO_2、C_2H_6的含量，利于催化剂的反应稳定	15	缺一项扣8分				
7		膜回收系统运行正常，控制循环气中的氩气含量不高；同时尽量减少放空，以免损失乙烯	15	缺一项扣8分				
8	使用工具	正确使用工具	2	工具使用不正确扣2分				
		正确维护工具	3	工具乱摆乱放扣3分				
9	安全及其他	按国家法规或企业规定		违规一次总分扣5分；严重违规停止操作			—	
		在规定时间内完成操作		每超时1min总分扣5分，超时3min停止操作			—	
		合　计	100					

试题40：汽提塔和轻组分塔建立循环的操作

（考核时间：30min）

序号	考核内容	考核要点	配分	评分标准	检测结果	扣分	得分	备注
1	准备工作	穿戴劳保用品	3	未穿戴整齐扣3分				
		工具、用具准备	2	工具选择不正确扣2分				
2	操作步骤	尾气压缩机入口分离罐压力已设定好，启动K-301尾气压缩机	20	未确认压力扣10分；K-301启动方法错误扣10分				
3		仪表系统处于完好状态，打开流程线上调节阀的前后截止阀	20	未确认仪表状态扣10分，调节阀前后截止阀未开扣10分				
4		系统处于热循环状态，设定汽提塔塔顶温度；Z-050完好并已投入运行，确认热源进入冰机Z-050	20	汽提塔塔顶温度设定超出操作范围扣10分；未确认扣10分				
5		碱液浓度恒定，启动碱液泵，调节贫液系统酸碱度	10	不会启动碱液泵扣10分，不能调节泵流量扣5分				

续表

序号	考核内容	考核要点	配分	评分标准	检测结果	扣分	得分	备注
6		蒸汽系统稳定，调节汽提塔间接和直接蒸汽量，汽提塔升温	10	调节方法不正确，达不到调节目的扣10分				
7		Z－050运转正常，设定换热器温度	10	设定温度不在操作范围内扣10分				
8	使用工具	正确使用工具	2	工具使用不正确扣2分				
		正确维护工具	3	工具乱摆乱放扣3分				
9	安全及其他	按国家法规或企业规定		违规一次总分扣5分；严重违规停止操作			—	
		在规定时间内完成操作		每超时1min总分扣5分，超时3min停止操作			—	
		合　计	100					

试题41：装置停电事故处理

（考核时间：30min）

序号	考核内容	考核要点	配分	评分标准	检测结果	扣分	得分	备注
1	准备工作	穿戴劳保用品	3	未穿戴整齐扣3分				
		工具、用具准备	2	工具选择不正确扣2分				
2	操作步骤	由不间断电源系统为DCS和联锁系统供电30min。除自立式以外的调节阀均处在安全位置	10	不清楚扣10分				
3		故障引发了下列联锁：氧气进料停车；碳酸盐系统停车；乙二醇反应系统停车；高纯锅炉给水停运，Z－050停运；300#无深冷水；EO罐区制冷系统停运	40	停电后引发联锁停车处理不当一处扣10分，停运系统处理不当一处扣10分				
4		所有电机停运，把所有泵的启动开关打到停运位置	15	泵现场处理不当扣10分				
5		关闭进料线上的控制阀	5	未关控制阀扣5分				
6		停止再沸器上的加热蒸汽和流程上的直接加热蒸汽	10	未停蒸汽一处扣5分				
7		关闭高压与低压段间的隔离阀	5	未关隔离阀扣5分				
8		停塔底、塔顶和侧线的采出，关闭泵的出口阀	5	未停采出、未关泵出口阀各扣5分				
9	使用工具	正确使用工具	2	工具使用不正确扣2分				
		正确维护工具	3	工具乱摆乱放扣3分				
		合　计	100					

试题 42：装置紧急停车事故处理

（考核时间：30min）

序号	考核内容	考核要点	配分	评分标准	检测结果	扣分	得分	备注
1	准备工作	穿戴劳保用品	3	未穿戴整齐扣 3 分				
		工具、用具准备	2	工具选择不正确扣 2 分				
2	操作步骤：紧急停车	接到停车指令，按下紧急停车按钮；切断氧气、乙烯、甲烷、抑制剂的进料；通过反应器的气体流动。消耗循环气内的残余氧气和乙烯；循环压缩机继续运转。启动 P－101 泵	25	仅停掉原料气，缺一项扣5 分				
3	反应器隔离	循环气中的氧气为零；关闭 MOV － 101/102，FV － 109A；循环气通过 FRC－106 控制走反应器旁路维持压缩机运行	20	未监控氧浓度扣 5 分，缺一项扣 5 分				
4	脱碳系统	脱碳系统在降低循环气中的 CO_2 后，停止加热可以维持正常的循环	10	缺一项扣 5 分				
5	解吸系统	EO 吸收解吸系统在全部解吸完 EO 后，解吸塔降低温度；维持系统的循环等待开车	10	缺一项扣 5 分				
6	EO 精制系统	将 C－302 塔的产品切到 V305 缓冲罐，迅速切出关闭到 T－701 成品罐的手阀。此塔维持全回流操作	10	塔未切出扣 5 分，未关环氧送料阀扣 5 分				
7	EO 水合	EO 水合单元根据 V305 的液位情况决定再停车	5	缺项扣 5 分				
8	EG 精制	EG 精制各塔可以维持全回流操作	5	缺项扣 5 分				
9	判断	根据发生事故的部位决定对那个单元的处理	5	缺项扣 5 分				
10	使用工具	正确使用工具	2	工具使用不正确扣 2 分				
		正确维护工具	3	工具乱摆乱放扣 3 分				
		合　　计	100					

试题 43：绘制氧化反应器结构简图

（考核时间：30min）

序号	考核内容	考核要点	配分	评分标准	检测结果	扣分	得分	备注
1	准备工作	穿戴劳保用品	3	未穿戴整齐扣 3 分				
		工具、用具准备	2	工具选择不正确扣 2 分				

续表

序号	考核内容	考核要点	配分	评分标准	检测结果	扣分	得分	备注
2	结构	排布合理，部件齐全	30	部件不齐扣30分				
3	接口	接口位置及相关信息标识正确	30	接口信息错误扣30分				
4	尺寸	管径标识正确	30	不正确扣30分				
5	使用工具	正确使用工具	2	工具使用不正确扣2分				
		正确维护工具	3	工具乱摆乱放扣3分				
合　计			100					

第四部分

技师/高级技师

一、国家职业标准(技师工作要求)

<table>
<tr><th>职业功能</th><th>工作内容</th><th>技 能 要 求</th><th>相 关 知 识</th></tr>
<tr><td rowspan="4">工艺操作</td><td>(一)开车准备</td><td>1. 能指导本装置的开车准备工作
2. 能确定本装置各种产品的工艺流程
3. 能确定本装置各种产品的原材料配比及相关工艺参数
4. 能组织本装置吹扫、试压、试漏
5. 能组织本装置的水联运</td><td rowspan="2">1. 本装置工艺设计资料
2. 本装置各种产品的生产工艺及操作规程
3. 设备、管线的吹扫、试压、试漏规范
4. 本装置水联运的方案
5. 装置开车方案制订依据</td></tr>
<tr><td>(二)开车操作</td><td>1. 能组织本装置开车工作
2. 能制订本装置开车方案
3. 能处理装置开车过程中的各种复杂问题</td></tr>
<tr><td>(三)正常操作</td><td>1. 能组织本装置的生产
2. 能优化本装置的生产
3. 能处理本装置不合格品
4. 能解决本装置生产技术难题</td><td>1. 影响本装置生产的主要因素
2. 不合格品的处置方法
3. 国内外同类产品的性能及同类装置的经济技术指标</td></tr>
<tr><td>(四)停车操作</td><td>1. 能制订本装置停车方案并组织实施
2. 能制订本装置清洗方案并组织实施
3. 能制订本装置的紧急停车方案</td><td>装置停车、清洗、紧急停车方案编写制订知识</td></tr>
<tr><td rowspan="2">设备使用与维护</td><td>(一)使用设备</td><td>1. 能指导操作本装置的设备
2. 能指导处理本装置设备的运行故障
3. 能调试验收大修后的设备</td><td rowspan="2">1. 设备验收标准
2. 本装置设备调试验收方案
3. 设备管理的规定、标准知识
4. 计划编制的有关知识</td></tr>
<tr><td>(二)维护设备</td><td>1. 能提出、参与制订科学的设备管理制度
2. 能参与编制装置检修计划
3. 能组织设备检修时的相关工作</td></tr>
<tr><td rowspan="2">事故判断与处理</td><td>(一)判断事故</td><td>1. 能判断复杂事故
2. 能组织演练复杂事故的应急预案</td><td>各种工艺条件对生产的影响</td></tr>
<tr><td>(二)处理事故</td><td>能组织、协调处理装置的复杂事故</td><td>复杂事故处理程序、处理方法</td></tr>
<tr><td rowspan="2">绘图与计算</td><td>(一)绘图</td><td>1. 能绘制技术改进简图
2. 能识读一般零件图</td><td>装置设计资料</td></tr>
<tr><td>(二)计算</td><td>能进行物料、热量衡算</td><td>化工设计的有关计算</td></tr>
<tr><td rowspan="4">管理</td><td>(一)质量管理</td><td>1. 能组织 QC 小组开展质量攻关活动
2. 能按质量管理体系要求指导生产</td><td>1. 全面质量管理方法
2. 质量管理体系运行要求</td></tr>
<tr><td>(二)生产管理</td><td>1. 能组织、指导班组进行经济核算和经济活动分析
2. 能应用统计技术对生产工况进行分析
3. 能参与装置的标定工作</td><td>1. 工艺技术管理规定
2. 统计基础知识</td></tr>
<tr><td>(三)编写技术文件</td><td>1. 能撰写生产技术总结
2. 能参与编写装置开、停车方案</td><td>技术总结撰写方法</td></tr>
<tr><td>(四)技术改进</td><td>1. 能提出工艺、设备的改进方案
2. 能参与技术改造和技术革新</td><td>1. 国内外同类装置的新技术
2. 计算机应用基础知识</td></tr>
<tr><td>培训与指导</td><td>培训与指导</td><td>1. 能培训初、中、高级操作人员
2. 能传授特有的操作经验和技能</td><td>教案编写方法</td></tr>
</table>

二、国家职业标准(高级技师工作要求)

职业功能	工作内容	技能要求	相关知识
工艺操作	(一)开车准备	能指导装置的开车准备工作	1. 装置有关设计资料 2. 同类装置工艺、控制技术 3. 装置的改造基础资料 4. 同类装置工艺发展趋势
	(二)开车操作	1. 能指导同类装置的试车和投产 2. 能制定开车操作方案，并组织实施 3. 能指导同类装置的试车和投产	
	(三)正常操作	1. 能编制优化操作方案并组织实施 2. 能掌握关键操作技术，解决同类装置技术或工艺难题	
	(四)停车操作	1. 能制定停车方案并组织实施 2. 能指导同类装置的停车操作	
设备使用与维护	(一)使用设备	1. 能排除设备罕见故障 2. 能指导设备的验收、调试	设备安装、调试有关知识
	(二)维护设备	1. 能优化关键设备管理制度 2. 能组织编制装置检修计划 3. 能组织设备检修时的相关工作	
事故判断与处理	(一)判断事故	1. 能制定复杂事故的处理方案 2. 能编写重大事故应急预案	国内、外同类装置的事故汇编材料
	(二)处理事故	能对国内、外同类装置的事故进行分析、总结	
绘图与计算	(一)绘图	能参与审定技术改造图	工艺设计规范
	(二)计算	能对装置优化进行有关计算	
管理	(一)质量管理	能提出产品质量的改进方案并组织实施	质量管理知识
	(二)生产管理	1. 能组织实施节能降耗措施 2. 能参与装置经济活动分析	经济活动分析方法
	(三)编写技术文件	1. 能撰写技术论文 2. 能参与制定各类生产方案 3. 能参与制定岗位操作法和工艺技术规程 4. 能参与编制装置标定方案 5. 能参与编制重大、复杂的事故处理预案	1. 技术论文撰写方法 2. 标定报告、技术规程等编写格式
	(四)技术改进	1. 能组织技术改造和技术革新 2. 能参与重大技术改造方案的审定	国内、外同类装置工艺、设备、自动化控制等方面的技术发展信息
培训与指导	培训与指导	1. 能系统讲授本职业相应模块的基本知识，并能指导学员的实际操作 2. 能制订本职业相应模块的培训班教学计划、大纲 3. 能合理安排教学内容，选择适当的教学方式	培训计划、大纲的编写方法

三、理论知识鉴定要素细目表

行业通用理论知识鉴定要素细目表

鉴定范围						鉴定点		
一级		二级		三级		代码	名称	重要程度
代码	名称	代码	名称	代码	名称			
A	基本要求	B	基础知识	B	识图基础知识	001	设备布置图基础知识	X
						002	管道布置图基础知识	X
						003	化工设备图尺寸标注方法	X
						004	装配图内容	X
				D	质量基础知识	001	ISO 9000 族标准质量管理审核的依据	X
						002	ISO 9001 标准质量管理体系的总体思路	X
				E	计算机基础知识	001	数据库的概念	X
						002	数据表的建立	X
						003	PowerPoint 课件的制作	X
B	相关知识	E	管理知识	A	生产管理	001	生产的管理	X
						002	设备的管理	X
						003	现场的管理	X
				B	编写技术文件	001	生产总结报告的常用格式	X
						002	技术论文的结构内容	X
						003	技术论文标题拟订的基本原则	X
						004	技术论文摘要拟订的基本原则	X
						005	技术论文编写的基本要素	X
						006	装置标定报告主要内容	X
						007	装置验收报告主要内容	X
						008	工艺技术规程主要内容	X
						009	岗位操作法的主要内容	X
						010	检修方案的主要内容	X
						011	开工方案的主要内容	X
						012	停工方案的主要内容	X
				C	技术改进	001	技术改造的目的	X
						002	技术改造的程序	X
						003	技术改造方案的主要内容	X
						004	技术改造的有关步骤	X
						005	技术改造申请书的编写格式	X
						006	技术革新成果的鉴定知识	X
						007	技术改造的注意事项	X
						008	技术革新成果报告的主要内容	X
		F	培训与指导	A	培训与指导	001	专项培训方案制定的要求	X
						002	培训教学常用方法	X
						003	培训教案编写的要求	X
						004	培训教学的组织实施	X
						005	评估培训效果的意义	X

职业通用理论知识鉴定要素细目表(《烃类衍生物生产工》)

鉴定范围						鉴定点		
一级		二级		三级		代码	名　称	重要程度
代码	名　称	代码	名　称	代码	名　称			
A	基本要求	B	基础知识	A	无机化学基础知识	001	化学平衡常数的意义	X
						002	化学平衡常数的表示方法	X
						003	化学平衡常数之间的关系	Y
						004	化学平衡常数的简单计算	X
				C	化工单元操作知识	001	管路阻力的计算	X
						002	离心泵的选型	X
						003	往复式压缩机的主要性能	X
						004	多级离心式压缩机的有关知识	Y
						005	气体吸收速率方程式应用计算	X
						006	气体吸收操作线方程应用	X
						007	连续精馏最佳回流比的选择	X
						008	连续精馏塔理论塔板数的确定	Y
						009	连续精馏的热量衡算	X
						010	$T-X(y)$图的识别	X
						011	$P-X$图的识别	Z
						012	$Y-X$图的识别	Z
				D	化工设备基础知识	001	化工设备选材原则	Y
						002	压力容器的检验程序	Y
				E	电工基础及安全用电知识	001	三相异步电动机的基本控制知识	Y
						002	工业静电危害的消除措施	X
				F	化工仪表及自动化	001	APC 控制技术基础知识	Z
						002	PLC 基本知识	Y
						003	ESD 系统构成	Z

工种理论知识鉴定要素细目表

鉴定范围						鉴定点		
一级		二级		三级		代码	名　称	重要程度
代码	名　称	代码	名　称	代码	名　称			
B	相关知识	A	工艺操作	A	开车准备	001	装置的吹扫方案	X
						002	装置的试压方案	X
						003	装置的试漏方案	X
						004	装置水联运操作的要求	X
						005	装置水联运操作的注意事项	X
						006	装置准备开车前条件确认内容	X
						007	OMS 系统脱脂方法	X
						008	OMS 系统脱脂要求	X
						009	脱醛树脂投用的方法	X

续表

鉴定范围						鉴定点		
一级		二级		三级		代码	名称	重要程度
代码	名称	代码	名称	代码	名称			
						010	脱醛树脂更换的方法	X
						011	氧化反应器及汽包热检的要求	X
						012	二氧化碳脱除系统碱洗的方法	X
						013	压力容器液压试验程序及要求	X
						014	压力容器气压试验程序及要求	X
						015	压力容器气压试验程序及要求	X
						016	保护氧化安全运行联锁	X
						017	抑制剂加入原理	X
				B	开车操作	001	投氧后各系统操作调整要点	X
						002	各种催化剂活化差异	Z
						003	催化剂活化的注意事项	X
						004	投料后界外协调的主要内容	X
						005	碳酸盐系统更换碳酸盐的依据	X
						006	环氧产品合格工艺指标的判断	X
				C	正常操作	001	降低装置蒸汽消耗措施	X
						002	降低装置物料损失的途径	Y
						003	降低装置三废排放措施	X
						004	装置蒸汽平衡的优化方案	X
						005	装置正常生产各种产品比率调整的注意事项	X
						006	提高乙二醇产品质量的方法	X
						007	造成乙二醇产品醛含量高的原因	X
						008	乙二醇精制塔的操作特点	X
						009	银催化剂使用周期内优化使用方法	X
						010	环氧乙烷精制塔的操作特点	X
						011	装置最优化运行模式	X
						012	工业污水的处理方法	Y
						013	工业废渣的处理方法	Y
						014	脱醛床的工作原理	Z
						015	催化剂的催化机理	Y
						016	精制塔进料口的选择	Y
						017	氧化反应提负荷，环氧轻组分塔调整	X
						018	环氧吸收系统 pH 值影响因素	X

续表

鉴定范围						鉴定点		
一级		二级		三级		代码	名称	重要程度
代码	名称	代码	名称	代码	名称			
				D	停车操作	001	全装置停车大修方案	X
						002	装置停工过程的管理知识	X
						003	装置停车注意事项	X
						004	环氧乙烷精馏塔停车水煮(清洗)、置换方案	X
						005	装置大修停车、倒空置换主要操作要点	X
						006	装置与其他装置隔离加盲板条件及注意事项	X
						007	装置停车检修安全注意事项	Y
						008	装置停车检修环保注意事项	X
		B	设备使用与维护	A	使用设备	001	离心泵的串联操作	X
						002	旋涡泵的运行特点	X
						003	屏蔽泵的运行特点	X
						004	齿轮泵的运行特点	X
						005	冰机制冷效果下降的原因	Y
						006	压力容器的参数	Y
						007	往复式压缩机的调节	X
						008	泵的安装要点	X
						009	一般精馏塔的安装标准	X
						010	循环气压缩机气量不足的原因	X
						011	压缩机检修结束后的验收内容	X
						012	离心泵密封的要求	Y
						013	液位计的选用原则	X
						014	高速离心泵的试车方案	Y
						015	安全阀的安装要求	Y
						016	机械密封的结构	X
				B	维护设备	001	关键机泵定期切换方案	X
						002	压力表的检验和维护要求	X
						003	泵润滑油检查方法	X
						004	设备防腐知识	X
						005	电机日常维护知识	X
						006	管道材质的选用	X
						007	压力管道的使用	X
						008	常用管件选用	X
						009	动设备的完好标准	X

续表

鉴定范围						鉴定点		
一级		二级		三级		代码	名称	重要程度
代码	名称	代码	名称	代码	名称			
						010	静设备的完好标准	X
						011	设备维护保养的规定	X
						012	设备管理责任制的内容	X
						013	检修计划编制的方法	X
		C	事故判断与处理	A	判断事故	001	吸收塔塔内件损坏的原因	X
						002	精制塔塔内件损坏的原因	X
						003	循环压缩机停车原因判断分析	X
						004	冰机压缩机的油压保护动作联锁的原因	Y
						005	尾气回收压缩机联锁的原因	X
						006	环氧乙烷带入乙二醇蒸发系统的原因	Y
						007	再沸器结焦的判断	Y
						008	装置循环水 UV 值偏低的原因	X
						009	影响再沸器传热效果的原因	X
						010	环氧乙烷系统聚合的原因	X
						011	精馏塔操作的影响因素	Y
						012	环氧乙烷产品冷却器被冻堵的原因	X
						013	离心压缩机的常见故障	X
						014	蒸汽喷射器蒸汽倒灌故障的判断方法	Z
						015	机泵的常见故障	Y
						016	造成安全阀泄漏的原因	Y
						017	机械密封常见故障的判断	X
						018	压力容器蠕变破坏的特征	Z
						019	高速泵受损的原因	Y
						020	环氧吸收塔发泡处理	X
				B	处理事故	001	装置循环气大量泄漏事故处理	X
						002	乙二醇精制系统着火的处理	X
						003	环氧乙烷精馏塔停冷却水处理	X
						004	装置循环水 UV 值偏低的处理	X
						005	环氧乙烷精馏塔塔压高的处理	X
						006	循环气防爆膜破裂后事故处理	X
						007	氧化反应器进水后的处理	X
						008	地震时装置如何分析处理	X
						009	装置 UPS 电源故障的处理原则	X
						010	环氧乙烷产品中醛含量高的处理	X
						011	环氧吸收塔发泡处理	X
						012	氧化停车环氧吸收解吸系统的处理	X

续表

鉴定范围						鉴定点		
一级		二级		三级		代码	名称	重要程度
代码	名称	代码	名称	代码	名称			
		D	绘图与计算	A	绘图	001	简单设备图的绘制方法	X
						002	PF 简图的绘制方法	X
						003	仪表联锁图的内容	X
						004	PID 简图的绘制方法	Y
						005	工艺配管单线图的作用	X
				B	计算	001	精馏塔物料平衡计算	X
						002	气体密度的计算	X
						003	流体压强的计算	X
						004	连续性方程的应用	X
						005	流体流动类型的判断	X
						006	流体通过固定床压降的计算	Y
						007	平壁热传导的计算	Y
						008	设备热量损失的计算	Z
						009	传热平均温差的计算	Y
						010	管道压降的计算	Y
						011	热量平衡的计算	Y
						012	亨利定律的应用	X
						013	换热器的热负荷	Z
						014	装置能耗的计算	X

四、理论知识试题

行业通用理论知识试题

判断题

1. 设备布置图是构思建筑图的前提，建筑图又是设备布置图的依据。 (√)

2. 化工设备图中，如图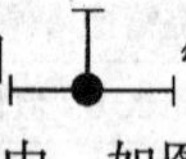管道立面图，其平面图为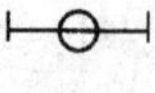。 (×)

正确答案：化工设备图中，如图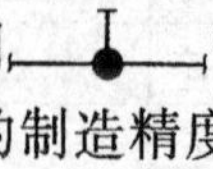管道立面图，其平面图为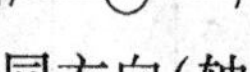。

3. 在化工设备图中，由于零件的制造精度不高，故允许在图上将同方向(轴向)的尺寸注成封闭形式。 (√)

4. 装配图中，当序号的指引线通过剖面线时，指引线的方向必须与剖面线平行。 (×)

正确答案：装配图中当序号的指引线通过剖面线时，指引线的方向必须与剖面线不平行。

5. 只有 ISO 9000 质量保证模式的标准才能作为质量审核的依据。 (×)

正确答案：除 ISO 9000 族质量标准以外，还有其他一些国际标准可以作为质量审核的依据。

6. ISO 9000:2000版标准减少了过多强制性文件化要求，使组织更能结合自己的实际，控制体系过程，发挥组织的自我能力。 (√)

7. 数据库就是存储和管理数据的仓库。 (×)

正确答案： 数据库就是按一定结构存储和管理数据的仓库。

8. 在计算机应用软件中VFP数据表中日期字段的宽度一般为10个字符。 (×)

正确答案： 在计算机应用软件中VFP数据表中日期字段的宽度一般为8个字符。

9. 在应用软件PowerPoint中可以插入WAV文件、AVI影片，但不能插入CD音乐。(×)

正确答案： 在PowerPoint中可以插入WAV文件、AVI影片，也能够插入CD音乐。

10. 在应用软件PowerPoint中播放演示文稿的同时，单击鼠标右键，选择"指针选项"中的"画笔"选项，此时指针会自动的变成一支画笔的形状，按住鼠标左键，就可以随意书写文字了。 (√)

11. 基本生产过程在企业的全部生产活动中居主导地位。 (√)

12. 企业的生产性质、生产结构、生产规模、设备工装条件、专业化协作和生产类型等因素都会影响企业的生产过程组织，其中影响最大的是生产规模。 (×)

正确答案： 企业的生产性质、生产结构、生产规模、设备工装条件、专业化协作和生产类型等因素都会影响企业的生产过程组织，其中影响最大的是生产类型。

13. 日常设备检查是指专职维修人员每天对设备进行的检查。 (×)

正确答案： 日常设备检查是指操作者每天对设备进行的检查。

14. 现场管理是综合性、全面性、全员性的管理。 (√)

15. 通过对工艺指标分析和对比可以找出设备运行中存在的不足和问题，指导有目的地加以优化和改进。 (√)

16. 关键词是为了文献标引工作，从论文中选取出来，用以表示全文主要内容信息款目的单词或术语，一般选用3~8个词作为关键词。 (√)

17. 技术论文的摘要是对各部分内容的高度浓缩，可以用图表和化学结构式说明复杂的问题，并要求对论文进行自我评价。 (×)

正确答案： 技术论文的摘要是对各部分内容的高度浓缩，在摘要中不可以用图表和化学结构式，不要对论文进行自我评价。

18. 理论性是技术论文的生命，是检验论文价值的基本尺度。 (×)

正确答案： 创见性是技术论文的生命，是检验论文价值的基本尺度。

19. 生产准备应包括：组织机构(附组织机构图)、人员准备及培训、技术准备及编制《投料试车总体方案》(附投料试车统筹网络图)、物资准备、资金准备、外部条件准备和营销准备。 (√)

20. 工艺技术规程侧重于主要规定设备如何操作。 (×)

正确答案： 工艺技术规程侧重于主要规定设备为何如此操作。

21. 岗位操作法应由车间技术人员根据现场实际情况编写，经车间主管审定，并组织有关专家进行审查后，由企业主管批准后执行。 (√)

22. 技术改造的过程中竣工验收时应以基础设计为依据。 (×)

正确答案： 技术改造的过程中竣工验收的依据是批准的项目建议书、可行性研究报告、基础设计(初步设计)、有关修改文件及专业验收确认的文件。

23. 技术改造项目正式验收后要按照对技术经济指标进行考核标定，编写运行标定报告。（×）

正确答案： 技术改造项目正式验收前要按照对技术经济指标进行考核标定，编写运行标定报告。

24. 培训需求分析是培训方案设计和制定的基础和指南。（√）

25. 案例教学因受到案例数量的限制，并不能满足每个问题都有相应案例的需求。（√）

26. 主题是培训教案的灵魂，提纲是教案的血脉，素材是培训教案的血肉。（√）

27. 在培训活动中，学员不仅是学习资料的摄取者，同时也是一种可以开发利用的宝贵的学习资源。（√）

28. 对内容、讲师、方法、材料、设施、场地、报名的程序等方面的评价属于结果层面的评价。（×）

正确答案： 对内容、讲师、方法、材料、设施、场地、报名的程序等方面的评价属于反应层面的评价。

单选题

1. 设备布置图中，用(B)线来表示设备安装基础。

A. 细实　B. 粗实　C. 虚　D. 点划

2. 如图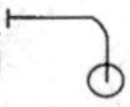为一根管道空间走向的平面图，它的左视图是(B)。

A. 　B. 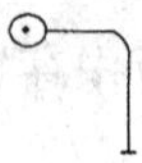　C. 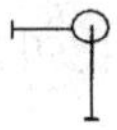　D. 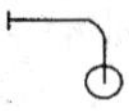

3. 在储罐的化工设备图中，储罐的筒体内径尺寸 $\phi 2000$ 表示的是(A)尺寸。

A. 特性　B. 装配　C. 安装　D. 总体

4. 关于零件图和装配图，下列说法不正确的是(C)。

A. 零件图表达零件的大小、形状及技术要求

B. 装配图是表示装配及其组成部分的连接、装配关系的图样

C. 零件图和装配图都用于指导零件的加工制造和检验

D. 零件图和装配图都是生产上的重要技术资料

5. 在 ISO 9000 族标准中，可以作为质量管理体系审核的依据是(A)。

A. GB/T 19001　B. GB/T 19000　C. GB/T 19021　D. GB/T 19011

6. 按 ISO 9001：2000 标准建立质量管理体系，鼓励组织采用(A)方法。

A. 过程　B. 管理的系统　C. 基于事实的决策　D. 全员参与

7. 目前，比较流行的数据模型有三种，下列不属于这三种的是(D)结构模型。

A. 层次　B. 网状　C. 关系　D. 星形

8. 在计算机应用软件中 VFP 数据库中浏览数据表的命令是(A)。

A. BROWS　B. SET　C. USE　D. APPEND

9. 在应用软件 PowerPoint 中演示文稿的后缀名是(C)。

A. doc　B. xls　C. ppt　D. ppl

10. 在生产过程中，由于操作不当造成原材料、半成品或产品损失的，属于(A)事故。

A. 生产　　B. 质量　　C. 破坏　　D. 操作

11. 对设备进行清洗、润滑、紧固易松动的螺丝、检查零部件的状况，这属于设备的(C)保养。

A. 一级　　B. 二级　　C. 例行　　D. 三级

12. 分层管理是现场 5S 管理中(C)常用的方法。

A. 常清洁　　B. 常整顿　　C. 常组织　　D. 常规范

13. 目视管理是现场 5S 管理中(D)常用的方法。

A. 常组织　　B. 常整顿　　C. 常自律　　D. 常规范

14. 按规定中、小型建设项目应在投料试车正常后(D)内完成竣工验收。

A. 两个月　　B. 一年　　C. 三个月　　D. 半年

15. 下列叙述中，(A)不是岗位操作法中必须包含的部分。

A. 生产原理　　B. 事故处理　　C. 投、停运方法　　D. 运行参数

16. 下列选项中，不属于标准改造项目的是(A)。

A. 重要的技术改造项目　　B. 全面检查、清扫、修理

C. 消除设备缺陷，更换易损件　　D. 进行定期试验和鉴定

17. 在停车操作阶段不是技师所必须具备的是(D)。

A. 组织完成装置停车吹扫工作

B. 按进度组织完成停车盲板的拆装工作

C. 控制并降低停车过程中物耗、能耗

D. 指导同类型的装置停车检修

18. 下列选项中，属于技术改造的是(C)。

A. 原设计系统的恢复的项目　　B. 旧设备更新的项目

C. 工艺系统流程变化的项目　　D. 新设备的更新项目

19. 为使培训计划富有成效，一个重要的方法是(A)。

A. 建立集体目标

B. 编成训练班次讲授所需的技术和知识

C. 把关于雇员的作茧自缚情况的主要评价反馈给本人

D. 在实施培训计划后公布成绩

20. 在培训教学中，案例法有利于参加者(D)。

A. 提高创新意识　　B. 系统接受新知识

C. 获得感性知识　　D. 培养分析解决实际问题能力

21. 课程设计过程的实质性阶段是(C)。

A. 课程规划　　B. 课程安排　　C. 课程实施　　D. 课程评价

22. 正确评估培训效果要坚持一个原则，即培训效果应在(B)中得到检验。

A. 培训过程　　B. 实际工作　　C. 培训教学　　D. 培训评价

多选题

1. 设备布置图必须具有的内容是(A，B，D)。

A. 一组视图　　B. 尺寸及标注　　C. 技术要求　　D. 标题栏

2. 在化工设备图中，当控制元件位置与任一直角坐标轴平行时，可用(A，C，D)表示。

A. 
B. 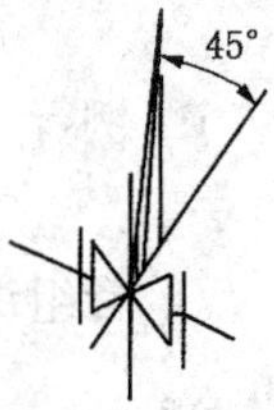

C. 
D. 

3. 在化工设备图中，可以作为尺寸基准的有(A，B，C，D)。

A. 设备筒体和封头的中心线　　B. 设备筒体和封头时的环焊缝

C. 设备法兰的密封面　　D. 设备支座的底面

4. 在化工设备图中，可以作为尺寸基准的有(A，B，D)。

A. 设备筒体和封头的中心线　　B. 设备筒体和封头时的环焊缝

C. 设备人孔的中心线　　D. 管口的轴线和壳体表面的交线

5. 下列叙述中，不正确的是(A，B，D)。

A. 根据零件加工、测量的要求而选定的基准为工艺基准。从工艺基准出发标注尺寸，能把尺寸标注与零件的加工制造联系起来，使零件便于制造、加工和测量

B. 装配图中，相邻零件的剖面线方向必须相反

C. 零件的每一个方向的定向尺寸一律从该方向主要基准出发标注

D. 零件图和装配图都用于指导零件的加工制造和检验

6. 在 ISO 9000 族标准中，内部质量体系审核的依据是(A，B，C，D)。

A. 合同要素　　B. 质量文件

C. ISO 9000 族标准　　D. 法律、法规要求

7. ISO 9001 标准具有广泛的适用性，适用于(B，D)。

A. 大中型企业　　B. 各种类型规模及所有产品的生产组织

C. 制造业　　D. 各种类型规模及所有产品的服务的组织

8. 在计算机应用软件中 VFP 能用来建立索引的字段是(C，D)字段。

A. 通用型(图文型)　B. 备注(文本型)　C. 日期　D. 逻辑

9. 关于幻灯片的背景，说法不正确的是(A，C，D)。

A. 只有一种背景　B. 可以是图片　C. 不能更改　D. 以上都错

10. 企业在安排产品生产进度计划时，对市场需求量大，而且比较稳定的产品，其全年任务可采取(A，B)。

A. 平均分配的方式　　B. 分期递增方法

C. 抛物线形递增方式　　D. 集中轮番方式

11. 设备的一级维护保养的主要内容是(A，B，C)。

A. 彻底清洗、擦拭外表　　B. 检查设备的内脏

C. 检查油箱油质、油量　　D. 局部解体检查

12. 现场目视管理的基本要求是(A，B，C，D)。

A. 统一　B. 简约　C. 鲜明　D. 实用

13. 在月度生产总结报告中对工艺指标完成情况的分析应包括(A，B，C，D)。
A. 去年同期工艺指标完成情况　　B. 本月工艺指标完成情况
C. 计划本月工艺指标情况　　D. 未达到工艺指标要求的原因

14. 技术论文标题拟订的基本要求是(B，C，D)。
A. 标新立异　　B. 简短精练　　C. 准确得体　　D. 醒目

15. 技术论文摘要的内容有(A，C，D)。
A. 研究的主要内容　　B. 研究的目的和自我评价
C. 获得的基本结论和研究成果　　D. 结论或结果的意义

16. 技术论文的写作要求是(A，B，D)。
A. 选题恰当　　B. 主旨突出　　C. 叙述全面　　D. 语言准确

17. 装置标定报告的目的是(A，B，D)。
A. 进行重大工艺改造前为改造设计提供技术依据
B. 技术改造后考核改造结果，总结经验
C. 完成定期工作
D. 了解装置运行状况，获得一手资料，及时发现问题，有针对性地加以解决

18. 下列选项中，属于竣工验收报告的内容有(A，B，C，D)。
A. 工程设计　　B. 竣工决算与审计　　C. 环境保护　　D. 建设项目综合评价

19. "三级验收"是指(B，C，D)验收。
A. 个人　　B. 班组　　C. 车间　　D. 厂部

20. 在技术改造过程中(A，B，C)的项目应该优先申报。
A. 解决重大安全隐患　　B. 生产急需项目
C. 效益明显项目　　D. 技术成熟项目

21. 在技术改造方案中(A，C，D)设施应按设计要求与主体工程同时建成使用。
A. 环境保护　　B. 交通　　C. 消防　　D. 劳动安全卫生

22. 技术改造申请书应包括(A，B，C，D)。
A. 项目名称和立项依据　　B. 项目内容和改造方案
C. 项目投资预算及进度安排　　D. 预计经济效益分析

23. 进行技术革新成果鉴定必要的条件是(A，B，C，D)。
A. 技术革新确实取得了良好的效果　　B. 申报单位编制好技术革新成果汇报
C. 确定鉴定小组人员、资格
D. 确定鉴定的时间、地点和参加人员，提供鉴定时所需各种要求

24. 培训方案应包括(A，B，C，D)等内容。
A. 培训目标　　B. 培训内容　　C. 培训指导者　　D. 培训方法

25. 在职工培训活动中，培训的指导者可以是(A，B，C，D)。
A. 组织的领导　　B. 具备特殊知识和技能的员工
C. 专业培训人员　　D. 学术讲座

26. 在职工培训中，案例教学具有(A，B，C)等优点。
A. 提供了一个系统的思考模式

B. 有利于使受培训者参与企业实际问题的解决

C. 可得到有关管理方面的知识与原则

D. 有利于获得感性知识，加深对所学内容的印象

27. 在职工培训中，讲授法的缺点是(A，B，D)。

A. 讲授内容具有强制性　　B. 学习效果易受教师讲授水平的影响

C. 适用的范围有限　　D. 没有反馈

28. 培训教案一般包括(A，B，C，D)等内容。

A. 培训目标　　B. 教学设计　　C. 培训目的　　D. 重点、难点

29. 编写培训教案的基本技巧是(A，B，C，D)。

A. 确立培训的主题　B. 构思培训提纲　　C. 搜集素材　　D. 整理素材

30. 培训项目即将实施之前需做好的准备工作包括(A，B，C，D)。

A. 通知学员　　B. 后勤准备　　C. 确认时间　　D. 准备教材

31. 生产管理或计划部门对培训组织实施的(A，B)是否得当具有发言权。

A. 培训时机的选择　　B. 培训目标的确定

C. 培训计划设计　　D. 培训过程控制

32. 在评估培训效果时，行为层面的评估，主要包括(B，C，D)等内容。

A. 投资回报率　　B. 客户的评价　　C. 同事的评价　　D. 主管的评价

33. 培训评估的作用主要有(B，D)等几个方面。

A. 提高员工的绩效和有利于实现组织的目标

B. 保证培训活动按照计划进行

C. 有利于提高员工的专业技能

D. 培训执行情况的反馈和培训计划的调整

简答题

1. 在 ISO 9000 族标准中质量体系审核的依据包括哪些内容？

答：①相关的质量保证模式标准(一般是 ISO 9001、9002、9003)；②质量手册或质量管理手册或质量保证手册；③程序文件；④质量计划；⑤合同或协议；⑥有关的法律、法规。

2. 简述生产过程的基本内容。

答：①生产准备过程；②基本生产过程；③辅助生产过程；④生产服务过程。

3. 什么是设备检查？设备检查的目的是什么？

答：①设备检查是指对设备的运行状况、工作性能、磨损腐蚀程度等方面进行检查和校验；②设备检查能够及时查明和清除设备隐患，针对发现的问题提出解决的措施，有目的地做好维修前的准备工作，以缩短维修时间，提高维修质量。

4. 现场管理有哪些具体要求？

答：①组织均衡生产；②实现物流有序化；③设备状况良好；④纪律严明；⑤管理信息准确；⑥环境整洁，文明生产；⑦组织好安全生产，减少各种事故。

5. 经济指标分析时应注意什么？

答：①指标的准确性。指标的采集汇总必须准确，错误的数据缺乏参照和分析性，甚至产生错误的结论。②指标的可比性。在进行指标分析时通常要在相同运行的状况下进行比较，通常要参照上个月和去年同期的指标。如果运行的状况发生变化要对指标进行相应的修

正，否则就失去了指标的可比性。③突出指标分析指导的作用。通过指标分析和对比要找出设备运行中存在的不足和问题，指导有目的地加以优化和改进。

6. 国家标准技术论文应该包括哪些内容?

答: 技术论文应包括题目、作者、摘要、关键词、引言、正文、结论、致谢、参考文献、附录等十个部分。

7. 通常情况下技术论文的结构是怎样的?

答: 在通常情况下技术论文的正文结构应该是按提出问题——分析问题——提供对策来布置的；①要概括情况、阐述背景、说明意义、提出问题；②在分析问题时必须观点明确，既要抓住矛盾的主要方面，又不能忽视次要方面，析因探源，寻求出路；③要概括前文，肯定中心论点，提出工作对策。提供的对策要有针对性和必要的论证。

8. 技术论文摘要的要求是什么?

答: 摘要文字必须十分简练，篇幅大小一般限制字数不超过论文字数的5%。论文摘要不要列举例证，不讲研究过程，不用图表，不给化学结构式，也不要做自我评价。

9. 简述技术论文的写作步骤。

答: ①选题，确定论文的主攻方向和阐述或解决的问题。选题时一般要选择自己感兴趣的和人们关心的“焦点”问题；②搜集材料，要坚持少而精的原则，做到必要、可靠、新颖，同时必须充分；③研究资料，确定论点，选出可供论文作依据的材料，支持论点；④列出详细的提纲，使想法和观点文字化、明晰化、系统化，从而可以确定论文的主调和重点。提纲拟订好后，可以遵循论文写作的规范和通常格式动笔拟初稿。

10. 在竣工验收报告中关于工程建设应包括哪些内容?

答: ①工程建设概况；②工程建设组织及总体统筹计划；③工程进度控制；④工程质量控制；⑤工程安全控制；⑥工程投资控制；⑦未完工程安排；⑧工程建设体会。

11. 工艺技术规程应包括哪些内容?

答: ①总则；②原料、中间产品、产品的物、化性质以及产品单耗；③工艺流程；④生产原理；⑤设备状况及设备规范；⑥操作方法；⑦分析标准；⑧安全计划要求。

12. 岗位操作法应包括哪些内容?

答: ①名称；②岗位职责和权限；③本岗位与上、下游的联系；④设备规范和技术特性，原料产品的物、化性质；⑤开工准备；⑥开工操作步骤；⑦典型状况下投、停运方法和步骤；⑧事故预防、判断及处理；⑨系统流程图；⑩运行参数正常范围和各种试验。

13. 检修方案应包括哪些内容?

答: ①设备运行情况；②检修组织机构；③检修工期；④检修内容；⑤检修进度图；⑥检修的技术要求；⑦检修任务落实情况；⑧安全防范措施；⑨检修备品、备件；⑩检修验收内容和标准。

14. 在开车准备阶段技师应具备哪些技能要求?

答: ①能完成开车流程的确认工作；②能完成开车化工原材料的准备工作；③ 能按进度组织完成开车盲板的拆装操作；④能组织做好装置开车介质的引入工作；⑤能组织完成装置自修项目的验收；⑥能按开车网络图计划要求，组织完成装置吹扫、试漏工作；⑦能参与装置开车条件的确认工作。

15. 开工方案应包括哪些内容？

答：①开工组织机构；②开工的条件确认；③开工前的准备条件；④开工的步骤及应注意的问题；⑤开工过程中事故预防和处理；⑥开工过程中安全分析及防范措施；⑦附录，重要的参数和控制点、网络图。

16. 停工方案应包括哪些内容？

答：①设备运行情况；②停工组织机构；③停工的条件确认；④停工前的准备条件；⑤停工的步骤及应注意的问题；⑥停工后的隔绝措施；⑦停工过程中事故预防和处理；⑧停工过程中安全分析及防范措施；⑨附录，重要的参数和控制点。

17. 技术改造的目的是什么？

答：通过采用新技术、新工艺，解决制约系统安、稳、优生产运行的问题，推动技术进步和技术创新，更好地提高企业经济效益。

18. 技术改造的前期准备是什么？

答：通过选题和论证确定技术改造的项目和内容，提出立项申请和改造方案。经领导和专家批准后，进行改造设计和设计审查。改造项目确定后，需及时落实资金，完成设备、材料的采购，落实施工单位，组织设计交底。

19. 技术改造方案的主要内容是什么？

答：①项目名称；②项目负责单位；③项目负责人；④建设立项理由和依据，包括原始状况、存在问题和改造依据；⑤改造主要内容，需要写明改造涉及装置设备及详细改造内容；⑥改造技术方案，需写明技术分析、技术要求、方案选择、设备选型及详细的技术方案，并注明动力消耗指标及公用工程配套情况；⑦预计改造效果及经济效益，包括改造后主要经济、技术指标及取得效果；经济效益(附计算式)及技术经济分析；⑧投资计划，包括主要设备材料清单和费用安排(设备询价、材料费用、安装施工费用等)；⑨计划进度安排；⑩安全环保措施。

20. 技术改造的步骤是什么？

答：①前期准备，确定技术改造的项目和内容，经领导和专家批准后，进行改造设计和设计审查。改造项目确定后，需及时落实资金，完成设备、材料的采购，落实施工单位，组织设计交底；②实施阶段，根据改造设计的要求，施工单位应在规定工期内保质保量地完成改造的各项内容。在此过程中应对工程进度、工程质量、工程安全、工程投资进行重点控制；③验收阶段，改造项目完成后，应及时组织投用试车，进行性能考核，检验是否达到设计要求，在运行正常后组织进行竣工验收，并填写竣工验收报告；④后评估阶段，在设备稳定运行一段时间后，应组织对技术改造进行后评估，总结技术改造的效果和经验，根据生产运行实际情况提出建议。

21. 技术革新成果鉴定小组主要程序和主要内容是什么？

答：①听取申报单位技术革新成果汇报情况；②实地查验技术革新成果完成情况，审阅技术革新成果申报资料；③讨论对技术革新成果验收意见，签署技术革新成果验收证书；④颁发技术革新成果验收证书。

22. 在技术改造过程中施工管理时应注意什么？

答：①对改造工程施工全过程应进行组织和管理，及时发现并解决施工存在的问题，严格按照技术检修规程及施工图纸进行施工，确保工程质量和施工进度；②在施工过程中，应加强质量监督并进行实施阶段的设计协调工作，对检查发现的工程质量问题有权责令其停止施工并限期整改；③在施工过程中，应加强对施工现场安全、人身安全的监督，禁止“三违”现象的出现，对不符合要求的有权责令其停止施工并限期整改；④在施工过程中，应加强对施工周围环境的影响的监管，对施工过程中产生的废物要及时妥善处理。

23. 技术革新成果的主要内容是什么？

答：技术革新成果的主要内容是：①项目编号、成果名称、完成单位、申报日期、项目负责人、主要完成人、工作起止时间；②系统原始状况和技术难点；③实施报告，包括方案、措施、完成时间、取得成果(附图纸、资料、技术说明)；④社会、经济效益；⑤申报车间审核意见、技术主管部门审核意见、专业评审小组意见和企业主管领导意见。

24. 培训方案有哪些要素组成？

答：培训方案主要有培训目标、培训内容、培训指导者、受训者、培训日期和时间、培训场所与设备以及培训方法等要素组成。

25. 培训需求分析包括哪些内容？

答：培训需求分析需从多维度来进行，包括组织、工作、个人三个方面。①组织分析指确定组织范围内的培训需求，以保证培训计划符合组织的整体目标与战略要求；②工作分析指员工达到理想的工作绩效所必须掌握的技能和知识；③个人分析是将员工现有的水平与预期未来对员工技能的要求进行比照，发现两者之间是否存在差距。

26. 什么是培训方案？

答：培训方案是培训目标、培训内容、培训指导者、受训者、培训日期和时间、培训场所与设备以及培训方法的有机结合。

27. 什么是演示教学法？在教学中演示教学法具有哪些优点？

答：演示法是运用一定的实物和教具，通过实地示范，使受训者明白某种事务是如何完成的。演示法优点为：①有助于激发受训者的学习兴趣；②可利用多种感官，做到看、听、想、问相结合；③有利于获得感性知识，加深对所学内容的印象。

28. 如何准备教案？

答：准备教案要从以下几个方面着手：

①做好培训需求分析；②教案的编写：确定教案的核心内容与结构；选择合适的教案模式；③培训方式的选择与应用。

29. 在培训教学的组织实施与管理的前期准备阶段，主要的工作有哪些？

答：①确认和通知参加培训的学员；②培训后勤准备；③确认培训时间；④教材的准备；⑤确认理想的讲师。

30. 培训评估具有什么意义？

答：①能为决策提供有关培训项目的系统信息，从而做出正确的判断；②可以促进培训管理水平的提升；③可使培训管理资源得到更广泛的推广和共享。

31. 应从哪些方面评价培训效果？

答：主要应从以下四个层面评估培训效果的：①反应，即课程刚结束时，了解学员对培训项目的主观感觉；②学习，即学员在知识、技能或态度等方面学到了什么；③行为，即学员的工作行为方式有多大程度的改变；④结果，即通过诸如质量、数量、安全、销售额、成本、利润、投资回报率等可以量度的指标来考查，看最终产生了什么结果。

职业通用理论知识试题(《烃类衍生物生产工》)

判断题

1. 对于 $CaCO_3$(固)⟶CaO(固)+CO_2 的反应，其平衡常数表达式为 $K_c=\frac{[CO_2][CaO]}{[CaCO_3]}$。 (×)

正确答案： $CaCO_3$(固)⟶CaO(固)+CO_2 的反应，其平衡常数表达式为 $K_c=[CO_2]$。

2. 一个反应的平衡常数越小，正反应进行的程度越小，平衡时转化率越低。 (√)

3. 若需用扬程较高而流量很大的水泵，可采用多级离心泵。 (√)

4. 压缩机一次循环吸入气体的体积和活塞扫过的容积之比称为余隙系数。 (×)

正确答案： 压缩机一次循环吸入气体的体积和活塞扫过的容积之比称为容积系数。

5. 液体分布器的作用是使液体均匀地分布在填料上。 (√)

6. 当回流比增大时，操作线偏离对角线越远，越接近平衡曲线。 (×)

正确答案： 当回流比增大时，操作线偏离平衡曲线越远，越接近对角线。

7. 理想溶液沸点－组成 $T-x(y)$ 图中，液相线总是在气相线的下方。 (√)

8. $P-x$ 图中的液相线表示溶液的蒸气压与液相组成的关系。 (√)

9. 在化工机械设计中尽管有些材料的耐腐蚀性能很好，但强度不够，则不可以选用。 (×)

正确答案： 在化工机械设计中尽管有些材料的耐腐蚀性能很好，但强度不够，则可以选作衬里式喷镀用的材料。

10. 可编程控制器主要适用于开关量控制，不能进行连续的 PID 控制。 (×)

正确答案： 可编程控制器主要适用于开关量控制，也能进行连续的 PID 控制。

11. ESD 系统在正常情况下是处于动态的，不需要人为干预。 (×)

正确答案： ESD 系统在正常情况下是处于静态的，不需要人为干预。

单选题

1. 下列反应处于平衡状态：

$$Fe_4O_3(固)+4H_2(气)\rightleftharpoons 3Fe(固)+4H_2O(气)$$

其平衡常数的表达式 K_c=(A)。

A. $\frac{[H_2O]^4}{[H_2]^4}$　B. $\frac{[Fe]^3}{[Fe_3O_4]}$　C. $\frac{[H_2]^4}{[H_2O]^4}$　D. $\frac{[Fe_3O_4]}{[Fe]^3}$

2. 一个反应的平衡常数越大，正向反应进行的程度越大，平衡时(B)越高。

A. 效率　B. 转化率　C. 吸收率　D. 温度

3. 同一反应的 K_p 和 K_c 之间的关系为(A)。

A. $K_p=K_c(RT)^{\Delta n}$　B. $K_p=K_c$　C. $K_p=K_c(RT)^n$　D. $K_p=RK_c\cdot T^{\Delta n}$

4. 平衡常数关系式 $K_P=K_c(RT)^{\Delta n}$中 Δn 为反应方程式中气态生成物系数之和与气态反应物系数之和的(D)。

A. 和　B. 商　C. 积　D. 差

5. 一套管环行截面，大管内径为 100mm，小管外径为 60mm，则其当量直径为(B)mm。

A. 160　B. 40　C. 100　D. 60

6. 泵型号 100D45×4 中的"D"的涵义是(C)。

A. 低压　B. 低温　C. 多级　D. 直径

7. 采用多级压缩可以(C)汽缸容积系数(C)压缩比。

A. 提高，提高 B. 降低，降低 C. 提高，降低 D. 降低，提高

8. 多级离心式压缩机一般设有段间冷却器，其目的是避免(A)。

A. 气体温度过高 B. 气体压力过高 C. 浪费能源 D. 降低压缩比

9. 在吸收过程中，扩散的方式除了分子扩散以外，还有(C)。

A. 传导 B. 辐射 C. 对流 D. 滞流

10. 实际生产中采用的回流比与最小回流比的关系是(D)。

A. $\frac{R_{实}}{R_{小}}=1.2\sim3.0$ B. $\frac{R_{实}}{R_{小}}=1.0\sim2.0$

C. $\frac{R_{实}}{R_{小}}=1.5\sim2.2$ D. $\frac{R_{实}}{R_{小}}=1.2\sim2.0$

11. $T-x(y)$图中，常把液相线称为(D)。

A. 露点线 B. 漏液限线 C. 雾沫夹带限线 D. 泡点线

12. 如图所示，$P=1$atm 的苯－甲苯溶液的 $T-x(y)$图，A、B、C 三点所属的相区及虚实线代表的相区下面写的正确的是(C)。

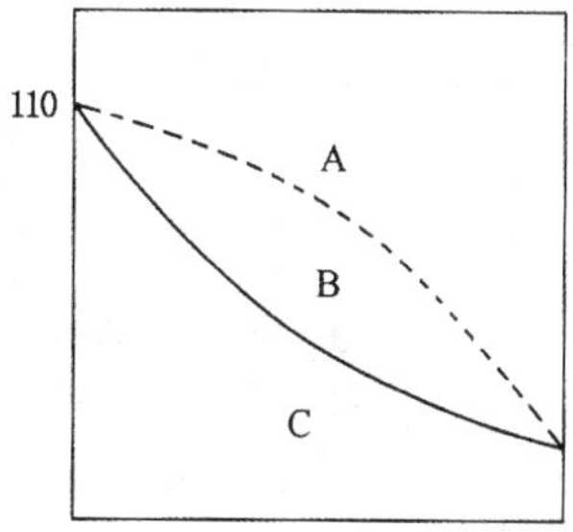

A. A 为液相区 B. C 为气相区

C. B 为气液共存区 D. 虚线为液相线，实线为气相

13. 气、液组成($y-x$)图以横坐标 x 表示易挥发组分在(A)中的组成，以纵坐标 y 表示易挥发组分在(A)中的组成。

A. 液相、气相 B. 气相、液相 C. 液相、液相 D. 气相、气相

14. 对压力容器进行射线探伤主要是为了检查(C)。

A. 螺栓是否有松动 B. 容器外表面是否有变形

C. 焊缝、螺栓、封头或应力集中区有否裂纹

D. 基础是否下沉

15. 将带电体用接地的金属板、网或缠上线匝，即能将电荷对外的影响局限在屏蔽层里面，同样处在屏蔽层里的物质也不会受到外电场的影响，这种消除静电危害的方法叫(B)。

A. 泄漏导走法 B. 静电屏蔽法 C. 复合中和法 D. 整净措施

16. CIPS 的含义是(D)。

A. 计算机直接控制 B. 计算机辅助设计

C. 集散系统 D. 智能生产系统

17. PLC 不具有的特点是(B)。

A. 通用性强、适用广 B. 编程复杂

C. 抗干扰能力强 D. 使用方便、可靠性高

18. ESD 紧急停车系统按照安全独立原则要求，独立于(D)系统。

A. PID B. PLC C. APC D. DCS

多选题

1. 平衡常数有(A，C)。

A. K_P 压力平衡常数 B. K_T 温度平衡常数

C. K_C 浓度平衡常数　　D. K_V 体积平衡常数

2. 从管道阻力损失的外因来看，流体在管路中的阻力损失可分为(A，D)损失两类。

A. 直管阻力　　B. 弯头阻力　　C. 阀门阻力　　D. 局部阻力

3. 往复式压缩机送气量的调节方法有(A，B，C，D)。

A. 补充余隙调节法　　B. 旁路回流调节法

C. 降低吸入压力调节法　　D. 改变转速调节

4. 离心式压缩机的转子由(A，B，C，D)组成。

A. 叶轮　　B. 主轴　　C. 平衡盘　　D. 推力盘

5. 吸收质穿过气膜的吸收速率方程式为(A，B)。

A. $G_A = K_G \cdot A(P - P_i)$　　B. $G_A = K_Y \cdot A(Y - Y_i)$

C. $G_A = K_L \cdot A(C_i - C)$　　D. $G_A = K_X \cdot A(x_i - x)$

6. 实体填料的种类有(B，C，D)。

A. 金属丝网环　　B. 鲍尔环　　C. 弧鞍形　　D. 拉西环

7. 计算精馏塔理论塔板数的基本依据是(C，D)。

A. 气相负荷下限值　　B. 液相负荷上限值

C. 板上气液的平衡关系

D. 相邻两塔板之间的气液相之间的操作关系

8. 连续精馏设备进行热量衡算的目的是确定(B，C)。

A. 塔板效率　　B. 蒸馏釜中加热蒸气的消耗量

C. 塔顶冷凝器中冷凝剂的消耗量　　D. 进料量

9. 理想二组分溶液 $P - x$ 图中，有(A，B，C)。

A. 气相区　　B. 液相区　　C. 气液共存区　　D. 固相区

10. 三相异步电动机的调速方法有(A，B，D)。

A. 变频调速　　B. 变极调速　　C. 变压调速　　D. 变转差率调速

11. 人体防静电措施有(B，D)。

A. 应用静电消除器　　B. 洒水使地面湿润

C. 将容器、管道制成光滑、无棱角样　　D. 穿防静电工作服、鞋和手套

12. 模块式可编程控制器 PLC 包括(A，B，C，D)等，这些模块可以按一定规则组合配置，实现复杂控制功能。

A. CPU 模块　　B. I/O 模块及各种接口

C. 内存块(ROM、RAM)　　D. 电源模块

简答题

1. 简述化学平衡常数的定义。

答：在一定温度下，可逆反应达到平衡时，产物浓度系数次方的乘积与反应浓度系数次方的乘积之比是一个常数，这个常数叫做化学平衡常数。

2. 离心式压缩机蜗壳的作用有哪些？

答：其主要作用是把扩压器或叶轮后面的气体汇集起来，并把它们引出压缩机；此外，还起到了一定的降速、扩压作用。

3. 回流比对精馏塔理论塔板数有何影响?

答: 回流对精馏操作来说是必要的，而回流比的大小则对于精馏操作有很大的影响；精馏操作线的位置随回流比的大小而变；当回流比增大时，操作线离平衡曲线越远，越接近对角线，平衡线与操作线之间直角梯级的跨度越大，在分离要求不变的情况下，所需的理论塔板数越少；反之，回流比减小时所需的理论塔板数就越多。

4. 如图所示，是 $t=100℃$ 时苯－甲苯溶液的 $P-x$ 图，试写出0，0′，0″，0‴的相状态。

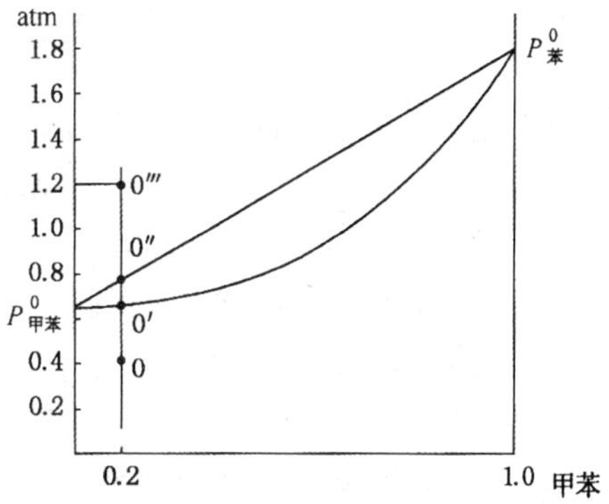

答: 0点：100℃、气态、0.4atm，$y_{苯}=0.2$。

0′点：开始有第一液滴析出。

0″点：全部的气相转为液相。

0‴点：100℃、液态、1.2atm，$y_{苯}=0.2$。

5. 化工设备选材的一般原则是什么?

答: ①首先必须了解所处理的是什么介质和介质的性质；②考虑材料的物理机械性能；③考虑本系统中其他材料的适应性；④考虑材料的价格和来源。

6. 压力容器全面检验的内容是什么?

答: ①内外部检验的全部内容；②对压力容器进行耐压试验；③对主要焊缝进行无损探伤抽查或全部焊缝检查；④对于压力很低，无腐蚀性介质的容器，若没有发现缺陷，取得一定应用经验后可不作无损探伤检查。

7. 工业静电危害的消除措施有哪些?

答: ①工业控制法；②泄漏导走法；③复合中和法；④静电屏蔽法；⑤整净措施；⑥人体防静电措施；⑦安全操作。

8. 什么是APC?

答: APC(advanced process control)是指一类在动态环境中，基于模型、充分借助计算机能力，为工厂获得最大利润，而实施的运行和技术策略。这种新的控制策略，是系统运行在最佳工况的时候，实现所谓的“卡边生产”。

9. 何为软测量技术?

答: 软测量技术是应用计算机技术，对难以测量或暂时不能测量的重要变量(主导变量)，选择一些容易测量的变量(辅助变量)通过某种数学关系来推断和估计，用软件代替硬件(传感器)功能。

计算题

1. 合成氨的反应 $N_2+3H_2 \rightleftharpoons 2NH_3$ 在某温度下达到平衡时，各物质的浓度是 $[N_2]=3mol/L$，$[H_2]=9mol/L$，$[NH_3]=4mol/L$，求该温度下的平衡常数。

解: 根据化学平衡定律得

$$K_c=\frac{[NH_3]^2}{[N_2][H_2]^3}=\frac{4^2}{3\times 9^3}=7.32\times 10^{-3}$$

答: 该温度下的平衡常数为 7.32×10^{-3}。

2. 某料液从高位槽流至反应器，已知该溶液的相对密度为1.1，黏度为1×10^{-3}Pa·s，采用内径106mm的钢管，直管全长20m，管路上有一个全开的闸阀和两个90°标准弯头，其流量为31.7m^3/h，求总的压头损失？（$Re=1.0\times10^5$时，$\lambda=0.022$）

名　称	$l_当/d$	名　称	$l_当/d$
90°标准弯头	30~40	由容器入管口	20
由管口入容器	40	全开闸阀	7

解：① 已知$\rho=1100kg/m^3$，$\mu=1\times10^{-3}Pa\cdot s$，$d=0.106m$，$u=\dfrac{31.7/3600}{0.785\times0.106^2}=1m/s$

② $Re=\dfrac{du\rho}{\mu}=\dfrac{0.106\times1\times1100}{1\times10^{-3}}=1.16\times10^5$ 此时 $\lambda=0.022$

③ 查得各局部之$l_当/d$：

由容器入管口　20

全开闸阀　7

两个标准弯头　$2\times40=80$

由管口入容器　40

$$\Sigma l_当/d=147$$

④ $$h_损=\lambda\left(\frac{1}{d}+\Sigma l_当/d\right)\frac{u^2}{2g}=0.022\times\left(\frac{20}{0.106}+147\right)\times\frac{1}{2\times9.81}=0.376m$$

答：总的压头损失0.376m。

3. 某车间欲安装一台离心泵，把常压下293K的水从河中送到冷却器里，所用泵的铭牌上标明该泵的允许吸上真空高度为5m，估计吸水管的损失压头为1.5m，试确定该泵的实际安装高度。

解：$Z_大=H_允-h_损$

$Z_大=5-1.5=3.5m$

实际安装高度应比$Z_大$低0.5m，则实际安装高度为：$3.5-0.5=3m$

答：该泵的实际安装高度3m。

4. 一填料吸收塔，用来从空气和丙酮蒸气组成的混合气中回收丙酮，用水做吸收剂。已知条件：混合气中丙酮蒸气的含量为6%（体积分数），所处理的混合气中的空气量为1400m^3/h，操作在293K和101.3kPa下进行，要求丙酮的回收率达98%。若吸收剂用量为154kmol/h，试问吸收塔溶液出口浓度为多少？

解：按题意，将组成换算成比摩尔分率：

① 塔底　$Y_1=6/(100-6)=0.0638$

② 塔顶　$Y_2=Y_1(1-98\%)=0.0638\times0.02=0.00128$

$$X_2=0$$

③ 入塔空气流量为：$V=(1400/22.4)\times(273/293)=58.2kmol/h$

④ 溶液出口浓度便可由全塔物料衡算求出，$V(Y_1-Y_2)=L(X_1-X_2)$

$X_1=V(Y_1-Y_2)/L+X_2=58.2\times(0.0638-0.00128)/154+0=0.0236$

答：故溶液出口浓度为0.0236 kmol丙酮/kmol水。

5. 在某连续精馏系统中分离一种混合液，已知：进料组成 $X_F = 0.60$，塔顶产品组成 $X_D = 0.90$，组分相对挥发度 $\alpha = 2$，沸点下进料，塔顶采用全凝器，且采用 $R_{实} = 2R_{最小}$，试求第一块理论板下降的液相组成与第二块理论板上升的蒸气组成。

解： 先求出平衡关系式和精馏段操作线方程式。

① 平衡关系式：$y = \dfrac{\alpha x}{1+(\alpha-1)x}$变换为$x = \dfrac{y}{\alpha-(\alpha-1)y} = \dfrac{y}{2-(2-1)y} = \dfrac{y}{2-y}$

② 要求操作线方程式需要先求出 $R_{最小}$再求 $R_{实}$。

$R_{最小} = \dfrac{x_D - y_q}{y_q - x_q}$已知 $x_D = 0.90$，$x_q = x_F = 0.60$

注：$(x_q,\ y_q)$为 q 线与操作线交点的坐标。

由 x_q 求 y_q：

$$y_q = \frac{2x_q}{1+x_q} = \frac{2\times0.6}{1+0.6} = 0.75$$

$R_{最小} = (0.90-0.75)/(0.75-0.60) = 1$，则 $R_{实} = 2R_{最小} = 2\times1 = 2$

③ 精馏段操作线方程式：$y = \dfrac{R}{R+1}x + \dfrac{x_D}{R+1}$ 即 $y = \dfrac{2}{3}x + \dfrac{0.9}{3} = 0.667x + 0.3$

④ 第一块板：$y_1 = X_D = 0.90$

$$x_1 = 0.90/(2-0.90) = 0.818$$

⑤ 第二块板：$y_2 = 0.667\times0.818 + 0.3 = 0.8456$

答： 第一块理论板下降的液相组成中易挥发组分为 0.818，第二块理论板上升的蒸气组成中易挥发组分为 0.8456。

工种理论知识试题

判断题

1. 在化工装置中，为防止试压过程中发生意外通常采用气压强度试验。 （×）

正确答案： 在化工装置中，为防止试压过程中发生意外通常采用液压强度试验。

2. 水联运试车可以对有关设备仪表进行试运转。 （√）

3. 水合蒸发系统只有水进料泵和 EO 进料泵同时运行，才能保证水和蒸发系统水运。 （×）

正确答案： 水和蒸发系统只要水进料泵正常运行，就能保证水和蒸发系统水运。

4. 装置开车前所有的联锁系统只须经过仪表人员确认完好。 （×）

正确答案： 装置开车前所有的联锁系统必须经过仪表和工艺人员确认完好。

5. 氧化开车前，环氧吸收系统水运不用控制 pH 值。 （×）

正确答案： 氧化开车前环氧吸收系统水运控制 pH 值。

6. 氧气混合站系统脱脂不彻底，在压力较高或流速较快的纯氧环境中会产生燃烧而发生爆炸。 （√）

7. 压力容器进行水压试验时容器壁温与液体温度相近时先升至设计压力，确认无泄漏后开始升压。 （√）

8. 气压试验的试验压力对于固定式钢制压力容器而言取设计压力的 1.15 倍。 （×）

正确答案： 气压试验的试验压力对于固定式钢制压力容器而言取设计压力的 1.15 倍并乘以容器材料在试验温度下的许用应力与设计温度下的许用应力之比值。

9. 银催化剂在初始开车活化时，为了更好地控制反应，氧气和抑制剂应该同步加入。（×）

正确答案： 银催化剂在初始开车活化时，当反应器出现氧差、二氧化碳差等初始反应标准后才加入抑制剂。

10. 银催化剂初始开车活化时，随着氧气浓度的增高，催化剂变得更活泼，温度必须向下调整以保持环氧乙烷生产的稳定性。（√）

11. 催化剂使用初期装置的能耗较催化剂使用末期高。（√）

12. EO/EG 装置具有污染物种类比较单一，COD 相对较高的特点。（√）

13. 蒸发系统中有空气进入，会降低乙二醇产品的 UV 值。（√）

14. 蒸发系统中的甲醛和乙醛是在氧化反应器中生成的，因此只要氧化反应中不生成醛类物质，蒸发系统中就不存在醛类物质。（×）

正确答案： 蒸发系统中的甲醛和乙醛主要是在氧化反应器中生成的，但氧化反应中不生成醛类物质，后系统中仍有可能产生醛类物质。

15. 乙二醇精制塔塔釜的隔板相当于一块塔板。（√）

16. 在一定的负荷下，适当提高反应器温度、增加抑制剂加入量，可以提高催化剂选择性。（√）

17. 环氧乙烷精制塔的回流温度上升时，塔顶产品中重组分含量会下降。（×）

正确答案： 环氧乙烷精制塔的回流温度上升时，塔顶产品中重组分含量会上升。

18. 固体废弃物处理的基本途径主要是采取一定的方法和手段，使其化学和生物特性、组成发生改变，达到"无害化"、"减量化"、"资源化的目标"。（√）

19. 环氧吸收解吸系统停车冷冻机组一定停车。（×）

正确答案： 环氧吸收解吸系统停车冷冻机组不一定停车。

20. 装置加盲板前，系统内物料应彻底倒空并经氮气吹扫。（√）

21. 打开设备人孔时应从下依次向上打开，在打开底部人孔时应先打开底部物料排空阀门。人孔盖在松动之前，应将螺丝全部拆下。（×）

正确答案： 打开设备人孔时应从上面依次打开，在打开底部人孔时应先打开底部物料排空阀门。人孔盖在松动之前，切记不要把螺丝全部拆下，严防烫伤人员。

22. 生产中当使用一台泵不能满足流量要求时，通常将两台或多台相同特性泵串联使用。（×）

正确答案： 生产中当使用一台泵不能满足流量要求时，通常将两台或多台相同特性泵并联使用。

23. 旋涡泵是结构最简单的高扬程泵，与叶轮和转速相同的离心泵相比，扬程比离心泵高 2～4 倍。（√）

24. 屏蔽泵的转子和定子分别用屏蔽套保护起来。（√）

25. 系统内混入空气会造成冰机排气压力升高。（√）

26. 齿轮泵也属于离心式泵，它具有离心泵的一些特点。（×）

正确答案： 齿轮泵也属于容积式泵，它具有容积泵的一些特点。

27. 当泵的进口管道为垂直方向时，进口管若配置异径管时，应采用偏心异径管，以免形成气囊。（√）

28. 泵安装时，泵进口处应有不小于 1 倍管径的直管段。（×）

正确答案： 泵安装时，泵进口处应有不小于 3 倍管径的直管段。

29. 精馏塔塔板两端支承板间距允差为±3mm。（√）

30. 精馏塔塔板直径小于1500mm的堰顶端水平度允差6mm。（×）

正确答案：精馏塔塔板直径小于1500mm的堰顶端水平度允差3mm。

31. 压缩机与透平检修完毕后按原测量数据对中即可。（×）

正确答案：压缩机与透平检修完毕后必须按检修规程要求找正对中。

32. 机械密封泄漏率为20滴/min为正常泄漏量。（×）

正确答案：机械密封泄漏率为10滴/min为正常泄漏量。

33. 安全阀的出口通径与进口通径尺寸一样。（×）

正确答案：安全阀的出口通径比进口通径大。

34. 压力容器与安全阀之间的连接管和管件的通孔，其截面不得小于安全阀的进口面积。（√）

35. 机械密封的主要特点是动密封面垂直于旋转轴线。（√）

36. 连续运行未满三个月需检修的关键机泵，检修试车合格后，原则上应继续运行，运行时间计入停运前时间。（×）

正确答案：连续运行未满三个月需检修的关键机泵，检修试车合格后，原则上应继续运行，运行时间计入新的周期。

37. 因工艺原因短时停运的关键机泵，原则上应开启原泵，运行时间计入新的周期。（×）

正确答案：因工艺原因短时停运的关键机泵，原则上应开启原泵，运行时间计入停运前时间。

38. 按照腐蚀的形态分类，腐蚀可分为全面腐蚀和局部腐蚀，局部腐蚀又称为均匀腐蚀。（×）

正确答案：按照腐蚀的形态分类，腐蚀可分为全面腐蚀和局部腐蚀，全面腐蚀又称为均匀腐蚀。

39. 化工压力管道在线检验每年至少一次。（√）

40. 根据介质的化学性质，选用不同材料的弯头、异径管、三通等，一般情况下应选用与管子本身相同的材料或优于管子本身的材料。（√）

41. 对于填料破裂或机械杂质引起堵塞的处理是降负荷，通过调整操作参数维持生产，如有必要可进行清理及更换耐腐蚀的优质填料。（√）

42. 精制塔安装质量不好、操作不当是造成塔内件损坏的主要原因。（√）

43. 环氧乙烷吸收解吸系统贫循环水UV值偏低说明系统中乙二醇浓度升高。（×）

正确答案：环氧乙烷吸收解吸系统贫循环水UV值偏低说明系统中有机杂质浓度高。

44. 铁锈既是环氧乙烷聚合的引发剂，又是助聚剂。（√）

45. 电动机超过一定的电流后会自动切断电源。（√）

46. 离心泵介质黏度高，易产生过热摩擦，使端面变形，因此很容易导致密封处严重泄漏。（√）

47. 压力容器蠕变破坏比较少见，但对高温容器却不可忽视。（√）

48. 环氧乙烷精制塔塔顶换热器冷却水温度下降会造成环氧乙烷精制塔塔顶压力上升。（×）

正确答案：环氧乙烷精制塔塔顶换热器冷却水温度下降会造成环氧乙烷精制塔塔顶压力下降。

49. 如果装置6000V电二条线都停，UPS不间断电源正常运行，装置可以不停车。（×）

正确答案：如果装置 6000V 电二条线都停，UPS 不间断电源正常运行，装置也必须停车。

50. 仪表联锁的输入信号，既可以是数字信号也可以是模拟信号。 (√)

51. 仪表联锁的输出信号，既可以是数字信号也可以是模拟信号。 (×)

正确答案：仪表联锁的输出信号，只能是数字信号。

52. 在 PID 图中，对于两个或两个以上的相同的设备一般只画其中的一个。 (×)

正确答案：在 PID 图中，对于两个或两个以上的相同的设备一般应全部画出。

单选题

1. 新造钢制和有色金属制压力容器水压试验的试验压力通常是设计压力的(B)倍。

A. 1.0　　B. 1.25　　C. 1.5　　D. 2.0

2. 乙二醇精制系统气密试验应充压到(B)。

A. 0.2MPa(表)　　B. 0.15MPa(表)　　C. 100mmHg(表)　　D. 0.02MPa(表)

3. 氧化开车前环氧吸收塔急冷段(C)。

A. 不用水运　　B. 为空塔高低压隔离

C. 已经水运　　D. 急冷液冷却器没有投用

4. 氧气混合站管线脱脂使用的物质是(D)。

A. 盐酸　　B. 浓硝酸　　C. 氢氧化钠　　D. 丙酮

5. 氧气混合站及其管线在按脱脂方法严格处理后，必须用(B)照射检验效果，脱脂表面无紫蓝荧光为合格。

A. 红外线灯　　B. 紫外线灯　　C. 氦气灯　　D. 氖气灯

6. 乙二醇脱醛床防止树脂流出，在(A)部位可阻挡大部分树脂。

A. 出口集液管　　B. 出口过滤器　　C. 床层滤网　　D. 树脂支撑圈

7. 在脱醛树脂装填过程中，应该用(A)。

A. 氮气从床层下部向上鼓泡　　B. 氮气从上向下吹扫搅拌

C. 工厂风加压到微正压　　D. 工厂风从下向上鼓泡

8. 二氧化碳脱除系统碱洗时用的是(B)NaOH 溶液。

A. 2% ~ 3%　　B. 4% ~ 5%　　C. 5% ~ 6%　　D. 6% ~ 7%

9. 二氧化碳脱除系统碱洗时，绝对不允许溶液温度超过(C)℃。

A. 70　　B. 75　　C. 80　　D. 90

10. 在压力容器设计规范中压力容器的工作压力指正常工作情况下(A)。

A. 压力容器的顶部压力　　B. 压力容器的底部压力

C. 压力容器内平均压力　　D. 压力容器的中点压力

11. 压力容器水压试验前容器的安全附件装备情况是(A)。

A. 应安装齐全　　B. 选择性的安装

C. 不安装　　D. 安装不安装均可

12. 压力容器液压试验程序一般为(C)。

A. 先缓慢升至试验压力，再缓慢降至设计压力，最后卸压

B. 先缓慢升至试验压力，再快速降至设计压力，最后卸压

C. 先缓慢升至设计压力，再缓慢升至试验压力，最后卸压

D. 先快速升至设计压力，再缓慢升至试验压力，最后卸压

13. 气压试验时在设计压力下保压时间不小于(D)min。

A. 5　　B. 10　　C. 15　　D. 30

14. SD银催化剂在初始活化时，当反应开始氧差达0.3%时，反应器入口循环气中抑制剂浓度为正常操作时的(D)倍。

A. 0.3～0.5　　B. 0.6～0.8　　C. 2～3　　D. 5～7

15. YS银催化剂在初始活化时，抑制剂的最初加入量应(B)。

A. 开始时量大，以后逐渐递减　　B. 开始时量小，以后逐渐递增

C. 开始时量是正常操作时的3～4倍，有氧差后迅速降到正常操作值

D. 开始时量是正常操作时的0.3～0.5倍，有氧差后迅速升到正常操作值

16. 碳酸盐系统碳酸盐溶液被污染后通常呈(C)。

A. 黄色　　B. 白色　　C. 黄绿色　　D. 蓝绿色

17. EO/EG装置的能耗中占比重最大的是(B)消耗。

A. 电　　B. 蒸汽　　C. 循环水　　D. 脱盐水

18. 在氧化反应器负荷不变的情况下，环氧乙烷精制系统负荷上升后，正常情况下装置的能耗将(C)。

A. 上升　　B. 不变　　C. 下降　　D. 不一定

19. 装置产品分布中，多乙二醇所占比重较高，最主要的原因是(D)。

A. 蒸发过程控制不好　　B. 在各效蒸发塔凝液罐中生成

C. 在乙二醇精制过程中生成　　D. 水合反应过程控制不好

20. 乙二醇产品中的醛主要是在(A)生成的。

A. 氧化反应器中　　B. 环氧乙烷吸收系统

C. 环氧乙烷精制系统　　D. 水合蒸发系统

21. 乙二醇精制塔塔釜设置氮气管线的作用是(C)。

A. 降低乙二醇的分压，帮助蒸发　　B. 降低塔内的氧气浓度

C. 用于置换和充氮气保护　　D. 保证塔压力正常

22. 装置在一定负荷下，适当提高反应器温度、增加抑制剂加入量，银催化剂选择性将(A)。

A. 提高　　B. 不变　　C. 降低　　D. 不能确定

23. 环氧乙烷精制塔发生雾沫夹带会导致(D)。

A. 塔釜环氧乙烷浓度高　　B. 产品中醛含量高

C. 塔釜含醛量高　　D. 产品中水含量高

24. 环氧乙烷水合反应器出口DEG浓度偏高的原因是(A)。

A. 进料环氧乙烷浓度过高　　B. 进料环氧乙烷浓度低

C. 水合反应器控制压力低　　D. 反应器停留时间短

25. 下列选项中，不属于废水物理治理方法的是(B)。

A. 重力分离法　　B. 中和处理法　　C. 离心分离法　　D. 蒸发结晶法

26. 乙二醇产品脱醛床使用的树脂是(C)。

A. 阳离子树脂　　B. 阴离子树脂　　C. 非离子型树脂　　D. 混合离子树脂

27. 催化剂在反应中的作用是(D)。

A. 提高产物的选择性　B. 使化学平衡发生移动

C. 使正反应速度相对逆反应速度提高少　D. 同样程度影响正逆反应速度

28. 一般精馏塔进料口有二个，其作用是(B)。

A. 可以随精馏塔的负荷变化调整进料口

B. 可以随精馏塔的进料浓度变化调整进料口

C. 可以随灵敏板温度调整进料口　D. 可以根据进料温度来调整进料口

29. 氧化反应提负荷，环氧轻组分塔塔顶解吸量相应(B)。

A. 降低　B. 增加　C. 不变　D. 规律性波动

30. 全装置停车大修时，循环水泵必须在(C)后才能停车。

A. 尾气回收压缩机停车　B. 循环气切入小循环

C. 循环压缩机停运　D. 碳酸盐循环泵停车

31. 常压精馏塔降温时应防止出现(C)。

A. 超压现象　B. 超温现象　C. 负压现象　D. 液泛现象

32. 全装置停车大修时，环氧乙烷吸收系统循环水中的 MEG 正确处理方法是(B)。

A. 停车后用水稀释后排放

B. 在保证 U－550 处理效果的条件下，尽可能加大到循环水处理系统的处理量

C. 接胶管置换到后系统

D. 停车后就地排放

33. 为防止污水漫溢至清净下水，装置停车排放时要(C)排放。

A. 小剂量　B. 迅速　C. 避免集中　D. 连续大剂量

34. 离心泵串联操作时(B)。

A. 扬程增加，流量不变　B. 扬程、流量均增加

C. 扬程不变，流量增加　D. 扬程增加，流量减小

35. 正常情况下，两台性能相同的离心泵并联运行，其扬程(D)。

A. 等于单台泵运行时的两倍　B. 高于单台泵运行时的两倍

C. 低于单台泵运行时的扬程　D. 与单台泵扬程差不多

36. 下列关于精馏塔安装标准的说法，错误的是(C)。

A. 塔体防腐层不应有鼓泡、裂纹和脱层　B. 塔体的保温材料应符合要求

C. 塔体标高允差为 ±20mm　D. 降液板应该用螺栓固定在支撑板上

37. 关于造成循环气压缩机出口的循环气量小于设计值的原因，下列说法错误的是(C)。

A. 出口阀门开度小　B. 循环气压力低

C. 反应器氮气致稳　D. 压缩机自身性能下降

38. 下列关于泵的安装要求的说法，错误的是(D)。

A. 卧式泵壳体上应设放净阀　B. 往复泵一般在出口管线上设缓冲罐

C. 泵进口处应有不小于 3 倍管径的直管段

D. 容积式泵必须设置止回阀

39. 高速离心泵启动后，油温会逐渐上升，其正常油温范围是(D)℃。

A. 55～75　B. 60～80　C. 65～85　D. 70～90

40. 通常安全阀应(B)安装。

A. 倾斜 B. 垂直 C. 平行 D. 没有具体要求

41. 中、高压压力容器使用的压力表精度不应低于(A)级。

A. 1.5 B. 2.5 C. 2.0 D. 3.0

42. 机泵常用的汽轮机油的黏度(40℃)(C)时应进行更换。

A. 超过标示值 20% B. 低过标示值 20%

C. 超过或低过标示值 20% D. 超过或低过标示值 10%

43. 下列选项中，不属于化学腐蚀的是(B)。

A. 高温氧化 B. 磨损 C. 高温硫化 D. 钢的渗碳

44. 对于一般电机来讲，启动电流是额定电流的(C)倍。

A. 1~2 B. 3~4 C. 4~7 D. 6~8

45. 介质压力为(D)，可考虑采用焊接钢管、铸铁管或非金属管子。

A. 大于 2.5MPa B. 小于 2.5MPa C. 大于 1.6MPa D. 小于 1.6MPa

46. 碳素钢管、合金钢管宜采用(A)方法切割。

A. 机械切割 B. 氧乙炔火焰切割 C. 等离子切割 D. 氩弧焊切割

47. 压力管道弯头在介质长期冲刷腐蚀作用下，最易发生局部减薄的位置是(A)。

A. 弯头外侧及下游处内壁 B. 弯头内侧的内壁

C. 弯头的上游处 D. 弧度最大处

48. 压力管道采用空气吹扫时流速不宜小于(C)m/s。

A. 10 B. 15 C. 20 D. 30

49. 温度压力波动较大的管道上宜采用(C)垫片。

A. 橡胶垫片 B. 金属垫片 C. 自紧式垫片 D. 非金属垫片

50. 静设备的完好标准中对安全装置和仪表的要求是(B)。

A. 完好 B. 准确、灵敏 C. 整洁 D. 标识正确

51. 平时维修计划编制的依据是(B)。

A. 设备运行的周期 B. 设备运行状况

C. 设备所在单位检修计划的时间安排 D. 二级单位检修计划的时间安排

52. 循环压缩机现场表盘由于某些原因失电，则会引起(B)。

A. 循环压缩机停车，OMS 不停车 B. 循环压缩机、OMS 停车

C. 循环压缩机转速下降 D. 对循环压缩机无影响

53. 尾气回收压缩机使用氮气比使用甲烷易停车，主要是因为(B)。

A. 压缩比不同，不同介质应有不同的压缩比

B. 甲烷比氮气热容大，温度不容易上升

C. 甲烷比氮气相对分子质量小，压缩机对甲烷做的功比对氮气做的功多，温度变化大

D. 氮气比甲烷的热容大

54. 环氧乙烷被带入乙二醇蒸发系统的主要原因是(C)。

A. 水合反应器进料环氧乙烷水合比偏高 B. 水合反应器进料温度高

C. 水合反应器进料温度低 D. 水合反应器压力偏高

55. 造成离心压缩机喘振的原因，不正确的是(D)。

A. 运行时落入喘振区域　　B. 吸入口流量不足

C. 防喘装置工作失灵　　D. 缓慢升压、提速

56.(D)可能引起蒸汽喷射泵倒灌。

A. 蒸汽压力特别低　　B. 喷射泵喷嘴堵塞

C. 吸入管线上的压力特别低　　D. 蒸汽压力特别低

57. 下列(A)属于压力容器蠕变破坏特征。

A. 一般压力容器有明显的塑性变形　　B. 压力容器的表面严重腐蚀

C. 压力容器的焊缝有砂眼发生泄漏　　D. 压力容器的支架变形

58. 反应器防爆膜破裂后首先应作出的正确处理是(C)。

A. 停循环气压缩机

B. 切断循环气系统与二氧化碳脱除系统的联系

C. 切断反应器与循环气系统的联系

D. 关闭现场氧气、乙烯手阀

59. 化工设备图的绘制的方法有两种，一种是对已有的设备进行测绘，另一种是依据工艺人员提供的(D)进行设计绘图。

A. 工艺条件　　B. 工艺设计条件清单

C. 设备条件　　D. 设备设计条件清单

60. 流程线与流程线之间发生交错而实际并不相连画法正确的是(C)。

A. 　　B. 　　C. 　　D. 

多选题

1. 水合蒸发系统准备水运需确认旁路联锁有(B，C)。

A. EO 进料流量低联锁　　B. 混合站水进料调解阀压差低联锁

C. 水进料流量低联锁　　D. 乙二醇反应器进口温度高联锁

2. 冷冻机组运行的前提条件(A，B，C，D)。

A. 机组真空抽至正常　　B. 循环冷却水正常投用

C. 冷水流量满足机组要求　　D. 电源进入机组

3. 通常设备容积较大者采用的脱脂方法有(B，C)。

A. 灌注法　　B. 循环法　　C. 蒸汽冷凝法　　D. 擦拭法

4. 乙二醇脱醛床出口醛含量与(A，B，C，D)有关。

A. 树脂性能　　B. 进口浓度　　C. 树脂量　　D. 脱醛流量

5. 反应器蒸汽系统热检范围主要包括(A，C，D)。

A. 反应器壳程　　B. 反应器管程　　C. 反应器蒸汽包　　D. 反应器开车泵

6. 反应器蒸汽系统热检应在具备(A，C，D)的条件下进行。

A. 装置施工结束

B. 强度实验、气密试验尚未开始

C. 设备、管道、电气、仪表完善并可投入使用

D. 公用工程持续平稳供应

7. 钢制和有色金属制造的压力容器水压试验时压力为不低于设计压力的 1.25 倍是指(A，B，C)。

A. 低压容器　B. 中压容器　C. 高压容器　D. 超高压容器

8. 压力容器进行液压试验时需要检查的项目有(A，B，C，D)。

A. 检查有无泄漏　B. 检查有无可见异常变形

C. 检查有无异常声响　D. 检查有无可见裂纹

9. 设计和支撑的容器不允许充满水或不允许残留水或其他液体时压力试验方式为(B，C，D)。

A. 用无损检测代替压力试验　B. 用空气代替液体进行压力试验

C. 用氮气代替液体进行压力试验　D. 用惰性气体代替液体进行压力试验

10. 钢制和有色金属制造的压力容器气压试验时压力为不低于设计压力的 1.15 倍是指(A，B)容器。

A. 低压　B. 中压　C. 高压　D. 超压

11. 气压试验合格与否的评定标准是(A，B，C)。

A. 耳听无异常响声为合格

B. 设计压力下经检漏液检验无泄漏为合格

C. 设计压力下检查无异常变形为合格

D. 应在试验压力下检查无泄漏无异常形变为合格

12. 下列联锁动作能引起氧化停车的(A，B)。

A. 反应器入口温度高联锁　B. 反应器出口压力低联锁

C. 乙烯调节阀压差低联锁　D. 高压汽包产汽阀压差低联锁

13. 乙烯在银作催化剂氧化反应过程中，抑制剂(A，B，C)。

A. 加入量过大，使催化剂暂时性中毒　B. 抑制乙烯完全氧化为二氧化碳和水

C. 增大环氧产率　D. 加入量小，增大选择性

14. 碳酸盐系统更换碳酸盐的依据有(A，C)。

A. 碳酸盐溶液中氯离子浓度高　B. 碳酸盐溶液中乙二醇浓度高

C. 碳酸盐溶液被污染　D. 再生塔釜液中碳酸氢钾浓度过高

15. 按 SHELL 设计，EO 产品达到合格级品指标为(A，B，C，D)。

A. 总醛≤0.10%wt　B. 水分≤0.10%wt

C. 酸度≤0.010%wt　D. 纯度≥98.0%wt

16. 装置非正常污染物产生的途径有(A，B，C，D)。

A. 设备泄漏　B. 冒罐

C. 装置停车时出现的倒空、清洗、置换的废液

D. 施工带来的三废

17. 环氧乙烷精制塔进料中环氧乙烷浓度下降，正确的调整方法是(B，C)。

A. 降低回流比　B. 降低回流温度　C. 进料口下移　D. 进料口上移

18. 工业废渣处理常用的方法有(A，B，C，D)。

A. 地面堆存法　B. 焚烧法　C. 化学处理法　D. 填埋法

19. 乙二醇产品脱醛床内树脂的作用是(A，D)。
A. 降低乙二醇产品中的醛含量　B. 吸附乙二醇产品中的醛
C. 与乙二醇产品中的醛进行离子交换
D. 催化产品中的醛－醛发生化学反应而降低醛含量
20. 关于全装置停车大修时的操作，说法正确的是(C，D)。
A. 停循环压缩机的同时停干气密封
B. 循环气中氧气浓度为0时停循环压缩机
C. 循环水中MEG浓度置换至≤0.2%后才能排放
D. 反应器降温至160℃，切断大循环
21. 氧化停车反应器保温(A，B，C，D)。
A. 关闭或关小反应器进料调节阀　B. 启动撤热剂循环泵
C. 关闭高压汽包产汽阀　D. 打开高压汽包加热蒸汽阀
22. 装置停工过程的管理中对基层单位岗位操作人员的要求是按(A，B，C，D)进行装置的停工操作。
A. 停车方案　B. 操作法　C. 工艺技术规程　D. 安全技术规程
23. 环氧乙烷精制塔停车后，下列关于水煮(清洗)、置换的要求的说法，正确的是(C，D)。
A. 氮气置换至气相环氧乙烷浓度小于500ppm
B. 水煮(清洗)至回流罐中环氧乙烷浓度小于0.1%
C. 氮气置换至气相环氧乙烷浓度小于50ppm
D. 水煮(清洗)至回流罐中环氧乙烷浓度小于0.05%
24. 参与停、开车人员必须穿戴好劳动防护用品，当进行酸、碱等作业时还必须(B,C)。
A. 穿护趾鞋　B. 佩戴护目镜
C. 戴防酸胶皮手套　D. 佩戴防护口罩
25. 下列关于旋涡泵特点的说法，正确的是(B，C)。
A. 适合于输送高黏度液体　B. 属于叶片式泵
C. 大多数旋涡泵具有自吸能力　D. 是往复泵的一种特殊类型
26. 屏蔽泵与一般离心泵的区别有(A，B，C)。
A. 泵壳与马达连为一体　B. 泵轴与马达合为一根
C. 转子和定子分别用屏蔽套保护起来　D. 工作原理不同
27. 下列关于齿轮泵的特点的说法，正确的是(C，D)。
A. 需要吸排油阀　B. 出口流量不均匀
C. 流量基本与排出压力无关　D. 适合于不含固体杂质的高黏度液体
28. 压力容器铭牌上一般包含的参数有(A，B，C，D)。
A. 操作温度　B. 操作压力　C. 设计温度　D. 设计压力
29. 往复式压缩机的气量调节方法有(A，B，C，D)。
A. 旁路调节　B. 转速调节
C. 连通补助容积调节　D. 顶开进气阀调节
30. 下列关于泵安装要求的说法，正确的是(A，B)。
A. 卧式泵壳体上应设排气阀　B. 往复泵一般在出口管线上设缓冲罐

C. 泵进口处应有不小于2倍管径的直管段

D. 容积式泵通常不需要设置止回阀

31. 下列关于精馏塔安装标准的说法，正确的是(A，B，C，D)。

A. 塔体防腐层不应有鼓泡、裂纹和脱层

B. 支承梁上表面与支持圈上表面应在同一平面上

C. 一般塔体标高允差为±5mm

D. 降液板应该用螺栓固定在支撑板上

32. 压缩机转子在(A，B，C，D)可通过验收。

A. 转子已进行动平衡实验　　B. 叶轮流道内无积垢、异物

C. 叶片无缺损、裂纹　　D. 转子进行了全面的无损探伤检查

33. 下列关于机泵密封泄漏率的描述，正确的是(A，B)。

A. 机械密封：轻质油为10滴/min；重质油为5滴/min

B. 填料密封：轻质油为20滴/min；重质油为10滴/min

C. 机械密封：轻质油为5滴/min；重质油为10滴/min

D. 填料密封：轻质油为10滴/min；重质油为20滴/min

34. 现场液位计一般可分为(A，B，C，D)。

A. 玻璃液位计　　B. 静压式液位计　　C. 浮力液位计　　D. 电测式液位计

35. 机械密封按摩擦面的数目及布置情况可分为(A，B，C)。

A. 单端面机封　　B. 双端面机封　　C. 多端面机封　　D. 波纹管机封

36. 按照腐蚀的机理分类，腐蚀可分为(B，C)。

A. 晶间腐蚀　　B. 化学腐蚀　　C. 电化学腐蚀　　D. 电偶腐蚀

37. 化工设备的防腐措施从设备的结构考虑，应防止出现(A，B，C，D)。

A. 局部应力　　B. 介质停滞　　C. 局部过热　　D. 蒸汽的冷凝

38. 压力管道选材主要考虑的因素为(A，B，C，D)。

A. 输送介质的压力、温度　　B. 输送介质的化学性质

C. 管子本身性能　　D. 压力降的影响

39. 影响管道密封的主要因素为(A，B，C)。

A. 介质性质　　B. 工作压力　　C. 工作温度　　D. 流速

40. 设备维护保养中对操作人员的要求是(A，B，C，D)。

A. 持证上岗　　B. 对使用设备做到“四懂”、“三会”

C. 按设备操作规程操作设备　　D. 按时巡检，发现问题及时汇报处理

41. 循环压缩机止推轴承损坏的原因有(A，B，C，D)。

A. 轴承供油不足　　B. 止推瓦块质量差　　C. 轴向推力过大　　D. 安装不好

42. 引起冰机压缩机的油压保护动作联锁的原因有(B，C)。

A. 油温高　　B. 油过滤器堵塞　　C. 油量不足　　D. 油泵漏

43. 造成尾气回收压缩机联锁的原因有(C，D)。

A. 再吸收塔塔釜温度高　　B. 压缩机段间温度高

C. 再吸收塔吸收水温度高　　D. 冷却水温度高

44. 判断再沸器结焦的主要依据有(B，C，D)。

A. 再沸器出口温度高　　B. 蒸汽阀后压力高，蒸汽加不进

C. 疏水器排汽量大　　D. 塔釜温度上不去

45. 环氧乙烷吸收解吸系统贫循环水 UV 值偏低对生产的影响有(A，B)。

A. 系统容易发泡　　B. 影响产品 UV 值

C. 影响产品纯度　　D. 影响催化剂选择性

46. 影响再沸器传热效果的因素有(A，B，C，D)。

A. 管壁的结焦程度　　B. 凝液罐压力

C. 管程压力　　D. 壳程有不凝气体

47.(A，B，C，D)会引起环氧乙烷的聚合。

A. 铁锈　　B. 石棉　　C. 橡胶　　D. 氧化物

48.(A，B，D)环氧乙烷成品冷却器易被冻堵。

A. 开车阶段　　B. 停车阶段　　C. 正常生产期间　　D. 系统波动大时

49. 机泵振动大的原因是(A，B，D)。

A. 泵轴与电机轴不同心　　B. 叶轮松动

C. 介质比重增加　　D. 转子不平衡

50. 高速离心泵气蚀的现象有(A，B，C)。

A. 出口压力剧烈波动　　B. 振动大

C. 声音异常　　D. 机封损坏

51. 造成安全阀内漏的原因主要是(A，B)。

A. 腐蚀　　B. 曾经起跳过未重新调校

C. 温度高　　D. 设计原因

52. 判断安全阀是否内漏的方法是(B，C)。

A. 容器压力是否上升　　B. 听声音

C. 摸安全阀前后的温度是否有变化　　D. 安全阀起跳

53. 离心泵停运一段时间后再次启动时机械密封发生泄漏，可能是由于(B，C，D)所造成。

A. 进出口压差大　　B. 弹簧锈蚀

C. 弹簧卡死　　D. 介质在摩擦环附近凝固或结晶

54. 压力容器常见的蠕变破坏的原因有(A，B，C)。

A. 容器长期在某一高温下运行　　B. 选材不当，结构不合理

C. 容器由于结垢，结碳等影响传热，造成局部过热

D. 容器中的物料长期呈酸性

55. 压力容器蠕变破坏的预防措施有(A，B，C)。

A. 选用机械性能较好的合金材料

B. 选用结构合理，制造质量符合标准的压力容器

C. 在使用中防止容器局部过热

D. 减少酸性物在容器中存在

56. 环氧乙烷精制塔停冷却水时，下列说法正确的是(A，D)。

A. 塔顶温度上升　　B. 进料阀门联锁关闭

C. 灵敏板温度下降　　D. 塔釜再沸器蒸汽阀门联锁关闭

57.(A，B，C，D)容易造成环氧乙烷吸收解吸系统循环水 UV 值偏低。

A. 循环水槽的水质不好　　B. 反应器喷沙或钝化不完全

C. 水处理系统再生不完全　　D. 循环水的 pH 值过高

58. 装置 6000V 电二条线同时停，UPS 不间断电源故障下列处理方法正确的是(A，B，D)。

A. 各岗位紧急停车　　B. 只能到现场手动操作

C. 在室内可以利用调节阀调节

D. 调节阀处于安全状态，DCS 不起调节作用

59.(A，B，C，D)压差高，可通过加入消泡剂来降低。

A. 二氧化碳吸收塔　　B. 二氧化碳解吸塔

C. 环氧吸收塔　　D. 放空气吸收塔

60. 氧化停车后，吸收解吸系统水运与正常运行比较，参数调整变化正确的有(A，D)。

A. 吸收塔顶进料量降低　　B. 吸收塔压差增加

C. 急冷排放量增加　　D. 解吸塔顶温度升高

61. 设备设计条件清单，是进行化工设备设计的主要依据，应列出设备的工艺要求，其内容包括(A，B，C，D)。

A. 设备简图　　B. 技术特性指标　　C. 管口表　　D. 明细栏

62. 化工设备图应标注的尺寸有(A，B，C，D)。

A. 性能尺寸　　B. 装配尺寸　　C. 外形尺寸　　D. 安装尺寸

63. 方案流程图绘制主要涉及的内容有(A，B，C，D)。

A. 设备画法　　B. 设置位号及名称标注

C. 工艺管线的画法　　D. 图框和标题栏画法

64. 在 PID 图中，每条管道都需标注管道代号，其内容主要有(A，B，C，D)。

A. 物料代号　　B. 管径　　C. 压力等级　　D. 管道材质

65. 管段图主要内容有(A，B，C)。

A. 图形　　B. 方向标　　C. 标注　　D. 标题栏

简答题

1. 简述装置水冲洗的方法。

答：①冲洗程序采用分段冲洗的方法进行，即每个冲洗口合格后，再复位进行后续系统的冲洗；②各泵的入口管线冲洗合格之后，按规程启动泵冲洗出口管线，合格后，再冲洗塔、容器等；③冲洗时，必须在换热器、塔器入口侧加盲板，只有待上游段冲洗合格后，才可进入设备；④各塔器设备冲洗后，要入塔检查并清扫出机械杂质；⑤在冲洗过程中，各管线、阀门等设备一般需间断冲洗 3 次，以保证冲洗效果；⑥在水冲洗期间，所有的备用泵均需切换开停一次；⑦水冲洗合格后应填写管段和设备冲洗纪录。

2. 高压氮气系统是如何试压试漏的？

答：①在高压氮气压缩机入口安装 30 目的临时滤网，用低压氮气吹扫高压氮气系统所附属的配管，直至管线干净且氧气含量 $<0.5\%$；②按照制造厂商的说明书启动高压氮气压

缩机，用低压氮气加压高压氮气缓冲罐；③当高压氮气缓冲罐压力达到设计压力的1.25倍时，系统进行泄漏试验，并试验系统设置的各种报警、联锁和压缩机自动停车和开车。

3. 乙二醇脱水塔怎样做气密保压试验？

答：①将乙二醇脱水塔系统与外部相连的手阀全部切断；②乙二醇脱水塔塔顶冷凝器壳程出口加盲板，关闭系统所有的倒淋阀；③用塔釜 N_2 管线向塔内充 N_2 至 $1.5kg/cm^2$ (147kPa)(表)；④用肥皂水找漏，将漏点消除；⑤保压：系统隔离；充 N_2 至 $1.5kg/cm^2$ (147kPa)(表)；静置8h以上；计算泄漏率是否 $<0.5\%$。

4. 新建装置水联运试车的目的是什么？

答：①在吹扫、冲洗的基础上进一步清洗设备和管道内杂物，并且鉴定阀门、法兰、管线等有无泄漏现象；②使操作人员进一步熟悉工艺流程；③对有关设备仪表进行试运转；④在装置进料前最终暴露设计施工中存在的有关问题，并在开车前解决。

5. 新建装置水联运必须具备的条件有哪些？

答：①单机试运已经结束；②系统已经经过彻底的水冲洗；③公用工程及仪表等具备投用条件，可以投用；④水冲洗所拆除的调节阀等已全部复位；⑤装置与中控之间的通讯系统已经投用。

6. 水合蒸发系统水运及开车前系统检查哪些？

答：①环氧进料系统能否满足水和蒸发系统开车；②蒸汽冷凝液闪蒸罐和水缓冲罐液位、温度、压力是否建立，水和环氧进料泵是否能正常运行，系统各阀位是否处于正常状态；③工艺冷凝闪蒸罐备用良好，确保投料后能正常投入使用；④系统中各冷换热设备，管线阀门是否正常投入运行；⑤系统中加热器管线阀门是否正常；⑥反应器和塔的管线阀门是否正常，确认物料走向，确保投料后能正常生产。

7. 装置水联运操作又有哪些注意事项？

答：①水联运按水循环流程进行，应防止水窜入其他不参加水联运的部位；②水经冷却器、换热器和控制阀时，若有副线，应先走副线，待干净后再走换热器和控制阀；③水联运中发现过滤网堵塞或管线堵塞，应及时清洗或清理；④水联运中，必须控制泵出口流量不要过大，以防电机超载，所有备用泵应切换使用；⑤塔、容器、换热器等设备充水完毕，在开始水运前必须在各低点排污；⑥若循环水脏后，可视情况部分排放，补充新鲜水或全部排放，重新建立循环；⑦水循环结束后，要及时进行排空处理，要注意防止容器造成真空，损坏设备；⑧在冬季进行水联运，必须要充分考虑防冻措施；⑨在水联运结束后，要填写水联运模拟试车报告。

8. 装置开车必须具备的条件有哪些？

答：①确认工艺流程正确；②各盲板、阀门位置正确；③检查确认水、电、气、汽等公用工程能保障供给；④检查确认通讯系统，照明系统可以使用；⑤确认调校各仪表，调节阀均正常；⑥中控室控制系统正常运转；⑦安全消防设施配备齐全；⑧装置所有设备水运或单试过；⑨原辅材料正常。

9. 贫吸收液中为什么要连续加入碱液？

答：通过连续加入碱液中和反应生成的有机酸，保持pH值在7.3~7.5之间，脱除气体物流中的微量酸化物，降低设备腐蚀。

10. 为什么氧气管线及线上的阀门都要经过脱脂处理？

答：①在纯氧条件下，许多物质的可燃点大幅度下降，甚至在常温下可以自燃；②脂类物质均为可燃性物质，因此必须对氧气管线及线上的阀门进行脱脂处理；③氧气管线上的阀门由于不能保证其填料不泄漏氧气，因此必须对阀门的阀杆等进行脱脂处理，不得涂抹润滑油脂。

11. 抑制剂加入量不足，催化剂选择性如何？是何原因？如何处理？

答：抑制剂加入量不足，催化剂选择性下降；原因是乙烯氧化副反应增加，反应主要生成二氧化碳和水；根据公式 $I = n_{Cl}/0.05(n_{C_2H_4} + 85n_{C_2H_6})$，可计算出氯含量 n_{Cl}，将分析得出的氯含量与计算值相比较，调整抑制剂加入量使进料气中氯含量与计算值相同或接近即为最佳氯含量。

式中，I 为 I 因子取 0.05；$n_{C_2H_4}$ 为进料中 C_2H_4 摩尔分数；$n_{C_2H_6}$ 为进料中 C_2H_6 摩尔分数。

12. 开车过程调整生产负荷氧化系统应特别注意哪些参数？

答：①反应温度，控制反应温度平稳上升；②氧气与乙烯浓度逐步提高；③反应器汽包加热蒸汽阀逐步关小；④反应器汽包液位控制在50%左右；⑤抑制剂加入量逐渐上升，且每次增大后要有一段稳定时间，计算选择性；⑥观察反应器床层温度，防止产生热点等不正常现象。

13. 氧化开车时环氧乙烷吸收解吸系统要作哪些调整？

答：①增加解吸塔塔釜加热量，保证解吸塔中环氧乙烷全部解吸；②增加洗涤塔吸收水流量，维持水温；③调整解吸塔塔顶出口气体温度；④调整再吸收塔吸收水量和塔釜温度；⑤建立到水处理系统的循环水量；⑥正常后将再吸收塔塔顶尾气切入尾气回收压缩机。

14. 银催化剂在初始开车活化时，当氧气进料确认初始反应后应该立即做哪些工作？

答：①以设计流速的3~4倍加抑制剂(经计算抑制剂进料系统的流速300~400molppb)，持续加抑制剂3~4h；②循环气乙烯浓度增加到最大5.0%；③调节反应温度以维持 ΔO_2 在0.2%(摩尔)以上，但不要超过0.3%(摩尔)。

15. 投料后界外协调的主要内容是什么？

答：①协调公用工程系统中水、汽、仪表风、低压氮气、中压氮气等，要平稳供应；②原料气乙烯、氧气随负荷的提高调节反应器温度，压力要平稳供应；③当循环气系统要由氮气致稳改为甲烷致稳时，要及时联系合格甲烷的供应；④当有乙二醇、二乙二醇、三乙二醇合格产品且产品罐满后要及时联系外送；⑤当环氧乙烷精制系统可以产出合格产品时要及时联系环氧乙烷罐区接收及贮运。

16. 二氧化碳脱除系统的节能措施有哪些？

答：①使用水力透平；②增加循环气流量，适当降低碳酸盐流量；③适当提高碳酸钾浓度，降低碳酸盐流量；④使用装置的闪蒸蒸汽；⑤降低间接蒸汽用量，并防止凝液串气；⑥及时调整风机运行台数。

17. 水合蒸发系统的节能措施有哪些？

答：①负荷改变时要及时调整第一效再沸器的加热蒸汽量，在保证二氧化碳汽提塔液位平衡的前提下，尽量减小第一效加热蒸汽量；②严格控制各效蒸发塔的液位，防止液位空，增加二次蒸汽的热利用率；③严格控制各效蒸发塔凝液罐的液位，防止液位满或者空，影响塔的脱水效果；④在保证循环水槽中 MEG 含量不超标的情况下，尽量减小各效回流量，保证塔的顺利蒸发，节省能源；⑤保证最后一效蒸发器较低的真空，降低水的蒸发温度，节省蒸汽。

18. 简要叙述 EO/EG 装置物料损失的途径有哪些？

答：①为控制循环气中 Ar 含量对循环气的放空；②再吸收塔塔顶尾气的放空；③碳酸盐再生塔塔顶尾气的放空；④乙二醇精馏系统热水井排放水中含有的少量 MEG、DEG；⑤物料系统的跑、冒、滴、漏。

19. 减少装置三废排放的措施有哪些？

答：①清污分流，将蒸汽凝液、冲洗水、雨水等无污染废水排入雨排；②回收开停车过程中和检修中的倒空料和清洗液，禁止高浓度废水的排放；③做好对尾气的回收工作，包括循环气的放空气、再吸收塔塔顶尾气、碳酸盐再生塔塔顶尾气等；④设置高浓度废液回收装置，回收泄漏物料、取样废液和含物料的地面污水，进行回收利用；⑤对固体废弃物及时回收处理，防止扩散；⑥及时消漏。

20. 简述装置可从哪几个方面考虑蒸汽的平衡优化。

答：①尽量减少装置内部蒸汽的放空；②控制高品位蒸汽(高压蒸汽)转化为低品位蒸汽(低低压蒸汽)的量；③尽量多使用低品位的蒸汽；④采用先进控制，减少各系统蒸汽的用量。

21. 乙二醇储罐采用什么措施保护乙二醇产品质量？

答：①罐壁采用喷铝，防止腐蚀后影响产品的色相和铁含量；②罐内采用氮气保护，保持罐内正压，防止空气进入后产品水含量升高及产品氧化。

22. 乙二醇精制塔为何采用负压操作？

答：①负压下，纯物质的沸点较常压下低，这样就能在较低的操作温度下，达到分离混合物的目的，特别是乙二醇、二乙二醇的沸点高，高温下易结焦聚合，因此采用负压操作；②负压精馏可适当提高分离能力，在减压下，组分的相对挥发度增加，而且对容易达到真空的装置，还可以节省能源。

23. 环氧乙烷精制塔的操作中，引起塔压变化的因素有哪些？

答：①进料流量；②进料组成；③进料温度；④塔釜再沸器蒸汽流量；⑤回流量；⑥回流温度。

24. 什么是工业废水的氧化还原处理方法？适用什么范围？

答：氧化还原法就是利用氧化还原反应将溶解于废水中的有毒物质转化为无毒或微毒物质的一种化学治理方法。氧化还原法几乎可以处理各种工业废水，特别适用于处理废水中难以生物降解的有机物，如绝大部分农药和杀虫剂、氰化物以及引起色度、臭味的物质。

25. 简单说明哪些条件将影响催化剂的使用寿命？

答：①原料中的杂质对催化剂的毒化作用，如卤素、硫、碳三、甲醇等杂质对催化剂寿命产生负作用，有时甚至使催化剂失活；②OMS 开停车次数过多会缩短催化剂的使用寿命；③催化剂使用时的生产负荷，如果经常超负荷或满负荷生产，则寿命短，而长期低负荷运行，则寿命长；④催化剂本身的各种物理性能，如机械强度、热稳定性、银催化剂脱落情况等都会影响催化剂的寿命。

26. 什么是精馏塔最适宜的进料板位置?

答: ①精馏塔中塔顶轻组分浓度最高，塔釜重组分浓度较高，塔中各板轻组分浓度由上而下逐渐降低，重组分浓度由上而下逐渐增加；②在精馏塔某一块塔板上的液相各组分浓度，如果与进料原料液中各组分浓度相等或接近时，加料在该板上最合适，此板就是进料板；③在设计安装中，精馏塔一般都设有二至三个进料口，当原料组成发生变化时，可适当移动进料口位置，以达到进料组成与进料板上的组成相接近的目的；④当进料液中轻组分浓度降低时，应将进料板位置下移，以增加精馏段的塔板数，提高精馏段分离能力。

27. 为什么控制环氧吸收塔塔顶气中 EO 含量?

答: ①防止在碳酸盐溶液中生成大量的醇，使醇含量升高影响 CO_2 脱除。②增加反应器进料中 EO 含量降低爆炸极限，影响催化剂活性。③降低 EO 收率，减少产品产量。

28. 影响环氧吸收系统 pH 值因素有哪些?

答: (1)氧化生产负荷；②氧化副反应强弱；③脱碳效果；④环氧吸收解吸效果；⑤冷冻机组的能力；⑥急冷液排放泵、解吸塔乙二醇排放泵及碱计量泵效果好坏；⑦急冷液排放液、解吸塔乙二醇排放液量的大小；⑧加入碱液的配比及加入量；⑨环氧乙烷轻组分解吸塔效果；⑩采样分析有误；⑪仪表故障。

29. 吸收解吸系统停车如何解吸 EO?

答: ①吸收解吸系统停车后，整个液相系统停运，3min 不能够恢复则氧化停车，压缩机继续运转，依靠吸收塔急冷段为压缩机撤热，保证压缩机运行。②溶解在贫吸收液中的 EO，由于不能够使液相保持循环，汽提塔无法解吸 EO，如果再沸器继续加热，部分 EO 可能水合 MEG，抓紧恢复液相系统运行，再汽提未解吸的 EO。

30. 环氧乙烷精制塔停车后(不检修)，为什么要进行倒空、置换?

答: ①由于环氧乙烷容易聚合，且沸点低，长期停车后，为防止残留在设备管道内的环氧乙烷聚合，堵塞管道，因此必须要倒空；②对设备用氮气置换并保压是为了防止设备生锈。

31. 在化工生产中如何正确使用盲板?

答: ①盲板在化工生产中起切断、隔离物料的作用。例如，某设备要检修，但与其物料来源或其他设备有相连管线，则这些管线必须加盲板；②加盲板时，必须先制作盲板图，在盲板图上应注明所加盲板的数量、地点，并标上编号；③加盲板时，现场与图纸应符合，盲板加入法兰间，必须留尾巴，必须用不小于管壁厚度的铁板制作，使用规定的垫片；④检修完成后拆除盲板时应与盲板图对号，装、拆盲板应有专人负责。

32. 试述惰性气体(氮气)安全防护要求?

答: ①惰性气体用来降低各类设备中的氧含量，防止爆炸混合物的形成；②惰性气体泄漏会降低临近的大气氧含量；③需进入含有惰性气体的储罐或容器作业时要用空气进行置换，以保证有足够的氧含量；④塔罐进入前还应测定其中氧含量，按要求办理进罐许可证。

33. 造成冰机排气温度高的原因有哪些?

答: ①系统混入空气；②冷却水温度过高或冷却水量不充足；③冷却器换热管结垢；④充入的制冷剂过多，冷却管被液态冷剂浸没，使有效传热面积减少。

34. 选用液位计一般需要考虑哪些因素?

答: 选用液位计通常要考虑以下因素：

①液面测量范围和精度要求，仪表的显示方式和调节性能。②流体特性。包括温度、压力、密度，流体是否脏污，是否含有固体，是否气化，是否有腐蚀性、结焦及黏附。③在测量区内，流体是否有扰动。④仪表的安装场所。包括仪表的安装高度，防爆等级等。

35. 关键机泵切换过程有何要求?

答: ①对将停运的机泵在停机前，应根据该泵三个月来的运行状况，对其进行全面检查，决定该泵是计划检修或处于备用；②切换时，严格按照有关机泵的操作规程执行。新泵刚启动时，应尽快检查其压力、流量、电流、轴承温度、冷却水畅通、有无杂音等情况，确认无误时，方可停原运行泵。停泵时，应先关出口阀，再停机，防止机泵反转；③若需检修，操作人员应将该泵物料倒空，关闭冷却水进出口阀，办理停电手续，为检修做好前期准备；④若需用作备机，待机泵停运后，需先盘车进行确认，然后将该泵保持暖机状态，检查油箱的油位情况，使之处于良好的备用状况。

36. 为何润滑油温控制在50℃左右?

答: ①在离心压缩机中一般采用的轴承是滚动轴承，润滑油的黏度在50℃左右最为合适；②温度过高会造成黏度下降，在轴承中，易引起局部的油膜破坏润滑失效，降低轴承载能力，甚至润滑油碳化会造成烧瓦；③油温过低，虽然可以提高轴承的承载能力，但使润滑油流动性降低，影响润滑作用，故润滑油一般控制在50℃。

37. 按照腐蚀的机理、形态、腐蚀环境分类可分别分成哪几类?

答: ①腐蚀按照腐蚀机理可分为化学腐蚀和电化学腐蚀；②腐蚀按照腐蚀形态可分为全面腐蚀和局部腐蚀；③腐蚀按照腐蚀环境可分为高温腐蚀、大气腐蚀、海水腐蚀、土壤腐蚀、工业水腐蚀。

38. 对化工生产中的设备、管线等的腐蚀通常有哪几种控制方法?

答: ①提高金属材料的耐腐性能；②改善环境；③采用耐腐蚀覆盖层；④电化学保护；⑤采用耐腐的非金属材料制造化工设备或管线。

39. 怎样保护和正确使用电机?

答: ①长期停用的电机，在重新使用前，要请电工作绝缘检查，合格后方可送电使用；②保证电机干燥；③保证电机风罩清洁，通风良好，缺少风罩电机不应使用；④电机接线盒处保持清洁；⑤电极及设备地脚螺丝必须紧固，联轴节安装必须符合要求，以减少电机震动；⑥电极熔断保险或过流安全装置跳闸应查明原因，加以排除后再可以送电；⑦尽量做到平稳操作，防止负荷波动，更不允许随意开、停电机；⑧对备用设备的盘车，不能用点开电机代替；⑨电极保护性接地必须良好。

40. 完好动设备的标准是什么?

答: ①运转正常；②效果良好；③内部机件无损坏；④质量符合要求；⑤主体清洁；⑥零附件完全好用；⑦无泄漏；⑧技术资料齐全准确。

41. 造成吸收塔液体分布器损坏的原因有哪些?

答: ①由于设计不合理，液体高流速冲刷造成腐蚀；②由于材料选择不当引起；③因为填料的摩擦作用产生侵蚀，分布器上的保护层被腐蚀；④操作过程中工艺参数波动大，开停车次数过多。

42. 精制塔易损坏的内件有哪些? 造成损坏的主要原因有哪些?

答: ①精制塔易损坏的内件有阀片、降液管、填料、填料支承件、分布器等；②损坏的原因：a. 安装质量不好；b. 操作不当，工艺参数波动大；c. 超负荷、超压差运行。

43. 冰机压缩机的油压保护动作联锁的原因是什么？

答：①油量不足；②由于压缩比增大导致油量增加；③油中渗入了水。

44. 造成再沸器结焦的原因有哪些？

答：①物料停留时间长；②物料中杂质多；③再沸器温度高；④物料重组分多；⑤管壁粗糙。

45. 怎样减少再沸器的结焦？

答：①控制较低的再沸器出口温度；②维持正常的塔釜液位；③防止空气进入系统；④增加再沸器的循环量；⑤定期清焦，防止恶性循环；⑥控制蒸汽温度。

46. 造成环氧乙烷吸收解吸系统贫循环水 UV 值偏低的原因是什么？

答：①氧化反应中副产物多；②环氧乙烷吸收解吸系统生成的有机杂质多；③去水处理系统的处理水量不足；④循环水槽水质差。

47. 影响再沸器传热效果的因素有哪些？

答：①管壁的结焦程度；②管程的液位；③物料的组分；④壳程有不凝气体；⑤壳程压力；⑥凝液罐满液位；⑦蒸汽温度；⑧再沸器本身漏。

48. 如何尽量减少环氧乙烷系统的聚合反应？

答：①在操作和设备许可的情况下，尽可能用较高的纯氮气对其进行保护；②环氧精制系统的产品应是含极少量水和醛的高纯度的环氧乙烷；③本系统在进料前要彻底清理铁锈、塑料、橡胶、氧化物等；④本系统在进料前氧含量和露点分析合格；⑤防止在装车过程中，槽车上的物料返回本系统；⑥消除环氧的静止点状态；⑦保证较低的贮存温度；⑧发现聚合物及时彻底清理。

49. 降低环氧乙烷产品中醛含量的方法有哪些？

答：①二氧化碳气提塔塔釜分大室和小室，大室的物料来自小室，还有部分来自环氧乙烷精制塔脱醛物料，大室物料进入环氧乙烷水合反应器，从而避免了高醛物料再次进入环氧乙烷精制塔，大小室物料来自二氧化碳气提塔塔填料层，小室物料由环氧乙烷进料泵打到环氧乙烷精制塔；②保证环氧乙烷精制塔塔中段洗涤水量，使部分甲醛浓缩在塔釜，减少塔顶回流管线及回流泵中的醛含量，减少环氧乙烷聚合；③保证环氧乙烷精制塔脱醛排出量；④对氧化反应器实行最佳化操作，在一定负荷下，尽量以最低的温度，最大的选择性操作。

50. 精馏塔操作的影响因素共有哪些？

答：①塔压与塔温；②进料状态；③进料流量的大小；④进料组成的含量；⑤进料口的位置改变；⑥塔内上升蒸汽速度或再沸器的加热量；⑦塔顶回流量与温度的影响；⑧塔顶冷凝器的冷却剂影响；⑨塔顶采出量的大小；⑩塔釜采出量的大小。

51. 怎样从工艺和操作方式提高环氧乙烷吸收解吸系统循环水的 UV 值？

答：①氧化反应系统采用更好的催化剂；②防止反应器生锈；③防止碳酸盐等杂质进入氧化反应系统；④调整氧化反应状态，减少副反应，控制原料中的杂质，采用脱硫等方法；⑤增加循环水处理系统的处理能力；⑥在循环水槽水质不好时采用脱盐水补充液位；⑦环氧乙烷吸收解吸系统少加或不加碱；⑧控制环氧乙烷解吸塔塔釜温度。

52. 环氧乙烷精制塔操作压力高的原因及如何处理？

答：①加热蒸汽量大，塔釜温度高，减少加热蒸汽量，维持塔釜及灵敏板温度；②塔顶冷凝器冷却量不足。冷却水压力流量小，应加大或调整；③回流量不够。根据物料平衡，适当增加回流量，调整产品采出量；④进料量或浓度突然增加。适当加大采出量；⑤塔顶调节阀失灵。打旁路调节，尽快检修仪表。

53. 叙述氧化反应器进水后开车的方法？

答：①用 N_2 置换循环气至少 24h，使催化剂床层中水置换掉；②反应器保持停车前温度；③再开车后应采用慢提负荷的方法进行提负荷；④保持循环气中氧浓度 3%，乙烯浓度 5% ~ 8%，循环 24h；⑤慢慢将乙烯浓度由 8% 提到 24%，并保持氧浓度；⑥慢慢升高反应器温度，使 $\Delta O_2\% \leqslant 1\%$；⑦以每 4h 0.5% 速度升高氧浓度达 7.5%，计算反应选择性必须大于 75% ~ 77%；⑧以 0.5℃/2h 速度升温，在接近正常反应器温度时要有合理的选择性和转化率，这时负荷约为 80%；⑨用 16h 时间将氧浓度由 7.5% 提到 8%，计算反应选择性和转化率；⑩谨慎调节抑制剂及汽包压力至全负荷运行。

54. 地震发生时装置可能产生的灾害有哪些？

答：①由于装置生产所用原料、产品多数是易燃、易爆、有毒、易污染，生产过程也为高温、高压或低温、低压，潜在的危险性较大，地震时，设备、管线、储罐遭到破坏可能带来燃烧、爆炸和有毒物质外溢、有毒有害气体蔓延等次生灾害，将会造成人员伤亡、生产破坏、环境污染、经济损失的严重灾害；②发生地震自然灾害时，装置可能同时发生停水、电、汽、仪表风等现象。

55. 地震发生后装置的应急救灾措施有哪些？

答：①值班长应立即向厂调度及车间领导汇报地震对装置造成的影响，接受上级领导的指示，并根据受震情况决定装置停车；②车间操作人员应及时、准确实施装置停车，切断易燃易爆物料源及有毒物质源，发生火灾时，立即组织灭火工作，防止次生灾害的发生或控制次生灾害的蔓延；③组织岗位人员进行自救及装置救灾工作，在装置无法控制的情况下，实施人员避震疏散；④及时实施防余震的紧急措施，对可能造成扩大灾情、次生灾害蔓延或威胁人身安全的危险部位采取有效措施进行排险和抢修；⑤厂防震应急领导小组根据灾情及时实施消防、医疗救护、交通管制、治安保卫、抢险抢修、物资供应等应急对策。

56. 环氧吸收系统加入消泡剂后参数调整要注意哪些事项？

答：①环氧吸收系统加入消泡剂后，环氧吸收塔塔盘或填料层上积液落入塔釜，使塔釜液位上涨，富液循环量将增大，此时要注意吸收塔液位低联锁停车或空塔造成吸收解吸高低压串压。②由于富液循环量增大，要及时调整解吸塔直接和间接蒸汽加入量，确保环氧解吸塔顶温度稳定，使环氧完全解吸，进而保证环氧精制和水合三效系统稳定。

计算题

1. 某连续操作的精馏塔分离苯与甲苯。原料液含苯 0.45(摩尔分数，下同)，塔顶产品含苯 0.94。已知塔顶产品含苯量占原料液中含苯量的 95%。问：塔底产品中苯的浓度是多少？按摩尔分数计。

解：

$$0.95 = \frac{DX_D}{FX_F} = \frac{D}{F} \times \frac{0.95}{0.45}$$

$$\frac{D}{F} = 0.455,\quad \frac{W}{F} = 0.545$$

又

$$F \times 0.45 = D \times 0.94 + Wx_W$$

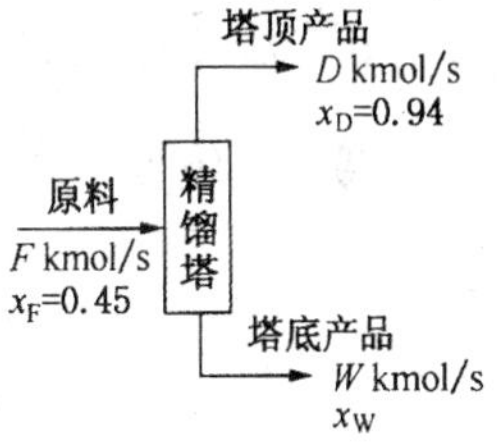

即 $$0.45 = 0.45 \times 0.94 + 0.545 \times x_W$$

$$x_W = 0.0413$$

答：塔底产品中苯的浓度是0.0413。

2. 将2000kg/h含90%（摩尔）二乙二醇和10%（摩尔）三乙二醇的混合液在精馏塔中分离，要求馏出液中含二乙二醇99%（摩尔），釜液中二乙二醇含量不高于5%（摩尔），求馏出液、釜液的流量及塔顶易挥发组成的回收率和采出率。

解：二乙二醇的千摩尔质量为106kg/kmol；三乙二醇的千摩尔质量为150kg/kmol；

原料液的平均千摩尔质量为 $0.9 \times 106 + 0.1 \times 150 = 110.4$kg/kmol

$$F = 2000/110.4 = 18.1\text{kmol/h}$$

采出率为：$D/F = (0.9 - 0.05)/(0.99 - 0.05) = 0.904$

塔顶馏出液 $D = 18.1 \times 0.904 = 16.36$kmol/h

塔釜液流量 $W = F - D = 18.1 - 16.36 = 1.74$kmol/h

塔顶易挥发组分的回收率为：$73.68 \times 0.99/81.5 \times 0.9 = 0.9945 = 99.45\%$

答：馏出液、釜液的流量分别为73.68kmol/h、7.82kmol/h，塔顶易挥发组成的回收率和采出率分别为90.4%、99.45%。

3. 每小时将500kg含甲醇50%和水50%的混合液，在连续精馏塔中进行分离，要求釜残液中含甲醇不高于1.0%，塔顶馏出液含甲醇不低于95%（以上均为质量分数）。试求馏出液和釜残液的流量，以千摩尔表示。

解：甲醇的相对分子质量为32，水的相对分子质量为18

进料的千摩尔流量 $F = \dfrac{500 \times 0.5}{32} + \dfrac{500 \times (1 - 0.5)}{18} = 21.7$kmol/h

将原料、塔顶和塔底产品组成的质量分数换算为摩尔分数：

$$X_F = \frac{0.5/32}{0.5/32 + 0.5/18} = 0.36$$

$$X_D = \frac{0.95/32}{0.95/32 + 0.05/18} = 0.914$$

$$X_W = \frac{0.01/32}{0.01/32 + 0.99/18} = 0.0056$$

物料衡算：$D = F\dfrac{X_F - X_W}{X_D - X_W} = 21.7 \times \dfrac{0.36 - 0.0056}{0.914 - 0.0056} = 8.47$kmol/h

$$W = F - D = 21.7 - 8.47 = 13.23\text{kmol/h}$$

答：馏出液的流量为8.47kmol/h；釜残液的流量为13.23kmol/h。

4. 由A、B组成的某理想混合物，其中A物质的质量分数为0.40。已知常压、20℃下，A和B的密度分别为879kg/m³和1106kg/m³，试求该条件下混合物的密度。

解：$1/\rho = w_A/\rho_A + w_B/\rho_B = 0.4/879 + (1 - 0.4)/1106$

$$\rho = 1002\text{kg/m}^3$$

答：该条件下混合物的密度为1002kg/m³。

5. 如图所示串联变径管路中，已知小管为ϕ57mm×3.0mm无缝钢管，大管为ϕ89mm×3.5mm无缝钢管，水在小管内平均流速为2.5m/s，水的管密度可取为1000kg/m³。试求：

①水在大管中的流速；②管路中水的体积流量和质量流量(以小时计)。

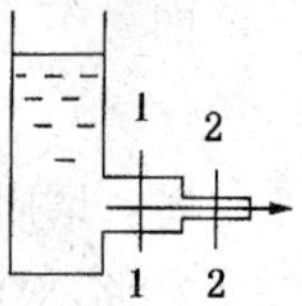

解：①因为 $u_1 = u_2\left(\frac{d_2}{d_1}\right)^2$

$$d_2 = 57 - 2 \times 3.0 = 51\text{mm}$$

$$d_1 = 89 - 2 \times 3.5 = 82\text{mm}$$

$$u_2 = 2.5\text{m/s}$$

所以

$$u_1 = 2.5\left(\frac{51}{82}\right)^2 = 0.967\text{m/s}$$

② $V_h = u_2A_2 = u_2\frac{\pi}{4}d_2^2 = 2.5 \times 0.785 \times (0.051)^2$

$= 0.00510(\text{m}^3/\text{s}) = 18.4\text{m}^3/\text{h}$

$W_h = V_h\rho = 1.84 \times 10^4\text{kg/h}$

答：①水在大管中的流速为 0.967m/s。

②管路中水的体积流量为 $18.4\text{m}^3/\text{h}$，质量流量为 $1.84 \times 10^4\text{kg/h}$。

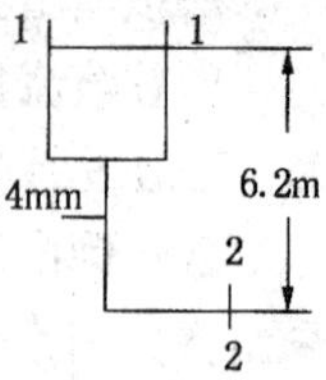

6. 如图所示，水槽液面至水管出口的垂直距离保持 6.2m，水管为 ϕ114mm × 4mm 钢管，损失能量为 58.86J/kg，求流量。

解：因为 $gZ_1 + \frac{p_1}{\rho} + \frac{u_1^2}{2} + W_e = gZ_2 + \frac{p_2}{\rho} + \frac{u_2^2}{2} + \sum h_f$

$Z_1 = 6.2\text{m}$，$Z_2 = 0$，$p_1 = p_2 = 0$(表压计)；$W_e = 0$；$\sum h_f = 58.86\text{J/kg}$；$u_1 = 0$

所以

$$6.2g = \frac{u_2^2}{2} + 6$$

$$u_2 = 1.98\text{m/s}$$

因为

$$d = 114 - 2 \times 4 = 106\text{mm}$$

$$Q = u_2\frac{\pi}{4}d_2^2$$

所以

$$Q = 1.98 \times 0.785 \times (0.106)^2 = 0.0174\text{m}^3/\text{s}$$

答：流量为 $0.0174\text{m}^3/\text{s}$。

7. 求 20℃时煤油在圆形直管内流动时的 *Re* 值并判断其流动类型。已知：管内径为 50mm，煤油在管内的流量为 $6\text{m}^3/\text{h}$，20℃下煤油的密度为 810kg/m^3，黏度为 $3 \times 10^{-3}\text{Pa·s}$。

解：因为 $d = 0.050\text{m}$，$\rho = 810\text{kg/m}^3$，$\mu = 3 \times 10^{-3}\text{Pa·s}$，$V_s = 6/3600\text{m}^3/\text{s}$，$A = \frac{\pi}{4}d^2$

$$u = V_s/A$$

所以

$$u = \frac{6/3600}{0.785 \times (0.050)^2} = 0.849\text{m/s}$$

$$Re = \frac{du\rho}{\mu} = \frac{0.050 \times 0.849 \times 810}{3 \times 10^{-3}} = 1.146 \times 10^4 > 4000$$，流动型态为湍流。

答：20℃时煤油在圆形直管内流动时的 *Re* 值为 1.146×10^4，流动类型为湍流。

8. 某固定床乙烯水合反应器的内径为2.2m，反应器内装填催化剂层的高度为4.5m，催化剂颗粒的当量直径 d_p 为5mm，床层空隙率为0.35，通过反应器的气体在操作条件下的流量为0.5m³/s，气体的平均密度为37.1kg/m³，平均黏度为0.017cP，试计算气流通过此反应器的压力降。

解：气流通过反应器的流速(以空反应器计)

$$u = \frac{V}{S} = \frac{0.5}{0.785 \times (2.2)^2} = 0.1315\text{m/s}$$

黏度 $\mu = \frac{0.017}{1000} = 0.017 \times 10^{-3}\text{N·s/m}^2$

因为 $\Delta P/L = 150\frac{(1-E)^2}{E^3}\frac{\mu u}{d_p^2} + 1.75\frac{1-E}{E^3}\frac{\rho u^2}{d_p}$

所以 $\Delta P/L = 150 \times \frac{(1-0.35)^2}{0.35^3} \times \frac{0.017 \times 0.1315}{1000 \times (0.005)^2} + 1.75 \times \frac{1-0.35}{0.35^3}\frac{37.1 \times 0.1315^2}{0.005}$

$= 132 + 3400 = 3532(\text{N/m}^2) = 3.532\text{kN/m}^2$

床层高度为4.5m的反应器其压力降为：

$$\Delta P = 3.532L = 3.532 \times 4.5 = 15.9\text{kN/m}^2$$

答：气流通过此反应器的压力降为15.9kN/m²。

9. 通过三层平壁热传导中，若测得各面的温度 t_1、t_2、t_3 和 t_4 分别为500℃、400℃、200℃和100℃，试求各平壁层热阻之比，假定各层壁面间接触良好。

解：$Q = (t_1 - t_2)/R_1 = (t_2 - t_3)/R_2 = (t_3 - t_4)/R_3$

$$R_1 : R_2 = (500-400):(400-200) = 1:2$$

$$R_2 : R_3 = (400-200):(200-100) = 2:1$$

$$R_1 : R_2 : R_3 = 1:2:1$$

答：各平壁层热阻之比为1:2:1。

10. ϕ50mm×5mm的不锈钢管，热导率 λ_1 为16W/(m·℃)，外包30mm的石棉，热导率 λ_2 为0.22W/(m·℃)，若管内壁温度 t_1 为600℃，保温层外壁温度 t_2 为100℃，试计算每米管长的热损失。

解：不锈钢管的内半径 $r_1 = 40/2 = 20\text{mm}$，外半径 $r_2 = 50/2 = 25\text{mm}$，$r_2/r_1 < 2$，故可用算术平均值求每米管长的平均面积。

$$A_{m1} = 2\pi(r_2 + r_1)/2 = 0.1413\text{m}^2/\text{m}$$

石棉层内半径 $r_2 = 25\text{mm}$，外半径 $r_3 = 55\text{mm}$，$r_3/r_2 > 2$，故用对数求每米管长的平均面积。

$$A_{m2} = \frac{2\pi L(r_3 - r_2)}{\ln\frac{2\pi r_3 L}{2\pi r_2 L}} = \frac{2\pi L(r_3 - r_2)}{\ln\frac{r_3}{r_2}} = \frac{2\pi L(0.055-0.025)}{\ln\frac{0.055}{0.025}} = 0.239\text{m}^2/\text{m}$$

每米管长的热损失为

$$Q = \frac{t_1 - t_2}{\frac{b_1}{\lambda_1 A_{m1}} + \frac{b_2}{\lambda_2 A_{m2}}} = \frac{600-100}{\frac{0.005}{16 \times 0.1413} + \frac{0.03}{0.22 \times 0.239}} = \frac{500}{0.0022 + 0.57} = 873\text{W/m}$$

答：每米管长的热损失为873W/m。

11. 某厂欲使用列管式换热器，利用反应后产物的余热预热未反应的物料，产物的初温为500K，比热容为1.4kJ/(kg·K)。原料的初温为300K，要求预热到400K，比热容为1.1kJ/(kg·K)。两流体的流量均为1800kg/h，逆流换热。若传热系数K为50W/(m²·K)，求所需的换热面积。

解：计算热负荷：$t_1 = 300K$，$t_2 = 400K$，$W_c = 1800kg/h = 0.5kg/s$，$C_{pc} = 1.1kJ/(kg \cdot K)$

$$Q = W_c C_{pc}(t_1 - t_2) = 0.5 \times 1.1 \times 10^3 \times (400 - 300) = 5.5 \times 10^4 W$$

求温度的平均值：$T_1 = 500K$，$C_{ph} = 1.4kJ/(kg \cdot K)$，$W_h = 1800kg/h = 0.5kg/s$

$$T_2 = T_1 - \frac{W_c C_{pc}(t_2 - t_1)}{W_h C_{ph}} = 500 - \frac{0.5 \times 1.1 \times 10^3 \times (400 - 300)}{0.5 \times 1.4 \times 10^3} = 421K$$

因为 $T_1 \rightarrow T_2$　　　500→421

　　$t_2 \leftarrow t_1$　　　　400←300

　　　　　　　　　100　121

$$\Delta t_2 = 121, \Delta t_1 = 100$$

$$\Delta t_2 / \Delta t_1 = 121/100 < 2$$

所以 $\Delta t_m = (\Delta t_2 + \Delta t_1)/2 = (100 + 121)/2 = 110.5K$

计算所需传热面积：$K = 50W/(m^2 \cdot K)$

$$A = Q/K\Delta t_m = 5.5 \times 10^4/(50 \times 110.5) = 10m^2$$

答：所需的换热面积为10m²。

12. 水以1m/s的流速在一长为50m，内径为38mm的水平铜管内流动，水的平均温度为30℃，此时的黏度为0.8mPa·s，密度为996kg/m³，求直管阻力和压强降(管路摩擦系数为0.021)。

解：

$$H_f = \lambda \cdot \frac{l}{d} \cdot \frac{u^2}{2g} = 0.021 \times \frac{50}{0.038} \times \frac{1^2}{2 \times 9.81} = 1.41(\text{m 液柱})$$

$$\Delta p = H_f \rho g = 1.41 \times 996 \times 9.81 = 13.76kPa$$

答：直管阻力和压强降分别为1.41m液柱、13.76kPa。

13. 当流量等其他条件不变时，管径增加1倍管道的阻力降将改变多少？(假定摩擦系数 f 不变)

解：由公式 $\Delta P = 2fl\rho u^2/D$

即
$$u = Q/A = Q/(\pi D^2/4)$$

$$\Delta P = 32fl\rho Q^2/(\pi^2 D^5)$$

得
$$\Delta P_2/\Delta P_1 = (D_1/D_2)^5 = 1/32$$

答：阻力降为原来的1/32。

14. 某换热器用水冷却油，传热系数 K 为400 W/(m²·K)，换热器传热面积为17.4m²，平均传热温差为40.32K。冷却水用量为9t/h，水的平均等压比热容为4.18kJ/(kg·K)。求冷却水温升。

解：① 先求热负荷

传热速率方程 $Q = KA\Delta t = 400 \times 17.4 \times 40.32 = 280627.2W$

② 求冷却水温升

$$t_2 - t_1 = Q/(C_{p水} W_{水}) = 280627.2/(4.18 \times 10^3 \times 9 \times 10^3 \div 3600) = 26.9℃$$

答：冷却水温升为26.9℃。

15. 某热器用水冷却油，传热系数 K 为400W/(m^2·K)，换热器传热面积为17.4m^2，平均传热温差为40.32K。冷却水温度由20℃升至50℃，水的平均等压比热容为4.18kJ/(kg·K)。求冷却水用量。

解：①先求热负荷

传热速率方程 $Q = KA\Delta t = 400 \times 17.4 \times 40.32 = 280627.2W$

② 求冷却水用量

$$W_{水} = Q/[C_{p水}(t_2 - t_1)] = 280627.2/[4.18 \times 10^3 \times (50-20)]$$
$$= 2.24kg/s = 8.064t/h$$

答：冷却水用量为8.064t/h。

16. 压强为99kPa，温度为160℃，乙二醇(A)和二乙二醇(B)物系平衡时，求乙二醇和二乙二醇在液相和气相中的组成。已知 $P°_A = 135.5kPa$，$P°_B = 54kPa$

解：乙二醇在液相和气相中的组成：$x_A = (99-54)/(135.5-54) = 0.552$

$y_A = (135.5/99) \times 0.552 = 0.756$

二乙二醇在液相和气相中的组成：

$$x_B = 1 - 0.552 = 0.448$$

$$y_B = 1 - 0.756 = 0.244$$

答：乙二醇在液相和气相中的组成分别为0.552、0.756，二乙二醇在液相和气相中的组成分别为0.448、0.244。

17. 用饱和水蒸气将原料液由100℃加热到120℃，原料液的流量为100m^3/h，密度为1080kg/m^3，平均等压比热容为2.93kJ/(kg·℃)，求热负荷是多少？

解：$Q = (100 \times 1080/3600) \times 2.93 \times 1000 \times (120-100) = 1.76 \times 10^6 W$

答：热负荷为1.76×10^6W。

18. 某乙二醇装置1月份生产EOE(当量环氧乙烷)总量22806.8t，消耗的能源种类、数量和生产该种能源所消耗的能耗见下表：

能源名称	HS	LS	循环水	氮气	脱盐水	电
消耗数量	27438t	27448t	6112000t	656000Nm^3	39811t	2962000kW·h
生产该种能源所消耗的能耗	88kg标油/t	76标油/t	0.1kg标油/t	0.15kg标油/Nm^3	2.3kg标油/t	0.2828kg标油/kW·h

请计算该乙二醇装置生产每吨EOE(当量环氧乙烷)的能耗。

解：① 消耗的各种能源换算成千克标油

$$W_{HS} = 27438 \times 88 = 2414544kg\ 标油$$

$$W_{LS} = 27448 \times 76 = 2086048kg\ 标油$$

$$W_{循环水} = 6112000 \times 0.1 = 611200kg\ 标油$$

$$W_{氮气} = 656000 \times 0.15 = 4572.6kg\ 标油$$

$$W_{脱盐水}=39811\times2.3=91565.3\text{kg 标油}$$

$$W_{电}=2962000\times0.2828=837653.6\text{kg 标油}$$

② 装置的总能耗

$$W_{总}=W_{HS}+W_{LS}+W_{循环水}+W_{氮气}+W_{仪表风}+W_{电}$$

$$=2414544+2086048+611200+4572.6+91565.3+837653.6$$

$$=6045583.5\text{kg 标油}$$

③ 生产每吨当量环氧乙烷的能耗

$$H_{苯}=W_{总}/\text{EOE 总量}=6045583.5\div22806.8=265.08\text{kg 标油}/\text{tEOE}$$

答： 该乙二醇装置生产每吨当量环氧乙烷产品的能耗为265.08kg标油。

五、技能操作鉴定要素细目表(技师)

鉴定范围						鉴定点	
一级		二级		三级		代码	名称
代码	名称	代码	名称	代码	名称		
A	技能要求	A	工艺操作	A	开车准备	001	脱醛树脂的更换、投用操作
						002	氧化反应撤热系统汽包的热检操作
						003	初次开车二氧化碳脱除系统的碱洗操作
						004	乙二醇水合反应系统的联动试车
						005	装置投料前的EO精制系统联动试车
				B	开车操作	001	化工投料过程各岗位工艺参数调整要点
						002	开车过程中乙二醇产品不合格时的分析处理
						003	开车过程中环氧乙烷产品不合格时的分析处理
						004	脱铁床投用操作
						005	组织实施环氧乙烷精制塔的标定
				C	正常操作	001	组织装置乙二醇、环氧乙烷比率的负荷调整
						002	制订提高产品UV值的措施并组织实施
						003	分析氧化反应器入口环氧乙烷浓度高的原因
						004	班组成本核算
				D	停车操作	001	制定装置大修物料倒空处置方案并组织实施
						002	编制二氧化碳脱除塔填料的清洗方案并组织实施
		B	设备使用与维护	A	使用设备	001	循环压缩机大修后的调试验收
						002	装置大修后环氧乙烷洗涤塔的验收
						003	氧化反应器更换催化剂后封人孔前的工艺验收
				B	维护设备	001	科学制订机泵定期切换制度
		C	事故判断与处理	A	判断事故	001	二氧化碳脱除系统频繁发泡的原因
						002	乙二醇精制系统严重结焦的原因

续表

鉴定范围						鉴定点	
一级		二级		三级		代码	名称
代码	名称	代码	名称	代码	名称		
				B	处理事故	001	组织演练氧化反应器进碳酸盐的事故处理
						002	组织演练反应器锅炉给水中断的事故处理
						003	组织演练乙二醇精制系统着火的事故处理
						004	环氧乙烷管线泄漏的事故处理
		D	绘图与计算	A	绘图	001	画出增设乙二醇产品脱醛床的工艺流程图
						002	画出乙二醇脱水塔再沸器凝液罐带控制点的工艺流程图

六、技能操作鉴定要素细目表(高级技师)

鉴定范围						鉴定点	
一级		二级		三级		代码	名称
代码	名称	代码	名称	代码	名称		
A	技能要求	A	工艺操作	A	开车准备	001	组织确认装置的开车条件
						002	组织实施氧化反应器的喷砂
						003	组织装置投料前的氧化系统联动试车
						004	组织实施对开车前的 HSE 中的危害预分析(JHA)工作
				B	开车操作	001	能指导对氧化反应进行优化操作
						002	能指导同专利 EO/EG 装置的化工投料
				C	正常操作	001	乙二醇产品中的醛含量高的分析及处理
						002	提出氧化反应器入口环氧乙烷浓度高的技改建议
						003	根据乙二醇精制塔的实际运行情况修订塔釜温度控制参数
						004	制定降低环氧乙烷中二氧化碳浓度的途径
						005	碳酸盐脱除系统的节能措施
						006	乙二醇精制岗位节能降耗措施
						007	提高乙二醇产品 UV 值的途径
				D	停车操作	001	编制装置大修停车工艺控制网络并组织实施
						002	能指导同专利 EO/EG 装置的停车
		B	设备使用与维护	A	使用设备	001	组织环氧乙烷冰机试车及终交
						002	溴化锂制冷机的冲装及试车
				B	维护设备	001	压力管道的检验
		C	事故判断与处理	A	判断事故	001	氟里昂冰机制冷能力低的原因
						002	原料引起的催化剂中毒的判断

续表

鉴定范围						鉴定点	
一级		二级		三级		代码	名称
代码	名称	代码	名称	代码	名称		
				B	处理事故	001	组织演练装置全停电事故处理
						002	组织演练反应器尾烧的事故处理
						003	组织演练环氧乙烷精制系统着火的事故处理
		D	绘图与计算	A	绘图	001	画出脱醛床的装配图

七、技能操作试题（技师/高级技师）

试题1：脱醛树脂的更换、投用操作

（考核时间：20min）

序号	考核内容	考核要点	配分	评分标准	检测结果	扣分	得分	备注
1	准备工作	穿戴劳保用品	3	未穿戴整齐扣3分				
		工具、用具准备	2	工具选择不正确扣2分				
2	操作程序	脱醛床切出，阀门的动作，流程的设定操作	22	未打开产品冷却器至产品产出调节阀之间的手阀扣5分				
				未关脱醛床釜液泵出口至产品产出调节阀之间的手阀扣5分				
				产出未改手动操作扣4分				
				未停脱醛床釜液泵扣4分				
				未关脱醛床至成品罐手阀扣4分				
3		脱醛床内乙二醇倒空处理，盲板加装位置是否正确	17	脱醛床顶未接氮气管线扣3分				
				未把乙二醇压往粗乙二醇罐至罐出口取样排出气体为止扣4分				
				未将脱醛床底部物料装桶至脱醛床空为止扣5分				
				未加盲板、盲板加装位置不对扣5分				
4		脱醛床旧树脂的卸出步骤、进人清理的要求	10	未打开脱醛床上部人孔通风扣3分				
				未打开脱醛床下部手孔扣3分				
				未用编织袋在手孔处卸出旧树脂扣2分				
				旧树脂未卸干净扣2分				
			6	未分析氧含量扣3分				
				未用白布将内部擦干净扣3分				
5		装新树脂的操作步骤	5	未拆除所有盲板扣3分				
				未从底部进乙二醇扣2分				
			4	未从脱醛床顶部人孔加新树脂扣2分				

续表

序号	考核内容	考核要点	配分	评分标准	检测结果	扣分	得分	备注
			5	未用氮气将乙二醇和树脂的混合物鼓泡扣2分				
				树脂装完后未用氮气搅拌扣3分				
				未静置扣2分				
			6	未把用于浸泡树脂的乙二醇装桶扣6分				
6		新树脂投用操作步骤	5	未返洗扣5分				
			5	未清滤网扣3分				
				未把用于返洗的乙二醇装桶扣2分				
			5	未分析就切入成品罐扣5分				
7	使用工具	正确使用工具	2	工具使用不正确扣2分				
		正确维护工具	3	工具乱摆乱放扣3分				
8	安全及其他	按国家法规或企业规定		违规一次总分扣5分；严重违规停止操作			—	
		在规定时间内完成操作		每超时1min总分扣5分，超时3min停止操作			—	
		合　计	100					

试题2：乙二醇水合系统的联动试车

（考核时间：25min）

序号	考核内容	考核要点	配分	评分标准	检测结果	扣分	得分	备注
1	准备工作	穿戴劳保用品	3	未穿戴整齐扣3分				
		工具、用具准备	2	工具选择不正确扣2分				
2	操作程序	联动试车的条件确认	10	未检查公用工程系统是否满足要求扣2分				
				未确认仪表初步调试状态扣2分				
				未检查管线各阀均处于关闭状态扣4分				
				设备、管线未充氮气保护扣2分				
3		再吸收塔清洗及运行	10	再吸收塔未充氮建立压力控制扣5分				
				再吸收塔相关冷却器没有正确投用扣4分				
				没有正确建立向再吸收塔釜供水流程扣4分				
				没有正确启动再吸收塔釜液泵并向二氧化碳汽提塔供水扣4分				
4		二氧化碳汽提塔的清洗及运行	10	没有正确向系统充氮气扣4分				
				没有正确向系统引蒸汽扣4分				
				没有正确启动二氧化碳汽提塔釜液泵扣5分				

续表

序号	考核内容	考核要点	配分	评分标准	检测结果	扣分	得分	备注
5		预热器及水合反应器清洗及运行	10	未正确进行水合反应器清洗、排气扣5分				
				未正确投用各预热器扣5分				
6		末效蒸发器真空系统的建立	10	未正确进行真空泵投用前的准备扣5分				
				未正确建立系统真空扣5分				
7		多效蒸发系统的建立	20	未正确建立零效蒸发器液位扣3分				
				零效蒸发器未正确引中压蒸汽及凝液罐液位控制扣8分				
				未正确建立其他各效蒸发器液位扣3分				
				未正确投用其他各效蒸发器的再沸器及凝液罐液位控制扣5分				
				未正确投用各效蒸发器的回流扣3分				
8		稳定运行时的相关试验	10	未试验二氧化碳汽提塔釜液泵出口流量联锁扣5分				
				未试验水合反应器高温联锁扣5分				
				未试验其他调节回路扣5分				
9		停车	10	不能叙述联运停车内容扣5分				
				不能叙述联运停车合理顺序扣5分				
10	使用工具	正确使用工具	2	工具使用不正确扣2分				
		正确维护工具	3	工具乱摆乱放扣3分				
11	安全及其他	按国家法规或企业规定		违规一次总分扣5分；严重违规停止操作			—	
		在规定时间内完成操作		每超时1min总分扣5分，超时3min停止操作			—	
		合　计	100					

试题3：装置投料前EO精制系统的联动试车

（考核时间：25min）

序号	考核内容	考核要点	配分	评分标准	检测结果	扣分	得分	备注
1	准备工作	穿戴劳保用品	3	未穿戴整齐扣3分				
		工具、用具准备	2	工具选择不正确扣2分				
2	操作程序	联动试车的条件确认	10	未检查公用工程系统是否满足要求扣3分				
				未确认仪表初步调试状态扣3分				
				未检查管线各阀均处于关闭状态扣5分				
				未检查泵入口是否加临时过滤网扣3分				

续表

序号	考核内容	考核要点	配分	评分标准	检测结果	扣分	得分	备注
3		精制塔回流系统清洗及运行	15	回流系统未按要求加脱盐水扣5分				
				回流系统未冲洗合格扣5分				
				没有正确建立回流系统自循环扣5分				
4		精制塔的清洗及水运	15	没有正确启动釜液泵向系统加水扣5分				
				精制塔系统未冲洗合格扣5分				
				没有正确启动二精制塔的釜液泵扣5分				
5		精制塔的热运行	25	未能正确建立低压氮气系统(包括安全阀系统)扣5分				
				未能正确投用精制塔压力控制扣5分				
				未能正确建立低压蒸汽及凝液系统扣5分				
				未能正确投用脱甲、乙醛管线扣5分				
				未能正确投用精制塔各安全阀扣5分				
				产品采出系统未冲洗合格扣3分				
6		稳定运行的相关试验	15	未试验冷却水压力低联锁扣5分				
				未试验氮气总管压力低联锁扣5分				
				未试验其他调节回路扣5分				
7		停车(顺序)	10	不能叙述联运停车内容扣5分				
				不能叙述联运停车合理顺序扣5分				
8	使用工具	正确使用工具	2	工具使用不正确扣2分				
		正确维护工具	3	工具乱摆乱放扣3分				
9	安全及其他	按国家法规或企业规定		违规一次总分扣5分；严重违规停止操作			—	
		在规定时间内完成操作		每超时1min总分扣5分，超时3min停止操作			—	
		合　计	100					

试题4：化工投料过程各岗位工艺参数调整要点

（考核时间：25min）

序号	考核内容	考核要点	配分	评分标准	检测结果	扣分	得分	备注
1	准备工作	穿戴劳保用品	3	未穿戴整齐扣3分				
		工具、用具准备	2	工具选择不正确扣2分				
2	操作程序	氧化反应系统的提负荷原则	10	装填银催化剂后第一次化工投料过程未按“先慢后快”原则进行扣5分				
				日常化工投料过程未按“先快后慢”原则进行扣5分				

续表

序号	考核内容	考核要点	配分	评分标准	检测结果	扣分	得分	备注
3		氧化反应系统在投料过程主要工艺参数调整	15	未密切关注反应器进出口温度、床层温度扣5分				
				未按要求及时提高反应器控制温度扣5分				
				未严格控制选择性在要求值扣5分				
				未按要求根据不同负荷控制 ΔO_2 差扣5分				
				未及时调节加热蒸汽、锅炉给水量扣5分				
				未注意与其他岗位的协调扣5分				
4		二氧化碳脱除系统在投料过程主要工艺参数调整	10	未及时根据氧化反应的负荷调节到本系统的循环气的量扣5分				
				未及时调节碳酸盐流量及浓度使返回反应系统气体中的二氧化碳超标扣5分				
				没有平稳操作造成本系统严重发泡扣5分				
5		解吸再吸收系统在投料过程主要工艺参数调整	15	未及时调节环氧乙烷吸收塔的吸收水量扣5分				
				未及时调节环氧乙烷吸收塔的吸收水温度扣5分				
				未控制好环氧乙烷解吸塔釜温扣5分				
				未控制好风机的出口温度扣5分				
				未控制好环氧乙烷再吸收塔顶温扣5分				
				未根据水合比控制好环氧乙烷再吸收塔吸收水量扣5分				
6		压缩系统在投料过程主要工艺参数调整	5	未能随氧化负荷的调整及时巡检主要工艺参数扣3分				
				未能及时正确启动回收压缩机扣3分				
7		环氧乙烷精制系统在投料过程主要工艺参数调整	10	未能及时调整加热蒸汽量及产品采出量扣3分				
				未能及时调整脱甲、乙醛的量扣4分				
				未能及时正确调整冷冻盐水温度扣4分				
8		水合及多效蒸发系统在投料过程主要工艺参数调整	10	未能及时调整水合反应状况扣5分				
				未能及时调整多效蒸发系统的液位、压力及回流扣5分				
				未能及时调整末效蒸发器的产出及真空扣5分				
9		乙二醇精制系统在投料过程主要工艺参数调整	10	不能及时调整主要工艺参数扣5分				
				不能及时进行产品分析扣5分				

续表

序号	考核内容	考核要点	配分	评分标准	检测结果	扣分	得分	备注
10		公用工程在投料过程主要工艺参数调整	5	未能及时调整蒸汽压力、凝液罐液位扣5分				
11	使用工具	正确使用工具	2	工具使用不正确扣2分				
		正确维护工具	3	工具乱摆乱放扣3分				
12	安全及其他	按国家法规或企业规定		违规一次总分扣5分；严重违规停止操作			—	
		在规定时间内完成操作		每超时1min总分扣5分，超时3min停止操作			—	
合计			100					

试题5：开车过程中环氧乙烷产品不合格的分析处理

（考核时间：20min）

序号	考核内容	考核要点	配分	评分标准	检测结果	扣分	得分	备注
1	准备工作	穿戴劳保用品	3	未穿戴整齐扣3分				
		工具、用具准备	2	工具选择不正确扣2分				
2	操作程序	环氧乙烷产品中水含量偏高的分析处理	20	未及时切断产品采出扣5分				
				未正确调整蒸汽及回流量扣5分				
				未分析合格就再次采出扣5分				
				未根据采出比核定采出流量扣5分				
3		环氧乙烷产品中甲醛含量偏高的分析处理	25	未及时切断产品采出扣5分				
				未正确调整二氧化碳汽提塔的脱醛量扣5分				
				未正确调整返二氧化碳汽提塔的脱甲醛流量扣5分				
				未提请氧化反应系统优化操作扣5分				
				未分析合格就再次采出扣5分				
4		环氧乙烷产品中乙醛含量偏高的分析处理	25	未及时切断产品采出扣5分				
				未正确调整二氧化碳汽提塔的脱醛量扣5分				
				未正确调整返二氧化碳汽提塔的脱乙醛流量扣5分				
				未提请氧化反应系统优化操作扣5分				
				未分析合格就再次采出扣5分				
5		环氧乙烷产品中二氧化碳含量偏高的分析处理	20	未及时切断产品采出扣5分				
				未正确调整二氧化碳汽提塔的脱除量扣5分				
				未提请氧化反应系统优化操作扣5分				
				未分析合格就再次采出扣5分				
				不能及时进行产品分析扣5分				

续表

序号	考核内容	考核要点	配分	评分标准	检测结果	扣分	得分	备注
6	使用工具	正确使用工具	2	工具使用不正确扣2分				
		正确维护工具	3	工具乱摆乱放扣3分				
7	安全及其他	按国家法规或企业规定		违规一次总分扣5分；严重违规停止操作			—	
		在规定时间内完成操作		每超时1min总分扣5分，超时3min停止操作			—	
		合　计	100					

试题6：组织装置乙二醇、EO的比率负荷调整

（考核时间：25min）

序号	考核内容	考核要点	配分	评分标准	检测结果	扣分	得分	备注
1	准备工作	穿戴劳保用品	3	未穿戴整齐扣3分				
		工具、用具准备	2	工具选择不正确扣2分				
2	操作程序	方案编制及学习	10	未编制方案或无明确的生产指令扣5分				
				未组织岗位人员学习扣5分				
3		解吸再吸收系统在比率调整过程中的调整	10	未控制好环氧乙烷再吸收塔顶温扣5分				
				未根据水合比控制好环氧乙烷再吸收塔吸收水量扣5分				
4		环氧乙烷罐区在比率调整过程中的调整	10	未能随环氧乙烷精制系统比率调整控制球罐液位扣5分				
				未能随环氧乙烷精制系统比率调整控制冷冻盐水温度扣5分				
5		环氧乙烷精制系统在比率调整过程中的调整	20	未按指令或方案及时调整进料量扣5分				
				未按指令或方案及时调整加热蒸汽量及产品采出量扣5分				
				未按指令或方案及时调整脱甲醛的量扣5分				
				未按指令或方案及时调整脱乙醛的量扣5分				
6		水合及多效蒸发系统在比率调整过程中的调整	25	未能及时调整水合反应状况扣10分				
				未能及时调整多效蒸发系统的压力扣5分				
				未能及时调整多效蒸发系统的液位及回流扣5分				
				未能及时调整末效蒸发器的产出及真空扣5分				
7		乙二醇精制系统在比率调整过程中的调整	10	不能及时调整主要工艺参数扣5分				
				没有及时分析产品扣5分				

续表

序号	考核内容	考核要点	配分	评分标准	检测结果	扣分	得分	备注
8		公用工程在比率调整过程中的调整	5	未能及时调整蒸汽压力、凝液罐液位扣5分				
9	使用工具	正确使用工具	2	工具使用不正确扣2分				
		正确维护工具	3	工具乱摆乱放扣3分				
10	安全及其他	按国家法规或企业规定		违规一次总分扣5分；严重违规停止操作			—	
		在规定时间内完成操作		每超时1min总分扣5分，超时3min停止操作			—	
合　计			100					

试题7：制订提高产品UV值的措施并组织实施

（考核时间：20min）

序号	考核内容	考核要点	配分	评分标准	检测结果	扣分	得分	备注
1	准备工作	穿戴劳保用品	3	未穿戴整齐扣3分				
		工具、用具准备	2	工具选择不正确扣2分				
2	操作程序	制定提高产品UV值的措施	45	未回答与厂部研究讨论方案扣10分				
				未编写相关的措施扣10分				
				未经过厂有关部门审批就实施扣10分				
				未编写清楚具体措施扣5分				
				未写清有专人负责扣5分				
3		组织实施	45	未答提高水处理量扣5分				
				未答优化反应器操作扣5分				
				未答采用添加剂扣5分				
				未检查乙二醇分离塔侧线是否至热水井然后再到零效蒸发器扣5分				
				未检查乙二醇精制塔回流罐有一股物料返脱水塔的量扣5分				
				未检查补充进料量大小扣5分				
				未回答与大、专院校合作开发添加剂扣5分				
				未检查脱醛树脂的效果扣5分				
				未回答与有关厂家合作开发提高UV值的树脂扣5分				
4	使用工具	正确使用工具	2	工具使用不正确扣2分				
		正确维护工具	3	工具乱摆乱放扣3分				
5	安全及其他	按国家法规或企业规定		违规一次总分扣5分；严重违规停止操作			—	
		在规定时间内完成操作		每超时1min总分扣5分，超时3min停止操作			—	
合　计			100					

试题8：分析氧化反应器入口环氧乙烷浓度高的原因

（考核时间：15min）

序号	考核内容	考核要点	配分	评分标准	检测结果	扣分	得分	备注
1	准备工作	穿戴劳保用品	3	未穿戴整齐扣3分				
		工具、用具准备	2	工具选择不正确扣2分				
2	操作程序	检查贫循环水状态	25	未检查贫循环水温度是否符合要求扣10分				
				未检查贫循环水流量是否符合要求扣10分				
				未检查贫循环水中环氧乙烷是否过高扣5分				
3		检查解吸塔操作状态	30	未检查塔釜温度扣5分				
				未检查塔顶温度扣5分				
				未检查塔釜液位扣5分				
				未检查塔顶风冷器出口温度扣5分				
				未检查塔压差判断塔是否发泡扣5分				
				未检查塔压力扣5分				
4		检查再吸收塔操作状态	5	未检查再吸收塔压力扣5分				
5		检查洗涤塔操作状态	20	未检查塔压差判断塔是否发泡扣10分				
				未根据塔的操作状态判断是否塔内件损坏扣5分				
6		检查反应器反应状态	10	未检查当前循环气流量是否过高扣5分				
				未检查反应器出口循环气中环氧乙烷含量过高扣5分				
7	使用工具	正确使用工具	2	工具使用不正确扣2分				
		正确维护工具	3	工具乱摆乱放扣3分				
8	安全及其他	按国家法规或企业规定		违规一次总分扣5分；严重违规停止操作			—	
		在规定时间内完成操作		每超时1min总分扣5分，超时3min停止操作			—	
		合　计	100					

试题9：制定大检修物料倒空处置方案并组织实施

（考核时间：25min）

序号	考核内容	考核要点	配分	评分标准	检测结果	扣分	得分	备注
1	准备工作	穿戴劳保用品	3	未穿戴整齐扣3分				
		工具、用具准备	2	工具选择不正确扣2分				
2	操作程序	原料系统	20	原料气管线(包括氧气、乙烯、甲烷等)未泄压扣10分				

续表

序号	考核内容	考核要点	配分	评分标准	检测结果	扣分	得分	备注
				原料气系统未用氮气置换此题不得分				
				乙烯、甲烷管线未置换至可燃气浓度小于0.5%扣10分				
3		循环气系统	20	循环气系统未泄压扣5分				
				泄压位置不正确扣5分				
				循环气管线置换至可燃气浓度小于0.5%，不合格扣5分				
				循环气管线用工厂风置换至氧气含量合格，不合格扣5分				
				置换过程中有死角扣5分				
4		工艺系统	50	反应器、反应器出口气体冷却器降温，方法不正确扣5分				
				降温至100℃时大、小汽包未充氮气扣5分				
				碳酸盐脱除系统提浓，方法不正确或出现机泵抽空现象扣5分				
				将二氧化碳脱除系统内碳酸盐置换至乙二醇浓度小于0.5%，不合格扣5分				
				二氧化碳脱除系统中和pH值合格后排放，不符合要求扣5分				
				置换环氧乙烷吸收系统中的乙二醇至合格，不按要求扣5分				
				环氧乙烷水合蒸发系统运行至无残留物料后停车，不按要求扣5分				
				乙二醇精制系统物料倒至粗乙二醇储罐，不按要求扣5分				
				乙二醇精制系统各塔水煮，倒至粗乙二醇储罐，直至系统内COD合格，不按要求扣5分				
				二氧化碳脱除系统、环氧乙烷吸收系统、环氧乙烷解吸系统、环氧乙烷水合蒸发系统、乙二醇精制系统各塔加水清洗后用工厂风置换至氧气含量合格，不按要求扣5分				
				成品罐尽量送空，剩余物料装桶，不按要求扣5分				
				凝液系统排液倒空，不按要求扣5分				
				蒸汽管线泄压排尽后用工厂风置换不按要求扣5分				
				扣10分				
5	使用工具	正确使用工具	2	工具使用不正确扣2分				
		正确维护工具	3	工具乱摆乱放扣3分				

续表

序号	考核内容	考核要点	配分	评分标准	检测结果	扣分	得分	备注
6	安全及其他	按国家法规或企业规定		违规一次总分扣5分；严重违规停止操作			—	
		在规定时间内完成操作		每超时1min总分扣5分，超时3min停止操作			—	
		合　计	100					

试题10：循环压缩机大修后调试验收

（考核时间：25min）

序号	考核内容	考核要点	配分	评分标准	检测结果	扣分	得分	备注
1	准备工作	穿戴劳保用品	3	未穿戴整齐扣3分				
		工具、用具准备	2	工具选择不正确扣2分				
2	操作程序	试车前的准备工作	25	未检查公用工程系统水、电等是否满足扣5分				
				未确认仪表调试状态扣5分				
				未确认安全阀状态扣5分				
				未确认防爆膜状态扣5分				
				未做气密、吹扫试验扣5分				
3		试车的条件确认	15	未正确建立油路、冷却水流程扣5分				
				未正确确认气路流程扣10分				
4		试车	10	没有进行电机转向确认及电机试运行扣5分				
				没有充分盘车就启动扣5分				
				没有在零负荷下启动扣5分				
5		提负荷	10	未按原则提负荷扣5分				
				未及时调整各参数扣5分				
6		满负荷考核	10	未进行满负荷考核扣5分				
				未及时调整各参数扣5分				
7		停车	10	未正确降负荷停车扣5分				
				停车顺序不对扣5分				
8		终交	10	未交检修情况扣5分				
				未交试车情况扣5分				
9	使用工具	正确使用工具	2	工具使用不正确扣2分				
		正确维护工具	3	工具乱摆乱放扣3分				
10	安全及其他	按国家法规或企业规定		违规一次总分扣5分；严重违规停止操作			—	
		在规定时间内完成操作		每超时1min总分扣5分，超时3min停止操作			—	
		合　计	100					

试题 11：装置大修后环氧乙烷洗涤塔的验收

（考核时间：25min）

序号	考核内容	考核要点	配分	评分标准	检测结果	扣分	得分	备注
1	准备工作	穿戴劳保用品	3	未穿戴整齐扣 3 分				
		工具、用具准备	2	工具选择不正确扣 2 分				
2	操作程序	检查塔板损坏情况	20	未检查塔板损坏情况扣 5 分				
				未检查固定螺丝松动情况扣 5 分				
				未检查浮阀脱落情况扣 5 分				
				未补脱落的浮阀扣 5 分				
3		检查塔板水平度	10	未检查塔板水平度扣 5 分				
				不知道如何检查扣 5 分				
4		检查溢流堰和降液板高度	10	未检查溢流堰高度扣 5 分				
				未检查降液板高度扣 5 分				
5		检查浮阀灵活度	10	未检查浮阀灵活度扣 10 分				
6		检查其他塔内附件	15	未检查大梁弯曲情况扣 5 分				
				未检查支撑圈变形情况扣 5 分				
				未检查除沫器损坏情况扣 5 分				
7		检查杂物、封通道板	15	未清理检查杂物扣 10 分				
				未检查通道板复位情况或漏封扣 5 分				
8	使用工具	正确使用工具	2	工具使用不正确扣 2 分				
		正确维护工具	3	工具乱摆乱放扣 3 分				
9	安全及其他	按国家法规或企业规定		违规一次总分扣 5 分；严重违规停止操作			—	
		在规定时间内完成操作		每超时 1min 总分扣 5 分，超时 3min 停止操作			—	
		合　计	100					

试题 12：氧化反应器更换催化剂后封人孔前的工艺验收

（考核时间：25min）

序号	考核内容	考核要点	配分	评分标准	检测结果	扣分	得分	备注
1	准备工作	穿戴劳保用品	3	未穿戴整齐扣 3 分				
		工具、用具准备	2	工具选择不正确扣 2 分				
2	操作程序	反应器上下管板检查	20	未检查上下管板是否有异物扣 10 分				
				未用吸尘器清理上下管板的粉尘扣 10 分				
3		反应器上下封头检查	20	未清除上下封头所有器具、异物扣 10 分				
				未用吸尘器清理上下封头催化剂粉尘扣 10 分				

续表

序号	考核内容	考核要点	配分	评分标准	检测结果	扣分	得分	备注
4		检查反应器进出口管线	20	未清除反应器入口管线异物扣10分				
				未清除反应器出口管线催化剂、异物扣10分				
5		手工钝化	30	未对反应器上下封头手工钝化扣15分				
				未对反应器人孔进行手工钝化扣15分				
6	使用工具	正确使用工具	2	工具使用不正确扣2分				
		正确维护工具	3	工具乱摆乱放扣3分				
7	安全及其他	按国家法规或企业规定		违规一次总分扣5分；严重违规停止操作			—	
		在规定时间内完成操作		每超时1min总分扣5分，超时3min停止操作			—	
		合　计	100					

试题13：乙二醇精制系统严重结焦的原因

（考核时间：20min）

序号	考核内容	考核要点	配分	评分标准	检测结果	扣分	得分	备注
1	准备工作	穿戴劳保用品	3	未穿戴整齐扣3分				
		工具、用具准备	2	工具选择不正确扣2分				
2	操作程序	进料组成对结焦的影响	35	未答进料重组分高扣7分				
				未答进料温度过高扣7分				
				未答进料含杂质高扣7分				
3		温度控制对结焦的影响	20	未答再沸器温度控制过高扣5分				
				未答再沸器蒸汽加入量过高扣5分				
				未答再沸器出口温度点偏低扣5分				
				未答升温速度太快扣5分				
4		再沸器循环效果对结焦的影响	15	未答再沸器循环差扣5				
				未答循环泵压力低扣5分				
				未答再沸器没有清焦干净扣5分				
5		使用时间对结焦的影响	20	未答再沸器使用时间长扣10分				
				未答精制系统停车时没有水煮扣5分				
				未答物料中含有盐类扣5分				
6	使用工具	正确使用工具	2	工具使用不正确扣2分				
		正确维护工具	3	工具乱摆乱放扣3分				

续表

序号	考核内容	考核要点	配分	评分标准	检测结果	扣分	得分	备注
7	安全及其他	按国家法规或企业规定		违规一次总分扣5分；严重违规停止操作			—	
		在规定时间内完成操作		每超时1min总分扣5分，超时3min停止操作			—	
		合　计	100					

试题14：氧化反应器进碳酸盐的事故处理

（考核时间：20min）

序号	考核内容	考核要点	配分	评分标准	检测结果	扣分	得分	备注
1	准备工作	穿戴劳保用品	3	未穿戴整齐扣3分				
		工具、用具准备	2	工具选择不正确扣2分				
2	操作程序	对氧化反应器的处理	80	组织装置停车，对循环气系统置换、反应器降温，不按要求扣5分				
				反应器封头打开人孔，不按要求扣5分				
				对反应器的上下封头进行清理，不按要求扣10分				
				卸反应器上部弹簧，卸出反应器列管上部部分催化剂，不按要求扣20分				
				对反应器所有列管测压差不按照要求扣20分				
				对压差不符合要求的列管重新进行处理，不按要求扣10分				
				对部分经处理后仍然达不到要求的列管封死上下管口，不按照要求扣10分				
3		循环气管线的处理	10	对循环气管线进行清洗，不做扣10分				
4	使用工具	正确使用工具	2	工具使用不正确扣2分				
		正确维护工具	3	工具乱摆乱放扣3分				
5	安全及其他	按国家法规或企业规定		违规一次总分扣5分；严重违规停止操作			—	
		在规定时间内完成操作		每超时1min总分扣5分，超时3min停止操作			—	
		合　计	100					

试题15：锅炉给水中断的事故处理

（考核时间：20min）

序号	考核内容	考核要点	配分	评分标准	检测结果	扣分	得分	备注
1	准备工作	穿戴劳保用品	3	未穿戴整齐扣3分				
		工具、用具准备	2	工具选择不正确扣2分				

续表

序号	考核内容	考核要点	配分	评分标准	检测结果	扣分	得分	备注
2	操作程序	锅炉给水中断的原因	20	未检查锅炉给水泵的运行情况扣10分				
				未检查锅炉给水调节阀的情况扣5分				
				未检查锅炉给水罐的液位扣5分				
3		锅炉给水短时间能恢复的处理	30	查明原因后迅速恢复锅炉给水系统，不能按照要求完成扣10分				
				氧化岗位未及时降负荷扣10分				
				其余岗位未及时作出调整扣10分				
4		锅炉给水中断后短时间不能恢复的处理	40	未根据反应器汽包液位确定氧气混合站何时紧急停车扣15分				
				氧化岗位作紧急停车处理，手动关闭氧气、乙烯、抑制剂调节阀等，氧化反应器保温，不按照要求处理扣10分				
				其余岗位作紧急停车处理，不按要求扣10分				
				锅炉给水系统恢复正常后，重新组织装置的开车，不按要求扣5分				
5	使用工具	正确使用工具	2	工具使用不正确扣2分				
		正确维护工具	3	工具乱摆乱放扣3分				
6	安全及其他	按国家法规或企业规定		违规一次总分扣5分；严重违规停止操作			—	
		在规定时间内完成操作		每超时1min总分扣5分，超时3min停止操作			—	
		合　计	100					

试题16：乙二醇精制系统着火的事故处理

（考核时间：15min）

序号	考核内容	考核要点	配分	评分标准	检测结果	扣分	得分	备注
1	准备工作	穿戴劳保用品	3	未穿戴整齐扣3分				
		工具、用具准备	2	工具选择不正确扣2分				
2	操作程序	打报警电话	16	未说清单位、装置名称扣6分				
				未说清物料性质、着火部位扣6分				
				未到门口接应扣4分				
3		切断泄漏点阀门	7	未切断泄漏点阀门扣7分				
4		停精制系统的进料	15	进料未停扣5分				
				蒸汽未停扣5分				
				回流未停扣5分				
5		停蒸汽的操作	8	未关蒸汽调节阀、手阀扣4分				
				蒸汽冷凝液没有切出扣4分				

续表

序号	考核内容	考核要点	配分	评分标准	检测结果	扣分	得分	备注
6		停止产品产出	4	产品产出没有返粗乙二醇储罐扣4分				
7		停真空系统	8	未停真空泵蒸汽扣2分				
				未关联塔阀扣3分				
				未关真空表扣3分				
8		接消防栓、消防带	10	未打开消防栓接口盖子扣2分				
				消防带接口与消防栓接口接错扣2分				
				消防枪头接错扣2分				
				未开消防栓阀门扣4分				
9		灭火器的使用	10	灭火器种类拿错扣2分				
				灭火器插销未拔掉扣3分				
				未站在上风口扣3分				
				未拿住喷管口扣2分				
10		现场有毒气体浓度高怎样使用空气呼吸器	12	未检查压力扣2分				
				未做气密试验扣2分				
				佩戴不正确扣4分				
				未打开供气阀扣4分				
11	使用工具	正确使用工具	2	工具使用不正确扣2分				
		正确维护工具	3	工具乱摆乱放扣3分				
12	安全及其他	按国家法规或企业规定		违规一次总分扣5分；严重违规停止操作			—	
		在规定时间内完成操作		每超时1min总分扣5分，超时3min停止操作			—	
合计			100					

试题17：开车过程中环氧乙烷产品不合格时的分析处理

（考核时间：30min）

序号	考核内容	考核要点	配分	评分标准	检测结果	扣分	得分	备注
1	准备工作	穿戴劳保用品	3	未穿戴整齐扣3分				
		工具、用具准备	2	工具选择不正确扣2分				
2	水含量超标的处理	将环氧乙烷采出改线至V-305罐	5	未及时改线扣5分				
		增加精制塔再沸器热源流量	5	未增大热量供给扣5分				
		加大精制塔回流罐流量	5	未加大流量扣5分				
		增加侧线液采出量	5	侧线采出未增加扣5分				

续表

序号	考核内容	考核要点	配分	评分标准	检测结果	扣分	得分	备注
3	CO_2含量超标的处理	控制轻组分塔再沸器的热源的流量、加大回流罐到P-401的流量	10	热源流量控制不当扣5分，物料流量控制不当扣5分				
		适当增加再沸器流量，注意轻组分塔塔釜二氧化碳浓度要小于10ppm	6	再沸器流量控制不当扣4分，二氧化碳超标扣4分				
		适当增加塔顶冷凝液流量，尽可能回收环氧乙烷，排除轻组分	4	塔顶凝液量控制不当扣4分				
4	醛含量超标的处理	更改EO进料口为主，启用压醛凝液为辅，及加大回流罐去P-401泵的流量	5	未更改进料方式扣4分，未加大去P-401的流量扣2分				
		逐步投用凝液流量，并逐步加大流量	5	凝液流量未调整扣3分，投用过快扣2分				
		进料位置改至第一块塔板	2	位置错误扣2分				
		加大回流罐至P-401泵的外排量	5	外排量未加大扣5分				
		注意保持FV-327压差稳定	3	引起波动扣3分				
5	酸含量超标的处理	调节氢氧化钠的加入量	5	加碱位置及方法不当扣5分				
		调节急冷排放液的冷却水流量	5	调节方法错误扣5分				
		注意控制碱液浓度稳定，确定泵运转正常	5	未及时分析调整结果扣5分				
		注意控制急冷段的温度稳定及碱液浓度的稳定	5	温度波动大扣5分				
6	注意事项	勿将不合格品切到成品罐	10	未答此项扣10分				
7	使用工具	正确使用工具	2	工具使用不正确扣2分				
		正确维护工具	3	工具乱摆乱放扣3分				
8	安全及其他	按国家法规或企业规定		违规一次总分扣5分；严重违规停止操作			—	
		在规定时间内完成操作		每超时1min总分扣5分，超时3min停止操作			—	
		合　计	100					

试题18：乙二醇水合反应系统的联动试车

（考核时间：25min）

序号	考核内容	考核要点	配分	评分标准	检测结果	扣分	得分	备注
1	准备工作	穿戴劳保用品	3	未穿戴整齐扣3分				
		工具、用具准备	2	工具选择不正确扣2分				
2	操作程序	仪表风、蒸汽具备正常的压力，V-402水罐液位、补水正常，V-305缓冲罐内注入一定量的脱盐水以保证试车用，随时具备补水的条件	10	缺少确认步扣10分，丢掉一个小项扣2分				

续表

序号	考核内容	考核要点	配分	评分标准	检测结果	扣分	得分	备注
3		仪表的联锁系统投用正常而且经过逐一的试验，系统内的调解阀工艺人员要进行逐个的校对，观察行程是否准确	15	缺少确认步扣20分，丢掉一个小项扣5分				
4		系统内的电机送电正常，启动每台泵后要检查电机的正反转，保证压力正常	10	缺少一步扣10分，丢掉一个小项扣2分				
5		检查此系统的各倒淋、放空、全部关闭，此系统做完气密试验，没有漏点	5	缺少一步扣5分，丢掉一个小项扣2分				
6		按步骤启动泵P-401、P402走自身循环，确认设备运转正常	10	缺少一步扣10分，丢掉一个小项扣5分				
7		对照联锁图，逐步地向系统内进水操作，缓慢排掉系统内的不凝气体，反应器出口压力自动控制在3.5MPa，压力稳定后，进水量要超过水流量低联锁	15	缺少一步扣15分，回答不完整最少扣5分				
8		开始对反应器前的预热器引蒸汽加热，达到满足进EO水溶液的条件，(反应器入口温度194℃)	10	缺少一步扣10分，达不到条件不给分				
9		从P-401引入EO水溶液(用水代替)控制流量超过最低联锁值	10	缺少一步扣10分，丢掉一个小项扣5分				
10		所有联锁投用正常。反应器出口的水进入到脱水塔内。系统稳定后试车完毕	5	缺少一步扣5分				
11	使用工具	正确使用工具	2	工具使用不正确扣2分				
		正确维护工具	3	工具乱摆乱放扣3分				
12	安全及其他	按国家法规或企业规定		违规一次总分扣5分；严重违规停止操作			—	
		在规定时间内完成操作		每超时1min总分扣5分，超时3min停止操作			—	
		合　计	100					

试题19：装置投料前的EO精制系统联动试车

(考核时间：30min)

序号	考核内容	考核要点	配分	评分标准	检测结果	扣分	得分	备注
1	准备工作	穿戴劳保用品	3	未穿戴整齐扣3分				
		工具、用具准备	2	工具选择不正确扣2分				
2	系统确认	安全附件投用正常，防爆膜安装正确	10	安全附件投用不正确扣5分				
				防爆膜安装不正确扣5分				

续表

序号	考核内容	考核要点	配分	评分标准	检测结果	扣分	得分	备注
3		仪表系统投用正常，系统内所有的联锁试验完毕；所有的调节阀的开关行程都经过工艺人员的确认	10	仪表联锁试验未调校扣5分				
				调节阀未调校扣5分				
4		系统经过了清洗和正压气密，系统无漏点，所有放空、倒淋关闭	15	未做气密试验扣10分				
				未检查放空、倒淋扣5分				
5		系统压力通过回流罐上的压力控制，自动设定在0.2MPa，系统处于N_2状态下	5	回流罐压力未作设定扣5分				
6		系统内的冷却水冷却器投用正常；深冷水设备投用正常；带有冷却水的运转设备可以提前投用	15	未正常投用冷却水冷却器扣5分				
				未正常投用深冷水设备扣5分				
				未正常投用运转设备扣5分				
7		双端面密封的泵要提前向密封罐内加入40%的EG水溶液作为密封液	10	双端面密封的泵未提前向密封罐内加入40%的EG水溶液扣10分				
8	进料	选择三个塔进料阀门中的一个，打开进料阀。通过调节阀控制小流量从上一个塔进脱盐水到塔釜	5	未开进料阀扣5分				
9		打开到再沸器的阀门；当塔釜有一定的液位后，可以启动塔釜泵自身循环	5	塔釜有液位后未启动釜液泵扣5分				
10	最终状态	回流罐可以提前通过外加水的方式建立液位，启动泵自身循环，等待进料	5	回流罐未加水提前启动泵自身循环扣5分				
		系统加热等到EO进料后缓慢进行，排出不凝气体；回流罐的液位随着有EO后，液位上涨通过向塔内打回流来建立平衡	10	未建立回流扣10分				
11	使用工具	正确使用工具	2	工具使用不正确扣2分				
		正确维护工具	3	工具乱摆乱放扣3分				
12	安全及其他	按国家法规或企业规定		违规一次总分扣5分；严重违规停止操作			—	
		在规定时间内完成操作		每超时1min总分扣5分，超时3min停止操作			—	
		合　计	100					

试题20：组织实施环氧乙烷精制塔的标定

（考核时间：30min）

序号	考核内容	考核要点	配分	评分标准	检测结果	扣分	得分	备注
1	准备工作	穿戴劳保用品	3	未穿戴整齐扣3分				
		工具、用具准备	2	工具选择不正确扣2分				
2	操作原则	系统在最低负荷和满负荷两个状态下稳定运行72h；设备正常，产品合格；具有一定的操作弹性	15	把握原则，缺少一小项扣5分				

续表

序号	考核内容	考核要点	配分	评分标准	检测结果	扣分	得分	备注
3	标定内容	系统从低负荷逐渐提高到高负荷，观察瓶颈，定期取样分析 EO 产品的各项指标	15	要有从低到高的过程，缺少扣 10 分，缺少分析 扣 5 分				
4		达到满负荷后稳定运行，压力、温度、流量达到设计值；制定表格开始记录 72h 系统操作状况	20	必须达到设计值，缺一小项扣 5 分，缺表格记录扣 5 分				
5		工艺参数记录系统压力；各控制点、灵敏点温度；所有的进、出、回流的流量，调节阀的开度	5	缺少扣 5 分，缺一小项扣 1 分				
6		塔重点记录：塔压降是否正常，有无夹带、液泛等	5	缺少扣 5 分，缺一小项扣 2 分				
7		泵的能力通过流量来试验最大的能力、扬程等	5	缺少扣 5 分，缺一小项扣 2 分				
8		冷凝器通过物料的进出温度来鉴定	5	缺少扣 5 分				
9		每 8h 要取样分析 EO 产品的各项指标是否在设计范围内。有问题及时调整操作	10	缺分析扣 10 分				
10		要根据以上的数据分析系统运行的情况，查找问题，下结论	10	无结论扣 10 分				
11	使用工具	正确使用工具	2	工具使用不正确扣 2 分				
		正确维护工具	3	工具乱摆乱放扣 3 分				
12	安全及其他	按国家法规或企业规定		违规一次总分扣 5 分；严重违规停止操作			—	
		在规定时间内完成操作		每超时 1min 总分扣 5 分，超时 3min 停止操作			—	
合　计			100					